彩图1　长衫

彩图2　马甲

彩图3　马褂

彩图4　团花锦缎长衫

彩图5　中山装

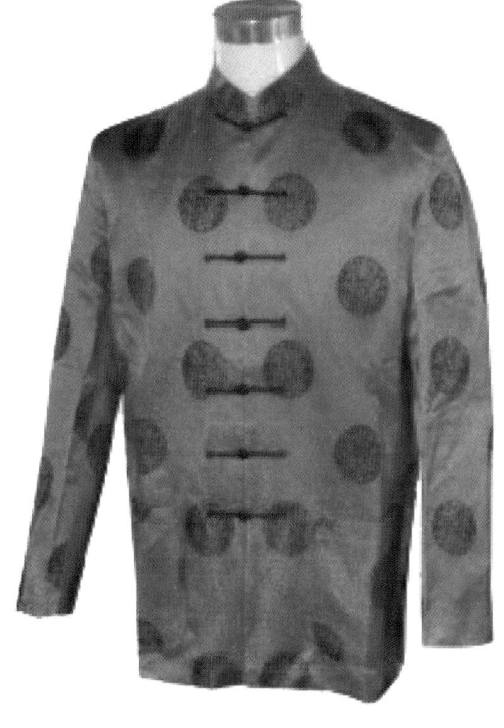

彩图6　新唐装

彩图7　中式改良服装

彩图8　青年装

彩图9　晨礼服

彩图10　夜礼服

彩图11　塔克斯多、梅斯半正式礼服

彩图12　剑形领半正式礼服

彩图13　丝瓜领半正式礼服

彩图14　袖克夫采用双层翻折结构

彩图15　古典风格绅士西装

彩图16　阴柔风格衬衫、西装

彩图17　剑形领“腼腆绅士”套装

彩图18　平驳领“腼腆绅士”套装

彩图19　蜡染元素民族风格西装

彩图20　休闲西装

彩图21　休闲衬衫

彩图22　平驳领单排扣西装

彩图23　董事套装

彩图24　立式剑形领西装

彩图25　战壕式风衣（短款）

彩图26　平驳领大衣（短款）

彩图27　两用领大衣

彩图28　达夫尔外套

彩图29　斜门襟达夫尔外套

彩图30　立、翻两用领短大衣

彩图31　商务休闲套装

彩图32　登立领双排扣外套

彩图 33　枪驳领大衣

彩图 34　两用领外套

彩图 35　新中装改良——大刀领外套

彩图 36　剑形领大衣

彩图 37　达夫尔装饰十字绣针织面料

彩图 38　2014 级成衣作品展

彩图 39　2012 级成衣作品展

彩图 40　2010 级成衣作品展

彩图 41　2008 级成衣作品展

纺织服装高等教育“十三五”部委级规划教材

# 男装结构设计

## （第二版）

万宗瑜　编著

東華大學出版社

·上海·

**图书在版编目 (CIP) 数据**

男装结构设计 / 万宗瑜编著. —2 版 . —上海：东华大学出版社，2016.8

ISBN 978-7-5669-1073-8

Ⅰ. ①男… Ⅱ. ①万… Ⅲ. ①男服—结构设计 Ⅳ. ①TS941.718

中国版本图书馆 CIP 数据核字（2016）第 125835 号

**责任编辑 杜亚玲**
**装帧设计 比克设计**

## 男装结构设计（第二版）

万宗瑜 编著

**东华大学出版社出版**

（上海市延安西路 1882 号 邮政编码：200051）

苏州望电印刷有限公司印刷

新华书店上海发行所发行

开本：787mm × 1092mm 1/16 印张：21.25 字数：512 千字

2016 年 8 月第 2 版 2019 年 7 月第 3 次印刷

ISBN 978–7–5669–1073–8

定价：56.00 元

# 前　言

服装结构设计也称服装纸样设计，是将款式造型设计中的构思具体化，即通过分析或计算把立体空间和艺术性的设计构思，逐步分解制作成服装平面或立体结构图形，同时对构思中的不符合结构需要的部分加以修整。服装结构设计按着装者的年龄分成人服装结构设计和儿童服装结构设计。成人服装结构设计按着装者的性别分男装结构设计（也称男装纸样设计）和女装结构设计（也称女装纸样设计）。因而，男装结构设计是服装结构设计的一个分支。

服装结构构成方法指服装裁剪的方法，常用的方法有立体构成法和平面构成法。立体构成法又可以叫立体裁剪法，即直接在人体或人体模型上获取服装的衣片或纸样，这种方法多用于造型难度大或合体度要求较高的服装。平面构成法是指直接在面料或纸上制图裁剪获得衣片或纸样的一种方法，其特点是简单、快速。但由于人体体型的千差万别和面料质地的多样性，要较好的掌握平面构成法，需经历大量的经验积累和掌握在一定范围内服装材料从平面到曲面的几何变形和人体外形结构的种种知识和技艺。但平面构成法由于速度快、难度小、效率高，我国男装结构设计目前主要采用此种方法。平面构成法中最常用比例裁剪法和原型制图法。比例裁剪法又可分为定尺寸法、胸度法和短寸法三种。原型的种类繁多，大致可分为基础原型和各种成衣原型。基础原型依其性别和年龄可分为：妇女原型、男子原型、儿童原型和少女原型。从人体结构来看，可分为上半身、下半身和手臂，所以原型又可以分为衣身原型、袖子原型和裙子原型。原型的流派分日式、欧式、美式、中式和港台式。不同国度、不同地域、不同文化背景、不同宗教信仰和不同年龄的人所喜爱的服装款式不同，不同款式、不同类别男装的结构设计，应该采用多元化的结构设计方法完成。结构设计方法不应受局限和拘泥，只有寻求适合男装款式特点的结构设计方法，使男装款式达到最佳效果，才是真谛。

服装结构设计不是孤立存在的，服装结构设计是服装款式设计、服装材料应用的延伸和发展，也是服装穿戴艺术、服装号型标准、服装工艺设计和服装纸样修正的准备和基础，服装结构设计它将艺术、技术和社会性有机的融为一体，在服装设计中起承上启下的枢纽作用，属服装企业的重要环节，是服装院校的专业核心课程。

男装结构设计特点和男装的穿戴方法的要求应男士的社会角色和体型而定，“父系制”模式要求男士广泛参与社会活动，男装的款式要求体现阳刚之美，突显男装的庄重和内涵。与女装相比，男装是以稳定求变化，即便是近些年流行的男士阴柔美，一般是在面料的质地、花色和款式板型趋近合体上做文章，比如轻薄的面料，红色、粉色和花卉图案等女性元素的面料应用在男式服装中。男士的体型特征是胸腰落差相对女体的胸腰落差小。综上所述，男装结构设计要求分割线较少、结构线流畅、较少应用弧度较大的曲线设计（袖窿结构设计、贴袋除外）、轮廓线呈“H”、或“T”型，少量采用“X”轮廓线设计。男士的社会角色决定男装的穿戴方法和服饰搭配比女装更严谨、更讲究、更苛刻。然而，有关男装专业性的书籍相对女装较少，特别是男装结构设计方面的专用教材更少。现有的男装结构设计方面的书各有千秋：或将男装、女装、童装放在一起，以介绍女装为主，男装只是一笔带过；或将男装结构设计与工艺纳入一起介绍；或将男装结构设计与号型纳入一起介绍。其结构制图设计方法要么全书都采用原型法，要么全书都采用比例裁剪法，略显单一。其内容重点介绍西方男装的结构设计，对中国传统男装结构设计提及甚少或不曾提及。不能很好适应当前行业内从业人员和服装爱好者的需求以及高等院校服装专业教学的需要。

《男装结构设计》一书将男装的穿戴法则及穿戴艺术、男装用料、男装号型标准、男装结构设计、男装工艺（夹里、衬头的配置）和男装弊病修正等知识科学的串联在一起，形成一部关于男装的完整的知识体系书籍。笔者从国内外前辈对服装的探究中吸取养分，结合历年的授课经验，并注重与本专业的其它相关课程的联系，融会贯通，规范男装教程，开辟了男装结构设计的科学理论体系。全书共七章：第一章 绪论，主要讲解近现代男装的发展；第二章 人体测量与号型标准，主要讲男体测量的方法、注意事项和各国男装号型的应用；第三章 男装用料，主要介绍了各类男装适用的材料，并附有面、辅材料实物小样照片说明；第四章 男装结构设计原理，介绍了男装结构设计的原理和方法以及男装零部件的结构设计；第五章 中式男装结构制图设计，重点介绍了传统中式男装和改良中式男装的结构制图设计；第六章 西式男装的结构制图设计，介绍了西式礼服、便服的结构制图设计；第七章 男装板型修正，以西装三件套为例，分析常出现的弊病和板型修正的方法。最后的知识拓展内容介绍了男装的穿戴法则与搭配艺术。

该书篇章结构设计科学，知识体系完整，图文并茂。注重男装结构设计与国际接轨，专业知识与时尚结合，在尊重传统知识体系基础上增加了新的知识点。本书的亮点是结合国情，将中式男装结构设计单独编排章节纳入重点介绍，填补了同类书的空白，突出了中国本土的服饰文化的传播。能有效加强国人对本土男装服装结构设计的了解和学习，对推动中国传统男装服饰结构设计元素在国际上的影响有一定作用。本书还有一大亮点是结构设计制图直观、量化。即将服装的主要部件结构设计与零部件结构设计科学地放在一起（指一张结构设计图内），如领子、挂面、口袋、肩章、袖子、袖襻等都放在衣身结构设计制图里进行设计，并标明了片数、丝络方向，读者能一目了然的看清楚服装各部件（主要部件与零部件）之间的相互关系。综上所述，本书具备了完整性、独特性、实用性和科学性等特点。教学实践证明，读者通过系统的学习该书，结合实践，能收到良好的学习效果。

该书适宜作高等院校服装专业教材，也能满足行业内从业人员和服装爱好者的需求，真诚期盼专家、同行、服装爱好者、专业院校的师生们和广大读者的交流和赐教。

**万宗瑜**

# 目录

# 第一章　绪　论

## 第一节　现代男装发展的背景与现状

### 一、现代男装发展历史背景概述

现代男装“它是不折不扣的现代产物”，受男性的性别特征影响较大。其性别特征的确立是基于三个主要方面：其一，男性社会地位、经济地位的主导作用的确定；其二，现代男性性别气质特征的形成；其三，封建专制下的服装阶级标识的消亡。这样，男装的性别特征是在反对封建阶级、建立资产阶级的过程和逐渐进入大工业社会的历史背景中形成的。

男装最早发生变革开始于英国。英国在进入工业革命之后，经济基础的变革导致英国社会和阶级发生了巨大的变化，新生的阶级以和平的方式进行了社会变革，干练的资产阶级实业家的装束成为流行的中心，18 世纪的英国男服率先摆脱了法国宫廷式的带有浓重贵族气的矫饰造作和繁琐华丽，开始注重男子的威严、整肃、质朴的气质，以表现男性特有的精神魅力和勇武气概，男服的设计也越来越注重从军服中吸取质朴精干的特点。中国男装近现代主要经历了三次大的变革，第一次是在辛亥革命后，西服开始正式传入中国，中式服装开始正式吸取西式服装的特点，诞生了中山装、学生装等，长衫（见彩图 1、彩图 4）、马甲（见彩图 2）、马褂（见彩图 3）逐渐淡出了人们的视线。第二次大的变革是新中国成立后，国人服装的进一步西化，中山装（见彩图 5）、军便装和西装遍及全国。西洋服装对中式服装第三次冲击是改革开放后，东西方文化的进一步交融，中式服装得以更大的发展、变化。

### 二、男装发展的现状

男装是人类服装中重要的组成部分，而男装设计是现代男装的重要组成部分，也是现代感情观念的一个重要例证，有其独特的价值和多变的特性。男装在 20 世纪以前都还是保持一贯的风格，进入 20 世纪，特别是 60 年代以来，服装的风格多样性的特征便愈演愈烈，男装作为一大类别，风格的变异得到空前的发展。各种前卫思潮的入侵也对这场男装设计风格异性化起到推波助澜的作用。

现代男装设计的风格已经不同于传统的男装模式，休闲男装风格占男装流行的主阵地，中性化服装略占上风。现今的男装已经开始突破一成不变的枯燥的男装样式，许多国际化大师将更多的女性化元素注入男装中，使男装在风格中找到了打破沉闷的突破口。国内市场上也出现了带有女性化意味的男装品牌，其反叛的设计风格使得许多追求个性的年轻男士趋之若鹜。男装中这种对性别的公开颠覆，难免要伴随一些争议与困惑，有持异议者以“颓废”、“畸形”甚至“变态”等词汇来表达对男装异性化的嘲讽。然而更多的时尚男士发出了“我就是我”的声音，没有人能妨碍个人的着装自由，个性是人格魅力的主导等等。

现代男装设计风格中性化现象在影响着社会大众的审美情趣的同时，也改变了男人们的穿着方式。在整个社会思想宽容开放的环境下，男人们越来越自由自主的去选择自己喜好的穿衣方式。而中性化男装的出现无疑是为这些男士提供了一个更为广阔和新颖的选择空间。而设计师和男装品牌也顺应这股中性化的浪潮，适时推出中性化程度轻重不一的男装产品供不同人士选择。一些中性化气息强烈的服装适合年轻前卫或是从事时尚产业的相关男士，而中性化间接表现的服装适应面更大，一些中青年、中老年甚至老年男士都开始接受带有一些中性化表现的男装。这些服装可以与传统风格的男装进行搭配，如深色西服套装内搭配粉色衬衫这一组合，已经成为当前许多白领喜爱的装束。现代男装设计风格的中性化改变了男人们的穿着方式，男装的多元化和个性化得到了丰富，开拓了男装的消费市场，使得男装市场呈现出色彩斑斓的生动局面，这是一种十分可喜的社会现象，有利于男装的多样化发展。

由于经济、社会、文化、心理因素的变化，传统阳刚、有力、粗犷的男性形象正在向阴柔、精致、细腻的形象转变，这种转变的趋势绝非社会发展中的一种偶然，而是社会发展的产物。男装的中性化现象并不仅仅是表面的女性化倾向，同时也见证了在社会变迁中男性的心理变化历程，是在社会变迁中人们社会角色重新定位后心理积淀的结果表现。就整个社会的发展趋势来看，科技的日新月异，决定了体力劳动不可能在社会生产中再次成为主力，这也是现代男装设计风格中性化发生的根本原因。从现代男装设计风格中性化的发生模式来看，决定该风格发生的最为根本的因素没有发生改变，不会发生质的变化。而人们思想意识的发展，终究会挣脱传统社会思想的约束，新的思维方式将成为大众主流的思维方式。

在多元化风格并存的当今，人们对于男装的中性化现象将会逐渐认同，中性化风格也会随之越来越普及，并作为男装设计风格的组成部分，形成一个稳定的风格流派长期发展下去。

## 三、男装风格流行趋向与企业未来发展方向

### 1. 男装流行风格

服装的风格就像人的心情一样善变，当新的一年来临时，新的流行元素也一并绽放在我们的眼前，诱惑着我们去追逐、去跟进。流行看似繁杂，其实是有序的，只要我们能紧扣住当季的流行时尚，就能轻松领先潮流风格。男装时尚流行风格趋向大致如下：

（1）古典风格：精纺面料、间隔比较宽的条纹西服近来成为当之无愧的流行焦点，搭配素色或者条纹不那么明显的衬衣，翻折式礼服衬衣袖口，显得张扬而有节制。搭配沉稳低调的黑白相间、深灰、藏蓝围巾，较小的皮夹包或者别致的帽子，显示出绅士般的高贵品味（见彩图 15）。

（2）前卫风格：超现实的现象，所有的灵感、空间和元素激发的创造力，至高的美感支配

一切。新一轮男装风格游离于极限之间，并以魔力唤醒我们的感官，让日常男装充满超现实的魅力。

（3）阴柔风格：男装时尚也迎来了斑斓之旅，不仅色彩正式被白色取代，而柔和的色彩和艳丽的红色调也跳跃其中。更重要的是男装被加入了许多女装元素，时刻透露出内敛的中性美（见彩图16）。

（4）优雅风格：西装，衬衫挂面、胸衬拼色，配以精致项链，营造出一种类似少年的腼腆、优雅的美感（见彩图17）民族风情的荷叶边，一直以来是表现小女生魅力的，如今也登堂入室，被男人大胆地穿在了身上，而且可以显得很绅士。以一件胸口带有荷叶边装饰的白色西式衬衫或配黑色毛衣，搭配纯白色西服，不需要任何的装饰，就营造出一种类似少年的腼腆优雅美感（见彩图18）。

**2. 中国民族元素对男装的影响**

时尚中的传统元素梅、兰、竹、菊、国画、书法、印章等国粹元素融入设计，将民族文化魅力与现代时尚交织，缔造当代中国精英族群的独特中国“气质”。梅花、国画书法、刺绣、蜡扎染和印章等国粹元素融入到男装设计里（见彩图19），将民族文化魅力与现代时尚交织，为缔造当代中国精英族群的独特中国气质，为男装发展带来更多的视觉盛宴。通过对中华民族最优秀的国粹的继承，将中国传统文化的精髓融入到现代的男装设计中，最终借助服装文化这一交流载体，引领中国服装走向世界。企业应从自身的品牌建设抓起，深深扎根于中华民族悠久的文化传统，通过加强主题产品品牌文化内涵，顺应国际男装的流行趋势，创新实行差异化的产品路线，推出了极具民族风格的“锦绣时尚”、“绝色传奇”和“国粹演义”，强调独具特色的民族原创风。以文化为立足点，吸收中国传统文化的精髓，将其拓展为行业精英的代表，打造出符合当今知识族群审美观的服饰。

**3. 男装企业未来发展方向**

服装作为一种文化现象与人的关系一直是紧密而不可分割的，而今，人的思想的变化都会影响到服装，特别是文化艺术的进步与演变，不断翻新的艺术潮流使得服装设计出现新颖甚至奇特的流行面貌。目前至未来，男装的品牌趋势化，导致整个服装市场都开始确立自我文化背景和风格，推行适应自己公司的品牌宣传策略和企业经营特点，目的是建立提升品牌价值的服装企业经营理念与策略操作系统。在企业进行战略调整的过程中，服装商品本身也随企业文化确定而树立自己的风格。

## 第二节 男装的特点

### 一、男装的类别及风格特点

#### （一）男装分类

现代男装的种类繁多，而同一种类服装又有十分繁杂的款式造型。例如：男衬衫按穿戴的场合可分为礼服衬衫、普通衬衫、休闲衬衫；按领型分，可分为翻领衬衫、立领衬衫和驳领衬衫；按袖长可分为长袖衬衫、短袖衬衫、无袖衬衫等等。又如男裤，按裤子长度可分为长裤、中长裤（七分裤、九分裤）、短裤；按款式结构又可分为中式裤、西式裤；其裤管外型又有窄脚、直筒、喇叭、萝卜、灯笼等；按裤腰分为上腰式、无腰式和吊带式等等。此外，相同的种类还存在着不同的设计定位和衣着原则。因而，对男装进行系统分类，无论是对设计师还是对消费者，都有十分重要的作用。

服装的分类，历来有许多不同的视角，从历史、地域、季节、材料质地、制作工艺以及服装风格等方面来进行分类。常见的有以下两种方法，其一是按消费者的生活方式来分，即根据 Time（时间）、Place（场所）、Occasion（理由）来正确选择和穿戴衣服，可分为职业服（制服、劳保服）、休闲服、运动服、家居服、社交服、礼仪服。其二是按男装的设计类别进行分类：中式男装和西式男装，中式男装一般由中式便装、中山装、青年装（青年装）、新唐装、制服、裤子、马褂、长衫、马甲（坎肩）、外套等组成；西式男装一般由礼服、西装、背心、衬衫、裤装、便装（茄克衫、T 恤、毛衣、睡衣）、内衣、外套等组成。

在社会生活中有各种各样的场面，而不同的生活场面，人们所穿戴的服装也各有不同，按人们穿戴的目的对男装进行分类，具有一定的合理性、实用性。而以设计类别来划分男装，则具有很强的针对性、实用性。在实际生活中，无论是服装企业的生产、商场的销售或消费者的选购，人们总是将某一类的服装集合起来，如这是一家生产衬衫的企业、那是一家生产西服为主的企业、这家企业专门生产羽绒服等等。商场也同样会将某一类的产品集中陈列，以方便消费者的挑选和购买，商场也明确地形成了自己的定位和形象。如西服专卖、牛仔专卖、休闲装专卖、衬衫专卖等形式。

**（二）男装风格特点**

男装风格特点概括起来可分：古典风格、优雅风格、阳刚风格、阴柔风格、运动风格、舒适风格、民族风格和前卫风格。

## 二、男装的特点

由于社会的分工，决定了男装的特点：即功能性、程式化和严谨性三个特点。

**（一）功能性**

强调男装的功能性优先，是由社会分工要求决定的。由于男性承担更多的社会活动，更多的脑力和体力劳动，因此，男装对于时间、场合和目的性更为讲究。

**（二）程式化**

男装的程式化主要表现在材料、色彩、款式、规格的程式化等方面。

材料的程式化，指男装多选择纱线支数高、密度大、硬朗的面料，柔软、悬垂和疏松面料则用的比较少。色彩程式化，指男装常用白、灰、蓝、黑等为主要色调，色彩相对较素。款式程式化，指男装成衣款式造型整体基本恒定，随着流行趋势的变化影响其的只是细节。规格的程式化，指社会的着装心里决定男装的规格尺寸的程式化。在男装规格设计时，处于对服装机能性的考虑，一般会采用比较适中的尺寸匹配，很少采用极短、极肥与极瘦的极端尺寸配置。

### （三）严谨性

男装的严谨性主要是指其着装穿戴的严谨性。无论是中式男装还是西式男装穿戴方式非常之严谨。特别在正式场合下要求更苛刻。例如：男士穿着西装时应注意服饰配套。最好要精心选择衬衫、领带、领夹、腰带、皮鞋和袜子等。西装袖子的长度以到手腕为宜，西装衬衫的袖长应比西装袖子长出 2~3cm；衬衫衣领应高出西服衣领 0.5cm。衬衫的领子要挺括，系扣；衬衫的下摆要束好；衬衫里面一般不要穿棉毛衫，天冷时，衬衫外面可穿一件羊毛衫。凡是正式场合，穿西装都应系领带。穿着羊毛衫时领带应放在羊毛衫内。系领带时，衬衫的第一个钮扣要扣好。如果使用领带夹，领带夹一般在第四、五个钮扣之间。但在欧洲一些国家里，使用领带夹被当成一种坏习惯。穿西装一定要穿皮鞋，一般是黑色或棕色皮鞋，皮鞋要上油擦亮。袜子一般应穿与裤子、鞋子同类颜色或较深的颜色。西装在穿着时可以敞开，也可以扣上第一粒钮扣（亦称“风度扣”）。西装的袖口和裤边都不能卷起；西装的衣袋和裤袋里不宜放太多的东西，以免显得鼓鼓囊囊。也不宜把两手随意插入衣袋和裤袋里。穿西装不扎领带的时候，衬衫的第一粒钮扣不要扣上。如果你穿的是三粒扣的西装，可以只系第一颗钮扣，也可以系上上面两颗钮扣，就是不能只系下面一颗，而将上面两颗扣子敞开。穿中山服时，不仅要扣上全部衣扣，而且要系上领扣，并且不允许挽起衣袖。穿中式长衫、马褂时，扣上全部衣扣，同样不允许挽起衣袖。

# 第二章　人体测量与号型标准

## 第一节　基本概念与专业术语

1985 年国家标准局颁布了《服装工业名词术语》，1995 年颁布并实施了《服装术语》，统一了服装专业用语标准。近年来，由于高新科学技术在服装工业的应用，外来服装文化不断涌入，使服装用语多元化了。

服装专业术语使用时遵循的原则：在我国服装用语中没有明确名称的情况下使用外来语，并尽量将外来语译成行业内人士能看懂的中文。

### 一、基本概念

（1）服装结构设计：服装结构设计是将款式造型设计中的构思具体化，即通过分析或计算把立体空间和艺术性的设计构思，逐步分解制作成服装平面或立体结构图形，同时对构思中的不符合结构需要的部分加以修整。

（2）服装结构：服装结构是指服装各部件和各层材料的几何形状及相互组合的关系，由服装的造型和功能所决定。包括服装各部位外轮廓线之间、部位内部的结构线以及各层服装材料之间的关系总和。

（3）服装结构制图：是指对服装结构通过分析计算绘制在面料或纸张上的图，亦称“裁剪图”。

（4）平面构成法：亦称平面裁剪，是指分析设计图所表现的服装造型构成的数量、形态吻合关系，通过结构制图和某些直观的实验方法，将整体结构分解成基本部件的设计过程常用的方法。

（5）立体构成法：立体构成法亦称立体裁剪法，即直接在人体或人体模型上获取服装的衣片或纸样，这种方法多用于造型难度大或合体度要求较高的服装。

（6）比例分配法：是指将测量体型后所得各个部位的净尺寸，参考国家的号型标准，结合服装的类型、款式造型和穿着要求，设计衣服的成品规格尺寸，然后，用基本部位的规格尺寸进行结构制图。

（7）原型制图法：是指将大量测得的人体体型的数据进行筛选，求得用人体基本部位（如胸围）的比例形式，来表达其余相关部位结构的最简单的基础样板及原型；然后再用原型板通过省道变换、分割线设置、褶裥处理等工艺形式变换成结构复杂的、符合设计要求的款式造型的服装结构图。

（8）基础线：结构制图过程中使用的纵向和横向各个基础线条。上衣常用的横向基础线有上平线、肩斜线、胸宽线、胸围线、腰围线和衣长线等线条；纵向基础线有止口线、叠门线、撇门线、袖窿深线。下装常用的横向基础线有上平线、臀围线、横裆线、中裆线和裤长线等线条；纵向基础线有侧缝基础线、前直裆线、褶裥线和中挺缝线等。

（9）轮廓线：指构成成型服装或服装部件的外部造型线。如领部轮廓线、底边轮廓线、袖部轮廓线和烫迹线等。

（10）结构线：能引起服装造型变化的服装部件外部和内部缝合线的总称。如止口线、领窝线、袖窿线、腰缝线、裆缝线、省道线等。

（11）效果图：亦称时装画，设计者为表达服装的设计构思以及体现最终的穿着效果的一种绘图形式，一般着重体现款式的色彩、线条以及造型风格，主要作为设计思想的艺术表现和展示宣传。

（12）款式图：设计部门为表达款式造型及各部位加工要求而绘制的造型图，不涂的单线稿，要求各部位造型、比例表达准确，工艺特征具体。

（13）示意图：为表达某部件的结构组成、加工时的缝合形态、缝迹类型以及成型的外部和内部形态而制定的一种解释图，在设计加工部门之间起沟通和衔接作用，分展示图和分解图。展示图表示服装某部位的展开示意图，通常指外部形态的示意图；分解图表示服装某部位的各部件内外结构关系的示意图，通常作为缝纫加工时使用的部件示意图。

## 二、专业术语

（1）上平线：服装结构制图时，为确立长度而设计的水平线。

（2）下平线：服装结构制图时，长度确立后而设计的水平线。

（3）总体长：人体后脖根处第七颈椎（BNP）点到脚底面的距离（以不穿鞋为准）。

（4）衣领：覆盖人体颈部，起保护与装饰作用的部件，分关闭式领子和开放式领子。

① 领口线：分外领口线和内领口线，外领口线是指领子的外边缘轮廓线；内领口线是指领子与领圈相连接的部分。

② 领角：指领子两端内领口线与外领口线之间的部位，其长度叫领角长。

③ 关闭式领子：指服装门襟止口第一颗钮位设计位于颈窝点（FNP）1~3cm 处，且领子的左右领角基本靠拢的领型。

④ 开放式领子：指领子、驳头敞开，第一颗钮位远离 FNP 的领型。

⑤ 领窝：亦称领圈，指前后衣身与领子缝合的部位。

⑥ 翻领：领子自翻折线至外领口线的部分。

⑦ 底领：又称领座，指内领口线至翻折线部分。

（5）衣身：覆盖于人体躯干部位的服装部件，是服装的主要部件。

① 叠门线：亦称搭门线，对应原型的前中心线，是左右衣片锁钮眼、钉钮扣的依据。

② 门、底襟：门襟是指衣片前中心线锁钮扣眼的部分，底襟是指衣片前中心线定钮扣的部分。

③ 翻折线：将领子、驳面向外翻转产生的线，成为翻折线。

④ 驳头：又称驳面，指衣身门襟止口（与领子一起）向外翻折的部位。

⑤ 串口线：指领子与驳头缝合的部位。

⑥ 驳角长：指串口线上，自上领的止点处至门襟止口，挂面与衣片相结合的部位。

⑦ 夹角：指开放式领型领角与驳角之间的角度，一般在 60°~90°。

⑧ 连驳领：领面与驳面相连，但没有串口线的开放式领型。

⑨ 袋位：根据人体穿戴需要和款式造型需要，在裁片上确定的口袋位置，称之为袋位。

⑩ 省：为适合人体体型和服装造型需要，将部分衣料缝去，作出衣片曲面状态或消除衣片浮起余量的不平整部分。

⑪ 褶：为符合体型的造型需要，将部分衣片缩缝或折叠形成的褶皱，称之为褶。

⑫ 裥：是指为适合人体体型和服装造型需要，将部分衣料对叠或向两边折叠而形成，对叠形成的面称为阴裥，向两边折叠形成的面称为阳裥。

⑬ 分割缝：为符合体型或款式的造型需要，将部分衣片、袖片和裤片等进行分割形成的缝子，一般进行横向、纵向和斜向分割，亦称开刀缝。

⑭ 肩宽：自左肩端点（SP）经第七颈椎（BNP）至右肩端点（SP），泛指总肩宽。

⑮ 肩斜度：颈侧点（SNP）与肩点（SP）的落差或倾斜程度。

⑯ 肩复司：亦称过肩，指前、后衣身在肩部和背宽线之间的部分，通常是双层。

⑰ 背中缝：为使服装贴体或服装的造型需要，在衣身的后片中间设置的缝子，称之为背中缝。

⑱ 衩：为使服装穿脱、行走方便和服装的造型需要而设置的开口形式，可根据开衩的部位命名，如侧衩、背衩和袖衩等。

⑲ 侧缝线：也称摆缝线，指前、后衣身两侧自腋下至下底边部分。

⑳ 袖窿弧线：指前、后衣身肩点（SP）和侧缝线与胸围线（BL）相交形成的弧线，表示为 AH（Arm Hole）。

（6）袖子：覆盖人体手臂的服装部件。

① 袖山：袖子上部与衣身袖窿缝合的凸状部分。

② 袖肥：指袖子在与胸围线（BL）对应处的宽窄度。

③ 袖肘线：在袖子上与胳膊肘对应处，是袖子肘部款式设计的参照线，表示为 EL（Elbow Line）。

④ 袖缝：衣袖的缝合缝，按所在部位可分前袖缝、后袖缝、袖中缝、袖口缝等。

⑤ 袖口：袖子下口止口线处。

⑥ 袖克夫：亦称袖头、袖盖，与袖口缝合，起束紧和装饰作用，是 cuff 的译音。

（7）下装：覆盖在人体下肢的衣物，称之为下装。

① 腰襻：起扣紧和牵吊等功能和装饰作用的部件，由布料或缝线制成。

② 腰头：与裤身缝合的部件，起束腰和护腰的作用。

③ 臀围：在人体臀部最丰满处。

④ 上裆：裤子横裆以上的直线部分，对称直裆或立裆。

⑤ 下裆：裤子横裆以下内侧的弧线部分。

⑥ 大裆：裤片后裆缝与下裆缝上端相交处。

⑦ 小裆：裤片前裆缝与下裆缝上端相交处。

⑧ 中裆：裤片与人体下肢膝盖对应部位称中裆，对应的线为中裆线，表示为 KL（Knee Line）。

（8）服装专用名词术语中英文对照表

表 2-1　服装专用名词术语中英文对照表

| 名称 | 英文名称 | 英文缩写 |
|---|---|---|
| 身高 | Body Length | BL |
| 总体长 | Full Length | FL |
| 衣长 | Coat Length | CL |
| 背长 | Waist Length | WL |
| 肩宽 | Shoulder Width | SW |
| 袖长 | Sleeve Length | SL |
| 袖口 | Sleeve Cuffs | SC |
| 后背宽 | Back Width | BW |
| 前胸宽 | Accros Chest | AC |
| 胸围 | Breast | B |
| 腰围 | Waist | W |
| 臀围 | Hip | H |
| 裤长 | Trouser Lenght | TL |
| 上裆 | Front Rise | FR |
| 下裆 | Inside Lenght | IL |
| 脚口 | Bottom | B |
| 腋深 | Scye Depth | SD |
| 前肩 | Front Shoulder | FS |
| 过肩 | Over Shoulder | OS |
| 前肋 | Blade | BD |
| 肩骨 | Shoulder Knack | SK |
| 腹长 | Belly Length | BL |
| 腹宽 | Accros Belly | AB |
| 颈侧点 | Side Neck Point | SNP |
| 颈前中点 | Front Neck Piont | FNP |
| 颈后中点 | Back Neck Piont | BNP |
| 肩端点 | Shoulder Point | SP |
| 袖窿围线 | Arm Hole | AH |
| 背宽 | Back Width Line | BWL |
| 胸围线 | Breast Line | BL |
| 腰位线 | Waist Line | WL |

续表

| 名称 | 英文名称 | 英文缩写 |
|---|---|---|
| 臀围线 | Hip Line | HL |
| 肘围线 | Elbow Line | EL |
| 膝围线 | Knee Line | KL |

## 三、服装裁片各部位名称

### 1. 中山装裁片各部位名称（图 2–1）

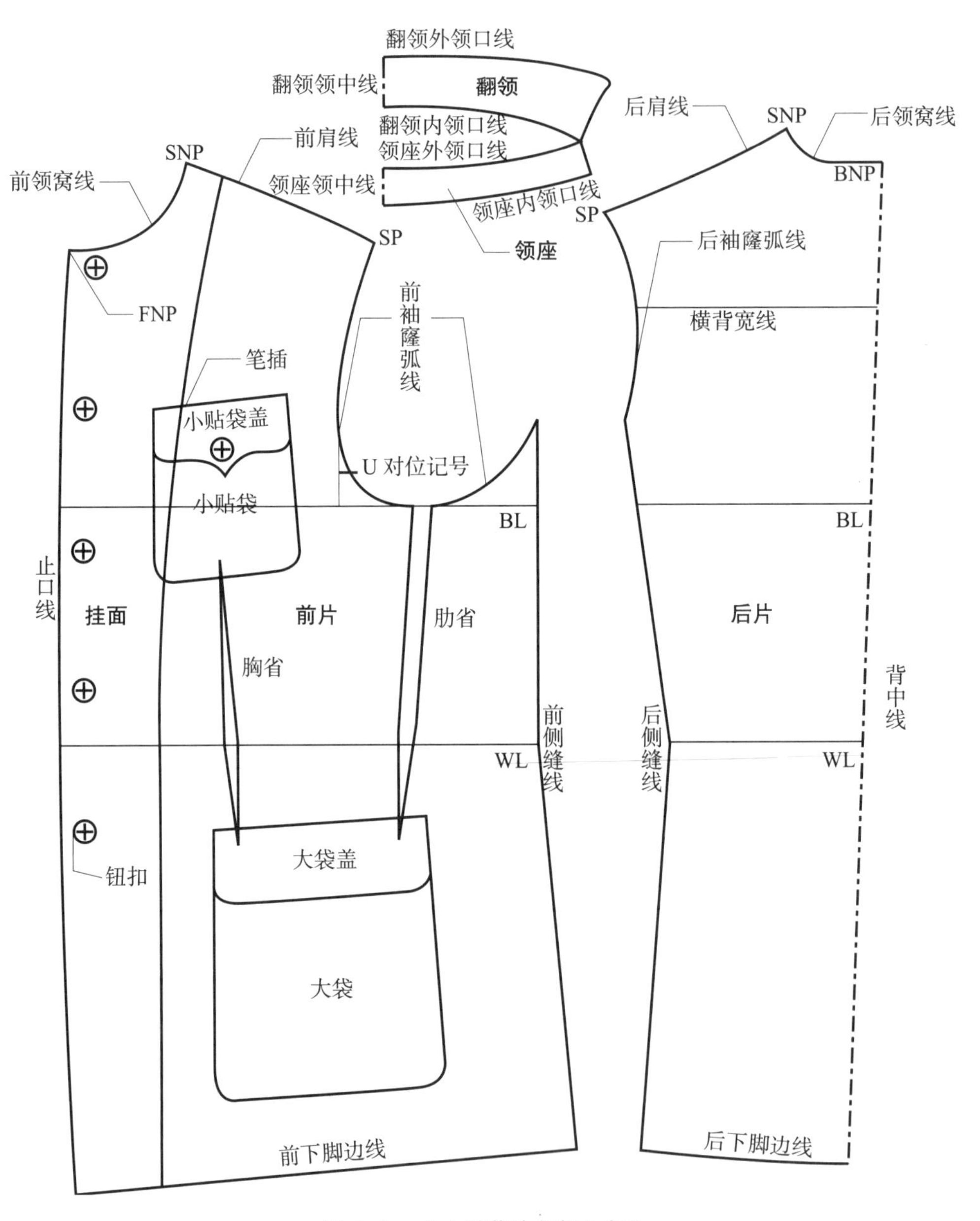


图 2–1 中山装裁片各部位名称

2. 西裤裁片各部位名称（图 2–2）

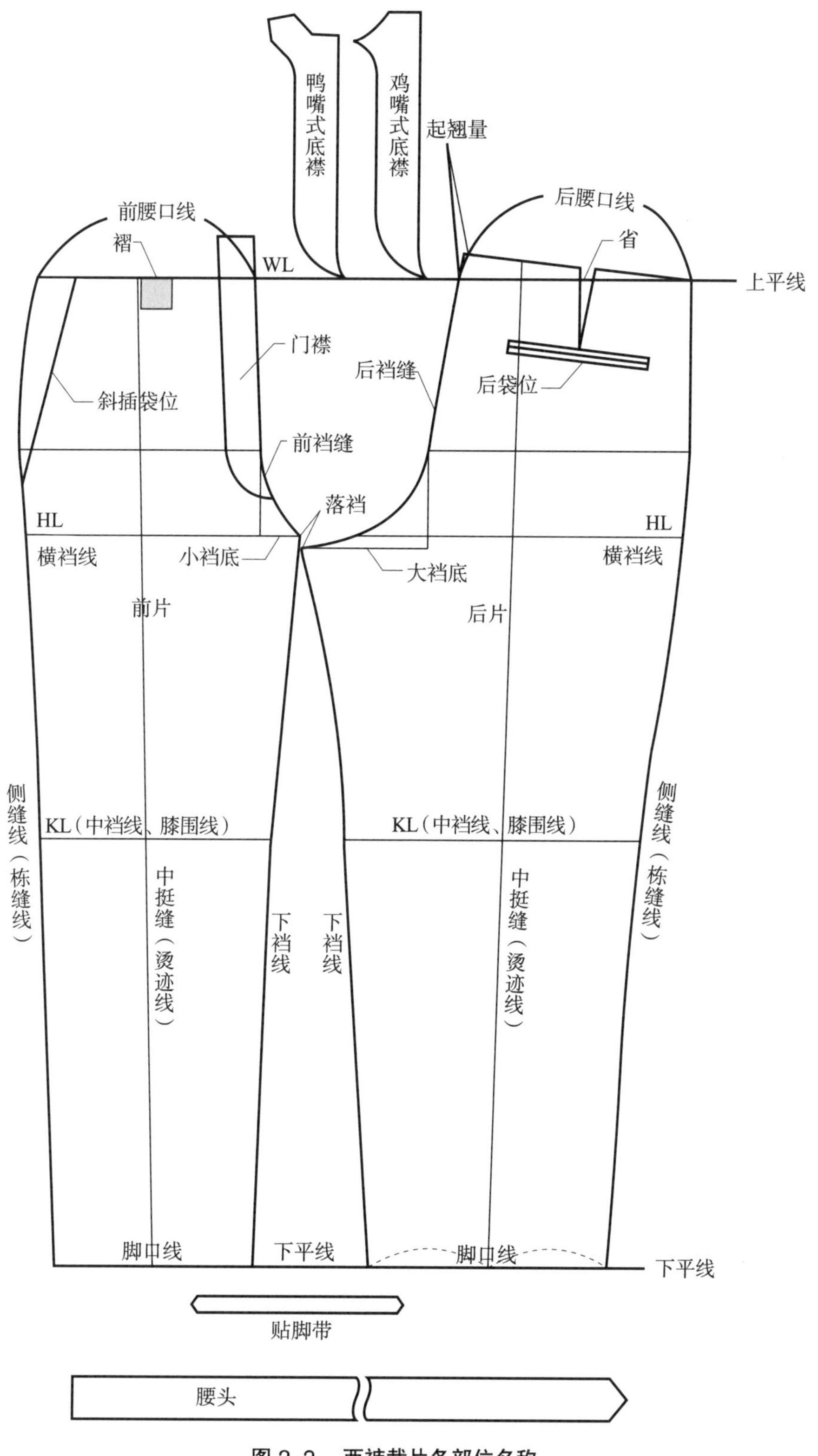


图 2–2　西裤裁片各部位名称

**3. 西装裁片各部位名称（图 2-3）**

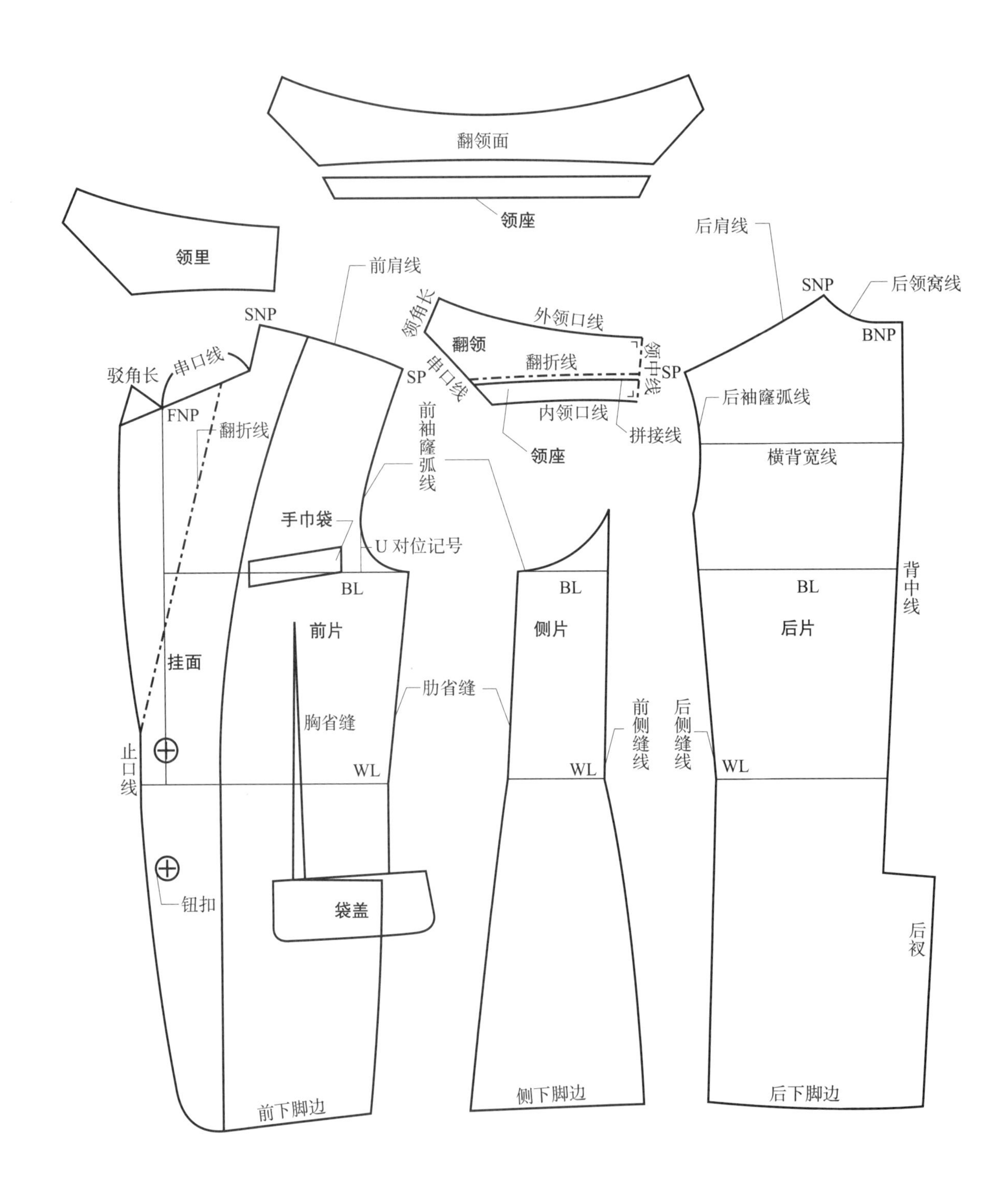


图 2-3 西装裁片各部位名称

## 四、服装各部位名称（图 2–4～图 2–6）

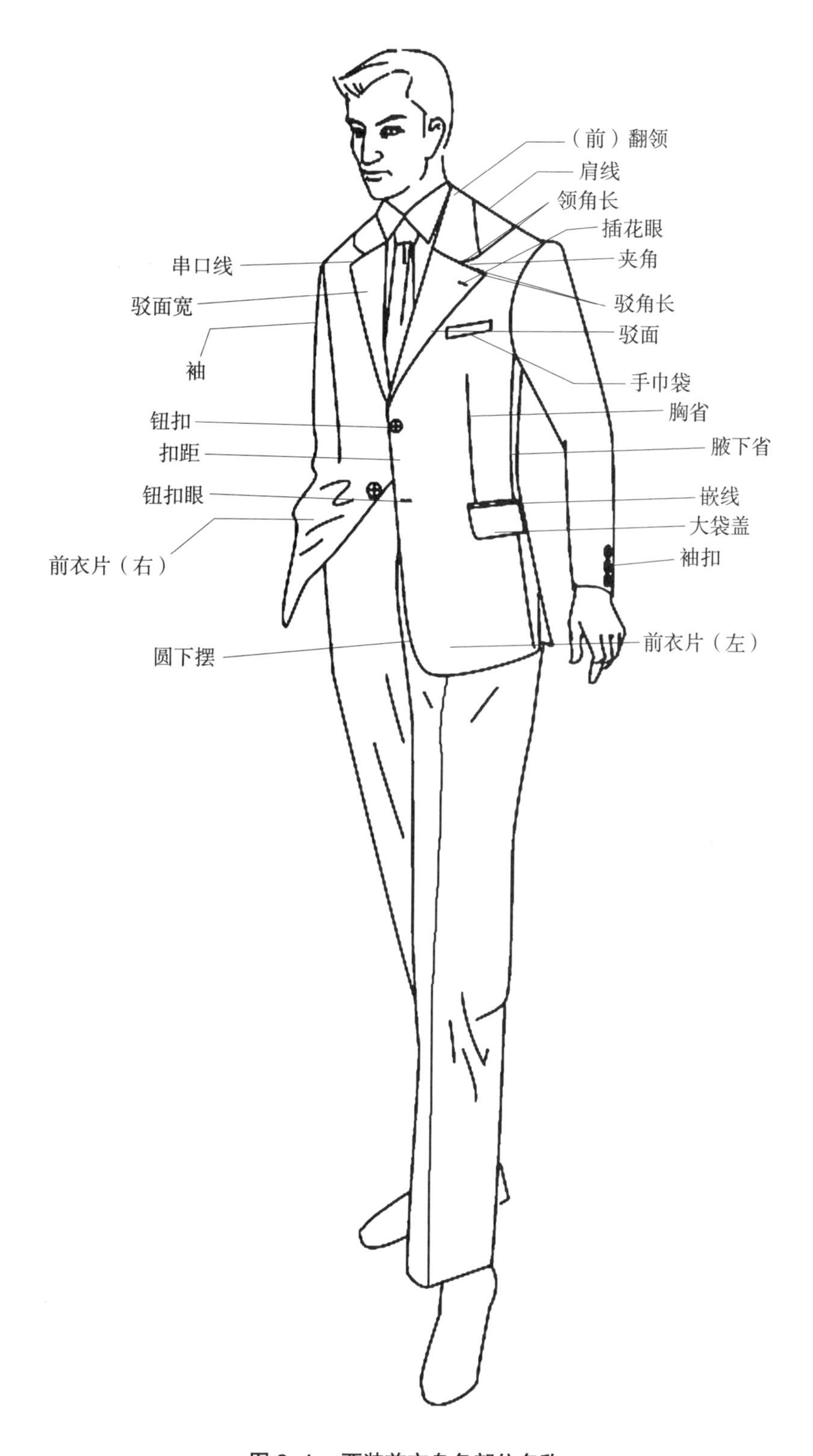


图 2–4　西装前衣身各部位名称

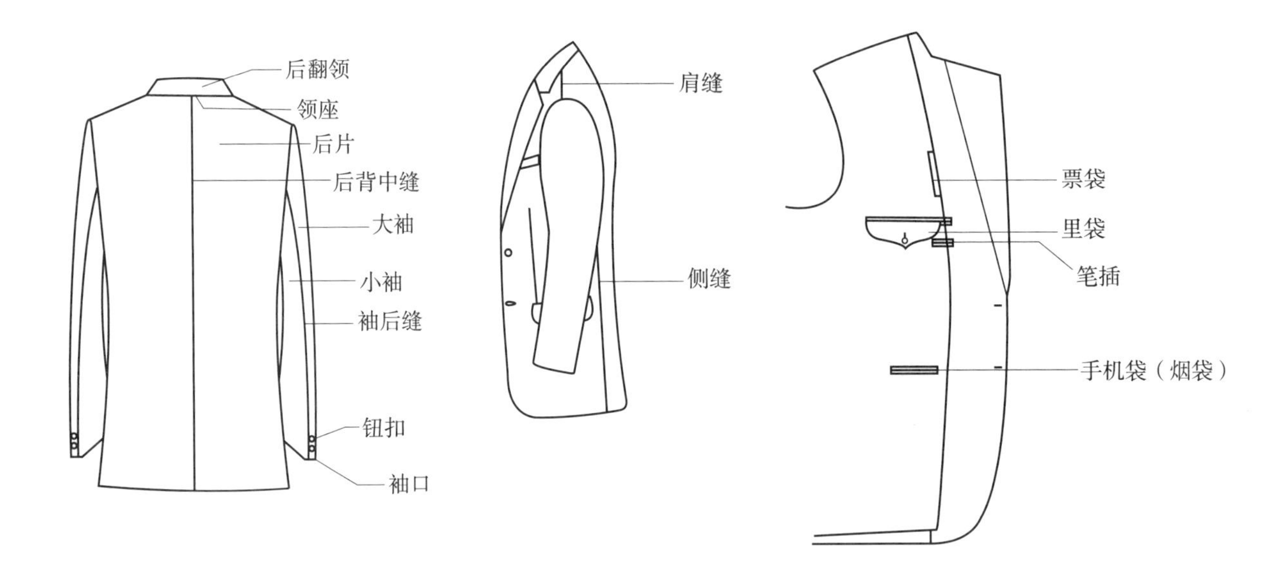


图 2-5　西装后背、袖子及夹里各部位名称

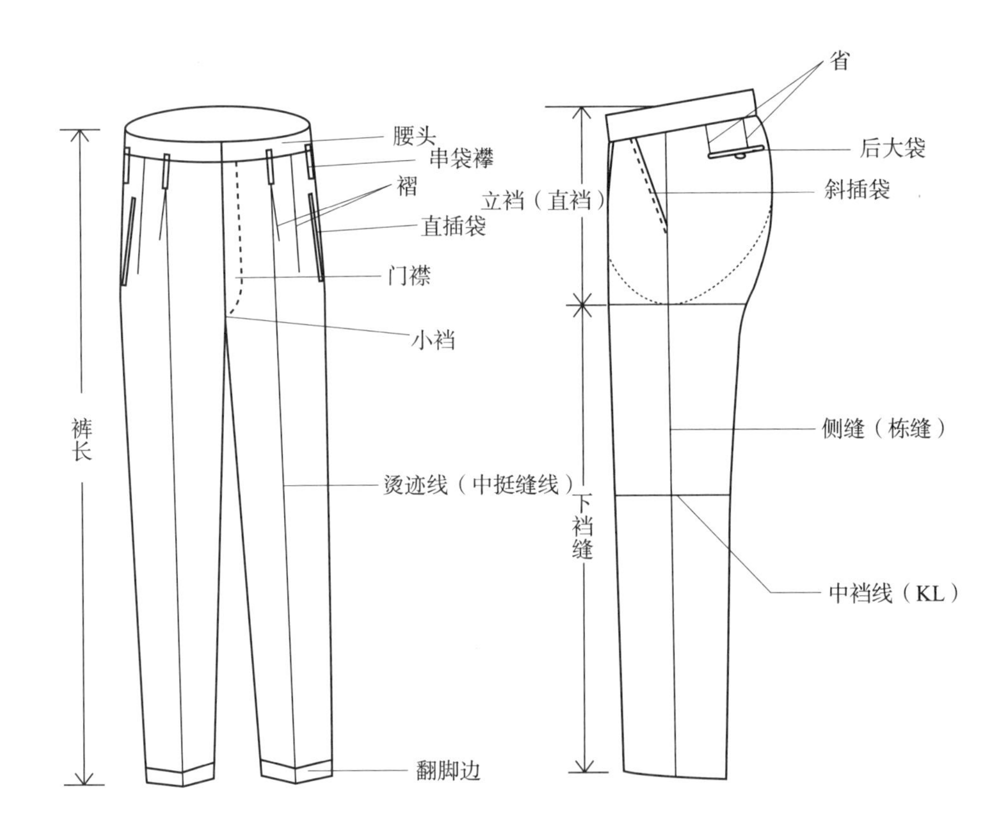


图 2-6　西裤各部位名称图

## 五、制图符号（表2-2）

表 2-2　常用的制图符号

| 序号 | 符号 | 中文名称 | 英语名称 | 说明 |
| --- | --- | --- | --- | --- |
| 1 |  | 基本线 | Basic line | 细实线 |
| 2 |  | 实线 | Outline | 粗实线 |
| 3 |  | 点画线 | Alternate long and short dashes line | 裁片连接不可裁开的线 |
| 4 |  | 等分线 | Equation line | 裁片某部位相等距离的间隔线 |
| 5 |  | 双点画线 | Alternate long and two short dashes line | 用于服装的折边部位 |
| 6 |  | 虚线 | Dotted line | 影视背面的轮廓线 |
| 7 |  | 距离线 | Distance line | 裁片部位两点间的距离 |
| 8 |  | 褶裥线 | Pleat line | 某部位需要折进去的部分 |
| 9 |  | 省道线 | Dart line | 需要缝去的部分 |
| 10 |  | 直角号 | Vertical mark | 两条线相交成90° |
| 11 | ▲　■ | 对称号 | Symmetry mark | 两个部位尺寸相同 |
| 12 |  | 重叠号 | Overlaping mark | 裁片交叉重叠处标记 |
| 13 |  | 经向指示 | Radial mark | 表示布料的经纱方向 |
| 14 |  | 缝线符号 | Top stich line | 表示缉线位置 |
| 15 |  | 眼位 | Buttonhole position | 表示服装扣眼位置标记 |
| 16 |  | 钮位 | Button position | 表示服装扣子位置标记 |
| 17 |  | 拔开 | Work out mark | 表示裁片某些部位需要熨烫拉伸的标记 |
| 18 |  | 归拢 | Work in mark | 表示裁片某些部位需要熨烫归拢的标记 |
| 19 |  | 省略符号 | Ellipsis mark | 省略裁片某部位的标记，常常用于长度较长而结构图中无法画出的部件 |
| 20 |  | 纸样合并记号 | Piece together mark | 表示要将纸样拼接到一起 |

# 第二节　男子体型特征与人体测量

## 一、观察体型

人的身体是由于骨骼、筋肉、皮下脂肪等组成，由于受遗传、环境、年龄、职业等方面的影响，人体或高、或矮、或胖、或瘦形成了各不相同的身体外形。男人也不例外，因此，仔细观察人体体型特征，是制作合体、好穿的服装的根本依据。

### （一）男子体型特征

男子体型与女子体型作如下比较，更为显示其体型特征。

（1）头部：头围男子比女子大。

（2）肩部：男体比女体肩宽，肌肉比女体发达。

（3）胸部：男体胸部肌肉发达，特点是“厚”，女体是因其乳房而高。

（4）腰部：男体腰部比女体腰部稍粗。

（5）臀部：女体臀部宽，皮下脂肪多而圆，男体臀部窄。

（6）躯干：男体的躯干长、胸腰落差较小，而女体的躯干稍短于男体，且胸腰落差较大。

（7）四肢：男体四肢粗，女体的四肢细；男体的下肢短，女体的下肢长。

（8）手：男体的手掌宽，手指粗，关节突出；女体的手掌窄，手指长，关节没男体明显。

（9）脚：男体脚长、脚趾粗；女体脚短，脚趾细。

### （二）体型类别

**1. 体型整体分类**

男子体型可分为正常体型和特殊体型，正常体型即标准体型，特殊体型大致可分为肥胖体型、瘦小体型、挺身体型、曲身体型等。标准体型是指人体的高度与围度、宽度之比例均衡，无残疾、无倾斜。肥胖体型是指人体的高度与围度、宽度之比例不均衡，围度与标准体相比大出很多，胸腰落差较小。瘦小体型是指人体的围度与身高的比例不匀称，即胸围、腰围的尺寸比正常体型的胸围、腰围更小，体型偏瘦、偏小、偏矮。

**2. 体型局部分类**

上身

挺身：胸部挺，背部平，胸宽宽，背宽窄。

曲身：向前曲，背圆而宽，胸宽窄。

厚身：胸部、背部高，肩部、胸宽、背宽等较窄。

扁平：胸部、背部平，肩部、胸宽、背宽等较宽。

颈部

脖子短：脖子短的体型在肥胖体、耸肩体等体型里多。

脖子长：脖子长的体型在瘦体型和溜肩体型里居多。

腹部

腹部挺身：腹部挺身的体型，一般臀部较平，身体是曲身的多。

腹部曲身：腹部曲身的体型，一般臀部翘，身体是挺身的多。

肩部

耸肩：肩部挺而高耸。

垂肩（溜肩）：与耸肩相反，肩部缓和下垂。

高低肩：又叫不同肩，左右肩膀不匀称 。

前肩：肩胛骨关节向前倾。

脚部

内轮脚（内八字）：又称“X”脚，两只脚的膝关节向内倾斜。

外轮脚（外八字）：又称“O”脚，两只脚的膝关节向外倾斜。

要仔细观察清楚这些特殊体型是不容易的，靠积累、总结。做这些特殊体型的纸样时，最好是在标准体型纸样上进行补正。

## 二、人体测量

### （一）人体测量的重要性

俗话说“量体裁衣”，这说明了量体的重要性。量体是裁剪的基础，只有准确的量体，裁剪、假缝、试穿、补正及缝制等工序才不会受影响。人体的测量是集技术、经验等方面技法的综合实施，量体前要仔细观察体型，尽可能的把握住顾客的体型特征，在制图及缝纫时应把这些特征考虑进去，使服装的合体度增强，且对体型有扬长避短的修饰效果。测量时人体是静止的，但着装后的人体是要活动的，所以测量时要考虑人体活动的范围及幅度。因此，测量是服装设计中非常重要的环节。

### （二）人体测量的注意事项

（1）认真听取被测者的要求。包括样式和习惯方面的要求。

（2）注意被测者衣服的厚薄。测量时，一般情况下要求被测者着衬衫、长裤，特殊情况时，可以在着装者的背心或毛衣外面量。

（3）被测者以立正的姿势站立。测量时，要求被测者两眼平视前方，两肩自然放松，两手自然下垂于裤侧缝处，两脚并拢，呼吸自然。

（4）要仔细观察被测者的体型特征。测量时发现特征，并做好记录，用之于服装各部位的造型裁制出更合体舒适、美观大方的服装。

（5）量体的顺序一般是先长度后围度 ，以防漏量或多量。

### （三）人体测量部位及方法

在实际工作中，有两种不同需要的人体测量，一种是供服装研究、制订号型标准、原型及内衣制作等用途的人体基本数据测量，即净体测量；一种是供服装加工用的人体实用数据测量，即着衣测量。为了准确测量人体，要给人体设置定点，如图 2–7 所示（以“7 个头”身高的人体为例）。

**1. 人体定点的设置**

（1）头顶点：人体以立正姿势站立时，头部最高的地方，是测量身高的基准点。

（2）颈窝点（FNP）：也称前颈中点。颈根曲线的前中心，前领圈的中心点。

（3）肩颈点（SNP）：又叫颈侧点，在颈根曲线上，自侧面看，较前后颈厚度的中部稍微偏后的位置。

（4）肩端点（SP）：从侧面看在肩端以及上臂宽度的中央位置。处在肩与手臂的转折点上，它是衣袖缝合对位的基准点。

（5）腋窝前点：在手臂根部的曲线内侧位置，放下手臂时，手臂与躯干部在腋下结合处起点，用于测量胸宽。

（6）膝盖骨中点：指膝盖骨的中央位置。

（7）颈后中点（BNP）：指颈后第七根颈椎位置，当颈项倒向前时，该点就突出，易找到，是测量背长及总体长的基准点。

（8）腋窝后点：在手臂根部的曲线内侧位置，放下手臂时，手臂与躯干部在腋下结合处起点，是从人体后面找，用于测量背宽。

（9）肘点：是肘关节的突出点，在弯肘部时，该点突出很明显，是构成袖子的重要组成点。

（10）腰围线（WL）：是人体中腰最细处的水平围线。

（11）手根围：是手腕外侧腕关节的突起点，是测量袖长的基准点之一。

（12）外踝点：是脚腕外侧踝骨的突起点，是测量裤长的基准点之一。

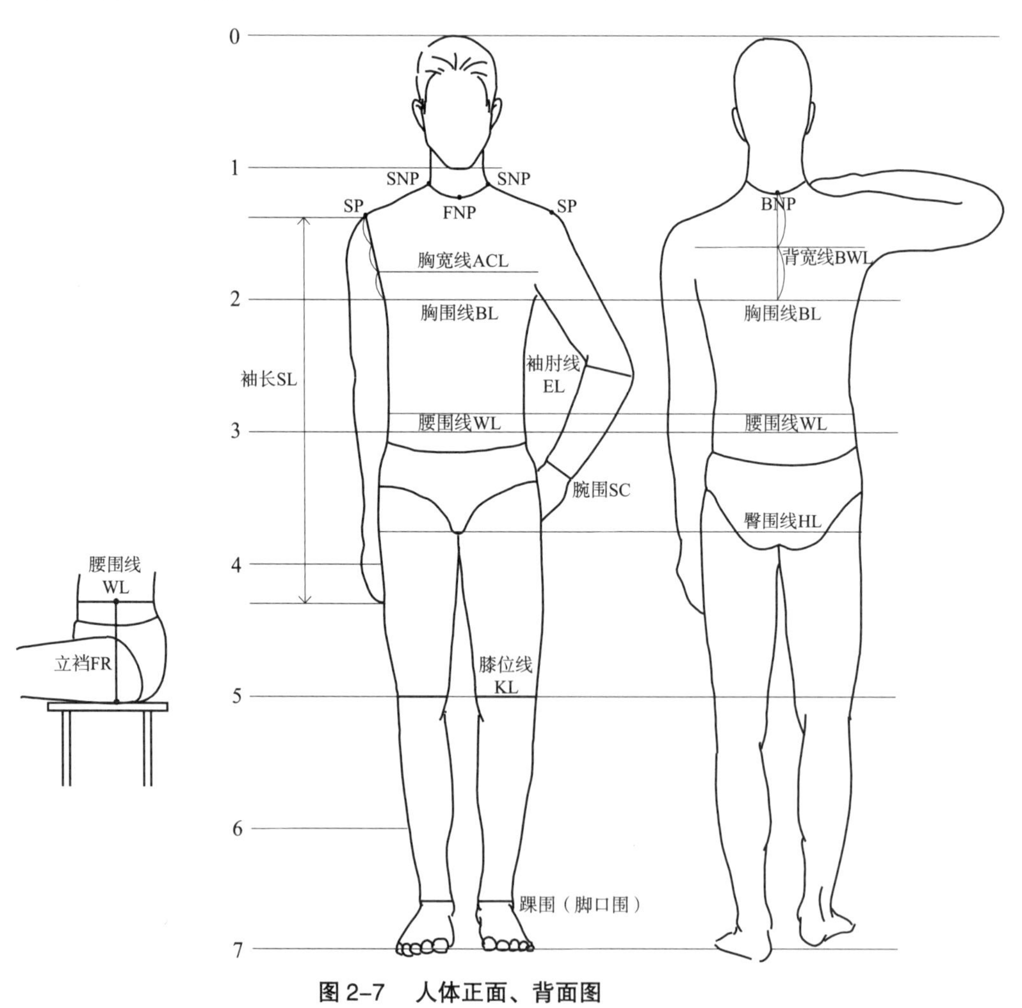


图 2-7　人体正面、背面图

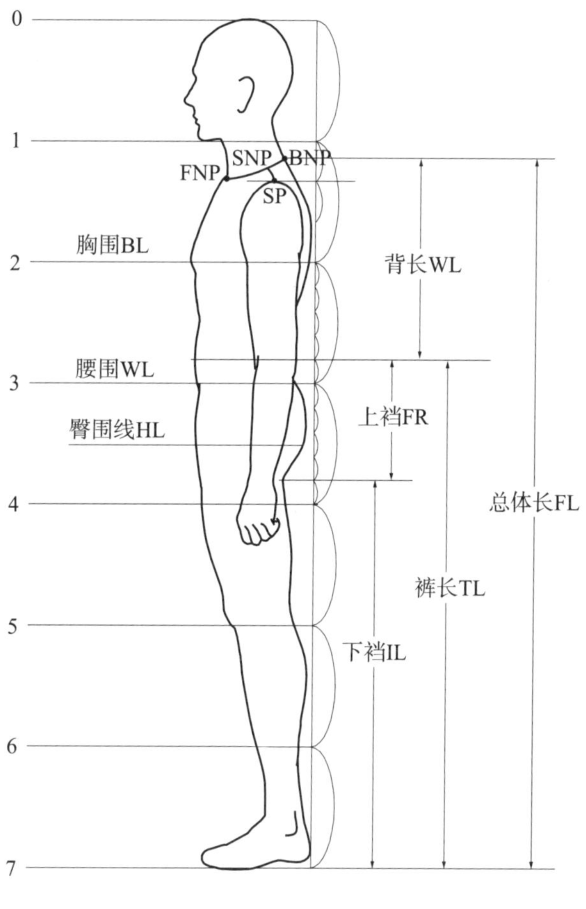


图 2–8　人体侧面图

**2. 量体部位及方法（基本数据的测量）**

人体是服装造型的依据，只有掌握人体结构，才能制订出合理的裁剪、缝纫工艺。服装号型标准制订时,选定了 60 个测量项目。而常用的数据一般为 20~30 个左右。它们分别是总体长、衣长、背长 、袖长、肘长、裤长、立裆长、肩宽、前胸宽、后背宽、头围、颈围、胸围、腰围、腹围、臀围、踝围、上臂根围、臂围、腕围等。图 2–8 所示是人体侧面各线段的设立。

测量的难点是各测量点的定位。准确的定位，即找准某一点在人体上的正确位置，也是量体关键所在，以下介绍各部位的测量方法。

（1）总体长（Full Length）FL

在人体后脖根处第七颈椎 BNP 点到脚底面的距离（以不穿鞋为准），这是一个重要的尺寸，它可以确定很多与长度有关的尺寸。测量时软尺可能量不到脚底面，可以在腰位等部分二次测量。

（2）衣长（Coat Length）CL

由总体长（FL）的 1/2 为依据推算（中长大衣、长大衣、中长风衣、长风衣等除外），再根据服装的风格适当加长或缩短。

（3）背长（Waist Length）WL

背长是从人体颈后中点（BNP）到躯干最细处（腰围线处）。

（4）袖长（Sleeve Length）SL

长袖：从人体肩外端 SP 点量至腕关节与大拇指尖之间，再根据款式需要决定其长短。

中袖：肘与腕骨之间；短袖：肘围或肘以上 5～10cm 处 。

（5）肘围线长（Elbow Line）EL

从人体肩外端 SP 点量至肘围处。

（6）裤长（Trouser Length）TL

长裤：从腰围线 WL 侧面量至脚底面（以赤脚为准），根据款式需要可适当增减；中长裤：从腰围线 WL 侧面量至膝位与小腿之间，根据款式需要决定长度。

短裤：从腰围线 WL 侧面量至膝位与大腿围之间，根据款式需要决定长度。

（7）上裆（Front Rise）FR

上裆又称为直裆或立裆。被测者端坐在凳子上，用软尺从后腰围线垂直量至凳面的长度即为上裆长。也可以根据臀围的大小来推算，即 H/4。

（8）下裆长（Inside Length）IL

下裆长即裤腿长尺寸，从大腿根量至脚底面，根据款式需要可适当增减。

（9）肩宽（Shouler Width）SW

从人体左肩骨外端 SP 点经颈后中点 BNP 点量至右肩骨外端 SP 点，可根据流行趋势和顾客的要求进行增减。

（10）前胸宽（Across Chest）AC

从人体一侧胳膊根开始，经过胸部量至另一侧胳膊根处，标准体的前胸宽和后背宽尺寸相等。

（11）后背宽（Back Width）BW

从人体胳膊根的一侧，经肩胛骨量至另一侧胳膊根处，肥胖体的后背宽可能大于肩宽，注意找准位置。

（12）头围（Head Size）HS

头围是在人体头部自前额至后枕骨围量一周。

（13）颈围（Cervix）

颈围在人体颈中部水平围量一周，软尺通过喉结。

（14）胸围（Breast）B

在人体胸部最丰满处，水平围量一周。

（15）腰围（Waist）W

沿腰围线（人体中腰最细的水平围线）水平围量一周。

（16）腹围（abdomen）

在人体腹部最丰满处水平围量一周。

（17）臀围（Hip）H

在人体臀部最丰满处围量一周。

（18）大腿根围（Thigh）

在人体大腿根部水平围量一周。

（19）膝围（Knee）

在膝关节水平围量一周，软尺通过膝盖骨中点。

（20）踝围（Bottom）

在人体下肢踝骨处，水平围量一周。

（21）臂根围（Arm Hole）AH

软尺在人体肩端点起，经过腋下围量一周。

（22）臂围（Arm）

在人体上臂最粗处水平围量一周。

（23）腕围（Wrist）

在人体手腕关节处围量一周。

## 三、男装的加放量

### （一）男装长度规格设计和推导公式

#### 1. 长度规格设计和选定注意事项

（1）衣长、袖长等各长度部位的选定，要尽量避开运动幅度较大的部位和关节，减少长度部位的边口与运动部位频繁地接触和过多的摩擦，以增强服装的牢固性和造型的美观感。

（2）长度规格的设计和选定，既要体现适体、和谐的装饰美，还要有防寒、护体等实用功能。礼仪性男装还要注意礼仪规范和程式化要求。

（3）进行比例公式推算时，不使用“定寸”，公式后的调整尺码尽量小，以便计算，减少人为误差。

（4）出口或接外单加工的男装，要注意不同国度、不同地区的人体差异，作相应的长度规格设计。

#### 2. 男装长度的规格设计

男装长度规格设计有以下三种：

（1）传统的量体、测体定尺寸法。是男装设计定制、单量、单裁常使用的方法，不适宜成衣工业大生产的规格设计。

（2）中间体、号型长度控制部位的增量调节法。

（3）男性身高和谐比例推导计算法。男性人体身高“号”，和各长度控制比例部位存在着密切的对应关系，可采用 10 分比结合推导公式准确的推算出上装、下装各主要长度规格长度，见表 2–3。

**表 2-3 男装长度规格设计和推导公式（170/88 A）** 单位：cm

| 长度部位 | 上装下装长度 | | | 袖子长度 | | | 备注 |
|---|---|---|---|---|---|---|---|
| 项目<br>品类 | 规格 尺寸 | 10分比计算公式 | 档差 | 规格尺寸 | 10分比计算公式 | 档差 | |
| 短袖衬衫 | 74～75 | — | 2 | 22～24 | 1.5号/10 –（1.5～3.5） | 1.5 | 西装袖应比衬衫袖短1cm，日常装和高档礼仪装在衣长、袖长等部位长度方面稍有差别，因此，各部位长度设计均留有调整选择的幅度。 |
| 长袖衬衫 | 74～76 | — | | 59～60 | 3号/8 –（5～6）或3.5号/10 ± 0.5 | | |
| 西装 | 74～76 | 3号/8+（9～10） | | 58～59 | 3号/8 –（5～7） | | |
| 中山装 | 74～ 76 | 4.5号/10 –（0.5～2.5） | | 59～60 | 3号/8 –（5～6）或3.5号/10 ± 0.5 | | |
| 猎装 | 74～76 | — | | 59～60 | | | |
| 春秋休闲装 | 74～76 | — | | 59～60 | | | |
| 制式服装 | 72～74 | 3号/8+（7～9） | | 58～59 | 3号/8 –（6～7）或3.5号/10 –（0.5～1.5） | | |
| 职业装 | 72～74 | 4.5号/10 –（2.5～4.5） | | 58～59 | | | |
| 中式罩衫（唐装） | 76～ 78 | 3号/8+（11～13）或4.5号 – 0.5或+1.5 | | 58～59 | | | |
| 茄克衫 | 68～72 | 3号/8+（3～7）或4号/10+（0～4） | | 58～60 | 3号/8 –（5～7） | | |
| 西背 | 50～60 | 3号/8 –（5～15）或3.5号/10+0.5或—0.5 | | — | — | | |
| 短大衣 | 83～85 | 5号/8 –（20.4～22.4）或5号/10 –（0～2） | | 61～62 | 3号/8 –（3～4）或3.5号/10+（1.5～2.5） | | |
| 中长大衣 | 100～102 | 5号/8 –（3～5）或6号/10 –（0～2） | 3 | 61～62 | | | |
| 长大衣 | 112～118 | 5号/8+（7～11）或6.5号/10+（1.5～5.5） | | 62～63 | 3号/8 –（2～3）或3.5号/10+（2.5～3.5） | | |
| 风衣 | 108～112 | 5号/8+（3～7）或6.5号/10 – 2.5或+1.5） | | 60～61 | 3号/8 –（4～5）或3.5号/10+（0.5～1.5） | | |
| 西裤 | 100～106 | 5号/8 ± 1或6号/10+（2～4） | 3 | — | — | | |

### （二）男装围度规格加放量的设计和计算

男装围度、宽度规格尺寸，必须在号型的型和想对应的围度控制部位净体尺寸基础上，加适当的放松量。传统服装裁剪多是凭经验设计加放量，此种方法精确度不高，若应用到批量生产中是难以施展的。必须应用围度的放松量和空隙度关系的计算模式来提供可靠的参考数据。

（1）人体净胸围是男上装各围度、宽度推算的主要依据。

（2）男性人体的主要围度、宽度控制部位，如颈围、总肩宽、胸宽和背宽等和净体胸围值存在着相对应的同步增长规律。

（3）实际测算验证证明，无论是净体值还是加放松量以后的成品规格，胸围都和颈围、总肩宽、胸宽、背宽存在着和谐的黄金比。

胸围规格放松量设计的计算模式

1）放松量 P 值计算（P 为放松量代号）。设 A 为男性人体净胸围圆周长，B 为男上装加放松量尺寸后的胸围圆周长，r 为净胸围半径，I 为加放松量的衣服胸围和净胸围必须存在的间隙度，π 为圆周率。运用圆周长的计算公式，即可推算出放松量：

$$P = B - A = 2\pi(r + I) - 2\pi r = 2\pi r + 2\pi I - 2\pi r = 2\pi I$$

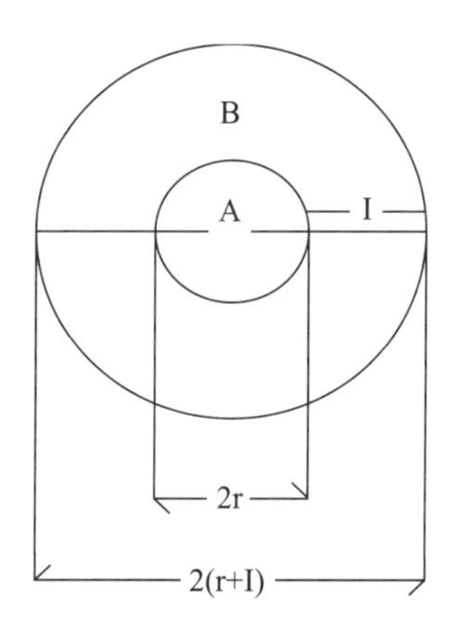


图 2-9

公式中，圆周率 π 取 3.14，只要计算出间隙度 I，就可以得到放松量 P 值。

2）间隙度 I 取值计算。根据男上装外衣必须加内套服装的事实及人体活动和生理卫生需要，间隙度 I 包含两方面的内容，即基本间隙量和内套服装厚度产生的间隙量。

基本间隙量：是指男性人体着装后除了护体、保暖、美观外，还必须有利于身体发育、活动、运动和皮肤透气、唤气、发汗、驱汗等生理技能的发挥。根据这个基本间隙度平均幅度为 1.5~2.5cm，考虑男性活动量大，男装结构设计在装饰性和实用性有机统一的前提下，要着重考虑实用功能，基本间隙量可在 2~2.5cm 之间选择，设其为 X。

内套服装厚度产生的间隙量：设其为值 Y。

因此 I=X+Y

表 1–4 为基本间隙量、内套服装厚度间隙量和放松量关系参考值。

男上装放松量P值设计事例，一件秋冬季穿的中山装，一般放松量P值设定为12cm～16cm～20cm，其验证步骤为：

$P = 2\pi I$　　　　$I = X + Y$

基本间隙量：　$X = 2cm$

内套服装厚度间隙量：Y = 衬衫（0.1cm）+ 羊绒衫（0.3cm）= 0.4cm

$I = X + Y = 0.4cm + 2cm = 2.4cm$

P（放松量）$= 2\pi I = 2 \times 3.14 \times 2.4 = 15.702$ cm

**表 2–4　基本间隙量、内套装厚度间隙量和放松量关系参照**　　单位：cm

| 名称 | 内套装厚度间隙量（Y） | 放松量（P） |
|---|---|---|
| 衬衫 | 0.1 | 0.628 |
| 棉背心 | 0.1 | 0.628 |
| 羊绒衫 | 0.3 | 1.884 |
| 毛衣 | 0.5 | 3.14 |
| 西服背心 | 0.5 | 3.14 |
| 西装 | 1 | 6.28 |
| 羽绒服 | 1.5 | 9.42 |
| 基本间隙量（X） | 2 | 12.56 |

**表 2–5　男装主要围度控制部位和加放量幅度参考值**　　单位：cm

| 品种 | 围度、宽度控制部位和加放量幅度 | | | | |
|---|---|---|---|---|---|
| | 胸围（B） | 总肩宽（S） | 颈围（N） | 腰围（W） | 臀围（H） |
| 短袖衬衫 | 18～22 | 2～3 | 1～2 | — | — |
| 长袖衬衫 | 18～22 | 2～3 | 1～2 | — | — |
| 西装 | 10～16～20 | 3～4 | — | — | 12左右 |
| 中山装 | 12～18～22 | 3～4 | 3～4 | — | 14左右 |
| 制式服装 | 18～22 | 3～4 | 3～4 | — | 14左右 |
| 猎装 | 14～18～22 | 3～4 | 3～5 | — | 14左右 |
| 休闲春秋装 | 14～18～22 | 3～4 | 3～4 | — | — |
| 中式罩衣 | 18～22 | 3 | 3～5 | — | 14左右 |
| 茄克衫 | 20～26 | 4～5 | 4～5 | — | — |

续表

| 品种 | 围度、宽度控制部位和加放量幅度 | | | | |
|---|---|---|---|---|---|
| | 胸围（B） | 总肩宽（S） | 颈围（N） | 腰围（W） | 臀围（H） |
| 西装背心 | 10~12 | — | — | — | — |
| 短大衣 | 20~25 | 4~6 | 5~8 | — | — |
| 中长大衣 | 20~28 | 4~6 | 6~9 | — | — |
| 长大衣 | 25~30 | 4~6 | 6~9 | — | — |
| 风衣 | 20~30 | 3~5 | 5~8 | — | — |
| 西式长裤 | — | — | — | 1~2 | 10~14~20 |

注：B、S、N、W、H 为净体尺寸。

# 第三节 服装号型

## 一、服装号型简介

我国的《服装号型标准》，包含了男子、女子、儿童三部分内容。改革开放以来我国对服装号型分别进行了四次大的调整，颁布了 GB 1335—1981、GB 1335—1991、GB 1335—1997 和 GB/T 1335—2008 四套服装标准。

GB 1335—81 标准是依据 1974~1975 年全国人体体型测量的数据结果，找出全国人体体型的规律后制订的，男装主要设置了 5.2 系列、5.3 系列和 5.4 系列。在我国实施了 10 年。但随着时间的推移，经济的发展，人民生活水平的不断提高，商家要求销售服装的品种增多，款式丰富多样，人们的穿着习惯向着季节性、多样性、适体性及儿童及青少年的身高普遍增加。GB 1335—81 标准的数据过时，不能满足不同体型变化及上下装配套的问题。

为了弥补 GB 1335—81 标准的不足之处，中国服装总公司、中国科学院系统所、中国标准化与信息分类编码所、中国服装研究设计中心等单位的专家组成课题小组，历时 5 年，制订了新的服装标准 GB 1335—91。新标准在全国范围内进行了大量的人体测量，并对采集的人体数据进行了科学的归纳、分析和处理，经过了多次全国范围的讲座和验证，获得了成功。这是我国服装生产领域的一个重大科技成就，标志着我国的服装号型标准进入世界先进行列。新号型标准首次根据人体胸围尺寸的落差将人体划分为 Y、A、B、C 四种体型，这 4 种体型比较全面地反映了我国人体体型变化的规律，为服装制造者提供了较为细致准确的数值依据，为成衣产品达到较好的适体性提供了科学的前提。GB 1335—08 版本，增加号 180 及对应型的设置。

近年来，人们着装越来越朝个性化方面发展，同时我国的人体体型也发生了一些变化，腰围和臀围的变化加大，中青年人口比例增大。同时，服装行业的迅猛发展，服装企业、商家、消费者等对服装的季节性、多样性、合体性有了更进一步的要求，款式变化不断的更新，为了顺应发展，中国服装总公司、中国科学院系统所、中国标准化与信息分类编码所、中国服装研究设计中心等单位的专家组成课题小组，完成了 GB 1335—97 服装号型标准的制订工作。本标准在修订过程中参考了国际标准技术文件 ISO/TR 10652《服装标准尺寸系统》、日本工业标准 JISL 4004《成人男子服装尺寸》、JISL《成人女子服装尺寸》等国外先进标准，并取消了 5.3 系列人体各部位的测量方法及测量示意图。新的标准在近 14 年的使用实践证明，在先进性、科学性和实用性等方面取得了很好的效果。

近年来随着物质生活条件的改变，国人的身高上限在逐步增大。于 2008 年又作了调整。GB/1335—08，增加了号 180 及对应型的设置。

## 二、号型定义及要求

### （一）定义

（1）号：指人体的身高，以厘米为单位表示，是设计和选购服装长短的依据。

（2）型：指人体的上体胸围和下体腰围，以厘米为单位表示，是设计和选购服装肥瘦的依据。

（3）体型是以人体的胸围与腰围的差数为依据来划分体型，并将体型分成四类。体型分类代号分别为 Y、A、B、C，以下是男子各类体型胸腰落差的范围：

Y：表示胸围与腰围的差数为 17~22 cm 之间。

A：表示胸围与腰围的差数为 12~16cm 之间。

B：表示胸围与腰围的差数为 7~11 cm 之间。

C：表示胸围与腰围的差数为 2~6cm 之间。

### （二）要求

（1）号型系列：把人体的号和型，进行有规则的分档排列，即为号型系列。号型系列以各体型中间体为中心，向两边依次递增或递减组成。身高以 5cm 分档组成系列，胸围以 4cm 分档组成系列，腰围以 4cm、2cm 分档组成系列。

（2）身高与胸围搭配组成 5.4 号型系列。身高与腰围搭配组成 5.4 系列、5.2 系列。

（3）号型标志：上下装分别表明号型。号与型之间用斜线分开，后接体型分类代号。例：上装 170/88A，其中，170 代表号，88 代表型，A 代表体型分类。下装 170/74A，其中，170 代表号，74 代表型，A 代表体型分类。号型标志也可以说是服装规格的代号（套装系列服装，上下装必须分别标有号型标志。儿童不分体型，因此号型标志不带体型分类代号。）。

（4）中间体：根据大量实测的人体数据，通过计算，求出均值，即为中间体。它反映了我国男女成人各类体型的身高、胸围、腰围等部位的平均水平，具有一定的代表性。男体中间体设置为：170/88Y、170/88A、170/92B、170/96C，女子中间体设置为：160/84Y、160/84A、160/88B、160/88C。

### （三）号型应用

号型的实际应用，对于每一个人来讲，首先要了解自己是属于哪一种体型，然后看身高和净体胸围（腰围）是否与号型设置一致。如果一致则可对号如座，如果有差异则采用近距靠拢法，具体如下：

| 身高 | 162.5 | 163～167 | 167.5 | 168～172 | 172.5 | 173～177 | … |
|---|---|---|---|---|---|---|---|
| 选用号 | | 165 | | 170 | | 175 | … |
| 胸围 | 82 | 83～85 | 86 | 87～89 | 90 | 91～93 | … |
| 选用型 | | 84 | | 88 | | 92 | … |

选购服装时，考虑到服装造型和穿着的习惯，可上下浮动一档。

## 三、国内服装规格系列的设计

### （一）规格系列设计的意义

国家新的服装号型的颁布，给服装规格设计特别是成衣生产的规格设计，提供了可靠的依据。但服装号型并不是现成的服装成品尺寸。服装号型提供的均是人体尺寸，成衣规格设计的任务，就是以服装号型为依据，根据服装款式、体型等因素，加放不同的放松量，制订出服装规格。

在进行成衣规格设计时，由于成衣是一种商品，它和量体裁衣完全是两种概念。必须考虑能够适应多数地区和多数人的体型和规格要求，个别人或部分人的体型和规格要求，都不能作为成衣规格设计的依据，而只能作为一种信息和参考。成衣规格设计必须依据具体产品的款式和风格等特点要求进行相应的规格设计。因此，规格设计是反映产品特点的有机组成部分。同一号型的不同产品，可以有多种规格设计，具有相对性和应变性。以下是各类服装规格系列表（国标），供参考。

表 2-6　男毛呢中山装（5.4 系列）　单位：cm

| 部位 \ 规格 \ 中间体 | 170/88Y | 170/88A | 170/92B | 170/96C | 分档数值 |
|---|---|---|---|---|---|
| 衣长 | 74 | 74 | 74 | 74 | 2 |
| 胸围 | 102 | 108 | 112 | 116 | 4 |
| 袖长 | 60 | 60 | 60 | 60 | 1.5 |
| 总肩宽 | 45.6 | 45.2 | 46 | 46.8 | 1.2 |
| 领围 | 40.4 | 40.8 | 42.2 | 43.6 | 1 |
| 设计依据 | 衣长 = 号 ×40%+6　袖长 = 号 ×30%+9　胸围 = 型 +20<br>领围 = 颈围 +4　总肩宽 = 总肩宽（净体）+1.6 | | | | |

表 2-7　男毛呢短大衣（5.4 系列）　单位：cm

| 部位 \ 规格 \ 中间体 | 170/88Y | 170/88A | 170/92B | 170/96C | 分档数值 |
|---|---|---|---|---|---|
| 衣长 | 85 | 85 | 85 | 85 | 3 |
| 胸围 | 115 | 115 | 119 | 123 | 4 |
| 袖长 | 62 | 62 | 62 | 62 | 1.5 |

续表

| 部位＼规格＼中间体 | 170/88Y | 170/88A | 170/92B | 170/96C | 分档数值 |
|---|---|---|---|---|---|
| 总肩宽 | 47 | 46.6 | 47.4 | 48.2 | 1.2 |
| 设计依据 | 衣长=号×60%−17　袖长=号×30%+11　胸围=型+27　总肩宽=总肩宽（净体）+3 | | | | |

表 2–8　男长大衣规格（5.4 系列）　单位：cm

| 部位＼规格＼中间体 | 170/88Y | 170/88A | 170/92B | 170/96C | 分档数值 |
|---|---|---|---|---|---|
| 衣长 | 116 | 116 | 116 | 116 | 3 |
| 胸围 | 118 | 118 | 122 | 126 | 4 |
| 袖长 | 63 | 63 | 63 | 63 | 1.5 |
| 总肩宽 | 47 | 46.6 | 47.4 | 48.2 | 1.2 |
| 设计依据 | 衣长=号×60%+14　胸围=型+30　总肩宽=总肩宽（净体）+3　袖长=号×30%+12 | | | | |

表 2–9　男化纤茄克衫（5.4 系列）　单位：cm

| 部位＼规格＼中间体 | 170/88Y | 170/88A | 170/92B | 170/96C | 分档数值 |
|---|---|---|---|---|---|
| 衣长 | 70 | 70 | 70 | 70 | 2 |
| 胸围 | 114 | 114 | 118 | 122 | 4 |
| 袖长 | 58 | 58 | 58 | 58 | 1.5 |
| 总肩宽 | 47.8 | 47.4 | 48.2 | 49 | 1.2 |
| 领围 | 44.2 | 44.6 | 46 | 47.4 | 1 |
| 设计依据 | 衣长 = 号 ×40%+2　袖长 = 号 ×30%+7　胸围 = 型 +26<br>领围 = 颈围 +7.8　总肩宽 = 总肩宽（净体）+3.8 | | | | |

表 2–10　男化纤衬衫（5.4 系列）　单位：cm

| 部位＼规格＼中间体 | | 170/88Y | 170/88A | 170/92B | 170/96C | 分档数值 |
|---|---|---|---|---|---|---|
| 衣长 | | 72 | 72 | 72 | 72 | 2 |
| 胸围 | | 108 | 108 | 112 | 118 | 4 |
| 袖长 | 长袖 | 58 | 58 | 58 | 58 | 1.5 |
| | 短袖 | 22 | 22 | 22 | 22 | 1 |
| 总肩宽 | | 45.6 | 45.2 | 46 | 46.8 | 1.2 |
| 领围 | | 38.4 | 38.8 | 40.2 | 41.6 | 1 |
| 设计依据 | | 衣长=号×40%+4　胸围=型+20　长袖长=号×30%+7　领围=颈围+2<br>短袖长=号×20%−12　总肩宽=总肩宽（净体）+1.6 | | | | |

表 2-11　男西装马甲（5.4 系列）　单位：cm

| 部位／规格／中间体 | 170/88Y | 170/88A | 170/92B | 170/96C | 分档数值 |
|---|---|---|---|---|---|
| 衣长 | 60 | 60 | 60 | 60 | 1 |
| 胸围 | 98 | 98 | 102 | 106 | 4 |
| 设计依据 | 衣长=号×30%+9　胸围=型+10 | | | | |

表 2-12　男毛呢西裤（5.2 系列）　单位：cm

| 部位／规格／中间体 | 170/70Y | 170/74A | 170/84B | 170/92C | 分档数值 |
|---|---|---|---|---|---|
| 裤长 | 104 | 104 | 104 | 104 | 3 |
| 腰围 | 72 | 76 | 86 | 96 | 2 |
| 臀围 | 100 | 100 | 105 | 107 | Y、A=1.6<br>B、C=1.4 |
| 设计依据 | 参照5.4系列 | | | | |

表 2-13　男毛呢西服规格系列表（5.4）　单位：cm

| 部位／规格／型 | | | 72 | 76 | 80 | 84 | 88 | 92 | 96 | 100 |
|---|---|---|---|---|---|---|---|---|---|---|
| 胸围 | | | 90 | 94 | 98 | 102 | 106 | 110 | 114 | 118 |
| 总肩宽 | | | 39.8 | 41 | 42.2 | 43.4 | 44.6 | 45.8 | 47 | 48.2 |
| 型 | 155 | 衣长 | | 68 | 68 | 68 | 68 | | | |
| | | 袖长 | | 54.5 | 54.5 | 54.5 | 54.5 | | | |
| | 160 | 衣长 | 70 | 70 | 70 | 70 | 70 | 70 | | |
| | | 袖长 | 56 | 56 | 56 | 56 | 56 | 56 | | |
| | 165 | 衣长 | 72 | 72 | 72 | 72 | 72 | 72 | 72 | |
| | | 袖长 | 57.5 | 57.5 | 57.5 | 57.5 | 57.5 | 57.5 | 57.5 | |
| | 170 | 衣长 | | 74 | 74 | 74 | 74 | 74 | 74 | 74 |
| | | 袖长 | | 59 | 59 | 59 | 59 | 59 | 59 | 59 |
| | 175 | 衣长 | | | 76 | 76 | 76 | 76 | 76 | 76 |
| | | 袖长 | | | 60.5 | 60.5 | 60.5 | 60.5 | 60.5 | 60.5 |
| | 180 | 衣长 | | | | 78 | 78 | 78 | 78 | 78 |
| | | 袖长 | | | | 62 | 62 | 62 | 62 | 62 |
| | 185 | 衣长 | | | | | 80 | 80 | 80 | 80 |
| | | 袖长 | | | | | 63.5 | 63.5 | 63.5 | 63.5 |
| 备注 | | | | | | | | | | |

表 2-14　成人号型系列分档范围和分档间距表　　单位：cm

| 部位 / 型号 / 身高 | | 男 | 女 | 分档间距 |
|---|---|---|---|---|
| | | 155~185 | 145~175 | 5 |
| 胸围 | Y 型 | 76~100 | 72~96 | 4和3 |
| | A型 | 72~100 | 72~96 | 4和3 |
| | B型 | 72~108 | 68~104 | 4和3 |
| | C型 | 76~112 | 68~108 | 4和3 |
| 腰围 | Y型 | 56~82 | 50~76 | 2和3.4 |
| | A性 | 58~88 | 54~84 | 2和3.4 |
| | B型 | 62~100 | 56~94 | 2和3.4 |
| | C型 | 70~108 | 60~102 | 2和3.4 |

以男毛呢西裤规格系列设计为例。

（1）确定号型系列和体型。因是男下装，所以选用 5.4 系列或 5.2 系列，在此我们选 5.2 系列。

体型选择可选 Y、A、B、C 四种体型，也可选其中的一、二种，主要根据主品的销售对象、地区而定，在此选 Y 体型。

（2）确定号型设置。从表 2–14 中查出男子 Y 型的号型起迄是号：155~185；型：56~82。

（3）确定中间体。Y 体型男下装中间体为 170/70Y。

（4）确定控制部位数值。服装规格中裤装控制部位有：裤长、腰围、臀围。转化为服装尺寸为：

裤长 = 号 × 60% + 2 = 104cm

腰围 = 型 + 2 = 72cm

臀围 = 臀围（净体）+ 10 = 90 + 10 = 100cm

（5）规格系列的组成。以中间体为中心，按各部位分档数值，上下或左右依次递增或递减组成规格系列。

5.2 系列 Y 体型男子下装各部位的分档数值为：裤长 3cm，腰围 2cm，臀围 1.6cm。

参照标准中的号型系列表，填满数值，其中空格部分表示号型覆盖率小，可不考虑生产。裤子规格系列表见表 2–15。

表 2–15　男毛呢西裤规格系列表 (5.2 系列，Y 体型）　　单位：cm

| 部位名称 / 成品规格 / 型 | 56 | 58 | 60 | 62 | 64 | 66 | 68 | 70 | 72 | 74 | 76 | 78 | 80 | 82 | 备注 |
|---|---|---|---|---|---|---|---|---|---|---|---|---|---|---|---|
| 腰围 | 58 | 60 | 62 | 64 | 66 | 68 | 70 | 72 | 74 | 76 | 45 | 80 | 82 | 84 | 1. 以 170/70Y为中间号型 |
| 臀围 | 88.8 | 90.4 | 92.0 | 93.6 | 95.2 | 96.8 | 98.4 | 100 | 101.6 | 103.2 | 104.8 | 106.4 | 108 | 109.6 | |

续表

| 成品规格 型 部位名称 | | | 56 | 58 | 60 | 62 | 64 | 66 | 68 | 70 | 72 | 74 | 76 | 78 | 80 | 82 | 备注 |
|---|---|---|---|---|---|---|---|---|---|---|---|---|---|---|---|---|---|
| 号 | 155 | 裤长 | | | 95 | 95 | 95 | 95 | 95 | 95 | | | | | | | |
| | 160 | 裤长 | 98 | 98 | 98 | 98 | 98 | 98 | 98 | 98 | 98 | 98 | | | | | 2. 腰围2cm分档 |
| | 165 | 裤长 | 101 | 101 | 101 | 101 | 101 | 101 | 101 | 101 | 101 | 101 | 101 | 101 | | | |
| | 170 | 裤长 | 104 | 104 | 104 | 104 | 104 | 104 | 104 | 104 | 104 | 104 | 104 | 104 | 104 | 104 | 3. 臀围1.6cm分档 |
| | 175 | 裤长 | | | 107 | 107 | 107 | 107 | 107 | 107 | 107 | 107 | 107 | 107 | 107 | 107 | |
| | 180 | 裤长 | | | | | 110 | 110 | 110 | 110 | 110 | 110 | 110 | 110 | 110 | 110 | 4. 裤长3cm分档 |
| | 185 | 裤长 | | | | | | | 113 | 113 | 113 | 113 | 113 | 113 | 113 | 113 | |

### （二）号型系列的配置

对于服装企业来说，必须根据选定的号型系列编出主品的规格系列表，这是对正规化生产的一种基本要求。产品规格的系列化设计，是生产技术管理的一项重要内容，产品的规格质量要通过生产技术管理来控制和保证。规格系列表中的号型要基本上能满足某一体 90% 以上人们的需要，但在实际生产和销售中，由于投产批量小，品种不同，服装款式或者穿着对象不同等客观原因，往往不能或者不必全部完成规格系列表中的规格配置，而是选用其中的一部分规格进行生产或选择所需要的号型配置。例如上述男西服 A 体型规格系列表中，我们选用了 160~180 五个号和 80~96 五个型，可以有几种配制方式：

**1. 号和型同步配置**

配置形式为：160/80、165/84、170/88、175/92、180/96。

**2. 一号和多型配置**

配置形式为：170/88、170/84、170/88、170/92、170/96。

**3. 多号和一型配置**

配置形式为：160/88、165/88、170/88、175/88、180/88。

以上号型配置只是推荐的几种方式，在具体使用时，可根据地区的人体体型特点或者产品特点，在服装规格系列表中选择好号和型的搭配，这对一个企业来说是很重要的，它可以满足大部分消费者的需要，同时又可避免生产过量，产品积压。对一些不是很好销、比例比较少的号型，可根据情况设置一些特体服装号型，生产量小一些，以满足不同体型消费者的需求。

例如企业可根据以上原则来制订合适的号型，现以西服套装的规格来说明（企业自订），见表 2–16、表 2–17。

表 2-16 西服套装规格一览表

单位：cm

| 名称 \ 规格 号型 \ 体型 | | Y | | | | | A | | | | | B | | | | | C | | | | |
|---|---|---|---|---|---|---|---|---|---|---|---|---|---|---|---|---|---|---|---|---|---|
| | | 165/84 | 170/86 | 175/88 | 180/90 | 185/92 | 165/88 | 170/90 | 175/92 | 180/94 | 185/96 | 165/92 | 170/94 | 175/96 | 180/98 | 185/100 | 165/88 | 170/90 | 175/92 | 180/94 | 180/96 |
| 上衣 | 衣长 | 71 | 73 | 75 | 77 | 79 | 71 | 73 | 75 | 77 | 79 | 71 | 73 | 75 | 77 | 79 | 71.5 | 73.5 | 75.5 | 77.5 | 79.5 |
| | 胸围 | 100 | 102 | 104 | 106 | 108 | 104 | 106 | 108 | 110 | 112 | 108 | 110 | 112 | 114 | 116 | 112 | 114 | 116 | 118 | 120 |
| | 肩宽 | 40.4 | 41 | 41.6 | 42.2 | 42.8 | 41.6 | 42.2 | 42.8 | 43.4 | 44 | 43.4 | 44 | 44.6 | 45.2 | 45.8 | 44 | 44.6 | 45.2 | 45.8 | 46.4 |
| | 袖长 | 57.5 | 59 | 60.5 | 62 | 63.5 | 57.5 | 59 | 60.5 | 62 | 63.5 | 57.5 | 59 | 60.5 | 62 | 63.5 | 58 | 59.5 | 61.5 | 62.5 | 63.5 |
| | 袖口 | 13.7 | 14 | 14.3 | 14.6 | 14.9 | 14.3 | 14.6 | 14.9 | 15.2 | 15.5 | 14.6 | 14.9 | 15.2 | 15.5 | 15.8 | 14.9 | 15.2 | 15.5 | 15.8 | 16.1 |
| 裤子 | 裤长 | 100 | 102 | 104 | 106 | 108 | 100 | 102 | 104 | 106 | 108 | 100 | 102 | 104 | 106 | 108 | 100 | 102 | 104 | 106 | 108 |
| | 直裆 | 28 | 28.5 | 29 | 29.5 | 30 | 28.5 | 29 | 29.5 | 30 | 30.5 | 29.5 | 30 | 30.5 | 31 | 31.5 | 30 | 30.5 | 31 | 31.5 | 32 |
| | 腰围 | 72 | 74 | 76 | 78 | 80 | 76 | 78 | 80 | 82 | 84 | 82 | 84 | 86 | 88 | 90 | 88 | 90 | 92 | 94 | 96 |
| | 臀围 | 98 | 100 | 102 | 104 | 106 | 102 | 104 | 106 | 108 | 110 | 106 | 108 | 110 | 112 | 114 | 111 | 113 | 115 | 117 | 119 |
| | 裤口 | 21.5 | 22 | 22.5 | 23 | 23.5 | 22 | 22.5 | 23 | 23.5 | 24 | 22.5 | 23 | 23.5 | 24 | 24.5 | 23 | 23.5 | 24 | 24.5 | 25 |

表 2-17 企业特体西服规格尺寸一览表 单位：cm

| 型 | | 上装号型 | 下装号型 / 部位尺寸 | 前身长 | 胸围 | 肩宽 | 袖长 | 裤长 | 腰围 | 臀围 |
|---|---|---|---|---|---|---|---|---|---|---|
| Y | 1 | 185/99Y | 185/82Y | 82.5 | 116 | 46.5 | 64.5 | 110 | 84 | 112 |
| | 2 | 180/96Y | 180/79Y | 80 | 113 | 45.5 | 63 | 107 | 81 | 109 |
| | 3 | 175/93Y | 175/76Y | 77.5 | 110 | 44.5 | 61.5 | 104 | 78 | 106 |
| | 4 | 170/90Y | 170/73Y | 75 | 107 | 43.5 | 59.5 | 101 | 75 | 103 |
| | 5 | 165/87Y | 165/70Y | 72.5 | 104 | 42.5 | 58 | 99 | 72 | 100 |
| A | 1 | 185/100A | 185/87A | 82.5 | 119 | 48.5 | 64.5 | 110 | 89 | 116 |
| | 2 | 180/97A | 180/84A | 80 | 116 | 47.5 | 63 | 107 | 86 | 113 |
| | 3 | 175/94A | 175/81A | 77.5 | 113 | 46.5 | 61.5 | 104 | 83 | 110 |
| | 4 | 170/91A | 170/78A | 75 | 110 | 45.5 | 59.5 | 101 | 80 | 107 |
| | 5 | 165/88A | 165/75A | 72.5 | 107 | 44.5 | 58 | 99 | 77 | 104 |
| AB | 1 | 185/103A | 185/90A | 82.5 | 122 | 49.5 | 64.5 | 110 | 92 | 119 |
| | 2 | 180/100A | 180/87A | 80 | 119 | 47.5 | 63 | 107 | 88 | 116 |
| | 3 | 175/97A | 175/84A | 77.5 | 116 | 46.5 | 61.5 | 104 | 86 | 113 |
| | 4 | 170/94A | 170/81A | 75 | 113 | 46.5 | 59.5 | 101 | 83 | 110 |
| | 5 | 165/91A | 165/78A | 72.5 | 110 | 45.5 | 58 | 99 | 80 | 107 |
| B | 1 | 185/106B | 185/95B | 82.5 | 126 | 50.5 | 64.5 | 110 | 97 | 124 |
| | 2 | 180/103B | 180/95B | 80 | 123 | 49.5 | 63 | 107 | 94 | 121 |
| | 3 | 175/100B | 175/89B | 77.5 | 120 | 48.5 | 61.5 | 104 | 91 | 118 |
| | 4 | 170/97B | 170/86B | 75 | 117 | 47.5 | 59.5 | 101 | 88 | 115 |
| | 5 | 165/94B | 165/83B | 72.5 | 114 | 46.5 | 58 | 99 | 85 | 112 |
| C | 1 | 185/109C | 185/103C | 82.5 | 129 | 51.5 | 64.5 | 110 | 105 | 129 |
| | 2 | 180/106C | 180/100C | 80 | 126 | 50.5 | 63 | 107 | 102 | 126 |
| | 3 | 175/103C | 175/97C | 77.5 | 123 | 49.5 | 61.5 | 104 | 99 | 123 |
| | 4 | 170/100C | 170/94C | 75 | 120 | 48.5 | 59.5 | 101 | 96 | 120 |
| | 5 | 165/97C | 165/91C | 72.5 | 117 | 46.5 | 58 | 99 | 93 | 117 |
| 特 | 1 | 185/114C | 185/110C | 84 | 136 | 51.5 | 64.5 | 110 | 114 | 136 |
| | 2 | 180/111C | 180/107C | 79.5 | 132 | 50.5 | 63 | 107 | 110 | 132 |
| | 3 | 175/108C | 175/104C | 79 | 128 | 49.5 | 63 | 104 | 106 | 128 |
| | 4 | 170/105C | 170/101C | 76.5 | 124 | 48.5 | 61 | 101 | 102 | 124 |
| | 5 | 165/102C | 165/98C | 74 | 120 | 47.5 | 59 | 99 | 98 | 120 |

表 2-18　西服厂男西服号型规格表　　单位：cm

| 记号 | | 三围表示 | | | 上装规格 | | | | | 下装规格 | | | | | | |
|---|---|---|---|---|---|---|---|---|---|---|---|---|---|---|---|---|
| 体型 | 号数 | 身高 | 胸围 | 腰围 | 衣长 | 胸围 | 中腰 | 肩宽 | 袖长 | 裤长 | 腰围 | 直档 | 臀围 | 中档 | 脚口 | 拉链 |
| Y 瘦型 (Y) | 3 | 165 | 86 | 68 | 71 | 108 | 96 | 45.7 | 57 | 99 | 70 | 25.5 | 99 | 24.5 | 21.4 | 22 |
| | 4 | 170 | 88 | 70 | 73 | 110 | 98 | 46.4 | 58.5 | 102 | 72 | 26 | 101 | 25 | 21.8 | 22 |
| | 5 | 175 | 90 | 72 | 75 | 112 | 100 | 47.1 | 60 | 105 | 74 | 26.5 | 103 | 25.5 | 22.2 | 24 |
| | 6 | 180 | 92 | 74 | 77 | 114 | 102 | 47.8 | 61.5 | 108 | 76 | 27 | 105 | 26 | 22.6 | 24 |
| | 7 | 185 | 94 | 76 | 79 | 116 | 104 | 48.5 | 63 | 111 | 78 | 27.5 | 107 | 26.5 | 23 | 24 |
| | 8 | 190 | 96 | 78 | 81 | 118 | 106 | 49.2 | 64.5 | 114 | 80 | 28 | 109 | 27 | 23.4 | 22 |
| A 标准型(A) | 3 | 165 | 86 | 72 | 71 | 108 | 96 | 45.7 | 57 | 99 | 74 | 26 | 103 | 25 | 21.8 | 22 |
| | 4 | 170 | 88 | 74 | 73 | 110 | 98 | 46.4 | 58.5 | 102 | 76 | 26.5 | 105 | 25.5 | 22.2 | 22 |
| | 5 | 175 | 90 | 76 | 75 | 112 | 100 | 47.1 | 60 | 105 | 78 | 27 | 107 | 26 | 22.6 | 24 |
| | 6 | 180 | 92 | 78 | 77 | 114 | 102 | 47.8 | 61.5 | 108 | 80 | 27.5 | 109 | 26.5 | 23 | 24 |
| | 7 | 185 | 94 | 80 | 79 | 116 | 104 | 48.5 | 63 | 111 | 82 | 28 | 111 | 27 | 23.4 | 24 |
| | 8 | 190 | 96 | 82 | 81 | 118 | 106 | 49.2 | 64.5 | 114 | 84 | 28.5 | 113 | 27.5 | 23.8 | 24 |
| AB 略胖 (A) | 3 | 165 | 88 | 76 | 71 | 110 | 99 | 47.2 | 57 | 99 | 78 | 26.5 | 107 | 25.8 | 22 | 22 |
| | 4 | 170 | 90 | 78 | 73 | 112 | 101 | 47.9 | 58.5 | 102 | 80 | 27 | 109 | 26.3 | 22.4 | 24 |
| | 5 | 175 | 92 | 80 | 75 | 114 | 103 | 48.6 | 60 | 105 | 82 | 27.5 | 111 | 26.8 | 22.8 | 24 |
| | 6 | 180 | 94 | 82 | 77 | 116 | 105 | 49.3 | 61.5 | 108 | 84 | 28 | 113 | 27.3 | 23.2 | 24 |
| | 7 | 185 | 96 | 84 | 79 | 118 | 107 | 50 | 63 | 111 | 86 | 28.5 | 115 | 27.8 | 23.6 | 24 |
| | 8 | 190 | 98 | 86 | 81 | 120 | 109 | 50.7 | 64.5 | 114 | 88 | 29 | 117 | 28.3 | 24 | 26 |
| B 胖型 (B) | 3 | 165 | 90 | 82 | 71 | 112 | 102 | 47.7 | 57 | 99 | 84 | 27 | 111 | 27 | 22.6 | 24 |
| | 4 | 170 | 92 | 84 | 73 | 114 | 104 | 48.4 | 58.5 | 102 | 86 | 27.5 | 113 | 27.5 | 23 | 24 |
| | 5 | 175 | 94 | 86 | 75 | 116 | 106 | 49.1 | 60 | 105 | 88 | 28 | 115 | 28 | 23.4 | 24 |
| | 6 | 180 | 96 | 88 | 77 | 118 | 108 | 49.8 | 61.5 | 108 | 90 | 28.5 | 117 | 28.5 | 23.8 | 24 |
| | 7 | 185 | 98 | 90 | 79 | 120 | 110 | 50.5 | 63 | 111 | 92 | 29 | 119 | 29 | 24.2 | 24 |
| | 8 | 190 | 100 | 92 | 81 | 122 | 112 | 51.2 | 64.5 | 114 | 94 | 29.5 | 121 | 29.5 | 24.6 | 24 |
| BE 肥胖型 (C) | 3 | 165 | 94 | 90 | 71 | 119 | 110 | 47.7 | 57 | 99 | 92 | 29 | 115 | 27.5 | 23.6 | 24 |
| | 4 | 170 | 96 | 92 | 73 | 121 | 112 | 48.4 | 58.5 | 102 | 94 | 29.5 | 117 | 28 | 24 | 24 |
| | 5 | 175 | 98 | 94 | 75 | 123 | 114 | 49.1 | 60 | 105 | 96 | 30 | 119 | 28.5 | 24.4 | 24 |
| | 6 | 180 | 100 | 96 | 77 | 125 | 116 | 49.8 | 61.5 | 108 | 98 | 30.5 | 121 | 29 | 24.8 | 26 |
| | 7 | 185 | 102 | 98 | 79 | 127 | 118 | 50.5 | 63 | 111 | 100 | 31 | 123 | 29.5 | 25.2 | 26 |
| | 8 | 190 | 104 | 100 | 81 | 129 | 120 | 51.2 | 64.5 | 114 | 102 | 31.5 | 125 | 30 | 25.6 | 26 |
| E 特胖型 (C) | 3 | 165 | 98 | 98 | 71 | 123 | 115 | 48.5 | 57 | 99 | 100 | 31 | 121 | 30.3 | 24.6 | 26 |
| | 4 | 170 | 100 | 100 | 73 | 125 | 117 | 49.2 | 58.5 | 102 | 102 | 31.5 | 123 | 30.8 | 25 | 26 |
| | 5 | 175 | 102 | 102 | 75 | 127 | 119 | 49.9 | 60 | 105 | 104 | 32 | 125 | 31.3 | 25.4 | 28 |
| | 6 | 180 | 104 | 104 | 77 | 129 | 121 | 50.6 | 61.5 | 108 | 106 | 32.5 | 127 | 31.8 | 25.8 | 28 |
| | 7 | 185 | 106 | 106 | 79 | 131 | 123 | 51.3 | 63 | 111 | 108 | 33 | 129 | 32.3 | 26.2 | 28 |
| | 8 | 190 | 108 | 108 | 81 | 133 | 125 | 52 | 64.5 | 114 | 110 | 33.5 | 131 | 32.8 | 26.6 | 28 |

表 2-19　男毛呢西裤规格系列表（5.2 系列 A 体型）

单位：cm

| 部位名称 \ 成品规格 \ 型 | | | 56 | 58 | 60 | 62 | 64 | 66 | 68 | 70 | 72 | 74 | 76 | 78 | 80 | 82 | 84 | 86 | 88 |
|---|---|---|---|---|---|---|---|---|---|---|---|---|---|---|---|---|---|---|---|
| 腰围 | | | 58 | 60 | 62 | 64 | 66 | 68 | 70 | 72 | 74 | 76 | 78 | 80 | 82 | 84 | 86 | 88 | 90 |
| 臀围 | | | 85.6 | 87.2 | 88.8 | 90.4 | 92 | 93.6 | 95.2 | 96.8 | 98.4 | 100 | 101.6 | 103.2 | 104.8 | 106.4 | 108 | 109.6 | 111.2 |
| 号 | 155 | 裤长 | | | 95 | 95 | 95 | 95 | 95 | 95 | 95 | 95 | 95 | | | | | | |
| | 160 | 裤长 | 98 | 98 | 98 | 98 | 98 | 98 | 98 | 98 | 98 | 98 | 98 | 98 | 98 | | | | |
| | 165 | 裤长 | 101 | 101 | 101 | 101 | 101 | 101 | 101 | 101 | 101 | 101 | 101 | 101 | 101 | 101 | 101 | 101 | |
| | 170 | 裤长 | | | 104 | 104 | 104 | 104 | 104 | 104 | 104 | 104 | 104 | 104 | 104 | 104 | 104 | 104 | 104 |
| | 175 | 裤长 | | | | | 107 | 107 | 107 | 107 | 107 | 107 | 107 | 107 | 107 | 107 | 107 | 107 | 107 |
| | 180 | 裤长 | | | | | | | 110 | 110 | 110 | 110 | 110 | 110 | 110 | 110 | 110 | 110 | 110 |
| | 185 | 裤长 | | | | | | | | | 113 | 113 | 113 | 113 | 113 | 113 | 113 | 113 | 113 |
| 设计说明 | | | 1. 腰围=型+2　2. 裤长=号×60%+2　3. 臀围=臀围（净体）+10　4. 中间体：170/74A　5. 臀围分档数值：1.6 | | | | | | | | | | | | | | | | |

表 2-20　男毛呢西裤规格系列表（5.2 系列 B 体型）

单位：cm

| 部位名称 \ 成品规格 \ 型 | | | 62 | 64 | 66 | 68 | 70 | 72 | 74 | 76 | 78 | 80 | 82 | 84 | 86 | 88 | 90 | 92 | 94 | 96 | 98 | 100 | 备注 |
|---|---|---|---|---|---|---|---|---|---|---|---|---|---|---|---|---|---|---|---|---|---|---|---|
| 腰围 | | | 64 | 66 | 68 | 70 | 72 | 74 | 76 | 78 | 80 | 82 | 84 | 86 | 88 | 90 | 92 | 94 | 96 | 98 | 100 | 102 | 1. 中间号型：170/84B<br>2. 臀围分档数值：1.4 |
| 臀围 | | | 89.6 | 91 | 92.4 | 93.8 | 95.5 | 96.6 | 98.0 | 99.4 | 100.8 | 102.2 | 103.6 | 105 | 106.4 | 107.8 | 109.2 | 110.6 | 112.0 | 113.4 | 114.8 | 116.2 | |
| 号 | 150 | 裤长 | 92 | 92 | 92 | 92 | 92 | 92 | 92 | 92 | | | | | | | | | | | | | |
| | 155 | 裤长 | 95 | 95 | 95 | 95 | 95 | 95 | 95 | 95 | 95 | 95 | 95 | 95 | | | | | | | | | |
| | 160 | 裤长 | 98 | 98 | 98 | 98 | 98 | 95 | 98 | 98 | 98 | 98 | 98 | 98 | 98 | 98 | | | | | | | |
| | 165 | 裤长 | | | 101 | 101 | 101 | 101 | 101 | 101 | 101 | 101 | 101 | 101 | 101 | 101 | 101 | 101 | | | | | |
| | 170 | 裤长 | | | | | 104 | 104 | 104 | 104 | 104 | 104 | 104 | 104 | 104 | 104 | 104 | 104 | 104 | 104 | | | |
| | 175 | 裤长 | | | | | | | 107 | 107 | 107 | 107 | 107 | 107 | 107 | 107 | 107 | 107 | 107 | 107 | 107 | 107 | |
| | 180 | 裤长 | | | | | | | | | 111 | 111 | 111 | 111 | 111 | 111 | 111 | 111 | 111 | 111 | 111 | 111 | |
| | 185 | 裤长 | | | | | | | | | | | 114 | 114 | 114 | 114 | 114 | 114 | 114 | 114 | 114 | 114 | |

表 2-21 男毛呢西裤规格系列表(5.2 系列 C 体型)

单位：cm

| 部位名称 \ 成品规格 \ 型 | | | 70 | 72 | 74 | 76 | 78 | 80 | 82 | 84 | 86 | 88 | 90 | 92 | 94 | 96 | 98 | 100 | 102 | 104 | 106 | 108 | 备注 |
|---|---|---|---|---|---|---|---|---|---|---|---|---|---|---|---|---|---|---|---|---|---|---|---|
| 腰围 | | | 72 | 74 | 76 | 78 | 80 | 82 | 84 | 86 | 88 | 90 | 92 | 94 | 96 | 98 | 100 | 102 | 104 | 106 | 108 | 110 | 分档数值：2 |
| 臀围 | | | 91.6 | 93 | 94.4 | 95.8 | 97.2 | 98.6 | 100 | 101.4 | 102.8 | 104.4 | 105.6 | 107 | 108.4 | 109.8 | 111.2 | 112.6 | 114 | 115.4 | 116.8 | 118.2 | 分档数值：1.4 |
| 号 | 150 | 裤长 | | | 91 | 91 | 91 | 91 | 91 | 91 | | | | | | | | | | | | | 1. 中间号型：170/92C<br>2. 臀围=臀围(净体)+10 |
| | 155 | 裤长 | 95 | 95 | 95 | 95 | 95 | 95 | 95 | 95 | 95 | 95 | 95 | 95 | | | | | | | | | |
| | 160 | 裤长 | 98 | 98 | 98 | 98 | 98 | 98 | 98 | 98 | 98 | 98 | 98 | 98 | 98 | 98 | | | | | | | |
| | 165 | 裤长 | 101 | 101 | 101 | 101 | 101 | 101 | 101 | 101 | 101 | 101 | 101 | 101 | 101 | 101 | 101 | 101 | | | | | |
| | 170 | 裤长 | | | 104 | 104 | 104 | 104 | 104 | 104 | 104 | 104 | 104 | 104 | 104 | 104 | 104 | 104 | 104 | 104 | | | |
| | 175 | 裤长 | | | | | 107 | 107 | 107 | 107 | 107 | 107 | 107 | 107 | 107 | 107 | 107 | 107 | 107 | 107 | 107 | 107 | |
| | 180 | 裤长 | | | | | | | 110 | 110 | 110 | 110 | 110 | 110 | 110 | 110 | 110 | 110 | 110 | 110 | 110 | 110 | |

## 四、国际标准尺码对比

随着中国加入 WTO，中国的服装进出口及加工业务在不断增加，大中专毕业生就业，有不少人跨入服装外资企业，因此，服装生产企业、服装高校专业教育等了解世界各地客户的身体尺寸、学习各国服装号型标准就变得十分必要了。如果想要向新的市场提供最佳质量的产品，那么就要先对这些市场进行详细地了解，特别是要找出其中人体尺寸的差异，并把这些差异体现在服装上。只有这样，才能满足市场不断增长的对最佳尺寸的要求，满足客户的要求。

其实许多国家根本没有作过人体尺寸调查，因此根本没有自己的国家尺寸标准，而是使用其他国家的尺寸标准。如土耳其就没有自己的国家尺寸表，它使用的是德国服装尺码表；马来西亚和斯里兰卡则使用英制服装尺码；科威特使用英国、德国、意大利及法国服装尺码表；埃及使用美国服装尺码表。有的国家之所以使用其他某国的尺码表，主要因为它们的服装工业之间有着重要的经济联系。

下面我们分别将几个国家的尺码表与中国的尺码表进行比较，目的是说明其他国家人体体型与中国人体体型的差异。

### （一）中国、日本尺码表的对比

#### 1. 日本男装尺码表

在日本成年男子以胸腰落差作为划分的依据，分为 Y、YA、A、AB、B、BE、E 七种体型，其中 Y 型胸腰落差定为 16cm，以后每种体型落差依次减少，到 E 型时胸腰落差为 0。日本男装尺码表如表 2-22 所示。

表 2-22 日本男装尺码 单位：cm

| 体型 | 落差 \ 部位 | 身高 | 胸围 | 腰围 | 臀围 | 肩宽 | 臂长 | 股上（立裆） | 股下（下裆） | 背长 |
|---|---|---|---|---|---|---|---|---|---|---|
| Y 体型（胸围和腰围相差 16cm） | 16 | 155 | 84 | 68 | 85 | 41 | 50 | 23 | 65 | 43 |
| | | 160 | 86 | 70 | 87 | 42 | 52 | 23 | 68 | 44 |
| | | 165 | 88 | 72 | 88 | 42 | 53 | 23 | 70 | 46 |
| | | 170 | 90 | 74 | 90 | 43 | 55 | 24 | 71 | 47 |
| | | 175 | 92 | 76 | 92 | 45 | 57 | 25 | 74 | 48 |
| | | 180 | 94 | 78 | 96 | 45 | 58 | 25 | 75 | 50 |
| | | 185 | 96 | 80 | 98 | 45 | 60 | 26 | 76 | 51 |

续表

| 体型 | 落差 | 身高 | 胸围 | 腰围 | 臀围 | 肩宽 | 臂长 | 股上（立裆） | 股下（下裆） | 背长 |
|---|---|---|---|---|---|---|---|---|---|---|
| YA 体型（胸围和腰围相差 14cm 之体型） | 14 | 155 | 84 | 70 | 85 | 40 | 50 | 23 | 64 | 43 |
| | | 155 | 86 | 72 | 87 | 41 | 51 | 23 | 64 | 43 |
| | | 160 | 86 | 72 | 88 | 41 | 52 | 23 | 66 | 44 |
| | | 160 | 88 | 74 | 89 | 42 | 52 | 23 | 66 | 44 |
| | | 165 | 88 | 74 | 89 | 42 | 53 | 23 | 69 | 46 |
| | | 165 | 90 | 76 | 90 | 43 | 54 | 24 | 69 | 46 |
| | | 170 | 90 | 76 | 91 | 43 | 55 | 24 | 71 | 47 |
| | | 170 | 92 | 78 | 92 | 44 | 55 | 24 | 71 | 47 |
| | | 175 | 92 | 78 | 93 | 44 | 57 | 25 | 74 | 49 |
| | | 175 | 94 | 80 | 95 | 45 | 57 | 25 | 74 | 49 |
| | | 180 | 94 | 80 | 95 | 45 | 58 | 25 | 76 | 50 |
| | | 180 | 96 | 82 | 97 | 45 | 58 | 26 | 76 | 50 |
| | | 185 | 96 | 82 | 100 | 45 | 60 | 27 | 77 | 51 |
| | | 185 | 98 | 84 | 102 | 46 | 60 | 27 | 77 | 51 |
| A 体型（胸围和腰围相差 12cm 之体型） | 12 | 155 | 86 | 74 | 87 | 41 | 51 | 23 | 64 | 43 |
| | | 155 | 88 | 76 | 88 | 42 | 52 | 23 | 64 | 43 |
| | | 160 | 88 | 76 | 89 | 42 | 52 | 23 | 66 | 45 |
| | | 160 | 90 | 78 | 90 | 42 | 52 | 23 | 66 | 45 |
| | | 165 | 90 | 78 | 90 | 42 | 54 | 23 | 69 | 46 |
| | | 165 | 92 | 80 | 92 | 43 | 54 | 24 | 69 | 46 |
| | | 170 | 92 | 80 | 92 | 43 | 54 | 24 | 71 | 47 |
| | | 170 | 94 | 82 | 94 | 44 | 55 | 24 | 71 | 47 |
| | | 175 | 94 | 82 | 94 | 44 | 56 | 24 | 74 | 48 |
| | | 175 | 96 | 84 | 97 | 45 | 57 | 25 | 74 | 48 |
| | | 180 | 96 | 84 | 97 | 45 | 58 | 25 | 76 | 50 |
| | | 180 | 98 | 86 | 100 | 46 | 58 | 26 | 75 | 50 |
| | | 185 | 98 | 86 | 102 | 46 | 60 | 27 | 77 | 51 |
| | | 185 | 100 | 88 | 104 | 46 | 61 | 28 | 76 | 51 |

续表

| 体型 \ 部位 / 落差 | | 身高 | 胸围 | 腰围 | 臀围 | 肩宽 | 臂长 | 股上（立裆） | 股下（下裆） | 背长 |
|---|---|---|---|---|---|---|---|---|---|---|
| AB 体型（胸围和腰围相差 10cm 之体型） | 10 | 155 | 88 | 78 | 88 | 41 | 51 | 23 | 64 | 44 |
| | | 155 | 90 | 80 | 90 | 41 | 51 | 23 | 64 | 44 |
| | | 160 | 90 | 80 | 91 | 42 | 52 | 23 | 66 | 45 |
| | | 160 | 92 | 82 | 92 | 42 | 52 | 24 | 66 | 45 |
| | | 165 | 92 | 82 | 93 | 43 | 54 | 24 | 67 | 46 |
| | | 165 | 94 | 84 | 95 | 43 | 54 | 24 | 67 | 46 |
| | | 170 | 94 | 84 | 96 | 44 | 55 | 24 | 69 | 48 |
| | | 170 | 96 | 86 | 96 | 44 | 56 | 25 | 69 | 48 |
| | | 175 | 96 | 86 | 97 | 45 | 57 | 25 | 71 | 49 |
| | | 175 | 98 | 88 | 98 | 45 | 57 | 25 | 71 | 49 |
| | | 180 | 98 | 88 | 100 | 46 | 58 | 27 | 73 | 50 |
| | | 180 | 100 | 90 | 102 | 46 | 58 | 28 | 72 | 50 |
| | | 185 | 100 | 90 | 102 | 46 | 60 | 28 | 75 | 51 |
| | | 185 | 102 | 92 | 104 | 46 | 61 | 28 | 75 | 51 |
| B 体型（胸围和腰围相差 8cm 之体型） | 8 | 155 | 90 | 82 | 91 | 41 | 51 | 23 | 64 | 44 |
| | | 155 | 92 | 84 | 92 | 42 | 51 | 23 | 64 | 44 |
| | | 160 | 92 | 84 | 93 | 42 | 52 | 23 | 66 | 45 |
| | | 160 | 94 | 86 | 95 | 42 | 53 | 24 | 66 | 45 |
| | | 165 | 94 | 86 | 95 | 42 | 53 | 24 | 67 | 47 |
| | | 165 | 96 | 88 | 96 | 43 | 54 | 24 | 67 | 47 |
| | | 170 | 96 | 88 | 97 | 44 | 57 | 25 | 69 | 48 |
| | | 170 | 98 | 90 | 99 | 44 | 57 | 25 | 69 | 48 |
| | | 175 | 98 | 90 | 99 | 45 | 57 | 25 | 71 | 49 |
| | | 175 | 100 | 92 | 99 | 45 | 57 | 25 | 71 | 49 |
| | | 180 | 100 | 92 | 99 | 45 | 58 | 26 | 74 | 50 |
| | | 180 | 102 | 94 | 104 | 46 | 58 | 27 | 76 | 50 |
| | | 185 | 102 | 94 | 104 | 46 | 60 | 27 | 77 | 51 |
| | | 185 | 104 | 96 | 106 | 46 | 61 | 28 | 76 | 51 |

续表

| 体型 | 落差 | 身高 | 胸围 | 腰围 | 臀围 | 肩宽 | 臂长 | 股上（立裆） | 股下（下裆） | 背长 |
| --- | --- | --- | --- | --- | --- | --- | --- | --- | --- | --- |
| BE体型（胸围和腰围相差4cm之体型） | 4 | 155 | 92 | 88 | 93 | 41 | 51 | 24 | 64 | 44 |
| | | 155 | 94 | 90 | 94 | 42 | 51 | 24 | 64 | 44 |
| | | 160 | 94 | 90 | 95 | 42 | 52 | 25 | 65 | 46 |
| | | 160 | 96 | 92 | 97 | 43 | 53 | 25 | 65 | 46 |
| | | 165 | 96 | 92 | 98 | 43 | 54 | 26 | 46 | 47 |
| | | 165 | 98 | 94 | 99 | 43 | 54 | 26 | 67 | 47 |
| | | 170 | 98 | 94 | 99 | 44 | 55 | 27 | 68 | 48 |
| | | 170 | 100 | 96 | 101 | 44 | 56 | 27 | 68 | 49 |
| | | 175 | 100 | 96 | 101 | 44 | 57 | 28 | 71 | 49 |
| | | 175 | 102 | 98 | 102 | 44 | 57 | 28 | 71 | 49 |
| | | 180 | 102 | 98 | 102 | 44 | 58 | 29 | 72 | 50 |
| | | 180 | 104 | 100 | 104 | 46 | 58 | 29 | 72 | 50 |
| | | 185 | 104 | 100 | 104 | 46 | 60 | 30 | 74 | 51 |
| | | 185 | 106 | 102 | 106 | 46 | 61 | 30 | 74 | 51 |
| E体型（胸围和腰围一样之体型） | 0 | 155 | 94 | 94 | 100 | 43 | 51 | 27 | 62 | 44 |
| | | 155 | 96 | 96 | 102 | 44 | 51 | 27 | 62 | 44 |
| | | 160 | 96 | 96 | 102 | 44 | 54 | 28 | 64 | 46 |
| | | 160 | 98 | 98 | 104 | 45 | 54 | 28 | 64 | 46 |
| | | 165 | 98 | 98 | 104 | 45 | 55 | 29 | 66 | 47 |
| | | 165 | 100 | 100 | 106 | 46 | 55 | 29 | 66 | 47 |
| | | 170 | 100 | 100 | 106 | 46 | 56 | 29 | 68 | 48 |
| | | 170 | 102 | 102 | 108 | 47 | 56 | 29 | 68 | 48 |
| | | 175 | 102 | 102 | 108 | 47 | 57 | 29 | 70 | 49 |
| | | 175 | 104 | 104 | 110 | 47 | 57 | 29 | 70 | 49 |
| | | 180 | 104 | 104 | 110 | 47 | 58 | 30 | 72 | 50 |
| | | 180 | 106 | 106 | 112 | 48 | 58 | 30 | 72 | 50 |
| | | 185 | 106 | 106 | 112 | 48 | 60 | 32 | 72 | 51 |

日本尺寸身高代号如下：150–1　155–2　160–3　165–4　170–5　175–6　180–7　185–8
例：“92A5”为身高 170cm、胸围 92cm、A 体型表示法。此身高之代号适用男女体型。

**2. 中国男装尺码表**

中国成人男子体型的分类参考了日本体型分类的方法，同时根据中国的实际情况，体型分类不是很细，按胸腰落差分为 Y、A、B、C 四种体型，体型覆盖率占全国体型的 90% 以上。以胸腰落差值来看，中国的 A 体型相当于日本的 Y、YA、A 体型，B 体型相当于日本的 AB、B 体型，C 体型相当于日本的 BE 体型。胸围的分档数值，中国为 4cm，日本为 2cm。腰围的分档数值，两国均为 2cm。中国的 A 体型是人数最多的普通体型，它的胸腰落差在 16~12cm 之间。下面我们将中国的 A 体型与日本的 Y、YA、A 体型进行比较，看一看两国体型的差异。中国 A 体型号型参见表 2–23。

表 2–23　中国 A 号型系列表　　单位：cm

<table>
<tr><td>身高 / 腰围 / 胸围</td><td colspan="3">155</td><td colspan="3">160</td><td colspan="3">165</td><td colspan="3">170</td><td colspan="3">175</td><td colspan="3">180</td><td colspan="3">185</td></tr>
<tr><td>72</td><td></td><td></td><td></td><td>56</td><td>58</td><td>60</td><td>56</td><td>58</td><td>60</td><td></td><td></td><td></td><td></td><td></td><td></td><td></td><td></td><td></td><td></td><td></td><td></td></tr>
<tr><td>76</td><td>60</td><td>62</td><td>64</td><td>60</td><td>62</td><td>64</td><td>60</td><td>62</td><td>64</td><td></td><td></td><td></td><td></td><td></td><td></td><td></td><td></td><td></td><td></td><td></td><td></td></tr>
<tr><td>80</td><td>64</td><td>66</td><td>68</td><td>64</td><td>66</td><td>68</td><td>64</td><td>66</td><td>68</td><td>64</td><td>66</td><td>68</td><td>64</td><td>66</td><td>68</td><td></td><td></td><td></td><td></td><td></td><td></td></tr>
<tr><td>84</td><td>68</td><td>70</td><td>72</td><td>68</td><td>70</td><td>72</td><td>68</td><td>70</td><td>72</td><td>68</td><td>70</td><td>72</td><td>68</td><td>70</td><td>72</td><td>68</td><td>70</td><td>72</td><td></td><td></td><td></td></tr>
<tr><td>88</td><td>72</td><td>74</td><td>76</td><td>72</td><td>74</td><td>76</td><td>72</td><td>74</td><td>76</td><td>72</td><td>74</td><td>76</td><td>72</td><td>74</td><td>76</td><td>72</td><td>74</td><td>76</td><td>72</td><td>74</td><td>76</td></tr>
<tr><td>92</td><td></td><td></td><td></td><td>76</td><td>78</td><td>80</td><td>76</td><td>78</td><td>80</td><td>76</td><td>78</td><td>80</td><td>76</td><td>78</td><td>80</td><td>76</td><td>78</td><td>80</td><td>76</td><td>78</td><td>80</td></tr>
<tr><td>96</td><td></td><td></td><td></td><td></td><td></td><td></td><td>80</td><td>82</td><td>84</td><td>80</td><td>82</td><td>84</td><td>80</td><td>82</td><td>84</td><td>80</td><td>82</td><td>84</td><td>80</td><td>82</td><td>84</td></tr>
<tr><td>100</td><td></td><td></td><td></td><td></td><td></td><td></td><td></td><td></td><td></td><td>84</td><td>86</td><td>88</td><td>84</td><td>86</td><td>88</td><td>84</td><td>86</td><td>88</td><td>84</td><td>86</td><td>88</td></tr>
</table>

中国 A 体型控制部位数值参见表 2–24

表 2–24　中国 A 号型系列控制部位数值表　　单位：cm

<table>
<tr><td>部位</td><td colspan="24">数值</td></tr>
<tr><td>身高</td><td colspan="4">155</td><td colspan="4">160</td><td colspan="4">165</td><td colspan="4">170</td><td colspan="3">175</td><td colspan="3">180</td><td colspan="2">185</td></tr>
<tr><td>颈椎点高</td><td colspan="4">133.0</td><td colspan="4">137.0</td><td colspan="4">141.0</td><td colspan="4">145.0</td><td colspan="3">149.0</td><td colspan="3">153.0</td><td colspan="2">157.0</td></tr>
<tr><td>坐姿颈椎点高</td><td colspan="4">60.5</td><td colspan="4">62.5</td><td colspan="4">64.5</td><td colspan="4">66.5</td><td colspan="3">68.5</td><td colspan="3">70.5</td><td colspan="2">72.5</td></tr>
<tr><td>全臂长</td><td colspan="4">51.0</td><td colspan="4">52.5</td><td colspan="4">54.0</td><td colspan="4">55.5</td><td colspan="3">57.0</td><td colspan="3">58.5</td><td colspan="2">60.0</td></tr>
<tr><td>腰围高</td><td colspan="4">93.5</td><td colspan="4">96.5</td><td colspan="4">99.5</td><td colspan="4">102.5</td><td colspan="3">105.5</td><td colspan="3">108.5</td><td colspan="2">111.5</td></tr>
<tr><td>胸围</td><td colspan="3">72</td><td colspan="3">76</td><td colspan="3">80</td><td colspan="3">84</td><td colspan="3">88</td><td colspan="3">92</td><td colspan="3">96</td><td colspan="3">100</td></tr>
<tr><td>颈围</td><td colspan="3">32.8</td><td colspan="3">33.8</td><td colspan="3">34.8</td><td colspan="3">35.8</td><td colspan="3">36.8</td><td colspan="3">37.8</td><td colspan="3">38.8</td><td colspan="3">39.8</td></tr>
<tr><td>总肩宽</td><td colspan="3">38.8</td><td colspan="3">40.0</td><td colspan="3">41.2</td><td colspan="3">42.4</td><td colspan="3">43.6</td><td colspan="3">44.8</td><td colspan="3">46.0</td><td colspan="3">47.2</td></tr>
<tr><td>腰围</td><td>56</td><td>58</td><td>60</td><td>60</td><td>62</td><td>64</td><td>64</td><td>66</td><td>68</td><td>68</td><td>70</td><td>72</td><td>72</td><td>74</td><td>76</td><td>76</td><td>78</td><td>80</td><td>80</td><td>82</td><td>84</td><td>84</td><td>86</td><td>88</td></tr>
<tr><td>臀围</td><td>75.6</td><td>77.2</td><td>78.8</td><td>78.8</td><td>80.4</td><td>82.0</td><td>82.0</td><td>83.6</td><td>85.2</td><td>85.2</td><td>86.8</td><td>88.4</td><td>88.4</td><td>90.0</td><td>91.6</td><td>91.6</td><td>93.2</td><td>94.8</td><td>94.8</td><td>96.4</td><td>98.0</td><td>98.0</td><td>99.6</td><td>101.2</td></tr>
</table>

（在上表中，背长 = 颈椎点高 – 腰围高）

在日本尺码表中，155cm 身高配置的胸围数值为 76~78cm，170cm 身高配置的胸围数值为 90~84cm，而中国 155cm 身高配置的胸围数值为 76~78cm，170cm 身高配置的胸围为 76~100cm，总体上看，日本男性比中国男性要胖一些，从腰围的设置来看也能说明这一点。但在胸围相同的情况下，日本男性臀围数值、肩宽数值比中国的小，而背长数值又比中国的大，这说明在身高相同的情况下，日本男性臀围数值、肩宽数值比中国的小，而背长数值又比中国的大，这说明在身高相同的情况下，中国人的裤长比日本人的裤长要长，上身则比日本人的要短，袖长比日本人的要长。下面我们从日本男装尺码表中选出几个和中国号型配置相一致的号型，对臀围、肩宽、袖长（臂长）、背长进行比较，以便找出日本和中国男子体型的差异。参见表 2–25。

掌握以上体型差异，对于服装企业的服装进出口具有较大的意义。

**（二）中国、德国尺码表的对比**

德国人体体型尺寸在欧洲是比较大的，在胸围相同的情况下，其臀围数值要比其他国家大上 1 号或 2 号，德国男装标准尺码是从 38 号到 62 号，如表 2–26 所示。

**表 2–25 中、日人体体型差异比较** 单位：cm

| 号型 | 国别（尺寸/名称） | 臀围 | 肩宽 | 臂长 | 背长 | 备注 |
|---|---|---|---|---|---|---|
| 155–84–68 | 中国 | 85.2 | 42.3 | 51 | 39.5 | 1. 号型都是 A 体型<br>2. 日本为 Y、YA、A 体型<br>3. 也可将其与其他体型进行比较 |
| | 日本 | 85 | 41 | 50 | 43 | |
| 160–88–74 | 中国 | 90 | 43.6 | 52.5 | 40.5 | |
| | 日本 | 89 | 42 | 52 | 44 | |
| 165–92–81 | 中国 | 94.8 | 44.8 | 54 | 41.5 | |
| | 日本 | 92 | 43 | 54 | 46 | |
| 170–82–78 | 中国 | 93.2 | 44.8 | 55.5 | 42.5 | |
| | 日本 | 92 | 44 | 55 | 47 | |
| 175–96–84 | 中国 | 98 | 46 | 57 | 43.5 | |
| | 日本 | 97 | 45 | 57 | 48 | |
| 180–96–84 | 中国 | 98 | 46 | 58.5 | 44.5 | |
| | 日本 | 97 | 45 | 58 | 50 | |
| 185–100–88 | 中国 | 101.2 | 47.2 | 60 | 45.5 | |
| | 日本 | 104 | 46 | 61 | 51 | |

表 2-26 德国男装标准尺码及量身尺寸表 单位：cm

| 尺码\部位 | 身高 | 胸围 | 腰围 | 臀围 | 领围 | 裤腰 | 长裤长 | 股下长 | 袖长 |
|---|---|---|---|---|---|---|---|---|---|
| 38 | 158 | 76 | 71 | 84 | 32 | 69 | 92 | 70 | 56.2 |
| 40 | 162 | 80 | 74 | 88 | 34 | 72 | 94.5 | 72 | 57.9 |
| 42 | 166 | 82 | 77 | 92 | 35 | 75 | 97 | 74 | 59.6 |
| 43 | 168 | 86 | 78.5 | 94 | 36 | 76 | 98.3 | 75 | 60.5 |
| 44 | 170 | 88 | 80 | 96 | 37 | 78 | 99.7 | 76 | 61.3 |
| 46 | 172 | 92 | 84 | 100 | 38 | 82 | 101.4 | 77 | 62.2 |
| 48 | 174 | 96 | 88 | 104 | 39 | 86 | 103.1 | 78 | 63.1 |
| 50 | 176 | 100 | 92 | 103 | 40 | 90 | 104.8 | 79 | 64 |
| 52 | 178 | 104 | 97 | 112 | 41 | 95 | 106.5 | 80 | 64.9 |
| 54 | 180 | 108 | 102 | 116 | 42 | 100 | 108.2 | 81 | 65.8 |
| 56 | 181 | 112 | 107 | 120 | 43 | 105 | 108.9 | 81 | 66.6 |
| 58 | 182 | 116 | 112 | 124 | 44 | 110 | 109.6 | 81 | 67 |
| 60 | 183 | 120 | 118 | 128 | 45 | 116 | 110.3 | 81 | 67.4 |
| 62 | 184 | 124 | 124 | 132 | 46 | 122 | 111 | 81 | 67.8 |

从上表可以看出，德国身高的设置范围与中国相近，但胸围、腰围、臀围的数值比中国的要大得多。中国 Y、A 体型的中间体为 170/88，它所对应的腰围和臀围数值分别为 70cm 和 96cm，而德国标准尺码中 170/88 所对应的腰围、臀围值分别为 80cm 和 96cm，都要比中国的大。再以中国的 C 体型胖体尺寸为例进行比较，例如当胸围是 96 时，中国的腰围尺寸是 90cm，比德国的 88cm 略大，中国的臀围是 95.6cm，比德国的 104cm 要小得多。胸围值越大，德国臀围值与中国臀围值的差数也就越大，这反映出德国人体体型的最大特点，即臀围尺寸特别大。

**（三）中国、英国尺码的对比**

英国男装标准人体尺码是指 35 岁以下男性、身高在 170~178cm 之间的尺寸，身高分档数值为 2cm，胸围分档数为 4cm，腰围、臀围分档数为 4cm，而中国普遍体型 A 体型的腰臀分档数比英国的小，也就是说，在身高或胸围增加相同时，英国人的围度变化比中国人的要大，体型比中国人要胖。例如 170/88A 的中国人，其腰围为 74cm、臀围为 90cm，而英国 170/88 所对应的腰围为 74cm，臀围为 92cm。再如 175/92A 的中国人，其腰围为 78cm，臀围为 93.2cm，而英国 174cm 身高，其对应的胸围为 96cm，腰围为 82cm，臀围为 100cm，三围尺寸明显地大于中国人的，其袖长尺寸 63.6cm 也远远大于中国人，说明英国人的手臂比中国的要长。英国男子标准尺码参见表 2–27。

表 2-27　英国男子标准人体尺码　单位：cm

| 名称＼尺寸＼身高 | 170 | 172 | 174 | 176 | 178 | 170 | 172 | 174 | 176 | 178 | 备注 |
|---|---|---|---|---|---|---|---|---|---|---|---|
| 胸围 | 88 | 92 | 96 | 100 | 104 | 108 | 112 | 116 | 120 | 124 | 1. 成年人35岁以下，身高在170～178cm<br>2. 低腰围指腰围下4cm处 |
| 臀围 | 92 | 96 | 100 | 104 | 108 | 114 | 118 | 122 | 126 | 130 | |
| 腰围 | 74 | 78 | 82 | 86 | 90 | 98 | 102 | 106 | 110 | 114 | |
| 低腰围 | 77 | 81 | 85 | 89 | 93 | 100 | 104 | 108 | 112 | 116 | |
| 半背宽 | 18.5 | 19 | 19.5 | 20 | 20.5 | 21 | 21.5 | 22 | 22.5 | 23 | |
| 背长 | 43.4 | 43.8 | 44.2 | 44.6 | 45 | 45 | 45 | 45 | 45 | 45 | |
| 领围 | 37 | 38 | 39 | 40 | 41 | 42 | 43 | 44 | 45 | 46 | |
| 袖长 | 63.6 | 64.2 | 64.8 | 65.4 | 66 | 66 | 66 | 66 | 66 | 66 | |
| 直裆 | 26.8 | 27.2 | 27.6 | 28 | 28.4 | 28.8 | 29.2 | 29.6 | 30 | 30.4 | |

## （四）各国尺码表

表 2-28　美国男装尺码表　单位：英寸

| 部位名称＼尺码 | 34 | 36 | 38 | 40 | 42 | 44 | 46 | 48 |
|---|---|---|---|---|---|---|---|---|
| 胸围 | 34 | 36 | 38 | 40 | 42 | 44 | 46 | 48 |
| 腰围 | 28 | 30 | 32 | 34 | 36 | 39 | 42 | 44 |
| 臀围 | 35 | 37 | 39 | 41 | 43 | 45 | 47 | 49 |
| 领围 | 14 | 14 1/2 | 15 | 15 1/2 | 16 | 16 1/2 | 17 | 17 1/2 |
| 衬衫袖长 | 32 | 32 | 33 | 33 | 34 | 34 | 35 | 35 |

表 2-29　意大利男子尺寸表　单位：cm

| 尺码＼部位 | 胸围 | 腰围 | 内缝长（股下） |
|---|---|---|---|
| 44 | 87～89 | 74～76 | 73～74 |
| 46 | 91～93 | 78～80 | 75～76 |
| 48 | 95～97 | 82～84 | 77～78 |
| 50 | 99～101 | 86～88 | 79～80 |
| 52 | 103～105 | 90～93 | 80～81 |
| 54 | 106～109 | 94～97 | 81～82 |
| 56 | 110～113 | 100～103 | 83～84 |
| 58 | 114～118 | 105～109 | 85～86 |

表 2–30 意大利男士衬衫尺码

| 领围尺寸（cm） | 37 | 38 | 39 | 40 | 41 | 42 | 43 |
|---|---|---|---|---|---|---|---|
| 英寸对照 | 14 1/2 | 15 | 15 1/2 | 15 3/4 | 16 | 16 1/2 | 17 |

## 五、各国服装尺码对比

世界上的大多数国家都有自己的标准尺码，但由于它们所处的地理区域、经济区域和政治区域不同，因而它们的人体尺寸也有差异。以各国女装为例来进行对比，取女装的控制部位尺寸：身高、腰围、臀围、胸围四个尺寸，其中三围尺寸是体型差异的依据，而不同的围度差值最能反映人的体型特征。

为了更好地区别各国人体尺寸的差异，节选了西欧、中、日、美、东欧国家尺寸标志和重要控制部位尺寸的表格，以便比较，见表 1–30 和表 1–31。这种比较只能是大体上的比较，事实上，一个严格的尺寸对应表是无法列出的。特别是法国尺寸与德国尺寸出入很大，从表中可以看出，德国 40 号与法国 40 号的胸围 92cm 虽然一致，但德国 40 号的臀围 100cm 却与法国的 42 号臀围 100cm 相同，德国 40 号的腰围 76cm 则对应于法国的 44 号腰围 76.2cm，还有意大利、西班牙、英国等国尺寸，也与德国尺寸有着较大差异。

表 2–31 西欧国家尺寸标志比较 单位：cm

| 德国 | 34 | 36 | 38 | 40 | 42 | 44 | 46 | 48 | 50 |
|---|---|---|---|---|---|---|---|---|---|
| 胸围 | 80 | 84 | 88 | 92 | 96 | 100 | 104 | 110 | 116 |
| 臀围 | 90 | 94 | 97 | 100 | 103 | 106 | 109 | 114 | 119 |
| 身高 | 168 | 168 | 168 | 168 | 168 | 168 | 168 | 168 | 168 |
| 腰围 | 64 | 68 | 72 | 76 | 80 | 84 | 88 | 94.5 | 101 |

| 丹麦 | C34 | C36 | C38 | C40 | C42 | C44 | C46 | C48 | C50 |
|---|---|---|---|---|---|---|---|---|---|
| 胸围 | 80 | 84 | 88 | 92 | 96 | 100 | 104 | 110 | 116 |
| 臀围 | 90 | 93 | 96 | 100 | 103 | 107 | 110 | 115 | 120 |
| 身高 | 168 | 168 | 168 | 168 | 168 | 168 | 168 | 168 | 168 |
| 腰围 | 64 | 67 | 70 | 76 | 78 | 82 | 86 | 92 | 98 |

| 西班牙 | 36 | 38 | 40 | 42 | 44 | 46 | 48 | | |
|---|---|---|---|---|---|---|---|---|---|
| 胸围 | 84 | 87 | 90 | 93 | 96 | 99 | 102 | | |
| 臀围 | 92 | 95 | 98 | 101 | 104 | 107 | 110 | | |
| 身高 | — | — | — | — | — | — | — | | |
| 腰围 | 58.5 | 62.5 | 66.5 | 70.5 | 74.5 | 78.5 | 82.5 | | |

| 法国 | 34 | 36 | 38 | 40 | 42 | 44 | 46 | 48 | 50 |
| --- | --- | --- | --- | --- | --- | --- | --- | --- | --- |
| 胸围 | 80 | 84 | 88 | 92 | 96 | 100 | 104 | 110 | 116 |
| 臀围 | 84 | 88 | 92 | 96 | 100 | 104 | 108 | 112 | 118 |
| 身高 | 160 | 160 | 160 | 160 | 160 | 160 | 160 | 160 | 160 |
| 腰围 | 58.6 | 61.8 | 65.2 | 68.8 | 72.6 | 76.2 | 79.8 | 85.1 | 90.9 |

| 英国 | 8 | 10 | 12 | 14 | 16 | 18 | | | |
| --- | --- | --- | --- | --- | --- | --- | --- | --- | --- |
| 胸围 | 80 | 84 | 88 | 92 | 96 | 100 | | | |
| 臀围 | 85 | 89 | 93 | 97 | 101 | 105 | | | |
| 身高 | 164 | 164 | 164 | 164 | 164 | 164 | | | |
| 腰围 | 60 | 64 | 68 | 72 | 76 | 80 | | | |

| 意大利 | 38 | 40 | 42 | 44 | 46 | 48 | 50 | 52 | |
| --- | --- | --- | --- | --- | --- | --- | --- | --- | --- |
| 胸围 | 80 | 84 | 88 | 92 | 96 | 100 | 104 | 110 | |
| 臀围 | 86 | 90 | 94 | 98 | 102 | 106 | 110 | 116 | |
| 身高 | 164 | 164 | 164 | 164 | 164 | 164 | 164 | 164 | |
| 腰围 | 59 | 62 | 65 | 69 | 73 | 77 | 81 | 85 | |

| 荷兰 | | 36 | 38 | 40 | 42 | 44 | 46 | 48 | 50 |
| --- | --- | --- | --- | --- | --- | --- | --- | --- | --- |
| 胸围 | | 84 | 88 | 92 | 96 | 100 | 104 | 110 | 116 |
| 臀围 | | 93 | 96 | 99 | 102 | 105 | 108 | 114 | 120 |
| 身高 | | 168 | 168 | 168 | 168 | 168 | 168 | 168 | 168 |
| 腰围 | | 69 | 72 | 75 | 78 | 81 | 84 | 90 | 96 |

| 葡萄牙 | 38 | 40 | 42 | 44 | 46 | 48 | | | |
| --- | --- | --- | --- | --- | --- | --- | --- | --- | --- |
| 胸围 | 82 | 86 | 90 | 94 | 98 | 104 | | | |
| 臀围 | 88 | 92 | 96 | 100 | 104 | 110 | | | |
| 身高 | — | — | — | — | — | — | | | |
| 腰围 | — | — | — | — | — | — | | | |

| 芬兰/瑞典 | C34 | C36 | C38 | C40 | C42 | C44 | C46 | C48 | C50 |
|---|---|---|---|---|---|---|---|---|---|
| 胸围 | 80 | 84 | 88 | 92 | 96 | 100 | 104 | 110 | 116 |
| 臀围 | 90 | 93 | 96 | 99 | 102 | 106 | 110 | 115 | 120 |
| 身高 | 168 | 168 | 168 | 168 | 168 | 168 | 168 | 168 | 168 |
| 腰围 | 64 | 67 | 70 | 74 | 78 | 82 | 86 | 91 | 97 |

表 2-32　中、日、美、东欧国家尺寸标志比较　　单位：cm

| 德国 | 36 | 38 | 40 | 42 | 44 | 46 | 48 | 50 |
|---|---|---|---|---|---|---|---|---|
| 胸围 | 84 | 88 | 92 | 96 | 100 | 104 | 110 | 116 |
| 臀围 | 94 | 97 | 100 | 103 | 106 | 109 | 114 | 119 |
| 身高 | 168 | 168 | 168 | 168 | 168 | 168 | 168 | 168 |
| 腰围 | 68 | 72 | 76 | 80 | 84 | 88 | 94.5 | 101 |

| 波兰 | 164/84～92 | 164/88～96 | 164/92～100 | 164/96～104 | 164/100～108 | 164/104～112 | 164/108～116 | 164/112～120 |
|---|---|---|---|---|---|---|---|---|
| 胸围 | 84 | 88 | 92 | 96 | 100 | 104 | 108 | 112 |
| 臀围 | 92 | 96 | 100 | 104 | 108 | 112 | 116 | 120 |
| 身高 | 164 | 164 | 164 | 164 | 164 | 164 | 164 | 164 |
| 腰围 | — | — | — | — | — | — | — | — |

| 罗马尼亚 | 164/84～92 | 164/88～96 | 164/92～100 | 164/96～104 | 164/100～108 | 164/104～112 | 164/108～116 | 164/112～120 |
|---|---|---|---|---|---|---|---|---|
| 胸围 | 84 | 88 | 92 | 96 | 100 | 104 | 108 | 112 |
| 臀围 | 92 | 96 | 100 | 104 | 108 | 112 | 116 | 120 |
| 身高 | 164 | 164 | 164 | 164 | 164 | 164 | 164 | 164 |
| 腰围 | 65.5 | 67.4 | 71.7 | 76 | 80.3 | 84.6 | 88.9 | 93.3 |

| 匈牙利 | | 164～44 | 164～46 | 164～48 | 164～50 | 164～52 | 164～54 | 164～56 |
|---|---|---|---|---|---|---|---|---|
| 胸围 | | 88 | 92 | 96 | 100 | 104 | 108 | 112 |
| 臀围 | | 96 | 100 | 104 | 108 | 112 | 116 | 120 |
| 身高 | | 164 | 164 | 164 | 164 | 164 | 164 | 164 |
| 腰围 | | 68 | 72 | 76 | 80 | 84 | 88 | 92 |

| 苏联 | | | | | | | | |
|---|---|---|---|---|---|---|---|---|
| 胸围 | 84 | 88 | 92 | 96 | 100 | 104 | 108 | 112 |
| 臀围 | 92 | 96 | 100 | 104 | 108 | 108 | 112 | 116 |
| 身高 | 158 | 158 | 158 | 158 | 158 | 158 | 158 | 158 |
| 腰围 | 64.9 | 68.8 | 72.9 | 77.1 | 81.4 | 84.1 | 88.8 | 93.6 |

| 南斯拉夫 | 36 | 38 | 40 | 42 | 44 | 46 | 48 | 50 |
|---|---|---|---|---|---|---|---|---|
| 胸围 | 84 | 88 | 92 | 96 | 100 | 104 | 110 | 116 |
| 臀围 | 92 | 96 | 100 | 104 | 108 | 112 | 116 | 122 |
| 身高 | 164 | 164 | 164 | 164 | 164 | 164 | 164 | 164 |
| 腰围 | 62 | 66 | 70 | 74 | 78 | 80 | 84 | 86 |

| 中国 | 165/84A ~92 | 165/88A ~93.6 | 165/92A ~97.2 | 165/96A ~100.8 | | | | |
|---|---|---|---|---|---|---|---|---|
| 胸围 | 84 | 88 | 92 | 96 | | | | |
| 臀围 | 90 | 93.6 | 97.2 | 100.8 | | | | |
| 身高 | 165 | 165 | 165 | 165 | | | | |
| 腰围 | 68 | 72 | 76 | 80 | | | | |

| 美国 | 8 | 10 | 12 | 14 | 16 | 18 | | |
|---|---|---|---|---|---|---|---|---|
| 胸围 | 83.8 | 86.4 | 88.9 | 92.7 | 96.5 | 100.3 | | |
| 臀围 | 87.6 | 90.2 | 92.7 | 96.5 | 100.3 | 105.4 | | |
| 身高 | — | — | — | — | — | — | | |
| 腰围 | 62.2 | 64.8 | 67.8 | 71.1 | 74.9 | 78.7 | | |

| 日本 | M | L | LL | EL | | | | |
|---|---|---|---|---|---|---|---|---|
| 胸围 | 82 | 88 | 96 | 104 | | | | |
| 臀围 | 90 | 94 | 98 | 108 | | | | |
| 身高 | 156 | 156 | 156 | 156 | | | | |
| 腰围 | 62 | 72 | 80 | 90 | | | | |

此外，还编制了各国服装尺码对照表，将各国尺寸按上身尺寸和下身尺寸分别列表进行比较。上身尺寸比较的基准是胸围，下身尺寸比较的基准是腰围和臀围。因为各国人体体型差距较大，很难找出一个十分适当的尺寸，所以有的格子中同时列出了几个尺寸，见表 2–33 和表 2–34。

表 2-33 各国服装尺码对照表（上体） 单位：cm

| 德国 | 34 | 36 | 38 | 40 | 42 | 44 | 46 | 48 | 50 |
|---|---|---|---|---|---|---|---|---|---|
| 西班牙 | 32 | 36 | 38/40 | 42 | 44 | 46 | 48/50 | | |
| 法国 | 34 | 36 | 38 | 40 | 42 | 44 | 46 | 48 | 50 |
| 英国 | 8 | 10 | 12 | 14 | 16 | 16/18 | 18/20 | 22 | 24 |
| 意大利 | 38 | 40 | 42 | 44 | 46 | 48 | 50 | 52 | |
| 荷兰 | 34 | 36 | 38 | 40 | 42 | 44 | 46 | 48 | 50 |
| 芬兰 / 瑞典 | C34 | C36 | C38 | C40 | C42 | C44 | C46 | C48 | C50 |
| 波兰 / 罗马尼亚 / 苏联 | | 164/84 ~92 | 164/88 ~96 | 164/92 ~100 | 164/96 ~104 | 164/100 ~108 | 164/104 ~112 | 164/108 ~116 | 164/112 ~120 |
| 匈牙利 | | | 164~44 | 164~46 | 164~48 | 164~50 | 164~52 | 164~54 | 165~56 |
| 南斯拉夫 | | 36 | 38 | 40 | 42 | 44 | 46 | 48 | 50 |
| 中国 | | 165/84A ~90 | 165/88A ~93.6 | 165/92A ~97.2 | 165/96A ~100.8 | | | | |
| 日本 | | M | L | LL | EL | | | | |
| 美国 | | 8 | 10/12 | 14 | 16 | 16/18 | 18/20 | 22 | |

表 2-34 各国服装尺码对照表（下体） 单位：cm

| 德国 | 34 | 36 | 38 | 40 | 42 | 44 | 46 | 48 |
|---|---|---|---|---|---|---|---|---|
| 西班牙 | 36/38 | 40 | 42 | 44 | 46 | 48 | | |
| 法国 | 38 | 40 | 42 | 44 | 46 | 48 | 48/50 | |
| 英国 | 10 | 12 | 14 | 16 | 16/18 | 18/20 | 20 | 20/24 |
| 意大利 | 42 | 44 | 46 | 48 | 50 | 50/52 | 50/52/54 | |
| 荷兰 | 34 | 36 | 38 | 40 | 42 | 44 | 46 | 48/50 |
| 芬兰/瑞典 | C34 | C36 | C38 | C40 | C42 | C44 | C46 | C48 |
| 波兰/罗马尼亚/苏联 | 164/84 ~92 | 164/88 ~96 | 164/92 ~100 | 164/96 ~104 | 164/100 ~108 | 164/104 ~112 | 164/108 ~116 | 164/112 ~120 |
| 匈牙利 | | 164~44 | 164~46 | 164~48 | 164~50 | 164~52 | 164~54 | 164~56 |
| 南斯拉夫 | 36 | 38 | 40 | 42 | 44 | 46 | 48 | 50 |
| 中国 | 165/80A ~86.4 | 165/84A ~90 | 165/88A ~93.6 | 165/92A ~97.2 | 165/96A ~100.8 | | | |
| 日本 | M | L | LL | | | | EL | |
| 美国 | 10 | 12 | 10/12 | 16 | 18 | | | |

附：英寸与厘米换算对照表

表 2-35　英寸与厘米换算对照表

| — | — | 1/8英寸 | 1/4英寸 | 3/8英寸 | 1/2英寸 | 5/8英寸 | 3/4英寸 | 7/8英寸 |
|---|---|---|---|---|---|---|---|---|
| — | — | 0.32 | 0.64 | 0.95 | 1.27 | 1.59 | 1.91 | 2.22 |
| 1英寸 | 2.54 | 2.86 | 3.18 | 3.49 | 3.81 | 4.13 | 4.45 | 4.76 |
| 2英寸 | 5.08 | 5.40 | 5.72 | 6.03 | 6.35 | 6.67 | 6.99 | 7.30 |
| 3英寸 | 7.6 2 | 7.94 | 8.26 | 8.57 | 8.89 | 9.21 | 9.53 | 9.84 |
| 4英寸 | 10.16 | 10.48 | 10.80 | 11.11 | 11.43 | 11.75 | 12.07 | 12.38 |
| 5英寸 | 12.70 | 13.02 | 13.34 | 13.65 | 13.97 | 14.29 | 14.62 | 14.92 |
| 6英寸 | 15.24 | 15.56 | 15.88 | 16.19 | 16.51 | 16.83 | 17.15 | 17.46 |
| 7英寸 | 17.78 | 18.10 | 18.42 | 18.73 | 19.05 | 19.37 | 19.69 | 20.00 |
| 8英寸 | 20.32 | 20.64 | 20.96 | 21.27 | 21.59 | 21.91 | 22.23 | 22.54 |
| 9英寸 | 22.86 | 23.18 | 23.502 | 23.81 | 24.13 | 24.45 | 24.77 | 25.08 |
| 10英寸 | 25.40 | 25.72 | 26.04 | 26.35 | 26.67 | 26.99 | 27.31 | 27.62 |
| 11英寸 | 27.94 | 28.26 | 28.58 | 28.89 | 29.21 | 29.53 | 29.85 | 30.16 |
| 12英寸 | 30.48 | 30.80 | 31.12 | 31.43 | 31.75 | 32.07 | 32.39 | 32.70 |
| 13英寸 | 33.02 | 33.34 | 33.66 | 33.97 | 34.29 | 34.61 | 34.93 | 35.24 |
| 14英寸 | 35.56 | 35.88 | 36.202 | 36.51 | 36.83 | 37.15 | 37.47 | 37.78 |
| 15英寸 | 38.10 | 38.42 | 38.74 | 39.05 | 39.37 | 39.69 | 40.01 | 40.32 |
| 16英寸 | 40.64 | 402.96 | 41.28 | 41.59 | 41.91 | 42.23 | 42.55 | 42.86 |
| 17英寸 | 43.18 | 43.50 | 43.82 | 44.13 | 44.45 | 44.77 | 45.09 | 45.40 |
| 18英寸 | 45.72 | 46.04 | 46.36 | 46.67 | 46.99 | 47.31 | 47.63 | 47.94 |
| 19英寸 | 48.26 | 48.58 | 48.90 | 49.21 | 49.53 | 49.85 | 50.17 | 50.48 |
| 20英寸 | 50.80 | 51.12 | 51.44 | 51.75 | 52.07 | 52.39 | 52.71 | 53.02 |
| 21英寸 | 53.34 | 53.66 | 53.98 | 54.29 | 54.61 | 54.93 | 55.25 | 55.56 |
| 22英寸 | 55.88 | 56.20 | 56.52 | 56.83 | 57.15 | 57.47 | 57.79 | 58.10 |
| 23英寸 | 58.42 | 58.74 | 59.06 | 59.37 | 59.69 | 60.01 | 60.33 | 60.64 |
| 24英寸 | 60.96 | 61.28 | 61.60 | 61.91 | 62.23 | 62.55 | 62.87 | 63.18 |

| 25英寸 | 63.50 | 63.82 | 64.14 | 64.45 | 64.77 | 65.09 | 65.41 | 65.72 |
|---|---|---|---|---|---|---|---|---|
| 26英寸 | 66.04 | 66.36 | 66.68 | 66.99 | 67.31 | 67.63 | 67.95 | 68.26 |
| 27英寸 | 68.58 | 68.90 | 69.22 | 69.53 | 69.85 | 70.17 | 70.49 | 70.82 |
| 28英寸 | 71.12 | 71.44 | 71.76 | 72.07 | 72.39 | 72.71 | 73.03 | 73.34 |
| 29英寸 | 73.66 | 73.98 | 74.30 | 74.61 | 74.93 | 75.25 | 75.57 | 75.88 |
| 30英寸 | 76.20 | 76.52 | 76.84 | 77.15 | 77.47 | 77.79 | 78.11 | 78.42 |
| 31英寸 | 78.74 | 79.06 | 79.38 | 79.69 | 80.01 | 80.33 | 80.65 | 80.96 |
| 32英寸 | 81.28 | 81.60 | 81.92 | 82.23 | 82.55 | 82.87 | 83.19 | 83.50 |
| 33英寸 | 83.82 | 84.14 | 84.46 | 84.77 | 85.09 | 85.41 | 85.73 | 86.04 |
| 34英寸 | 86.36 | 86.68 | 87.00 | 87.31 | 87.63 | 87.95 | 88.27 | 88.58 |
| 35英寸 | 88.90 | 89.22 | 89.54 | 89.85 | 90.17 | 90.49 | 90.81 | 91.12 |
| 36英寸 | 91.44 | 91.76 | 92.06 | 92.39 | 92.71 | 93.03 | 93.35 | 93.66 |
| 37英寸 | 93.98 | 94.03 | 94.62 | 94.93 | 95.25 | 95.57 | 96.89 | 96.20 |
| 38英寸 | 96.52 | 96.84 | 97.16 | 97.47 | 97.79 | 98.11 | 98.43 | 98.74 |
| 39英寸 | 99.06 | 99.38 | 99.70 | 100.01 | 100.33 | 100.65 | 100.97 | 101.28 |
| 40英寸 | 101.60 | 101.92 | 102.24 | 102.55 | 102.87 | 103.19 | 103.51 | 103.82 |
| 41英寸 | 104.14 | 104.46 | 104.78 | 105.09 | 105.41 | 105.73 | 106.05 | 106.36 |
| 42英寸 | 106.68 | 107.00 | 107.32 | 107.63 | 107.95 | 108.27 | 108.59 | 108.90 |
| 43英寸 | 109.22 | 109.54 | 109.86 | 110.17 | 110.49 | 110.81 | 111.13 | 111.44 |
| 44英寸 | 111.76 | 112.08 | 112.40 | 112.71 | 113.03 | 113.35 | 113.67 | 113.98 |
| 45英寸 | 114.30 | 114.62 | 114.94 | 115.25 | 115.57 | 115.89 | 116.21 | 116.52 |
| 46英寸 | 116.84 | 117.16 | 117.48 | 117.79 | 118.11 | 118.43 | 118.75 | 119.06 |
| 47英寸 | 119.38 | 119.70 | 120.02 | 120.33 | 120.65 | 120.97 | 121.29 | 121.60 |
| 48英寸 | 121.92 | 122.24 | 122.56 | 122.87 | 123.19 | 123.51 | 123.83 | 124.14 |
| 49英寸 | 124.46 | 124.78 | 125.10 | 125.41 | 125.73 | 126.05 | 126.37 | 126.68 |
| 50英寸 | 127.00 | 127.32 | 127.64 | 127.95 | 128.27 | 128.59 | 128.91 | 129.22 |
| 51英寸 | 129.54 | 129.86 | 130.18 | 130.49 | 130.81 | 131.13 | 131.45 | 131.76 |
| 52英寸 | 132.08 | 132.40 | 132.72 | 133.03 | 133.35 | 133.67 | 133.99 | 134.30 |

| 53英寸 | 134.62 | 134.94 | 135.26 | 135.57 | 135.89 | 136.21 | 136.53 | 136.84 |
|---|---|---|---|---|---|---|---|---|
| 54英寸 | 137.16 | 137.48 | 137.80 | 138.11 | 138.43 | 138.75 | 139.07 | 139.38 |
| 55英寸 | 139.70 | 140.02 | 140.34 | 140.65 | 140.97 | 141.29 | 141.61 | 141.92 |
| 56英寸 | 142.24 | 142.56 | 142.88 | 143.19 | 143.51 | 143.83 | 144.15 | 144.46 |
| 57英寸 | 144.78 | 145.10 | 145.42 | 145.73 | 146.05 | 146.37 | 146.69 | 147.00 |
| 58英寸 | 147.32 | 147.64 | 147.96 | 148.27 | 148.59 | 148.91 | 149.23 | 149.54 |
| 59英寸 | 149.86 | 150.18 | 150.50 | 150.81 | 151.13 | 151.45 | 151.77 | 152.08 |
| 60英寸 | 152.40 | 152.72 | 153.04 | 153.35 | 153.67 | 153.99 | 154.31 | 154.62 |

（注：此表用于面料长短计量或服装规格的英制单位与公制单位的换算对照参考用）

# 第三章　男装材料

服装是衡量人类文明进程的重要因素之一，也是人类生活的重要内容之一。有史以来，服装及其材料始终为社会各阶层群众所关注。

由于服装及其材料的多样性，使得人们对它们的认识、评价和要求也各不相同。因为它们受社会文化、经济、政治、宗教、民俗、地理环境以及消费者的性别、年龄、职业、文化教育、收入、生活方式及个性等多种因素的影响，还受流行趋势的影响。

但是，人们都希望穿得漂亮、合体、舒适，并希望服装质量好、性能好、耐用、价格合理等，这是消费者对服装及其材料的共同要求。

服装材料包括服装的面料和辅料。服装材料与服装的色彩、款式造型构成服装的三要素；服装的颜色、图案、材质风格等是由服装材料直接体现，服装的款式造型亦需依靠服装材料的厚薄、轻重、柔软、硬挺、悬垂性等因素来保证，因此，服装材料的选择，直接影响到服装品质。如何根据服装款式造型需要，选择好面辅材料，将是设计师终身都在探索的一个问题。

不同的服装面料有不同的造型特征，面料有薄、厚、轻、重、柔软、坚挺、弹性、悬垂性等方面的差别，不同面料的造型特征决定服装的柔软性、流动性、刚性等。不同的服装面料有不同的外观特征，如色彩、图案、光泽、表面机理、质地等，给人不同的感觉，形成不同风格的服装。不同的服装面料有不同的服用性能。如坚牢的面料经久耐用，耐磨的面料不易磨损，透气性能好的面料穿着舒适，延伸性较好的面料活动自如，保型性好的面料尺寸稳定。不同性能的面料适合做不同风格的服装，选择服装面料时一定要考虑服装不同的性能要求，以选择恰当的面料。

## 第一节　服装材料的构织

### 一、纤维分类

纺织用纤维是又细又长，而且具有一定的强度、韧性和可纺性能和服用性能的线状材料，其直径有几微米到几十微米，它是服装材料用量最多的基本原料。服装大多由纺织品构成，而纺织品大多由纱线构成，纱线又由纤维组成，所以纤维和纱线对服装的性能影响很大。掌握纤维和纱线的基础知识，对了解纺织品的特性、服装的款式设计、结构设计、工艺设计、包装设计以及使用和保养都有极其重要的意义。

纤维的分类常从其形态、性能和来源等来分。

**1. 纤维的形态**

按照纤维的长短可分为长丝、短纤，按其截面可分为圆形和异性纤维，按照粗细可分为粗纤维和细旦纤维。

**2. 纤维的性能**

按照纤维的性能可分为弹性、亲水性、抗静电性、耐热性等纤维。

**3. 纤维的用途**

- 纤维
  - 天然纤维
    - 棉纤维（C）：面料（作内衣、外衣、袜子等）、里子、兜布、衬、缝纫线、垫肩、袖棉条等。
    - 麻纤维：分苎麻（Ram）、亚麻（F/L）、大麻（Hem）、罗麻（Apoynum）、麻（J）。作套装、衬衫、连衣裙、抽绣工艺品、油画布、装饰布、衬等。
    - 丝纤维：分桑蚕丝（Ms）柞蚕丝（Ts）：高档面料、里子、绣花线等。
    - 毛纤维（W）：高级面料、里子、衬（大身衬）、毛线、毛毡等。
  - 化学纤维
    - 人造纤维（再生纤维）
      - 粘胶纤维（R）：面料、裤子用的膝里布等。
      - 醋脂纤维（CA）：裙装、衬衫、内衣、领带和里料等。
      - 铜氨纤维（CUP）：高级丝织品、里料等。
      - 富强纤维（polynosic rayon）：俗称虎木棉、强力人造棉。它是变性的粘胶纤维，与普通粘胶纤维比，有强度大、缩水率小、弹性好、耐碱性好等优点。适宜做夏季服装面料。
      - 天丝纤维（Tel）：称“21世纪绿色纤维”，可作面料、里料。
      - 大豆纤维（Soybean Fiber）：面料、里子、线等。
      - 玉米纤维（PLA）面料（礼服、茄克、内衣、T恤、长袜等）。
      - 牛奶纤维（Milk Silk）：面料、里子等。
      - 莫代尔纤维（Md）：内衣、夹里等。
      - 竹纤维（Bamboo Fiber）：衬衫、T恤、袜子等。
    - 合成纤维
      - 聚酯纤维：涤纶（T）面料（衬衫、裤子、运动装、套装、工作服和窗帘制品等）、絮填料、缝纫线等。
      - 聚酰胺纤维：锦纶6、锦纶66等（N）主要用于做袜子、手套、套装、裙装、运动衣、滑雪服、风雨衣，装饰布和工业用布等。
      - 聚丙烯氰纤维：腈纶（A）用于针织服装、仿求皮制品、起绒织物、女装、童装、服饰配件、装饰布、地毯和毛毯等。
      - 聚乙烯醇甲醛纤维：维纶（V）主要用于工作服、军用迷彩服和装饰布。
      - 聚丙烯纤维：丙纶（O）主要用于毛衫、运动衫、袜子、内衣、比赛服、鱼网、填絮料、包装袋布和室内外地毯等。
      - 聚氯乙烯纤维：氯纶（L）主要用于工业上，如防毒面罩、绝缘布、仓库覆盖布等，民用如：窗纱、筛网、绳索、网袋等。
      - 聚氨基甲酸酯纤维：氨纶（SP/EL/OP）广泛用于泳装、滑雪服、纹胸、腹带、T恤衫、牛仔装、裙装和各种礼服、便装等。

## 二、面料分类

服装材料的种类繁多，多样化、个性化、舒适化、时代化是当今服装面料的主要特点。

常从材料的属性、适用季节、材质风格及特点和不同服装对面料的要求进行分类。

**1. 按材料的属性分类**

按用于服装材料的属性分类，可分为纤维制品、裘革制品，而纤维制品根据制造方式的不同，分为机织物、针织物、复合织物。

- 纤维制品
  - 单层组织
    - 基本组织：平纹、斜纹、缎纹（又称三原组织）。
    - 变化组织：由三原组织变化而来。
    - 联合组织：三原组织与变化组织混合的组织。
  - 特殊组织：上述未包括的组织。
  - 双层组织
    - 纬二重组织：纬向两层、经向单层的组织。
    - 经二重组织：经向两层、纬向单层的组织。
  - 多层组织：经、纬纱等多层组织。
  - 其他双层组织：上述未包括的双层组织。

**2. 从材料的适用季节分类**

按照不同季节可将面料分为春秋季服装面料、夏季服装面料和冬季服装面料。

春季面料色彩稍浅，秋季面料色彩稍浓，均以中等厚薄的面料为主。

在炎热的夏季多用明亮浅淡一些的色彩，如白色、米色、浅黄等，一些冷色调的色彩，如蓝色、蓝紫色、蓝绿色等，也可使人有轻松、愉悦的感觉。凉爽也是选购夏季面料重点考虑因素，如丝织物、麻、黏胶纤维面料、细小密度等的棉织物等，均以薄型的面料为主。

冬季面料以较深的颜色为主。冬季天气寒冷，多穿衣服才会暖和，但多穿衣服会感觉臃肿、行动不方便。因此，轻巧、柔软、暖和的面料，如山羊绒、羊驼绒、绵羊绒、羊毛质地面料是现代人对冬季服装的追求。

**3. 按照材质风格及特点分**

按照材质风格及特点分为立体与平整类、光泽感与粗犷类、刚柔类和厚实类。

**4. 按照不同服装对面料的要求分**

按照不同服装对面料的要求分常分为生活装面料、职业装面料、礼仪服装面料、内衣面料、童装面料、运动装面料、劳保服面料和舞台服装面料。

服装面料
- 春秋季面料
  - 春季面料：色彩稍浅的各种全毛精纺、混纺或 化纤仿毛、棉织物面料、丝织物、针织面料等。
  - 秋季面料：色彩稍浓的各种全毛精纺、混纺或 化纤仿毛、棉织物面料、丝织物、针织面料等。
- 夏季面料：真丝（绸、纺、皱、纱、绡、绫、罗、缎、绢等）、仿真丝、亚麻、苎麻、大麻和棉布、棉府绸 等。
- 冬季面料：皮草、皮革、华达呢、哔叽、牙签呢、马裤呢、礼服呢、法兰绒、拷花呢、顺毛大衣呢、双面呢等。

5. 男装常用的面料（图 3–1 ～ 图 3–30）

图 3–1 锦缎

图 3–2 梅兰竹菊提花缎

图 3–3 棉、涤混纺人字斜纹布

图 3–4 纯纺精梳棉斜纹布

图 3-5　棉涤混纺条纹布

图 3-6　凡力丁、派力司

图 3-7　厚型针织面料

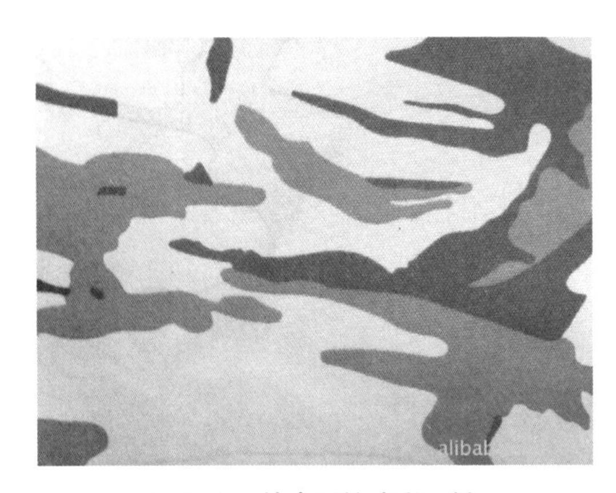

图 3-8　棉涤混纺迷彩面料

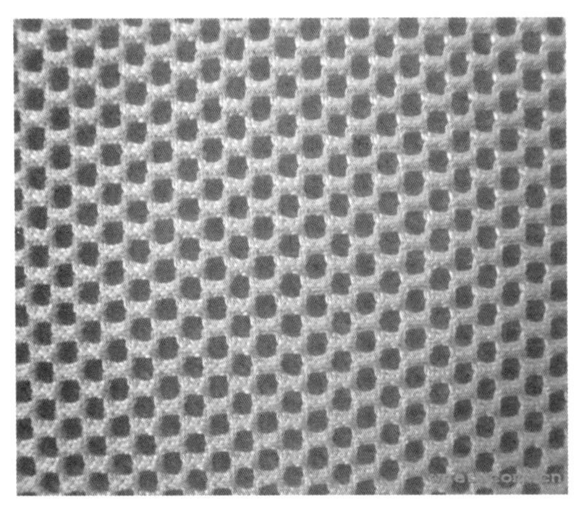

图 3-9　蜂巢组织面料

图 3-10 亚麻平纹布

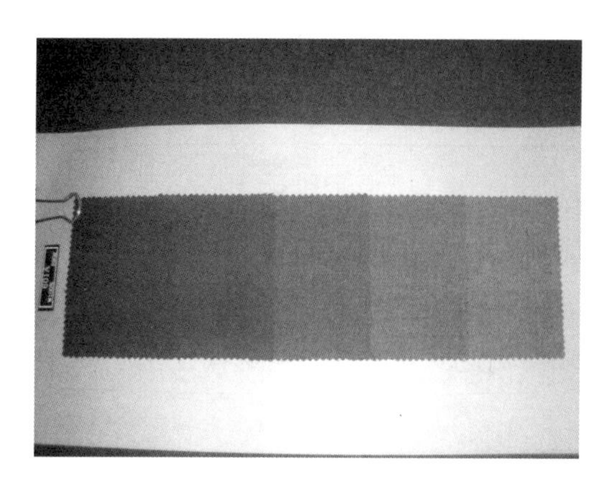

图 3-11　纯毛华达呢

图 3-12　毛、丝、涤混纺华达呢

图 3-13　纯毛纺哔叽

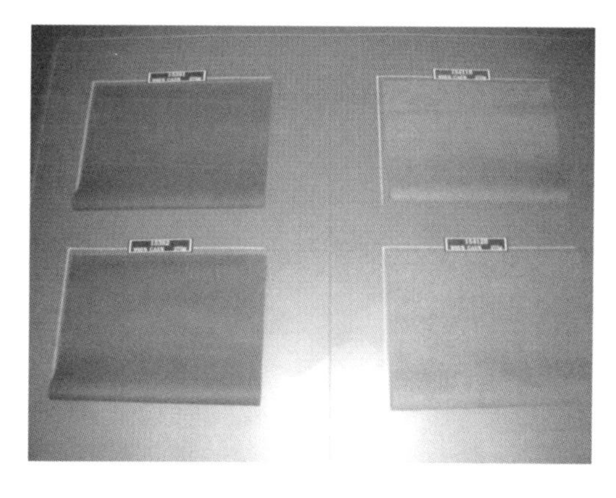

图 3-14　毛、粘、涤混纺华达呢

图 3-15　钢花呢

图 3-16　法兰绒

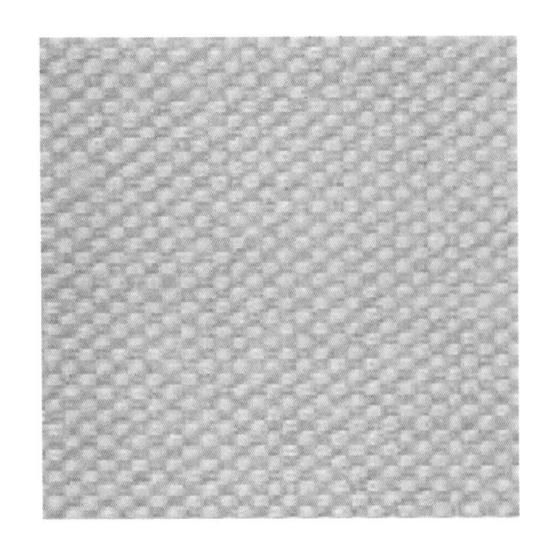

图 3-17　帆布

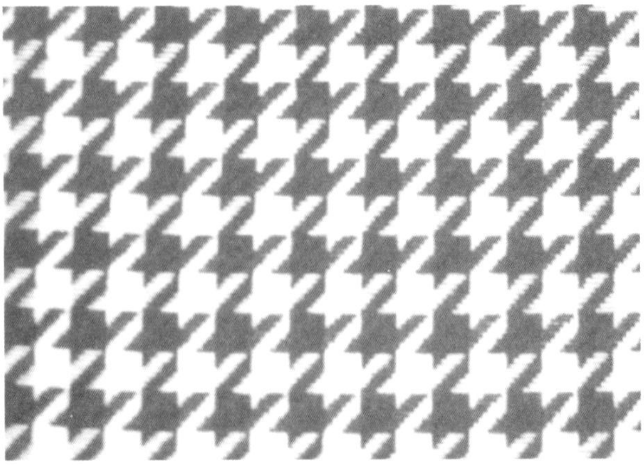

图 3-18　千鸟纹粗花呢

图 3-19　毛涤混纺条纹哔叽

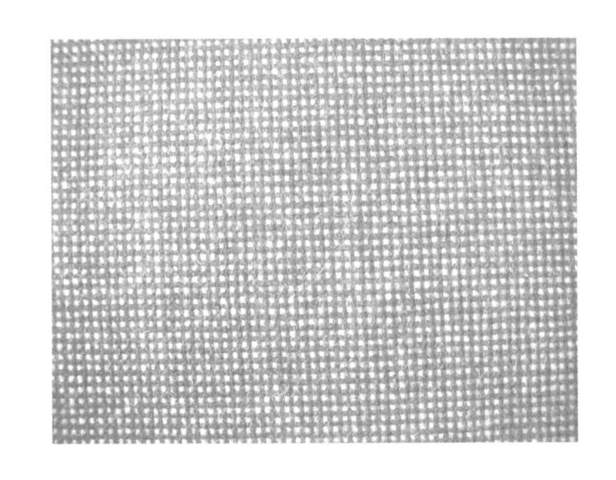

图 3-20　板司呢

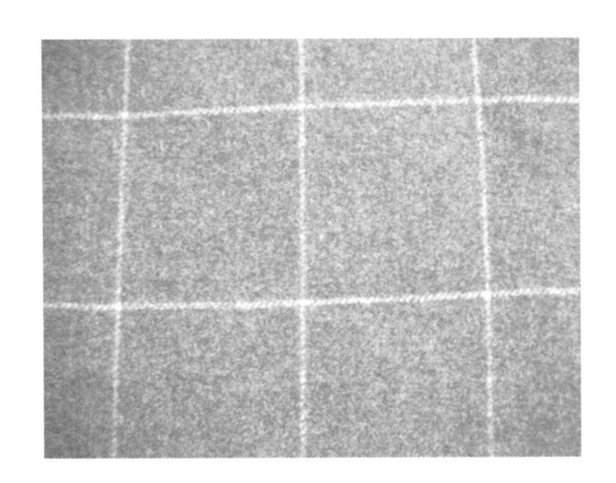

图 3-21　毛涤混纺格子呢

图 3-22　驼色纯毛大衣呢

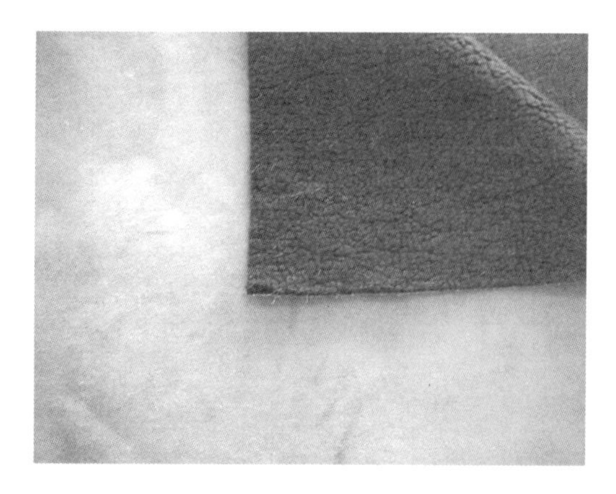

图 3-23　仿麂子皮（双面）

图 3-24　制服呢

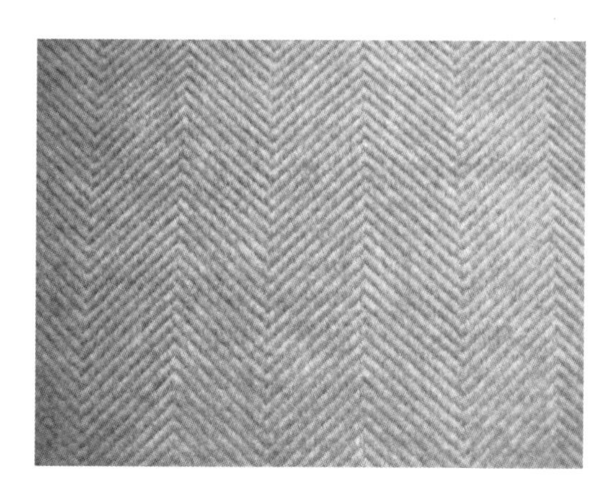

图 3-25　纯色厚型海力蒙

图 3-26　中厚型海力蒙

图 3-27　混色海力蒙（人字呢）

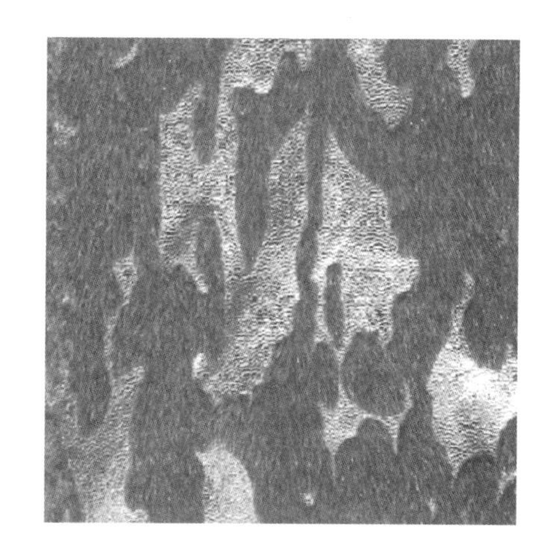

图 3-28　毛、革一体面料

图 3-29　纯毛双面呢

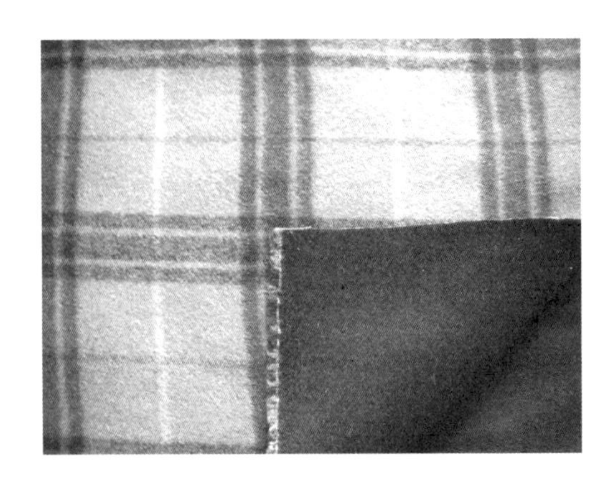

图 3-30　纯毛双面异色呢

# 第二节　男装面料的选择

选择男装衣料时，应根据着装者的条件（年龄、性别、职业、体形及肤色、收入、个性等）以及着衣的目的、着衣的环境和时尚潮流等来确定。

## 一、中式常服选用面料

**1. 中山装、青年装用面料**

中山装、青年装常用面料：白色或灰色纯毛派力司、凡立丁（图 3-6，夏季用），纯毛华达呢（图 3-11）、毛涤丝混纺华达呢（图 3-12）、纯毛哔叽（图 3-13）、法兰绒（图 3-16）等用于高档中山装、青年装（礼服类）。毛涤混纺华达呢（图 3-14）、毛麻混纺哔叽、纯化纤、卡其等用于中低档中山装、青年装。

**2. 便装、长衫**

常采用纯棉布、卡其或化纤平纹布作中式便装和中式长衫。

**3. 唐装、马褂、马甲**

唐装、马褂、马甲常采用纯真丝锦缎或人丝和真丝交织的锦缎面料制作（图 3-1、图 3-2）。

## 二、西式常服选用面料

### （一）衬衫、T 恤用料

**1. 衬衫面料**

（1）礼服衬衫面料：丝绸、纯棉高支纱面料（图 3-4）、棉麻混纺面料等。

（2）普通衬衫面料：青年布、涤纶、棉涤混纺织物（图 3-3）、交织物等。

（3）休闲衬衫面料：纯棉、纯麻及棉、麻、丝混纺织物。如牛仔布、牛津布、柞丝绸、绵绸、夏布、亚麻布（图 3-10）、大麻布、罗麻布、棉涤混纺布（图 3-5）、棉麻混纺、丝棉混纺等面料。

**2. T 恤用料**

T 恤常用：纯棉针织物、涤棉针织物、涤麻混纺针织物、腈纶、黏胶针织物等（图 3–7、图 3–9）。

**（二）西裤、西服、西背用料**

西裤、西背、西服常称为三件套，是男士普通的社交服装。常采用黑色、蓝色、灰色、咖啡色，乳白色、米黄（春、夏用）色等颜色，其质地可选用纯毛、混纺、纯化纤等华达呢、驼丝锦或牙签呢、哔叽面料。休闲西服、西背，宽松自然，其材料一般为全毛精纺条、格花呢、粗花呢、钢花泥（图 3–15）、海力斯、灯心绒和重磅真丝呢（四维呢、大伟呢、博士呢等），经免烫处理纯棉精梳府绸、柞丝绸和具有特色的纯纺和混纺化纤面料也可以作休闲西服、西背的面料。

## 三、礼服用料

一般说来，各国各民族都有自己传统的礼仪服装。我国的长袍马褂现在已很少见，但作为中国传统男礼服，在荧频上的一些传统的戏曲、相声、小品等节目里能看到。如今常见的男礼服多为西服。

**1. 中式礼服用料**

长袍、马褂：长袍常用纯棉平纹布、斜纹布，也可采用真丝软缎、人丝交织物或纯合成纤维织物 。马褂可采用真丝软缎、人丝交织物锦缎或纯涤纶锦缎（图 3–1、图 3–2）等。

新唐装：可采用什色的真丝织锦、人丝交织物锦缎或纯涤纶锦缎（图 3–1、图 3–2）。

**2. 西式礼服用料**

（1）晚礼服：用于宫廷礼仪、音乐指挥及婚庆典礼等。这种礼服多用黑色或深蓝色的精纺面料（如礼服呢、华达呢、哔叽等），领子用素色光泽好的黑色缎料。高档礼服常采用真丝为经，毛纱为纬的丝毛交织材料。由于目前化纤仿毛技术较高，纺出的材料已经可达到以假乱真，因此，纯化纤纺毛织物、涤纶与天丝纤维混纺的华达呢，都是晚礼服选用的材料。

（2）晨礼服：作为白天的正式礼服，用于成年、结婚、丧葬等仪式穿戴。黑色的上衣与条子裤子组合。衣用华达呢、毛哔叽等面料，裤选用灰白相间的哔叽或华达呢。

（3）男士准礼服

男士准礼服，即枪驳领西服，一般为黑色，也可以用深灰色或藏蓝色，少数用蛋黄色或白色。材料用精纺毛织物或混纺毛织物，如礼服呢、贡呢、驼丝锦、华达呢、牙签呢、板司呢等，具有特殊光泽的长丝织物也是当前男式礼服的时尚材料。此外，如果采用毛革一体材料（图 3–28）与大衣呢搭配做西装，也会取得较好的效果，实物图参见彩图 33（彩图正中，左一款）。

## 四、便装、运动装、制服、劳保服用料

**1. 便装**

便装要求材料柔软、舒适以便于活动。近年来人们对休闲装的材料要求趋向讲究，一些具

有光泽和各种花色的衣料很受人喜爱，采用金属闪光、扎染、透明、网状、拉毛等衣料制作的便装很流行，并向防晒、抗菌、机可洗、无污染等方向发展。

（1）家居服：包括睡衣和晨服，常用纯棉格条布或各种花色纯棉布、丝绸、人造纤维、化纤、填棉刺绣布和双面布等。

（2）外出服：常采用迷彩面料（图 3–8）、帆布（图 3–17）、灯心绒、卡其、柞丝绸和各种化纤纯纺或混纺等面料。

**2. 运动装**

（1）休闲运动装

近年来，由于消费者越来越追求自然、舒适、健康和运动等轻松活泼的生活方式，休闲运动装的销售量成了增加最快的服装之一。常采用纯棉或涤棉平布、斜纹布、灯芯牛仔布、金属涂层布、PV 涂层布以及精纺或粗纺毛花呢、涤纶混纺织物、麻涤混纺花呢和混纺混纺蜂巢组织面料等。

（2）体育用运动装

体育用运动装既要保证身体活动自如，又要考虑到运动之后人体会发热出汗。因此要求运动装的材料应具有足够的弹性、散热性、透气性和吸汗性，同时要求色彩鲜艳。泳装的颜色还应具备救身功能，如大红、橘红色彩的针织面料（加了莱卡）。网球运动员和足球运动员的服装，需用十分透气、吸汗的针织纯棉织物，而最新的足球运动服的里层为纯棉，夹层为甲壳质纤维，能将里层吸收的汗水吸收到夹层，而外层是透气而防雨的材料。

（3）登山、旅游运动装

此类服装选料时，应注意色泽鲜明、易洗快干、轻便耐磨等要求，如涤塔绸、锦纶塔夫绸、丙纶绸等。

**3. 制服**

制服作为工作服装，应以职业标识、统一和严肃风纪为原则。其材料的选择应适合职业岗位的特点，便于工作，并容易洗涤和保管。

（1）公司职员制服

公司职员制服一般采用西服套装，材料可选用毛 / 涤、毛 / 涤 / 粘混纺素色平纹或斜纹面料，要求面料挺括、手感活络，穿在身上平挺合身，既显示其统一性，又使人显得精神、干练。

（2）医生、护士制服

医生、护士制服由于需要常洗和高温消毒，一般采用白色、淡蓝色和粉色的纯棉高支平布或斜纹面料（医生选用白色，护士可选用白、蓝、粉红等颜色）。

（3）航空、宾馆制服

航空、宾馆制服需用耐洗、耐磨、免烫且质感较好面料制作，常用毛 / 涤、涤 / 棉、毛 / 粘等混纺华达呢面料。

（4）学生制服

学生制服选料时要考虑经济、实用、耐洗、耐磨等因素。春秋装常采用棉 / 涤针织面料和涤纶、锦纶塔夫绸等面料，夏装（T 恤）常采用纯棉或棉 / 涤针织面料，冬装（青年装）常采用毛 / 涤、涤纶华达呢、哔叽等面料制作。

（5）公、检、法、税务、海关、银行等职业制服

公、检、法、税务、海关、银行等职业制服，因单位经济条件好，又不需要常洗涤，常选用深色的纯毛、毛混纺等面料。

（6）陆、海、空三军制服和武警制服

陆、海、空三军制服和武警制服分常服、礼服和作驯服，常服采用毛/涤哔叽、华达呢、涤府面料，礼服采用纯毛马裤呢面料，作驯服采用涤纶迷彩面料。

**4. 劳保服**

劳保服以安全防护为目的，应根据其劳动操作环境的特点来选择具有保护功能的面料。如炼钢工人和消防员的劳保服，应选择防热性能好且阻燃的织物（石棉织物、碳纤维织物、金属镀层织物、PBI纤维与凯夫拉纤维混纺的织物耐高温450°C）。化学工业的劳保服，应选择耐相应化学品性的织物，如纯棉布、哔叽和卡其等面料。电子厂工人的劳保服应选择抗静电处理的面料，如纯棉及导电的织物等。

## 五、外套、防寒服用面料

**1. 外套**

（1）风衣

风衣最好是兼有防雨功能的面料，可采用纯毛华达呢、纺毛华达呢、棉涤混纺的卡其、哔叽、斜纹布、板司呢（图3–20）、磨毛帆布、超细涤纶磨毛织物和涂层织物等面料。

（2）大衣

大衣衣料应考虑面料的防寒、保暖、轻便等方面的功能，可选用纯毛华达呢、拷花呢、毛/涤或化纤纺毛华达呢、马裤呢、银枪呢、麦尔登、千鸟纹粗花呢（图3–18）、毛涤混纺格子呢（图3–21）、驼色纯毛大衣呢（图3–22）、仿鹿子皮（图3–23）、制服呢（图3–24）、纯色厚型海力蒙（图3–25）、中厚型海力蒙（图3–26）、纯毛双面呢（图3–27）等面料。

**2. 防寒服**

防寒服衣料也应考虑面料的防寒、保暖、轻便和防雨等方面的功能，常采用的确良府绸、涤塔绸、锦纶塔夫绸和重磅真丝等面料。

# 第三节 服装辅料

服装辅料在服装中与服装面料同等重要，它不仅决定着服装的色彩、造型、手感、风格，而且还影响着服装的加工性能、服用性能和价格。

构成服装的材料，除面料外均为辅料。辅料的种类很多，如里料、衬垫材料、絮填材料、缝纫线、钮扣、拉链、花边、珠片、绳带、商标、示明牌等。

## 一、服装里料、衬料的种类

### （一）衬料

衬料是服装的骨骼和支撑，对服装有平挺、造型、加固、保暖、稳定结构和便于加工等作用，它可以是一层或复合几层。其分类如下：

（1）棉、麻衬
- 麻衬——分纯麻布衬与混纺麻布衬
- 棉衬——分软衬（未上浆）与硬衬（上浆）

（2）马尾衬
- 普通马尾衬——分树脂整理与未树脂整理
- 包芯纱马尾衬

（3）黑炭衬
- 硬挺型——分上浆衬与树脂衬
- 薄软型——分树脂整理与低甲醛树脂整理
- 夹织布型——分包芯马尾夹织与粘纤夹织
- 类炭型——分白色与黑色

（4）树脂衬
- 麻织衬——分全麻树脂衬与混纺树脂衬
- 全棉衬——分漂白与半漂白
- 化纤混纺衬——分漂白与半漂白
- 纯化纤衬

（5）黏合衬
- 非织造黏合衬
- 梭织黏合衬
- 针织黏合衬
- 多段黏合衬
- 黑炭黏合衬
- 双面黏合衬

（6）腰衬
- 裁剪型衬——分树脂型与粘合型
- 防滑编织衬

（7）领带衬
- 毛型类——分高毛量与低毛量
- 化纤类——纯化纤与混纺

（8）非织造衬
- 一般非织造衬
- 水溶性非织造衬

### （二）里料（图 3-31～图 3-41）

服装里料是用来部分或全部覆盖服装里面的材料。服装有无里子以及里子的质地、外观性能如何，与服装的外观、质量和服用性能有着密切的关系。里子的作用有:（1）使得服装穿脱方便、舒适美观;（2）可使服装提高档次并获得良好的保形性;（3）使服装保暖、耐穿。里子的种类有:（1）天然纤维里料，如棉布里料、真丝里料;（2）化学纤维里料，如黏胶纤维里料、醋酯纤维里料、涤纶和锦纶长丝里料;（3）混纺和交织里料，如棉涤混纺里料、黏胶长丝与棉交织的里料。

### （三）里料选择的原则

里料的质量直接影响着服装的质量，里料应具有光滑、透气、耐用、抗静电、色牢度好等特点。选择里料时应注意:（1）里料的性能与面料的性能相配伍，里料的缩水率、热缩率、耐热性、耐洗涤性、强度和重量等性能应与面料相似。（2）里料的颜色应与面料的颜色相协调。男装里料的颜色 一般要求与面料相同或相近。（3）里料的质量、档次应与面料匹配。中山装、青年装常用里料：真丝绸、美丽绸、羽纱、涤塔绸等。唐装里料常采用：真丝电力纺、软缎或涤塔绸、尼龙绸等。衬料常采用黑炭衬黏合衬、经编衬、纬编衬、树脂衬、胸绒衬、牵条衬、袖窿衬和腈纶垫肩等。

## 二、里料、衬料的选用

**1. 礼服用里料 、衬料**

礼服常采用里料：真丝塔夫绸（图 3-31）、美丽绸、涤塔绸（图 3-38）、色织条纹缎（图 3-39）等里料，衬料常采用黑炭衬黏合衬、无纺经编黏合衬、胸绒衬、牵条衬、袖窿衬和腈纶垫肩等。

**2. 西裤、西服、西背用里料 、衬料**

西服、西背里料通常用真丝绸、涤纶绸、锦纶缎、美丽绸等。衬料常用黑炭衬、无纺黏合衬（经编衬或纬编衬）、胸绒衬、牵条衬、袖窿衬和腈纶垫肩等。

西裤的口袋布常用的确良、的确府绸、涤塔绸等料子 。腰头里子常采用涤塔绸加防滑衬，腰头衬选用树脂衬或法西衬。

**3. 大衣、风衣用里料、衬料**

大衣、风衣常用里料 真丝绸（图 3-31）、涤塔绸（图 3-38、图 3-39）锦纶缎、美丽绸（用于中高档）、尼龙绸、羽纱（用于中底档）等。大衣用衬与礼服用衬质地相同。风衣用衬：黑炭衬黏合衬。

**4. 制服用里料、衬料**

中高档制服采用里料：涤塔绸、醋酯绸、美丽绸。中底档制服用里料：尼龙绸（图 3-34）、羽纱等。

高档制服用衬：黑炭衬黏合衬、经编衬、纬编衬、胸绒衬、牵条衬、袖窿衬和腈纶垫肩等。中档制服用有纺黏合衬，低档制服用无纺黏合衬。

5. 茄克、便装用里料、衬料

茄克、便装用里料：纯棉里料、尼龙绸（图 3–40）、涤棉混纺里料、黏胶长丝与棉交织的里料等 。

茄克、便装的零部件、袋位等常采用有纺黏合衬。

图 3–31　真丝提花缎里料

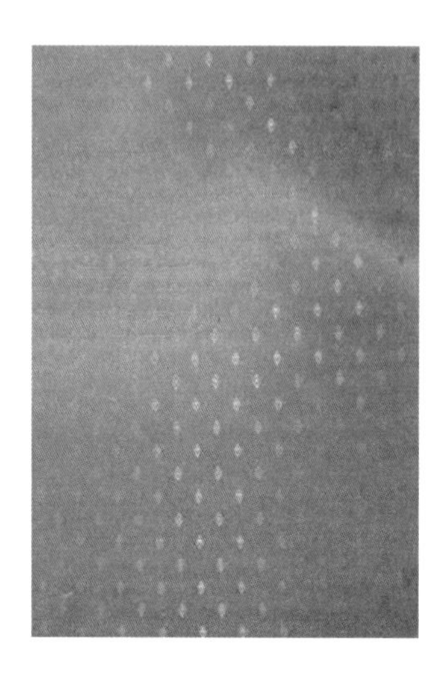

图 3–32　涤纶提花里料

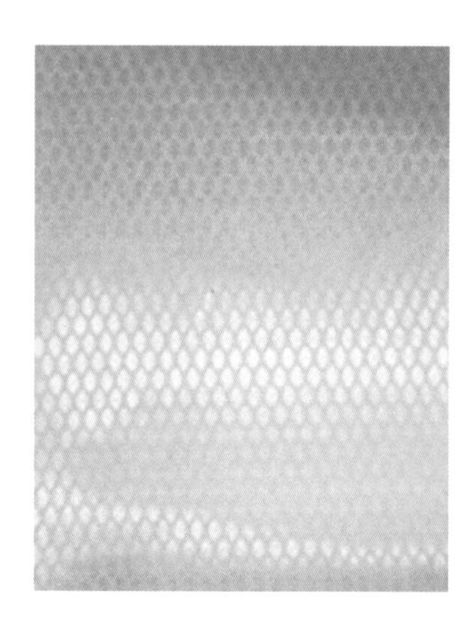

图 3–33　粘胶纤维里料

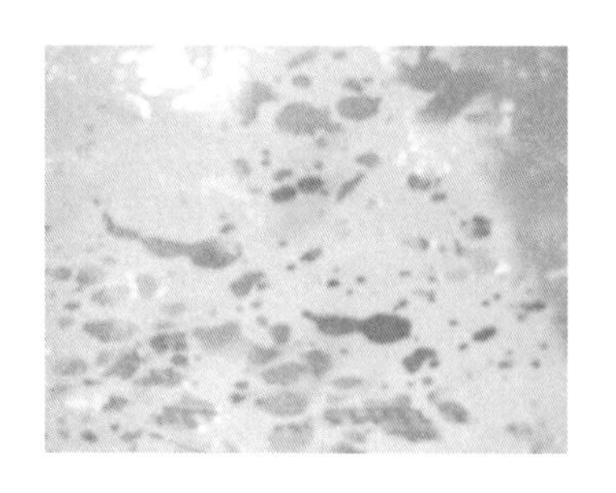

图 3–34　尼龙绸喷花里料

图 3–35　里料集锦

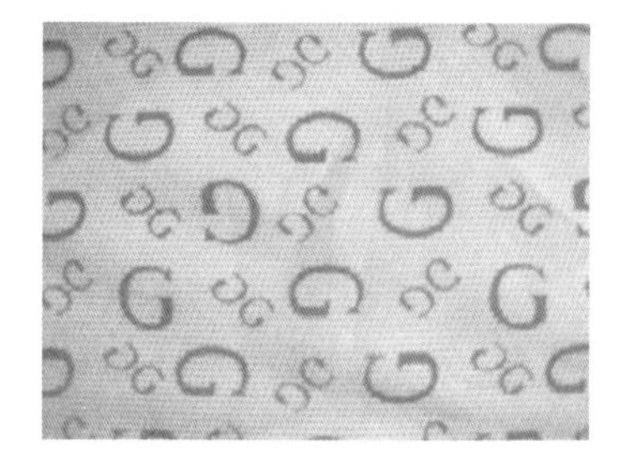

图 3–36　印花尼龙绸里料

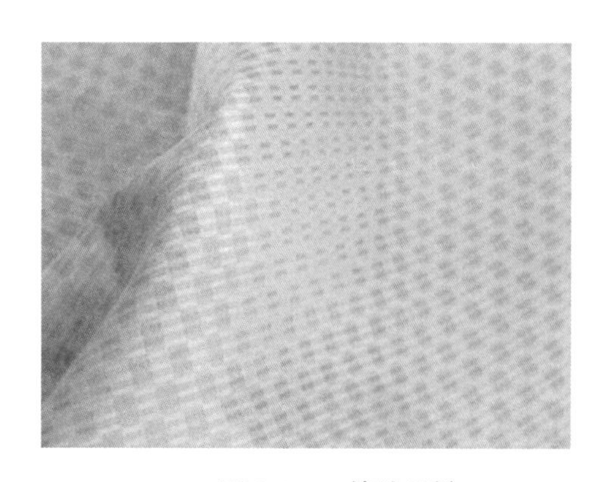

图 3–37　锦纶里料

图 3–38　涤塔绸

图 3-39　色织条纹缎

图 3-40　印花尼龙绸

图 3-41　涤粘色织条纹塔夫绸

# 第四章 男装结构设计原理

## 第一节 基础知识

服装结构设计是将款式造型设计中的构思具体化，即通过分析或计算把立体空间和艺术性的设计构思，逐步分解制作成服装平面或立体结构图形，同时对构思中的不符合结构需要的部分加以修整。服装结构构成方法指服装裁剪的方法，常用的方法有立体构成法和平面构成法。立体构成法又可以叫立体裁剪法，即直接在人体或人体模型上获取服装的衣片或纸样，这种方法多用于造型难度大或合体度要求较高的服装。平面构成法是指直接在平面上制图的一种方法，其特点是简单、快速，但由于人体体型的千差万别和面料质地的多样性，要较好的掌握平面构成法，需经历大量的经验积累和掌握在一定范围内服装材料从平面到曲面的几何变形和人体外型结构的种种知识和技艺。但平面构成法由于速度快、难度小、效率高，我国目前主要采用此种方法。平面构成法中最常用的是比例分配法和原型制图法。

服装结构设计是款式设计的延伸和发展，也是工艺设计、制作的准备和基础，它将艺术、技术和社会性有机的融为一体，在服装设计中起着承上启下的枢纽作用。

### 一、男装结构设计方法

#### （一）比例分配法

将测量体型后所得的各个部位的净尺寸，按照款式造型、服装的穿着要求和号型标准要求，拟订出衣服的成品规格尺寸，然后根据这些数据进行结构制图。此种方法易学易懂，使用方便，宽松、舒适、休闲类服装结构设计常采用此种方法。

比例分配法又可分为三种，即定尺寸法、胸度法和短寸法。

（1）定尺寸法：亦称“直接注寸法”，这是一种原始的结构制图方法。制图时，只需按照服装尺寸和款式要求，凭经验直接画出辅助线及轮廓线。这种方法没有复杂的计算公式，主要靠长期实践所得出的经验数据制图。不足之处是对款式复杂的结构制图，不能准确灵活地变动尺寸、不易任意变换式样。

（2）胸度法：以人体胸围的比例形式推算出上衣其他部位的尺寸进行的结构制图。常用的分配法有：二分法、三分法、四分法、五分法、六分法、八分法、十分法等。其中三分法和六分法常用于较合体服装的结构设计，四分法常用于宽松上衣和裤子的结构设计。

（3）短寸法：准确的测量人体的前胸、背宽、肩宽、腰节长，然后根据这些数据进行结构设计制图。它是服装来料加工，度身定做常用的方法。

### （二）原型制图法

原型即服装的基本造型，按发育正常的人体体型，测量其各个部位的数据，用以适合某种特定款式造型的纸样设计而制成的服装样板。适用于相对紧身、合体、衣片分割线较多的服装结构设计。

在服装工业生产中，原型是按照标准尺寸为特定男子群体制作的服装标准板型，比如年轻男子、成年男子、高个男子群体等，这些群体的尺寸表是以群体中的平均体型的不同部位尺寸为基础的（比如从胸围到臀围等）。原型制图法发展至今已有两百多年历史了，一直盛行于欧美、日本、中国港台。日本原型对亚洲地区有较大的影响。

**1. 原形的种类**

原型的种类繁多，大致可分为基础原型和各种成衣原型。基础原型依其性别和年龄可分为：妇女原型、男子原型、儿童原型和少女原型。从人体结构来看，可分为上半身、下半身和手臂，所以原型又可以分为衣身原型、袖子原型和裙子原型。本书主要介绍男子原型。

**2. 原型的流派**

由于地区、体型、种族等各种原因，形成了多种原型，如日本式、欧洲式、美洲式和我国港台式等等。我国由于幅员辽阔，民族众多，所以一直没有形成一个统一的中国式原型。几年前，在许多服装专家的共同努力下，虽然形成了一个服装基型。但至今尚未完全被推广开。港台式原型基本上是英式原型演变而来，且多使用英制尺寸，因此在内地使用较少。而欧美式原型由于种族差异较大，我们更不能拿来直接使用。我国人体与日本人体同为亚洲体型，两者差异不大，一般可以参考使用日本原型。

日本原型裁剪法属于洋服裁剪法，是20世纪40年代从欧美引进而来，并结合本民族体型特征进行发展与改进，演变为目前的五大派别：文化式、登丽美式、伊东式、田中式和拷梯丝式。其中文化式原型和登丽美式原型影响最大，流传最广。

### （三）制图样板的工具与设备

常用的工具与设备有：

（1）工作台面：平整的工作台面是制图所需最基础的设备，锥子、滚轮、剪刀等锋利的工具，使用过程中容易导致台面损坏，应注意保护台面。

（2）纸：30～50g重的牛皮纸用来制作纸样，100g左右的纸板适宜制作样板。

（3）铅笔：硬质铅笔H或2H制图，B用来勾廓型线，彩铅用来勾画复杂部分。

（4）橡皮：采用高级绘图橡皮。

（5）公制量尺：常采用30cm、50cm、80cm、100cm、120cm等长度的直尺。

（6）曲线尺：分硬曲线尺和软曲线尺。硬曲线尺用于画弧线，软曲线尺（蛇尺）用于测量曲线。

（7）三角尺：等腰直角三角板一套。

（8）比例尺：1∶4的比例尺，做笔记用。

（9）软尺：英制、公制各备一根。

（10）圆规：用于结构图某部位的作弧线。

（11）量角器：用于测量结构图某部位的角度。

（11）刨笔刀（美工刀）：削铅笔用。

（12）剪刀：常用 9 #、11# 剪刀。

（13）滚轮：又叫点线轮，用于复制裁片。

（14）透明胶带：用于拼接纸样或保护纸样的边缘廓型。

（15）别针、回形针：复制裁片时固定纸样。

（16）打孔机：用于样板打孔，穿绳挂放。

## 二、男装结构设计特点

男装穿戴要求强调功能性，在形式上遵循程式化，穿着讲究严谨性。结构设计的方法与手段，必须服从结构设计的目的和要求。男装结构设计的特点：男装总体要求结构平衡、形态大气、穿着合体，力求舒展、顺畅、简练挺拔。

### （一）上衣结构设计特点

（1）领子结构图设计特点，无论是关门领还是开放式领子，其横开领大小与实际领围大小变化不大，在 7～9cm。而直开领大小相对横开领比，可作增大或减小变化设计，根据款式的需要直开领大小设计范围在 6～15cm。

（2）肩部结构图设计特点：男式服装的肩部设计是体现其服装独特魅力的部位，男士要承担的社会责任和支撑起家庭表象上都是靠肩支撑的。因此，无论是什么服装的肩部造型，其结构设计都应满足平挺、合体或宽松的效果，切忌肩太窄。

（3）衣身结构设计特点：为了体现男士的干练、阳刚之气，衣身结构设计除茄克、风衣外，都设计为合体型；其结构线无论是横向还是纵向分割线都设计成直线，少用或不用弧度大的弧线。袋盖设计为条形，贴袋设计为方形或小圆形，尽量少采用装饰元素。

（4）袖子结构设计特点：夏季的袖子设计宽松，秋冬的袖子设计合体。一般采用一片袖（对口袖）、大小袖（装袖）和插肩袖，中式袖子采用连袖。切忌花瓣袖、灯笼袖、蝙蝠袖等夸张的袖型（表演服装除外）。

### （二）裤子的结构设计

除牛仔裤外，其他裤子臀围加放量较大，若设计分割线，均设计为直线或斜直线，脚口设计较为宽松。

### （三）工艺设计

缝制工艺要求精工细作，袖子吃势得当、止口顺直、熨烫定型平整、准确。

# 第二节　男装基础原型

## 一、上衣原型

原型是简易化制图的一种方法，是各种服装制图的根本。由于体型的原故，结构设计时，男子服装没有女子服装那么多变化，尤其是下半身。西装原型、衬衫原型是以成人男子体型为标准设计的，西装原型可用于礼服、准礼服、西装、便装西服等服装的结构设计；衬衫原型可用于衬衫、茄克、简易上衣和内衣等服装的结构设计。如果是中学生，发育状况良好的，服装结构设计时，可以使用此原型。

上衣原型制图主要是以人的胸围尺寸、背长、袖长等为基准绘制的，先绘制后片，再绘制前片和袖片。

**1. 西装原型结构制图（图 4–1）**

（1）假定规格：背长　43，B　92。

（2）单位：cm。

（3）选用号型：170/92 A。

注：相同身高比较，中国人的背长平均比日本人的背长短 4~5cm，因此背长设为 43。

制图步骤

〈1〉背中线：画出上平线，作上平线的垂线，在垂线上量取背长 43，为背中线。

〈2〉腰围线（WL）：作背中线的垂线为腰围线。

〈3〉胸围线（BL）：距上平线 B/6+8 作背中线的垂线为 BL。

〈4〉前中心线：在 WL 上量取 B/2+8~10，作 WL 的垂线，需要原型做的比较宽裕就要加 10。

〈5〉背宽线：在 BL 上，以背中线为起点，取 B/6+4，自上平线至 WL 做 BL 的垂线，为背宽线。

〈6〉胸宽线：在 BL 上，以前中心线为起点，取 B/6+4，自上平线至 WL 做 BL 的垂线，为胸宽线。

〈7〉横背宽线：在背中线上，平分上平线与 BL 之间至距离，经平分点作背中线的垂线交胸宽线，即为横背宽线。

〈8〉侧缝线：平分胸宽线与背宽线之间的距离（袖窿门），经平分点作 BL、WL 的垂线即为侧缝线。

〈9〉后横开领：◎ =B/12，将其分成三等分，令其为“□”。

〈10〉后直开领：□ =B/36，确立颈侧点 (SNP)，将后直开领分成二等分。

〈11〉后肩斜度：在背宽线上，作后肩斜度，按△ = ◎ /2=B/24 计算。

〈12〉肩点（SP）：肩斜度向外延长 2，为肩点（SP）。后直开领等分点与经肩斜度向外延长 2 连接，为基础后肩线。

〈13〉后肩线（▲）：将基础后肩线 分成 3 等分，SNP 连接第二等分中点至肩点（SP）。

〈14〉后袖窿：在胸宽线上，将横背宽线与 BL 之间的距离分成二等分，其等分端点与袖窿门等分端点连接后，向内凹势 0.5~0.7；弧线连接 SP 至横背宽线、至横背宽线与 BL 之间的距离等分端点、至凹势到侧缝线，为后袖窿弧线。

〈15〉前横开领：在 BL 上平分前胸宽线，经过 BL 上的平分点作上平线的垂线，即为前横开领大，确立颈侧点（SNP）。

〈16〉前直开领：外侧与后横开领同等大即◎ =B/12；内侧为平分外侧直开领 B/24。

连接颈侧点（SNP）与直开领外侧，连接直开领的内与外侧，与直开领内侧形成一个钝角三角形。作三角形的高线，平分高线，平分点为前领窝弧线经过点。

〈17〉前领窝弧线：由 SNP 弧线连接平分点在连接直开领外端。

〈18〉前肩斜度：由颈侧点连接背宽线上◎ =B/12 处，连接线为前基础肩缝线。

〈19〉前肩线：在前基础肩缝线上，自 SNP 开始，量取▲ –0.7，中段凸出 0.3，弧线连接为前肩线、前肩点（SP）。

〈20〉前袖窿弧线：BL 与胸宽线的交点定为基础点，在胸宽线上距基础点 5，定为第一点，平分 5，是袖窿符合记号的起点，设为第二点；再 3 等分胸宽线与侧缝线至距离（前袖窿门），靠基础点的那个等分端点为第三个点。连接肩点 (SP) 与第一个点，凹势 0.5~0.7，第二个点与第三个点连接，再与侧缝线连接，袖窿弧线连接完成。

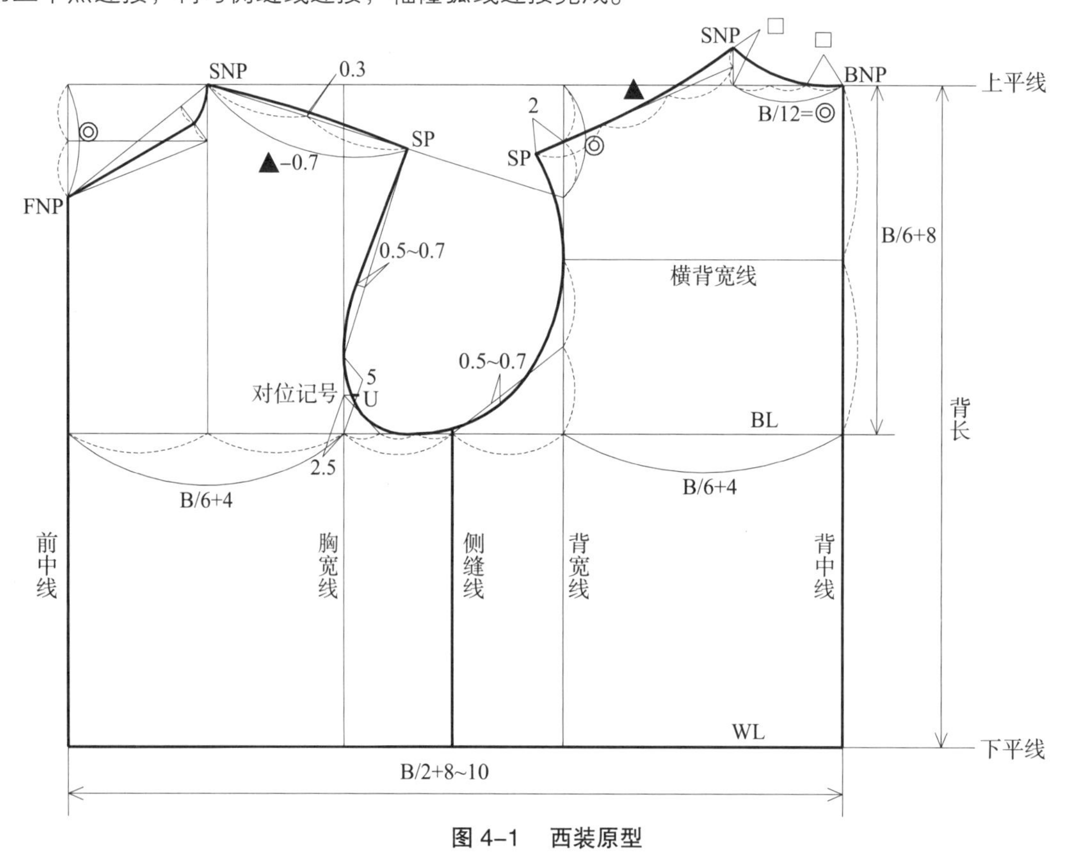


图 4–1 西装原型

**2. 关闭式领原型（图 4–2）**

关闭式领原型与西装原型的不同点有：

（1）关门领原型后领宽是以◎ =N/5 做计算。

（2）关门领原型前片前领宽仍然是以◎ =N/5 做计算，是从 SNP 点为起点算起，与西装原型前领宽之差用●表示。

（3）按●订正前领圈、前中心线、前肩宽和后领深。

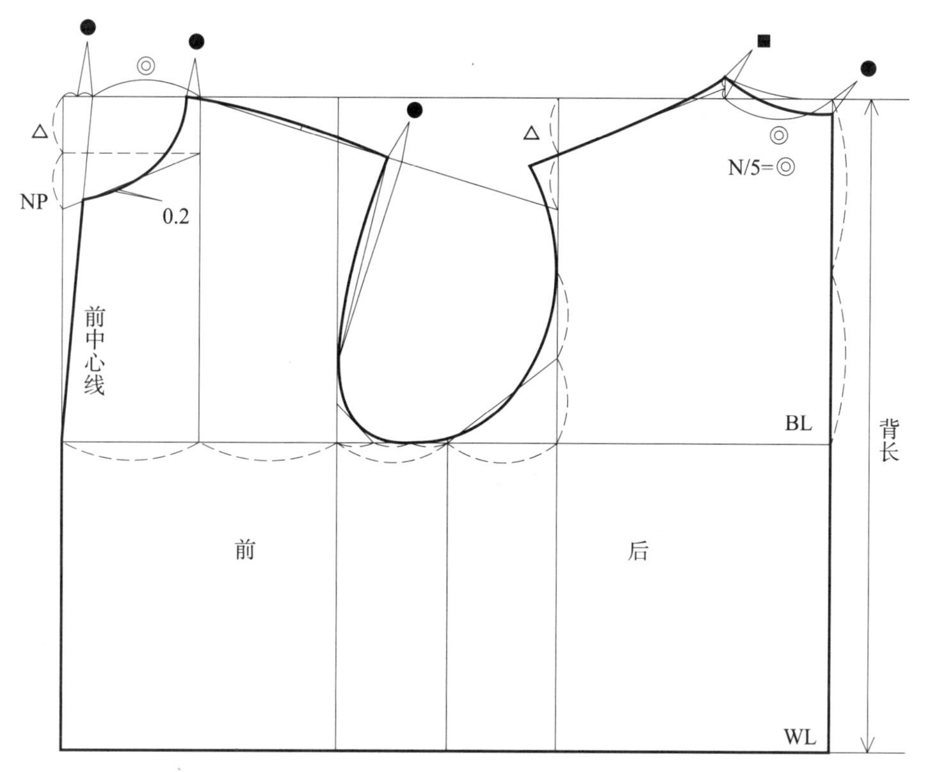


图 4–2 关闭式领原型

**3. 袖子原型**

男士服装袖子一般有：圆袖、连袖与插肩袖等，连袖有一片袖、两片袖之分，而圆袖、插肩袖有一片袖、两片袖和三片袖等之分。

袖子袖山高度与宽度是袖子结构设计的关键，其大小必须与服装的风格相匹配。而袖山的高度与宽度大小又是依据衣身袖窿大小而定，一般合体一片袖、两片袖等的袖山高与袖窿的关系是：AH/3± 调节数；袖肥：AH/2± 调节数。

衬衫一片袖的袖山高是 AH/6；袖肥是 AH/2 －调节数。

两片袖适合用于礼服、准礼服、西装、便装西服等服装的袖子结构设计。

一片袖适合用于衬衫、茄克、简易上衣和内衣等服装的结构设计。

〈1〉一片袖结构设计（图 4–3）

制图说明：

（1）假定规格：袖长 60，AH 51，袖口 16.5。

（2）单位：cm。

（3）袖山高：AH/3−1，袖山高是以 BL 为底线。

（4）对位点：在 BL 与背宽线的垂线上，距 BL2.5。

（5）袖肥：AH/2−1，是以对位点为起点，交于横背宽线上。

（6）EL：在对位点与袖长线 1/2−1 处。

（7）袖山顶点：在量袖长的位置再向右 0.7。

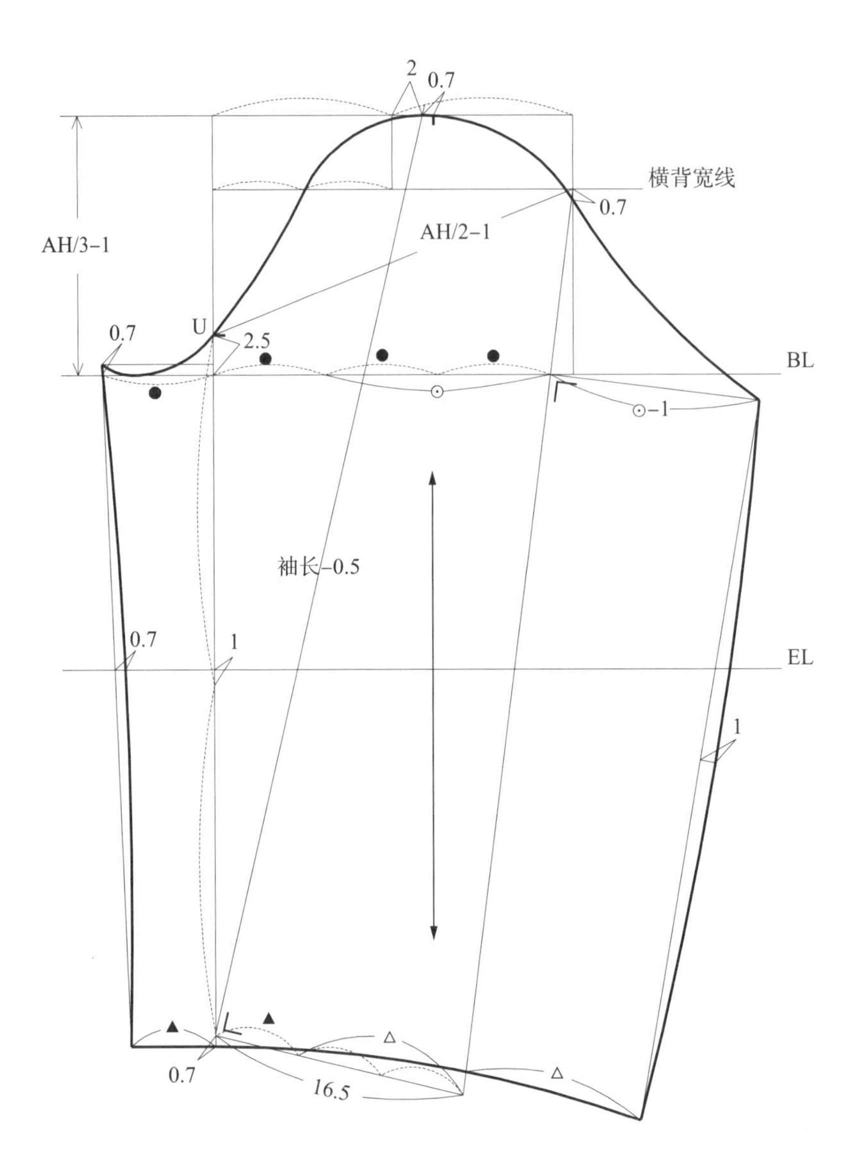


图 4-3　一片袖

〈2〉衬衫一片袖结构设计（图 4-4）

制图说明：

（1）假定规格：袖长 60，AH 51，袖口 28。

（2）单位：cm。

（3）袖山高：AH/6，袖山高是以 BL 为底线。

（4）袖肥：AH/2−0.7。

（5）袖山顶点：袖山顶点在上平线上，距袖肥平分点 2，距袖长起点 0.7。

（6）袖克夫：礼服衬衫单折（两层），普通衬衫可以是单折（两层），也可以是双折（四层）。

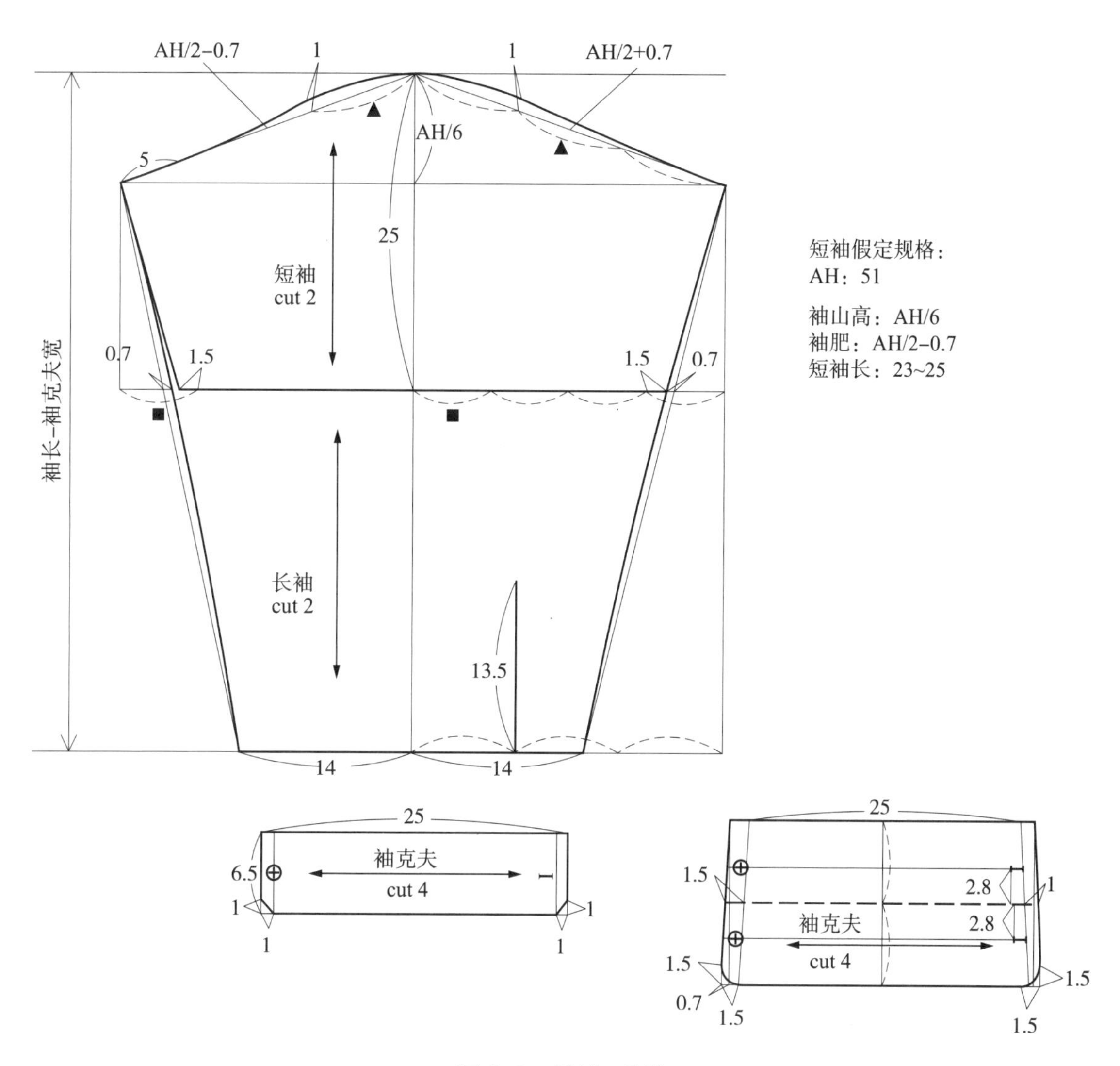


图 4–4　衬衫一片袖

〈3〉两片袖结构制图设计（图 4–5）

（1）假定规格：袖长：60，AH：51，袖口：14~15。

（2）单位：cm。

制图说明：

(1) 在衣身结构图的基础上，BL 的延长线，延长横背宽线。

（2）基础袖肥线：作 BL 的垂线为基础袖肥线。

（3）袖山深：在基础袖肥线上，求出 AH/3，画出上平线，与基础袖肥线垂直。

（4）U 的确立：在基础袖肥线上，U 距 BL 2.5。

（5）袖肥：AH/2−2，由 U 与横背宽线相交，经过交点作 BL 和上平线的垂线，为实际袖肥大。

（6）袖长：在上平线上，平分实际袖肥，平分点向右移2为袖长起点，从袖长起点作线段长：袖长－0.5cm与基础袖肥线相交，为袖长。

（7）袖山顶点：袖长起点向右移0.7为袖山顶点。

（8）袖口大：作袖长线的垂线长14~15，为袖口大。

（9）基础袖后缝：袖肥大和横背宽线的交点与袖口大连接，为基础袖后缝。

（10）EL的确立：在基础袖肥线上，袖口线与袖长线的交点与U的距离的一半，再上移1，为EL。

（11）袖前缝：在BL与基础袖肥线相交处，上移0.7；大袖片袖前缝：BL上移0.7处，大袖片大出1.5，EL处大袖片大出0.5，袖口处大袖片大出1.5；小袖片前袖缝：BL上移0.7处，小袖片小1.5，EL处小袖片小2.5（3－0.5），袖口处小袖片小1.5；分别连接，得到大袖片的袖前缝和小袖片的袖前缝。

（12）袖后缝：大袖片袖后缝：在基础袖后缝的基础上，EL处加大2.5，上与袖肥（横背宽线处）连接，下与袖口大连接；小袖片袖后缝：在基础袖后缝的基础上，EL处加大2.5，上与袖肥（横背宽线处）向左2.5连接，下与袖口大连接。

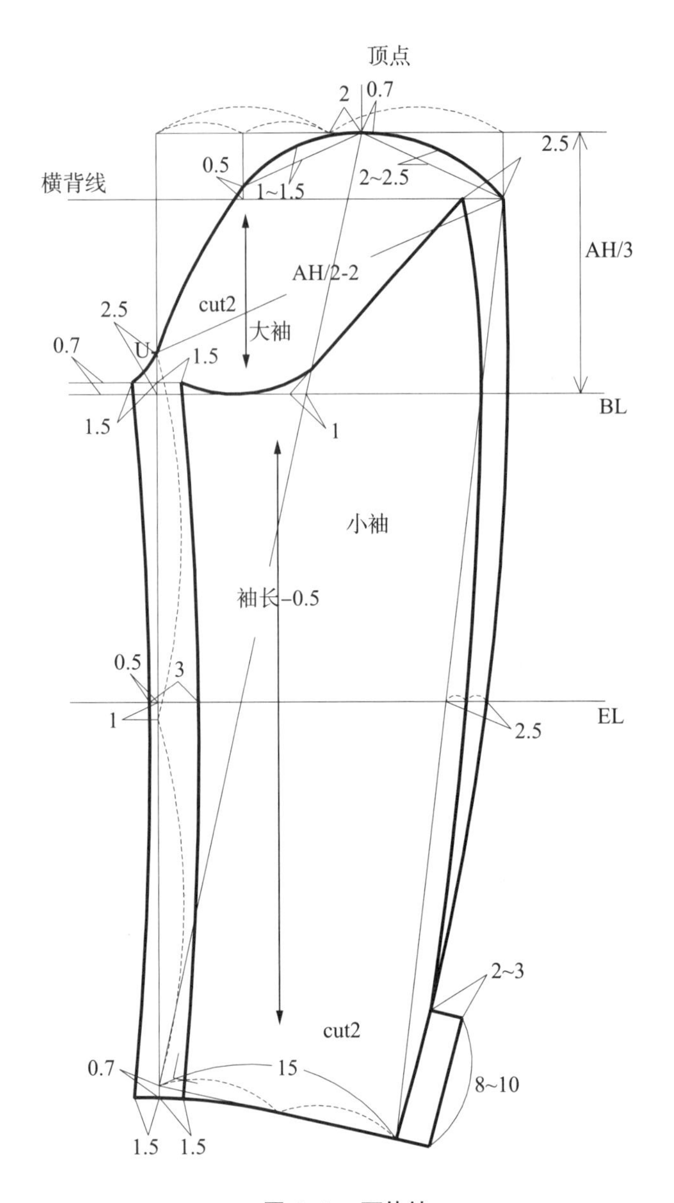


图4–5 两片袖

（13）大袖片AH：U与实际袖肥大的1/4上移0.5连接，再与袖山顶点连接，凸势为1~1.5；袖山顶点再与袖肥与横背宽线的交点连接，凸势为2~2.5。

（14）小袖片AH：袖长线与BL相交处，左移1，与横背宽线2.5处连接，在与小袖片的袖前缝上移0.7处弧线连接，完成小袖片AH。

（15）袖子AH：袖子AH=大袖片AH＋小袖片AH。袖子AH与袖窿AH的关系：袖子AH－袖窿AH≈3。

（16）完善袖口线：在基础袖肥线上，从袖长线与袖口线的垂足向下 0.7，与袖口大的一半连接，并延长与大袖片的袖前缝连接；延长小袖片的袖前缝，袖口线相交。

（17）袖衩：在大、小袖片的后袖缝袖口处，长 8~10，宽 2~3。

（情况说明：日本原型袖原本袖山高公式：AH/3+0.7，袖肥公式：AH/2−1，但按此计算，袖子 AH 长于衣身 AH 约 5~8，缩缝量太大，所以将公式的调节量作了改动，另外原型袖的袖口原本是无袖衩的，但实际应用时，几乎所有袖子的袖口都设计有袖衩，所以在图中添了袖衩，仅作参考）。

**4. 袖子对位图（图 4–6）**

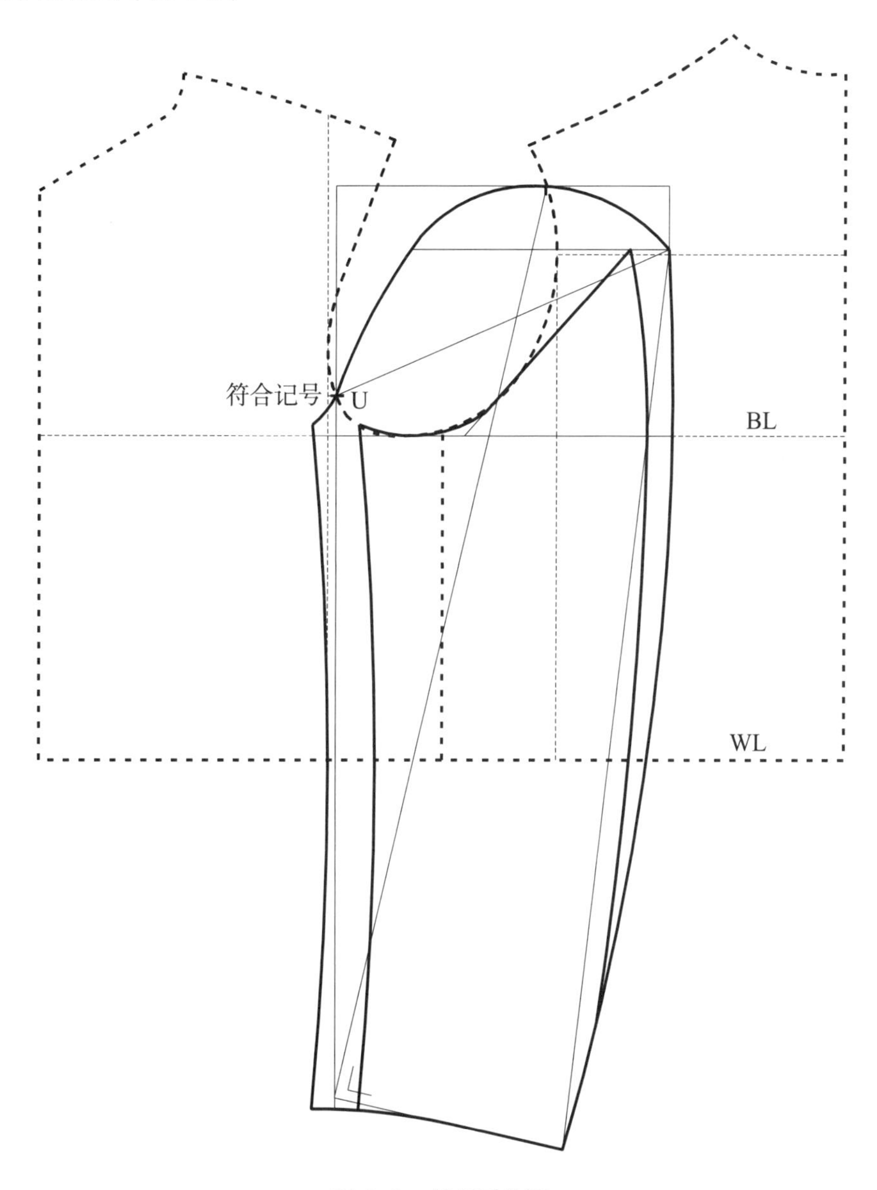


图 4–6　袖子对位图

## 二、裤子原型

裤子原型结构图如图 4–7 所示。

（1）假定规格：裤长 99，直裆（股上）25，下裆（股下）72，W78，臀围（净体尺寸）92，脚口 44。

（2）单位：cm。

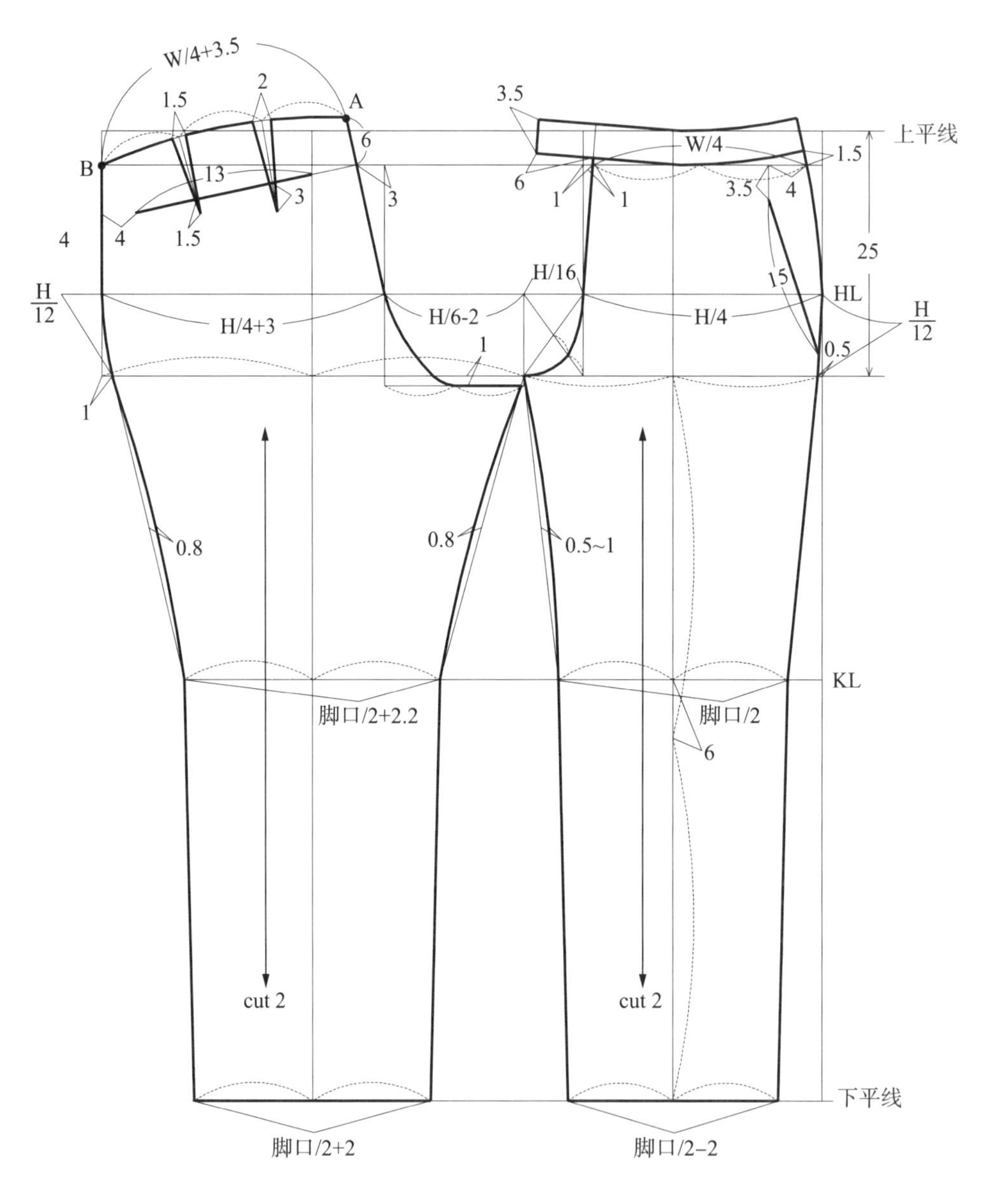


图 4–7　裤子原型

制图说明：

前片：

（1）裤长：作上平线，求出裤长 99，画下平线、基础侧缝线。

（2）立裆：25（含腰头），画出横裆线。

（3）HL：距横裆线 H/12。

（4）KL：横裆线与下平线的一半向上提升 6。

（5）前片臀围大：H/4，作出前裆缝基础线。

（6）小裆大：H/16。

（7）前中挺缝线：在横裆线上，平分小裆大与前臀围大之和，分别延长至上平线、下平线。

（8）腰口线：从上平线向下减去腰头宽 3.5~4。

（9）前腰围大：W/4。

（10）腰头：前腰头宽 3.5~4，长 W/4+5~6。基础侧缝边起翘 1.5，前裆缝基础线处起翘 1。

（11）前裆缝线：腰口线处捆势 1，与前臀围大、小裆大连接。

（12）前脚口大：脚口 /2−2。

（13）前中裆大：脚口 /2。

（14）前侧缝：横裆线处凹势 0.5，上：分别与臀围线、腰口线、上平线连接；下：分别与中裆线、脚口大连接，为前侧缝线。

（15）前袋位：上距腰口线横 4、竖 3.5，下至前侧缝线，袋大 15。

（16）下裆缝：弧线连接小裆大与中裆大，凹势 0.5~1，再与脚口大连接，完成下裆缝。

后片

（1）大裆：在横裆线的基础上落裆 1，大裆大：距小裆大 H/6−2，作大裆的垂线，分别交于腰口线和 HL。

（2）后捆势：3。

（3）后起翘度：6。

（4）后臀围大：H/4+3（松量），做后片基础侧缝线。

（5）后中挺缝线：平分大裆与后臀围大之和，画出后中挺缝线。

（6）后裆缝：后片起翘与捆势连接，再与大裆的 1/2 弧线连接为后裆缝。

（7）后腰口大：W/4+2（省）+1.5（省）。

（8）后腰口线：后腰起翘点 A 与后基础侧缝线 B 连接为后腰口线。

（9）后省：等分后腰口线，中间的两个等分点，分别为省的中点，第一个省：大 2，长 9；第二个省：大 1.5，长 7.5。

（10）后袋：袋位线距后腰口线 6~7，与腰口平行；距侧缝 4 开始算起，袋大 13。

（11）后脚口大：脚口 /2+2。

（12）后中裆大：脚口 /2+2.2。

（13）后侧缝：横档线处凹势 1。上：分别与臀围线、腰口线连接；下：分别与中裆线连接，凹势 0.8；再与脚口大连接，为前侧缝线。

（14）后下裆缝：大裆大与中裆大弧线连接凹势 0.8，再与脚口大连接，完成下裆缝。

# 第三节　零部件纸样设计原理

## 一、领型设计原理

衣领处在最引人注目的部位，在服装组成中占据重要的位置，领子的造型与人的脸型、体型和谐的结合，能给人留下较好的印象，衣领的造型与服装格调的一致性，也是显示服装风格的重要因素。因此，领型设计在服装设计中处于重要位置。

领型的构思和设计是设计师们极其重视的要点。都在努力寻求设计规律，设计出有美感的作品。美感包括三个内容：首先是领型细部设计的新颖、别致美，即局部美；其次是结合流行趋势，有时代美感；第三，服装各个部位合体舒适并能显示穿着者体形美。

**1. 领型与人体及服装款式造型关系**

（1）领型与人体关系：领型首先要符合人体穿着的需要，这里包括满足生理上的合体、护体等实用功能的需要和满足心理上的审美功能的需要。

（2）领型与款式造型的关系：注意领型与服装各细部的结构造型关系。即领型与门襟摆角、袋型和各分割部位线条间的相互呼应及节奏都要有一个和谐的关系，圆对圆，方对方，也可以在某些地方适当采用方对圆，曲线对直线的对比手法，有动中有静，静中有动之感。如男西装，其款型以直线条为主，外部廓型以 H 型和 T 型造型，方型领具有严肃清晰的阳刚之美，在驳头、袋盖角、门襟摆角等处采用直线与曲线混合，能充分体现西服庄重大方的风格。

（3）领型造型分类

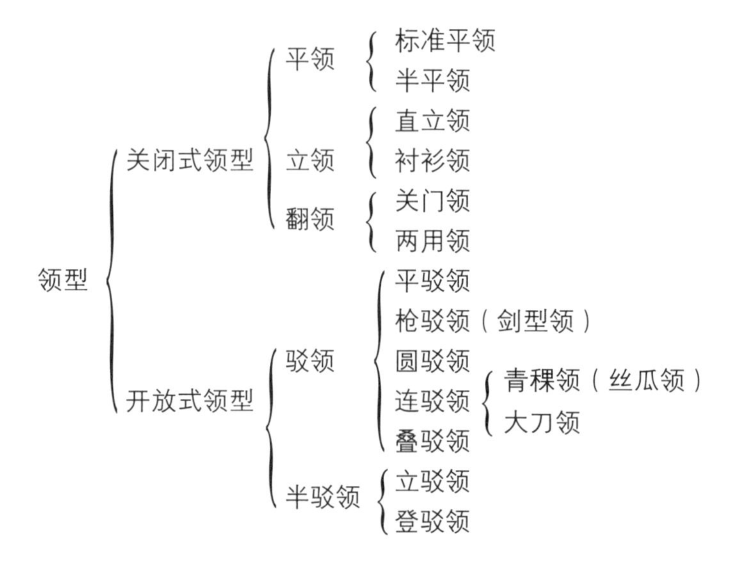


**2. 无领子领围线设计原理**

领围线是一种无领式的设计，无领并非是一种简单的除去上领的形式，而是一种以领围线条形态显示穿着上的自然美感。重点是追求领围线与人体的最佳结合，达到修饰、美化作用。对圆领形和脸颊较宽的人，切忌采用紧身圆线，会使人感到脖子短，圆脸形胖体者，适宜采用大而开放的 V 型领线和领口较深、较宽的 U 型、方领。国字脸形的人不适宜穿方型领，瘦小脸形者，不适宜穿深大而开放的 V 型领线，适宜穿小圆领、小 V 领、小 U 型领和小方领。如图 4–8 所示：①是基本型领窝线，基本型领窝线与人体的颈围线相接近，一般关门领的领窝线都属于此种类型，此种领型横开领不宜过大；②是驳领型领窝线，其横开领比基本领窝线宽，直开领在基本型窝的基础上，可随流行趋势加深或变浅；③、④是 U 型和鸡心领领窝线，其横、直开领都任意变化。

基本型领窝线的比例随肩缝位置的设计而变化。当肩缝线设计成距自然肩线偏前或偏后时，前、后领口深和前、后领口宽的比例公式都不同。图 4–9 是在前后衣片自然肩线拼合的情况下，肩缝任意移位的示意图。由此看出，肩缝越向前，后领深线越深，前领深线越浅，后领宽线越大，前领宽线越小。反之则相反。因此，在设计各种衣领的领窝线时，最好先作出基本领窝线，再移动肩缝线，这样服装款式造型发生了变化，但可以保证领型不变。

领围线的配制技术，主要是前后横开领大小所涉及的服装合体、平衡、协调等问题。因为横开领点是服装的着力点，配制中稍有不当，服装就会产生不合体、不平衡的着装效果。此外，若是无领套头衫，且领口没上拉链、钮扣，前后领围线之和必须等于或大于头围线。

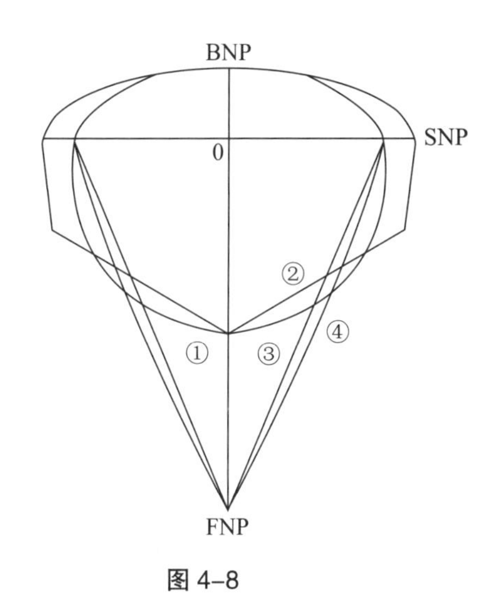


图 4–8

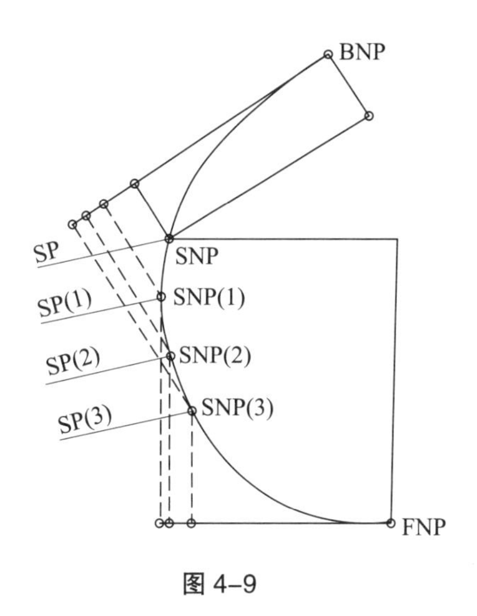


图 4–9

**3. 领子结构设计原理**

（1）驳领款式平面造型图（图 4–10）。

（2）关闭式领型款式图（图 4–11）。

（3）衬衫领（图 4–12 、图 4–13 ）。

（4）直立领（图 4–14、图 4–15 ）。

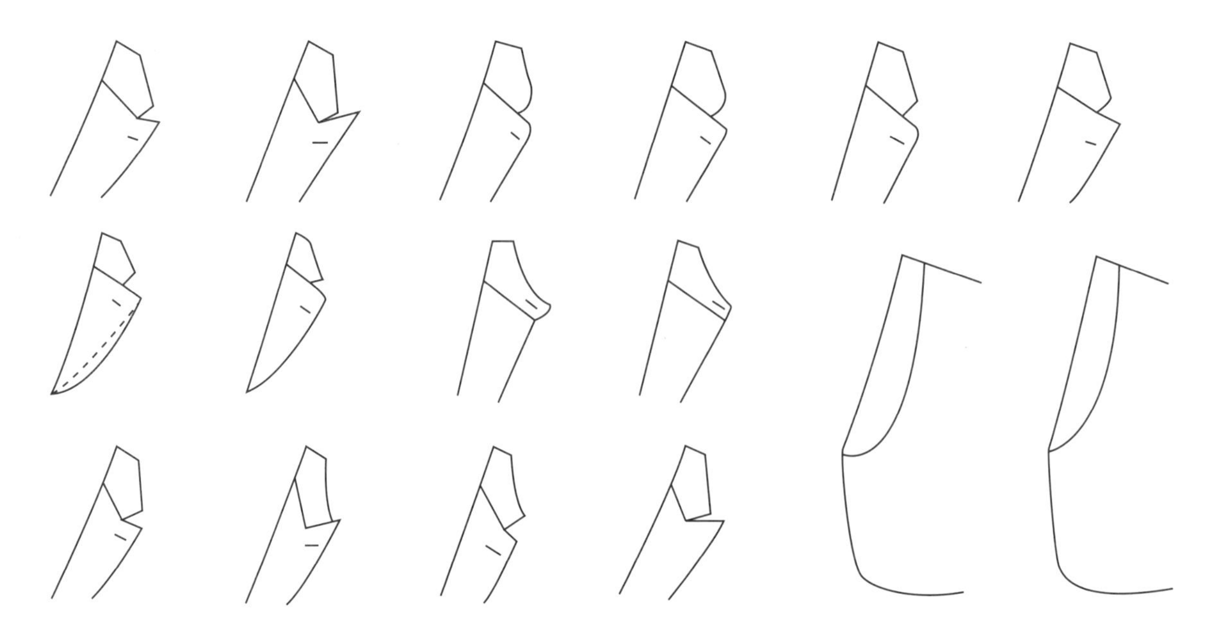

图 4-10 驳领款式图

图 4-11 关闭式领子款式图

衬衫领结构设计的关键是：

A. 翻领宽大于领座宽（后领中线处），必须将翻领翻转的厚度（0.3~0.5）考虑在翻领宽里，否则翻领遮不住领座。

B. 翻领凹势：由于男衬衫领要配系领带，因此，翻领后领中线处的凹势设计不大，一般在1~2cm。

C. 领座的起翘度：与女式衬衫领比，男式衬衫领门襟止口起翘度较小，一般为领座的1/3宽。

D. 小翼领（礼服衬衫领）与领结搭配要求贴体。因此，领座的起翘度较大，为2.5~2.8cm。

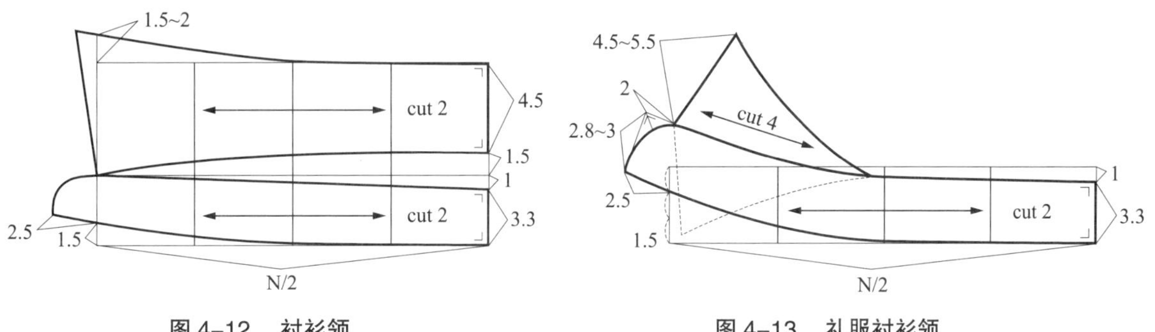


图 4-12　衬衫领　　　　图 4-13　礼服衬衫领

直立领结构设计特点因款式而异：学生装直立领要求贴体，起翘度大，领子要求采用纬纱，中式领则要求少宽松，起翘度较小，领采用经纱。

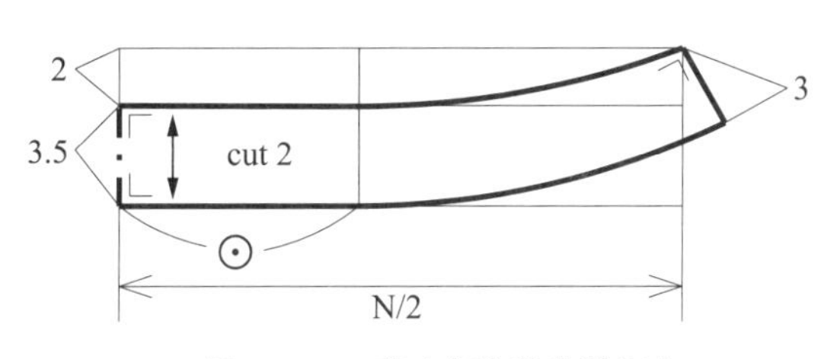


图 4-14　直立领（学生装领）

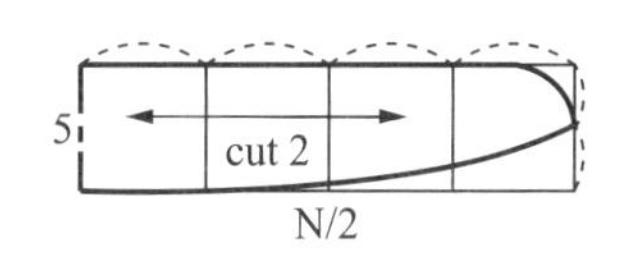


图 4-15　直立领（中式领）

（5）关门领（图 4-16）。

以中山装为例，为了增加领子的立体感，翻领与领座的起翘度、凹势较大 。

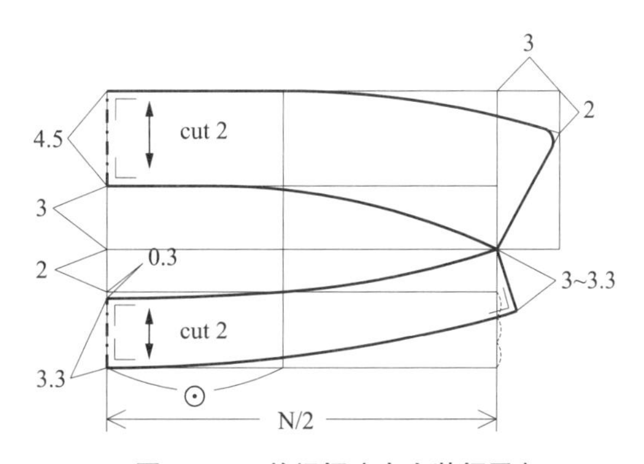


图 4-16　关门领（中山装领子）

（6）开放式领子款式图如图 4–17 所示。

圆驳领

小西装平驳领

大西装平驳领

大西装枪驳领

低驳领

窄驳领

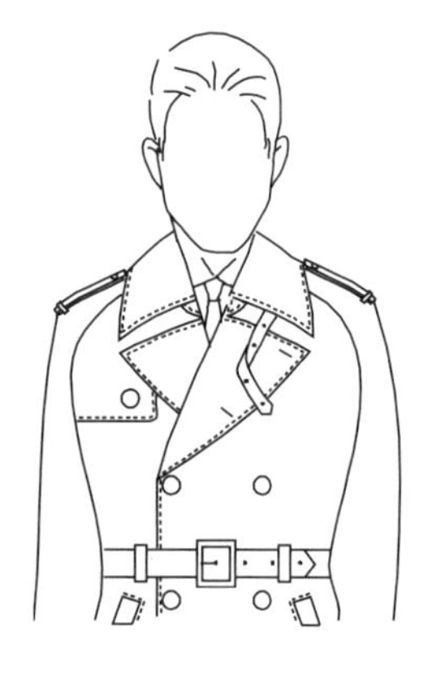

登驳领

青稞领

大刀领

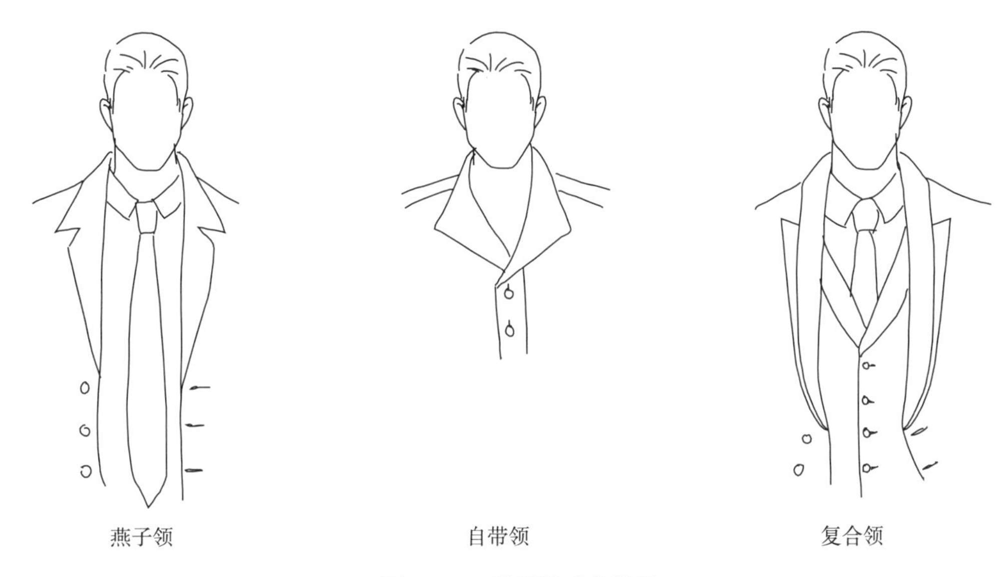


**图 4–17　驳领款式集锦图**

开放式领子结构设计，无需考虑领围的实际大小，只需结合流行趋势，设计翻折线下端点、驳面的宽窄和直开领的深浅（大小）等变化。直开领的深浅决定串口线的高低，而串口线的高低就就决定了领面、驳面的长短；而翻折线下端点高低的设计，决定了驳面的长短。

（7）平驳领结构见 图 4–18。

（8）丝瓜型连驳领、高驳领 见图 4–19。

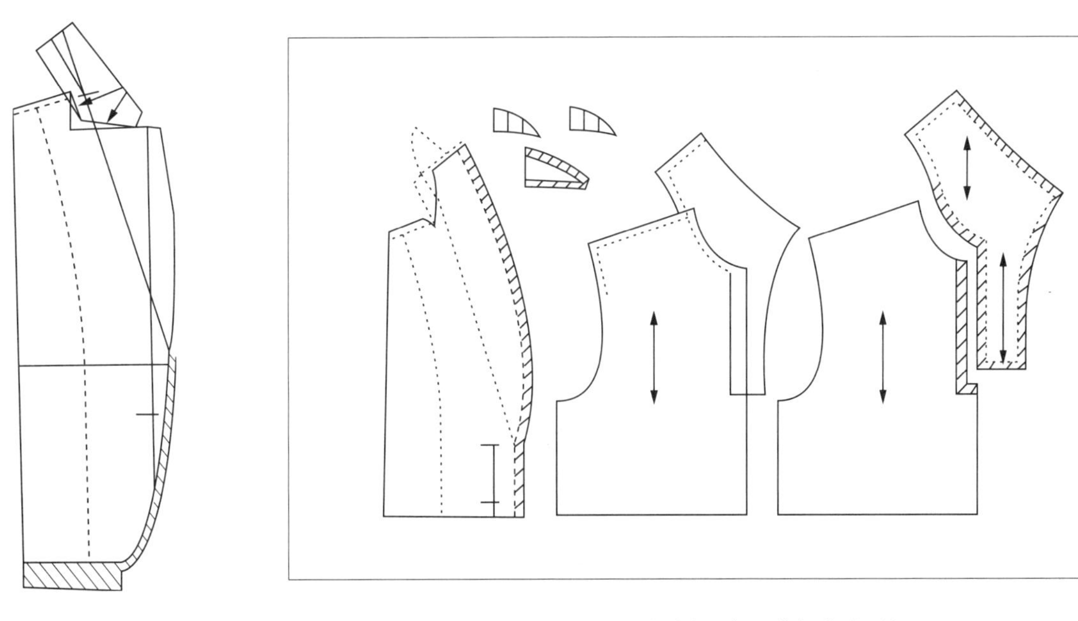

**图 4–18　平驳领**

**图 4–19　丝瓜型连驳领　高领座连驳领**

（9）平领（无领座驳领）款式见图 4–20。

（10）平驳领（无领座）款式见图 4–21。

图 4-20 平领（无领座）驳领款式图

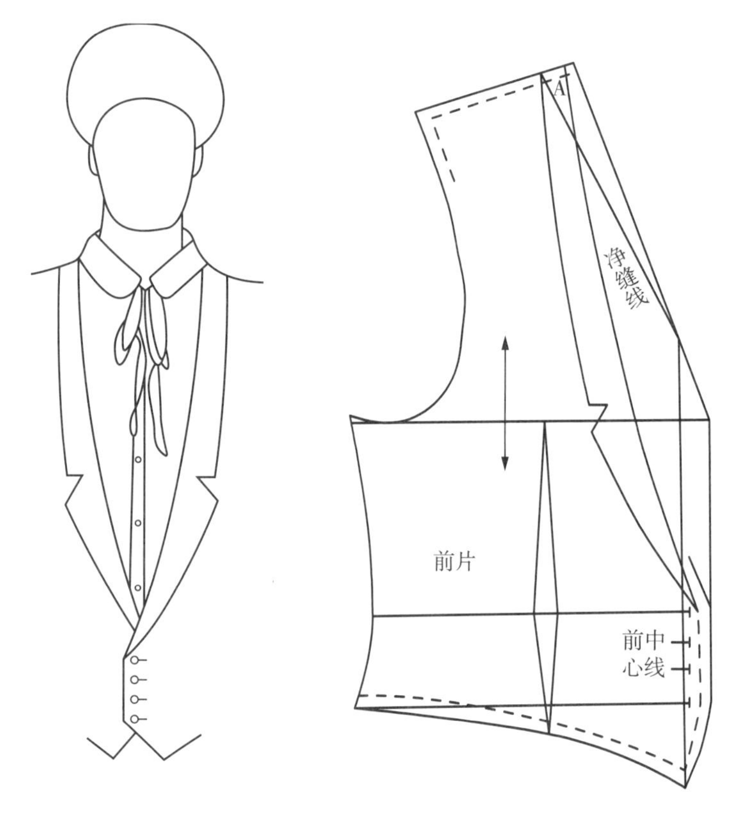


图 4-21 平驳领（无领座）

## 二、门、底襟设计原理

男装门、底襟是服装零、部件结构设计的重要部位之一，门、底襟设计集功能性和装饰性于一体。上衣门、底襟紧靠衣身的领圈、门襟止口；裤子的门底襟紧靠腰口和前裆缝止口，都处于服装的重要部位。

### （一）上衣门、底襟设计种类（以原型为例）

上衣有许多种前门襟式样，按扣合的材料分，可分为钮扣门襟和拉链门襟；按门底襟的结构方式可分为自卷门襟和外上门襟。门襟具体设计方式有以下种类：外上门襟（标准前门襟）、自卷面门襟（连挂面门襟）、外上贴边门襟（单贴边前门襟、双贴边前门襟）、双排扣前门襟、标准拉链前门襟、带底襟的标准拉链前门襟、暗缝拉链前门襟、带底襟的暗缝拉链前门襟、标准前暗门襟、贴边前暗门襟等，分别如图 4–22～ 图 4–32 所示。

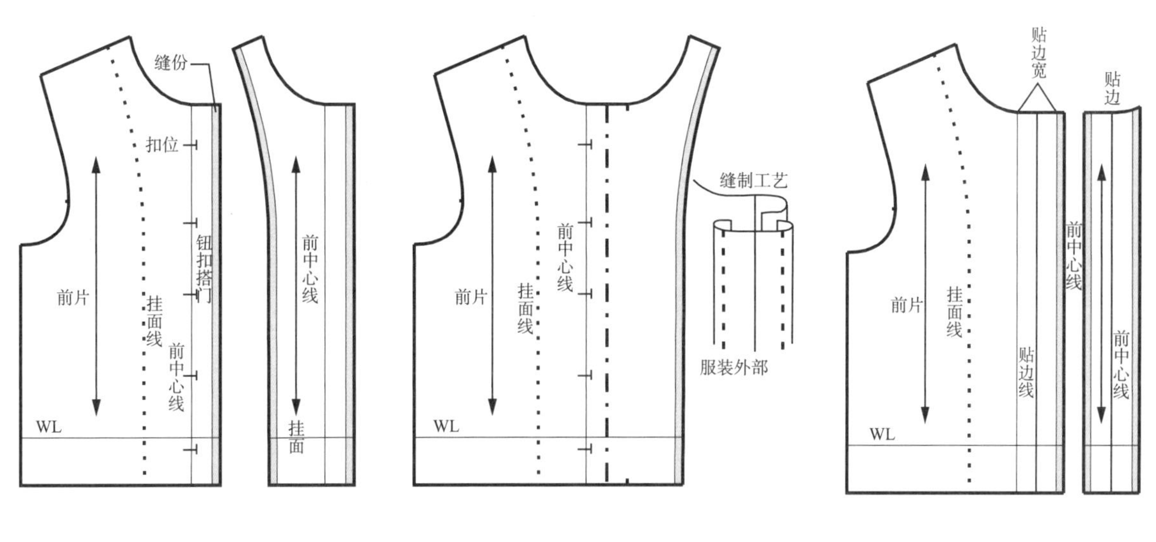


图 4–22　外上门襟　　图 4–23　自卷面门襟　　图 4–24　外上单贴边前门襟

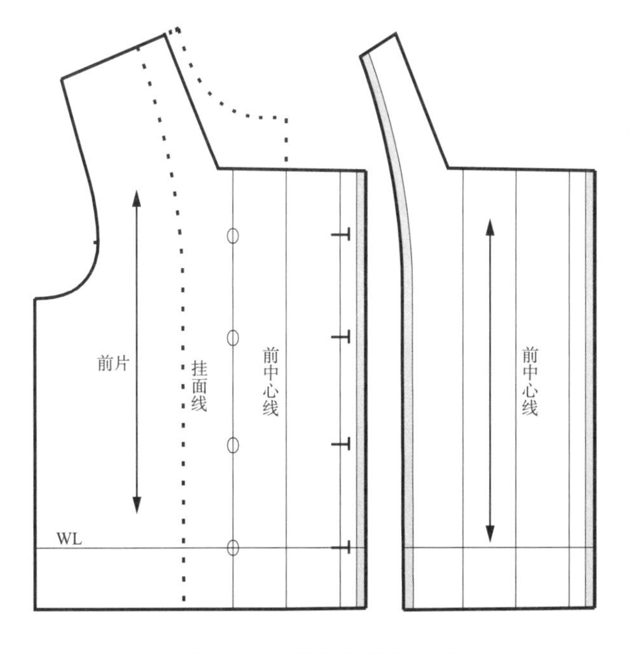


图 4–25　外上双排扣门襟

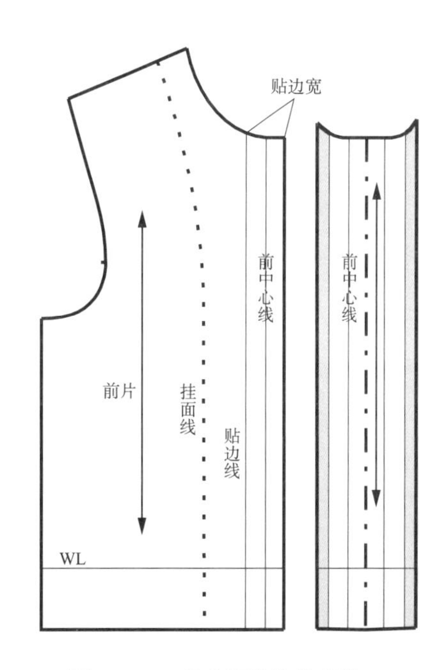


图 4–26　外上双贴边前门襟

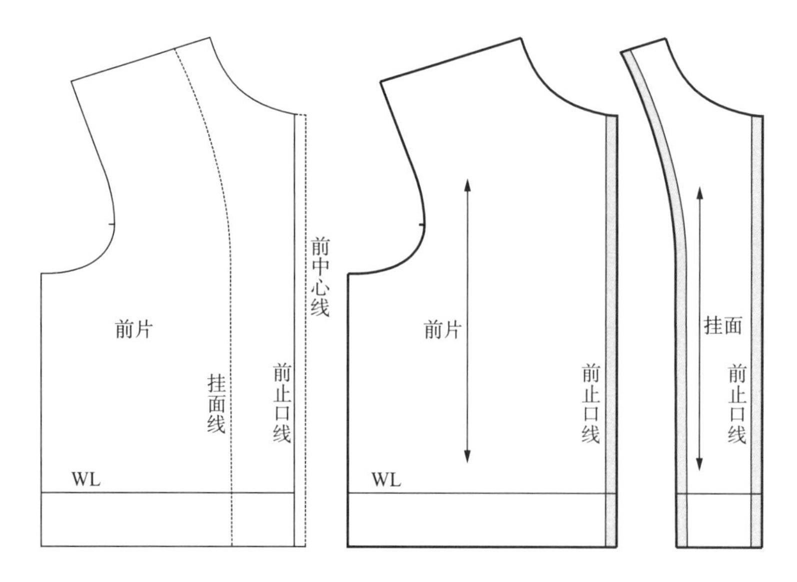


图 4-27 标准拉链门襟

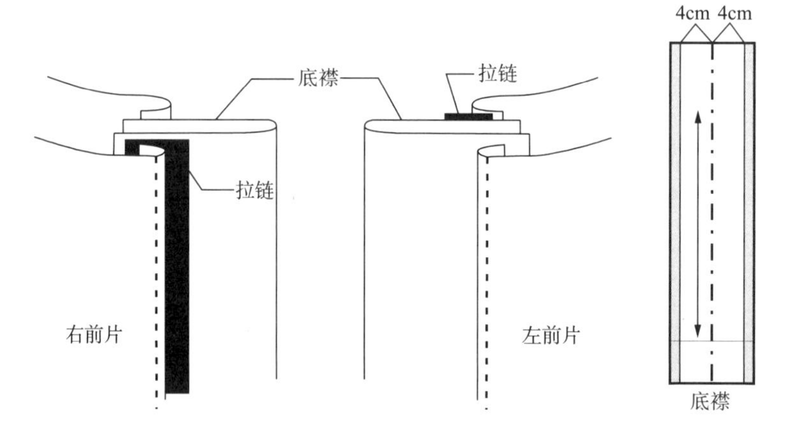


图 4-28 带底襟标准拉链门襟

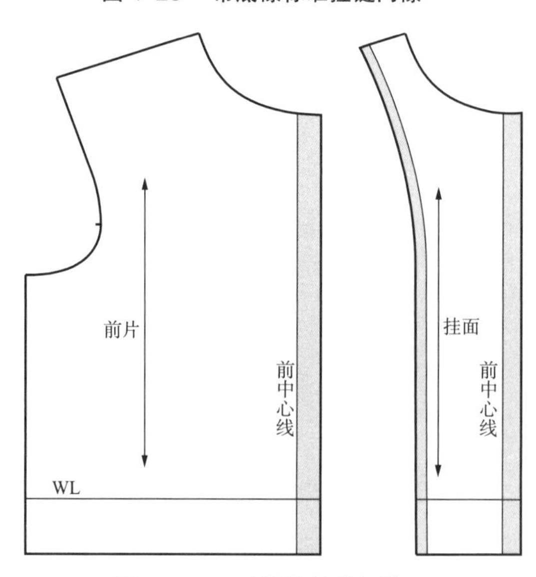


图 4-29A 暗缝拉链前门襟

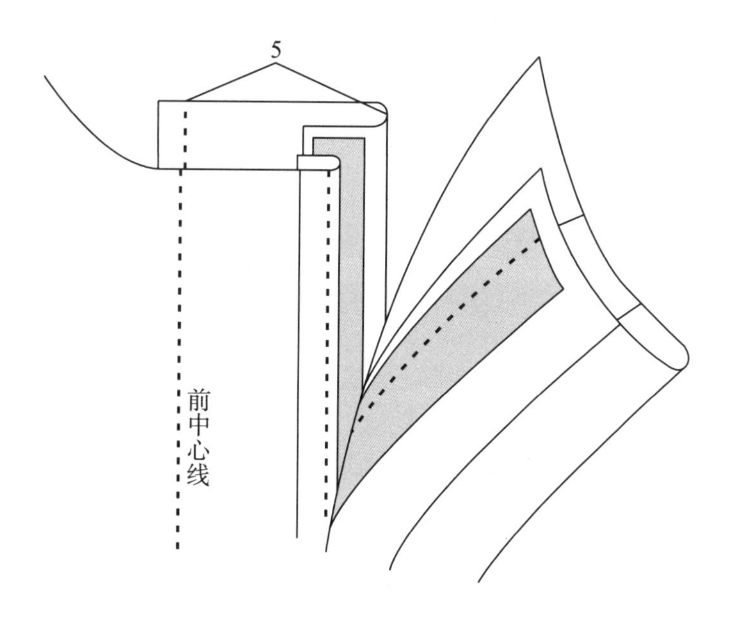


图 4-29B　暗缝拉链前门襟

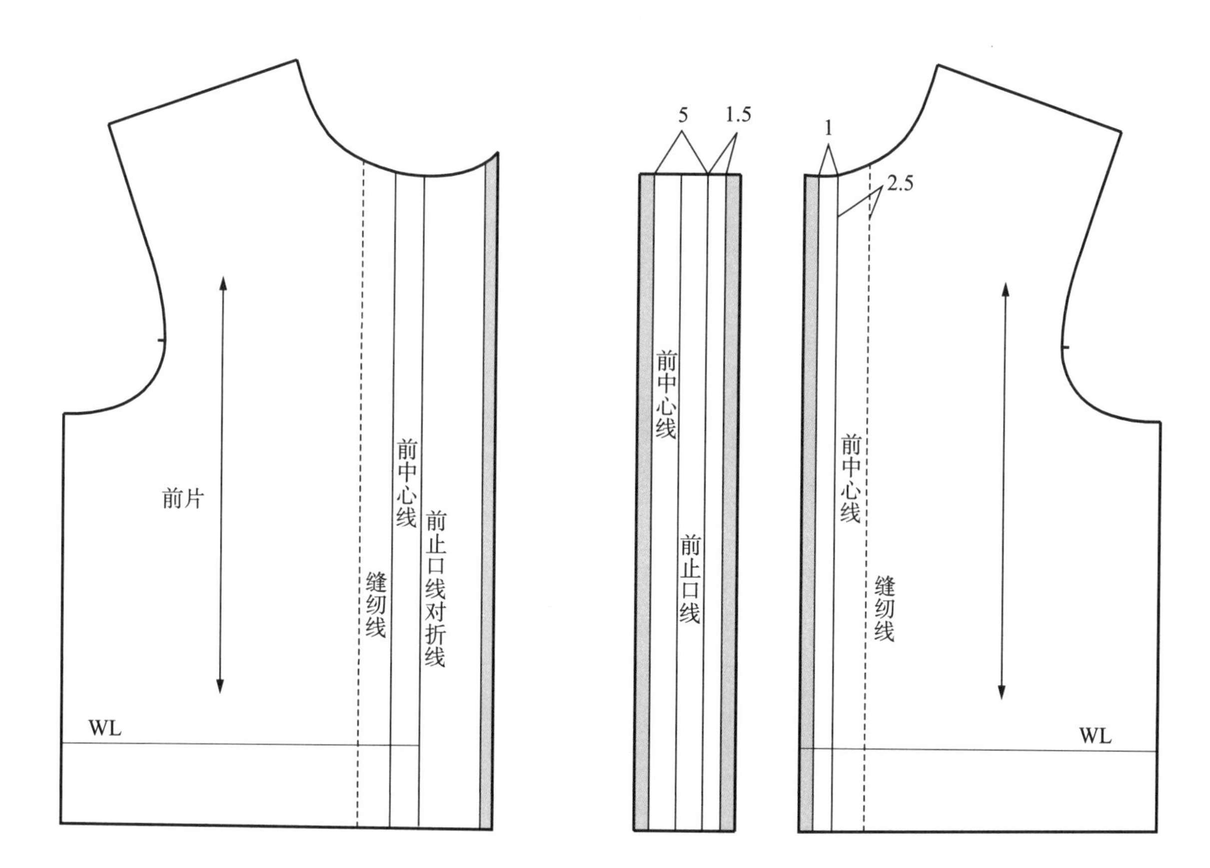


图 4-30　带底襟的暗缝拉链前门襟

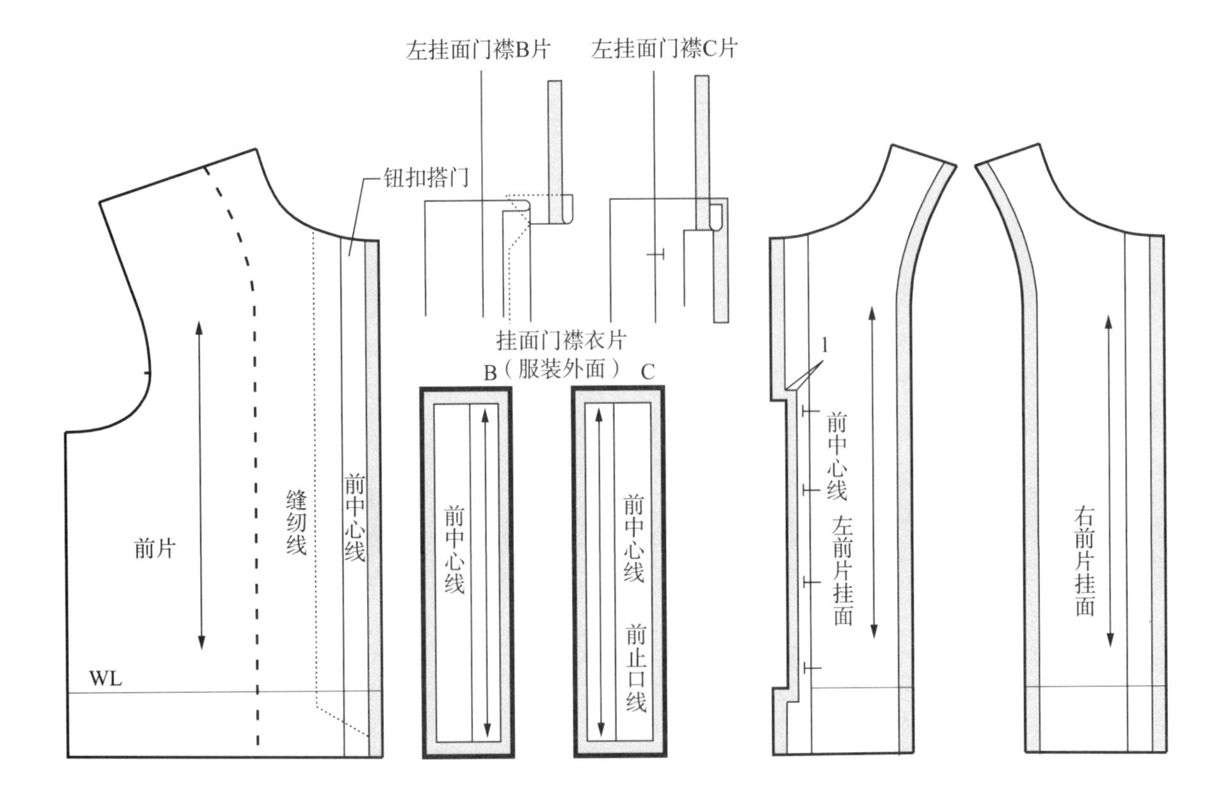


图 4-31　标准前暗门襟

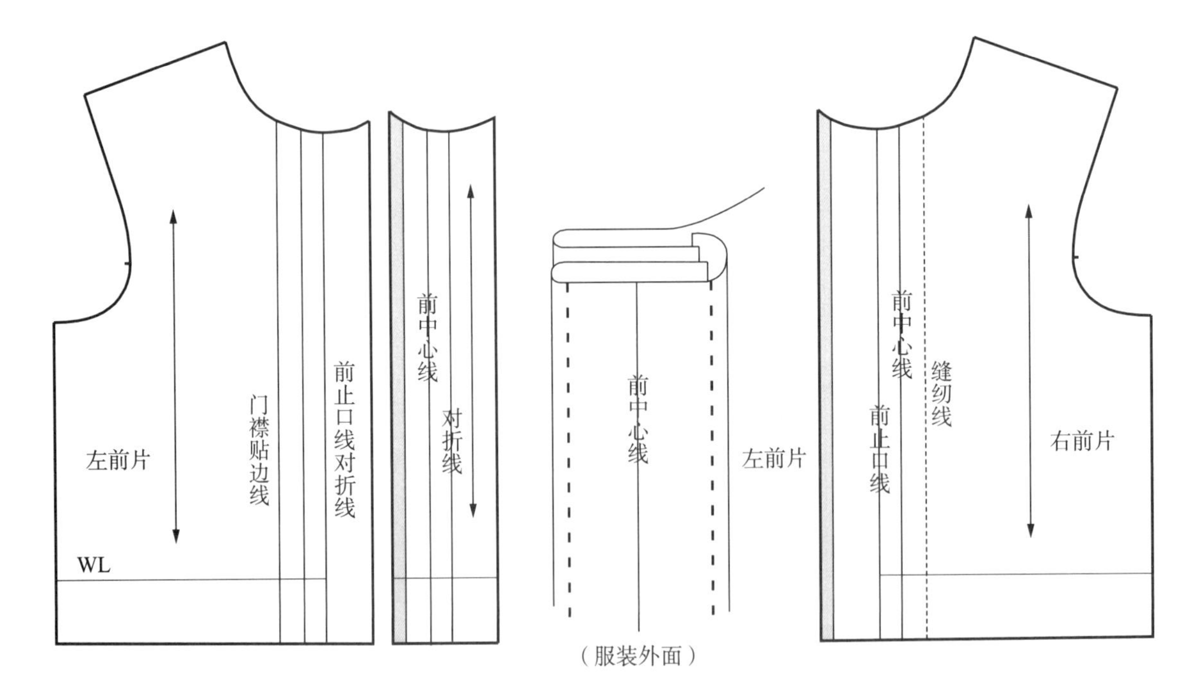


图 4-32　标准贴边前暗门襟

### （二）裤子门、底襟设计

常见的裤子门襟有明门襟和暗门襟，底襟设计有普通底襟、鸡嘴式底襟和鸭嘴式底襟等造型。裤子门、底襟的长度与前裆密切相关，宽度4cm左右，如图4–33所示。

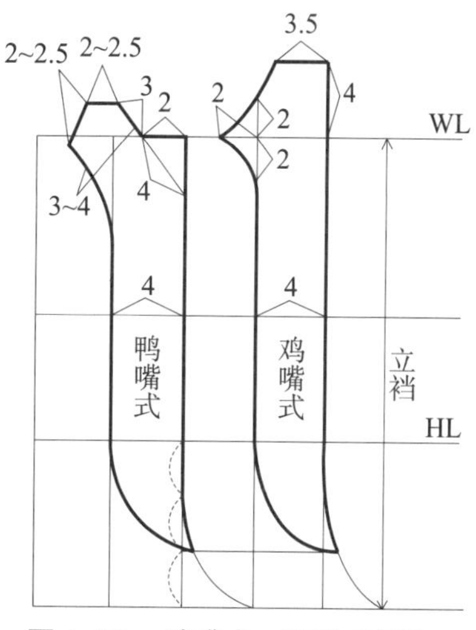


图4–33　鸡嘴式、鸭嘴式底襟

## 三、袖子设计原理

衣袖也是服装的重要部件，其制成形态是否美观，袖山与袖窿在形状、数量上是否很好的吻合，是袖子结构设计的重要研究对象。

### （一）袖窿结构

袖窿的形状是否合体，是否具备舒适功能，是否符合造型，是袖窿结构的关键。

**1. 袖窿宽度的确定**

袖窿宽度也称袖窿门大，其大小的确定与人体厚薄、扁平程度有关，即与前胸宽和后背宽有关，胸围同样大小的两种不同体型的人，前胸、后背较宽的扁平体型的人，其袖窿宽度较窄；前胸、后背较窄的圆体型的人，其袖窿宽度较宽。

袖窿宽度 =（B/2+8）–（B/6+4）–（B/6+4）= B/6

半胸围　　　前胸　　　后背

根据款式的贴体程度，袖窿宽的大小可以增减，宽松式要减小，贴体款式要增加。

**2. 袖窿深度的确定**

袖窿深度的确定主要根据服装的种类和款式的风格而确定，如图4–34所示。根据测量人体得腋深等于B/6+8cm（B为人体的净体胸围），设宽松量调节数为Z，Z根据服装的款式风格而定，因此，袖窿深的基本计算公式为：

基本公式：B/6+8cm+Z。Z=0~1贴体，Z=1~2较贴体，Z=2~3较宽松，Z>3~6宽松。

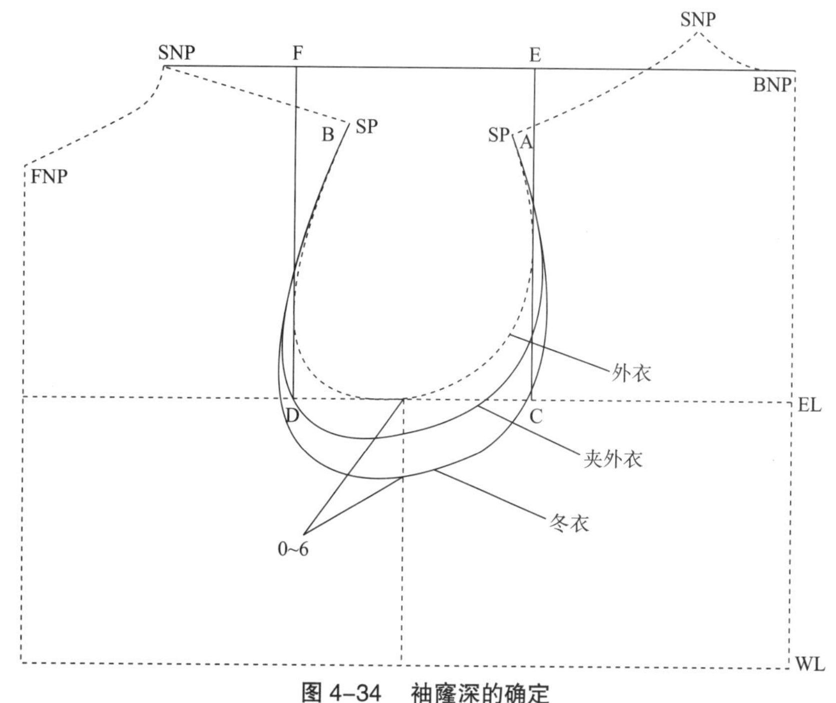


图4–34　袖窿深的确定

### （二）袖山结构

袖山结构设计的要点，首先是袖山高与袖宽的比例要符合衣服的功能和造型需要，其次是袖山的形状和长度与袖窿存在正确吻合对应的关系。

**1. 袖山高度的计算**

袖山高度的计算有以下几种：

（1）直接法

用软尺直接测量袖窿弧线 AH，将测得的 AH 长度的软尺作成底部形状与袖窿底部形状完全相同的椭圆，袖山高 = 椭圆的长轴方向长度 AB+1 cm（垫肩超过肩点的宽度），如图 4–35 所示。

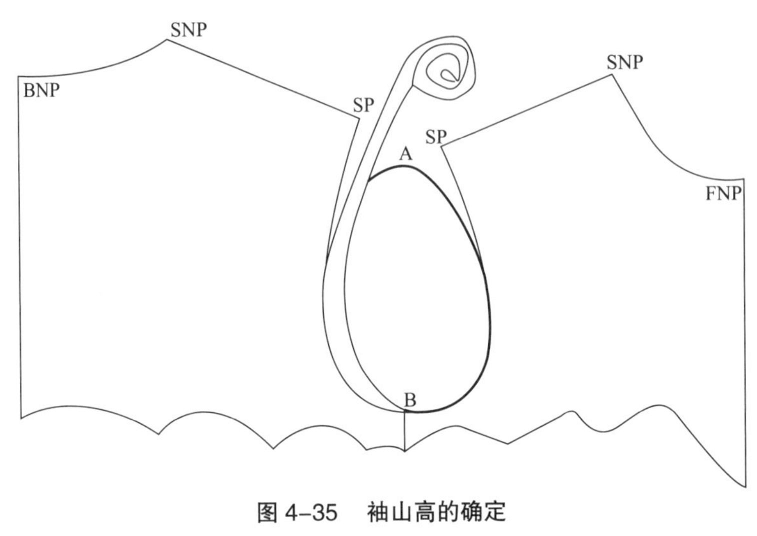


图 4–35　袖山高的确定

（2）间接法

这种方法是通过对衣袖与袖窿的关系，以及这种关系对衣袖的舒适性和美观性的影响进行分析，然后选择最适宜的袖山高。

从图 4–36（a）中可以看到，随着袖子 A、B、C、D 的袖山高不断改浅，袖子袖山与袖窿之间的空隙逐渐减少，即牵掣手臂运动的影响减少，当袖山高减少为零时，袖子袖山与袖窿之间的空隙减少到最低限度，所以，运动舒适性最好的衣袖袖山高为零。从图 4–36（b）袖山高的确立中可以看到，随着袖子 A、B、C、D 与水平线的夹角不断加大，袖子的袖身越来越贴近人体手臂，成形后造型也越美观。造型最美观的衣袖是与水平线成 60°的夹角。袖山高度、袖肥大小的确定，可以采用三角函数的正弦函数和余弦函数来计算，具体计算方法如下：

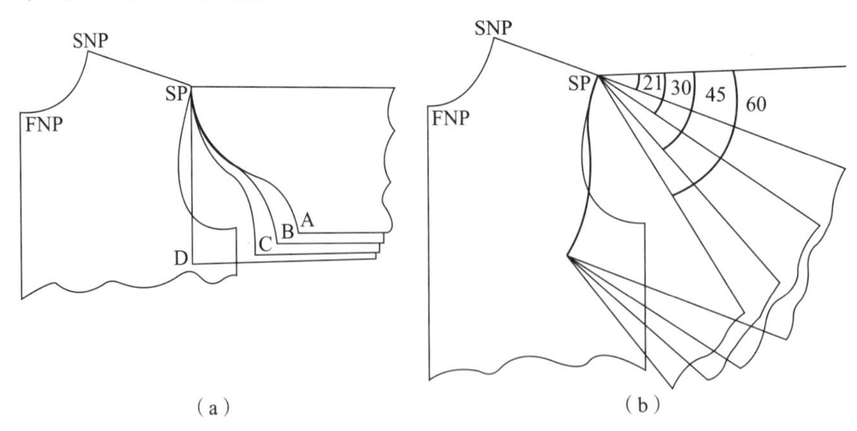


图 4–36　a、b　间接法袖山高的确定

1）宽松衣袖的袖山高、袖肥的计算

图 4–37（a）宽松衣袖设计原理图，图中虚线为衣袖的原型。设宽松衣袖与袖窿缝合后的相互关系是与水平线成 0°，是自 SP 点向下作垂线，垂线长度 =AH/2（袖窿弧线长，下同），是以此垂线作为袖山对角线的袖子。

袖山高 $=AH/2\times\sin0°=0$，袖肥 $=AH/2\times\cos0°=AH/2$

2）稍宽松衣袖的袖山高、袖肥的计算

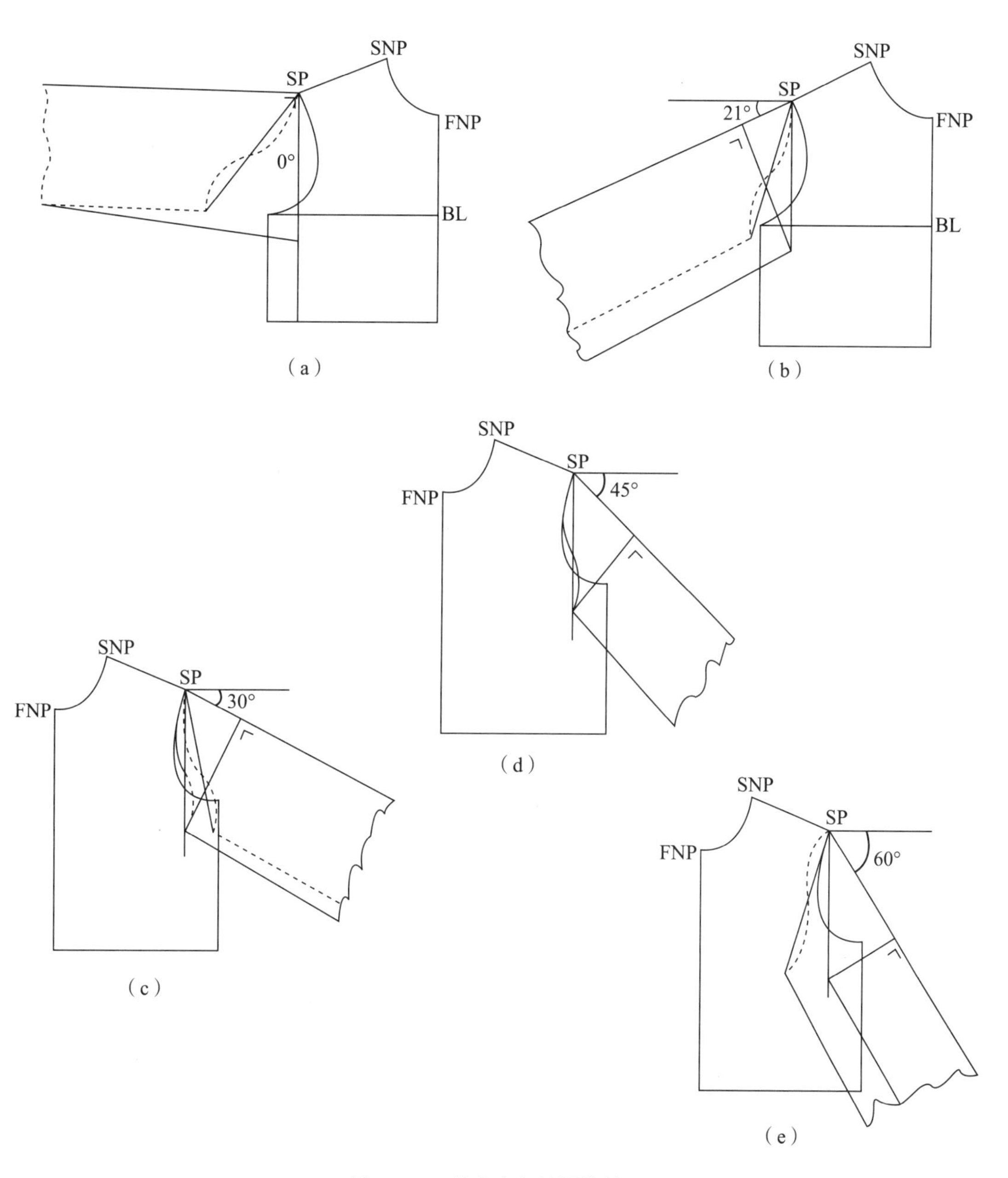


图 4–37 袖山高与袖肥的关系

图 4–37（b）是稍宽松衣袖的设计原理图，此时，衣袖与水平线的夹角为 21°，如由 SP 点向下作垂线，取垂线长度 =AH/2，则以垂线作为袖山的对角线。

袖山高 =AH/2 × sin21° =0.18AH ≈ AH/6，袖肥 =AH/2 × cos21° =0.47AH ≈ AH/2 ± 1

3）稍贴体衣袖的袖山高、袖肥的计算

图 4–37（c）是稍贴体类服装衣袖的设计原理图。这类衣袖与水平线成 30°夹角，则袖山高 =AH/2 × sin30° =AH/4，袖肥 =AH/2 × cos30° =0.43AH ≈ AH/2−1。

4）贴体衣袖的袖山高、袖肥的计算

图 4–37（d）是贴体类服装衣袖的设计原理图，衣袖与水平线成 45°夹角，是以 SP 点向下作垂线作为袖山对角线的袖子。

袖山高 =AH/2 × sin45° =0.35AH ≈ AH/3

袖肥 =AH/2 × cos45° =0.35AH ≈ AH/2–1.5

贴体袖的缩缝量比前几种袖型的缩缝量增加，因此调节数取 1。

5）完全贴体衣袖的袖山高、袖肥的计算

图 4–37（e）是完全贴体类服装衣袖的设计原理图，衣袖与水平线成 60°夹角，是以 SP 点向下是以此垂线作为袖山对角线的袖子。

袖山高 =AH/2 × sin60° ≈ 0.43AH ≈ AH/3+1

袖肥 =AH/2 × cos60° =0.25AH ≈ AH/2−2.5

总结：在 AH 恒定的情况，袖山高与袖肥成反比例，即袖山越高，袖肥越小，反之亦然。

### （三）袖子设计

袖子的结构种类很多，按袖山的结构分为原装袖型、抽褶袖型、连衣身袖型、插肩袖型等；按袖身的结构分为贴体弯曲形、宽松直线形、宽松弯曲形；按袖口的结构分为抽褶膨松形、抽褶悬垂型、宽松型、贴体形；按袖片的数量分为一片袖、两片袖、三片袖等。

袖子结构制图的方法常用比例分配法和原型法。比例分配法常用于基本的常用的衣袖结构制图，原型法常用于变化的、结构较复杂的衣袖制图。在实际工作中，将两者结合起来使用。

插肩袖型的三片袖如图 4–38 所示，插肩袖型三片的结构设计，是在原型袖和插肩袖的设计原理基础上进行设计的，此袖型常用于男大衣或

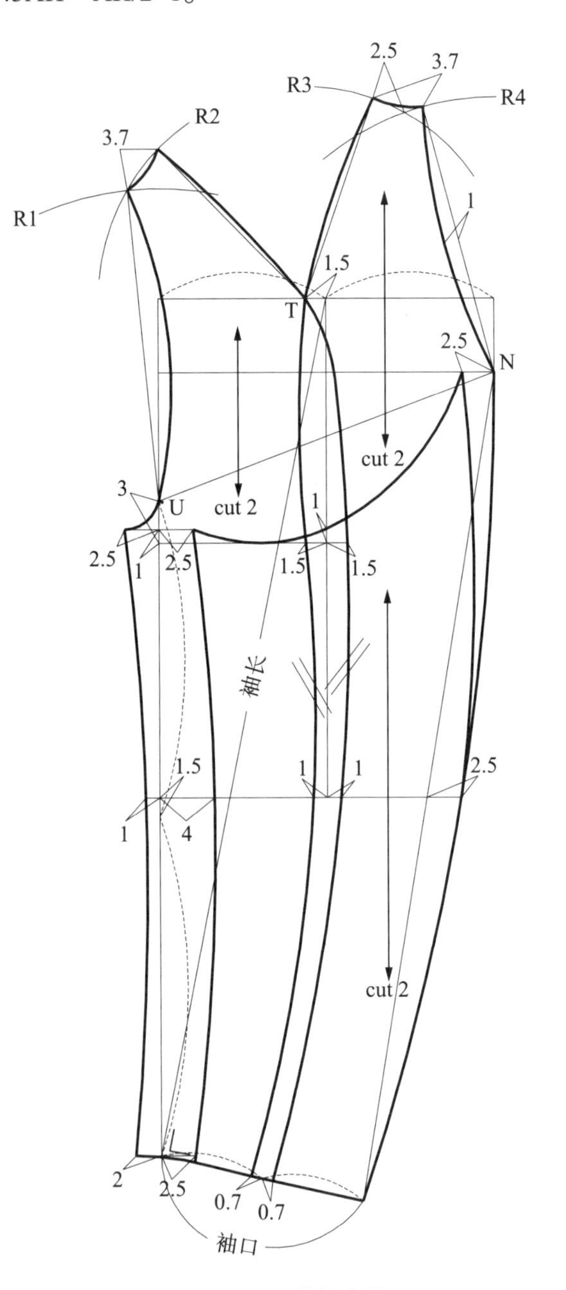


图 4–38 三片插肩袖

（说明：此种袖型结构设计是在先设计好的前、后衣片基础上进行的。）

风衣。

两片袖如图 4–39 所示，此种袖型的结构设计仍然是采用原型袖的原理，常用于夹克、大衣和风衣等。

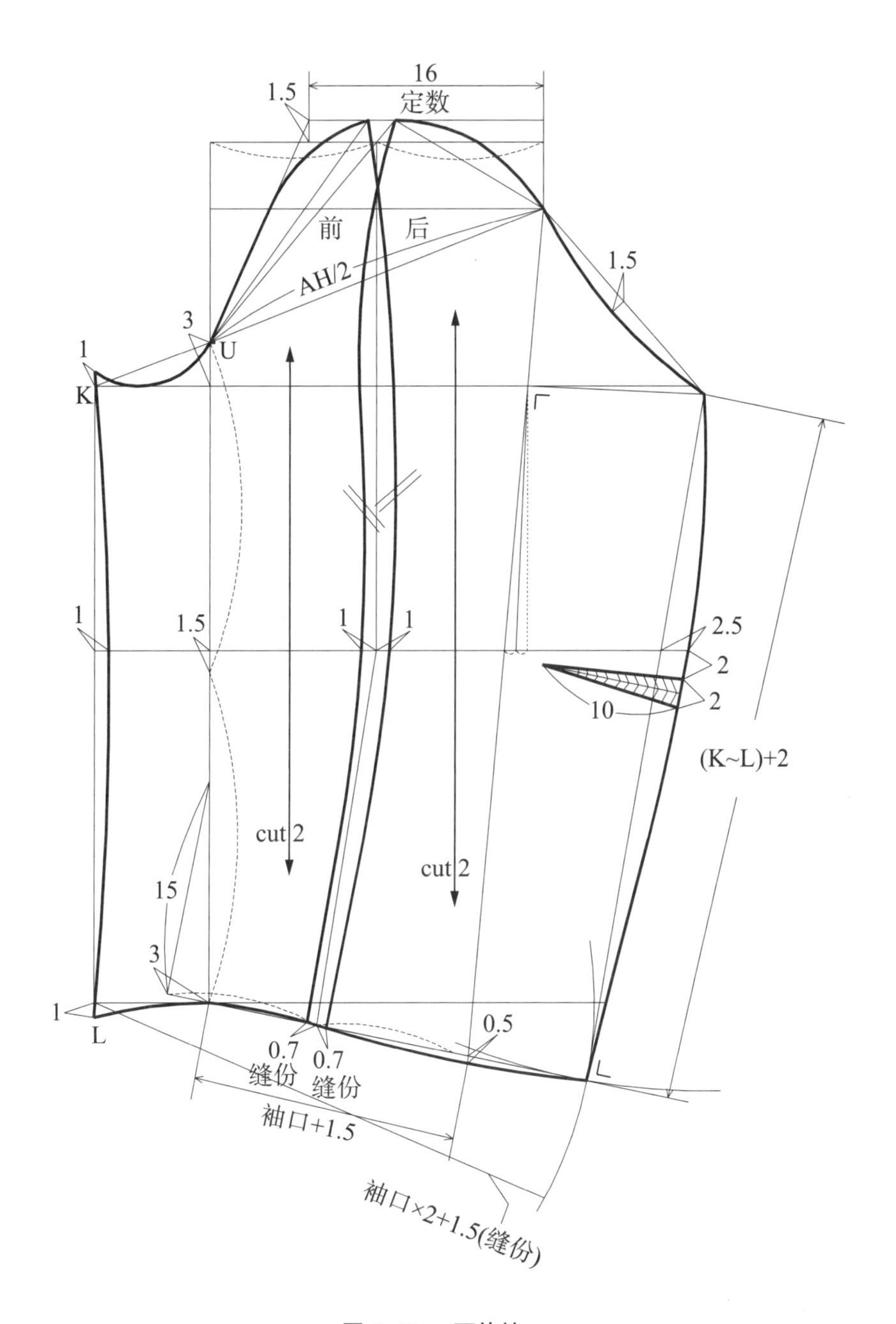


图 4–39　两片袖

（说明：此种袖型结构设计是在先设计好的前、后衣片基础上进行的。）

大小袖型的三片袖如图 4–40 所示，此种袖型的结构设计是在原型袖设计原理的基础上进行设计的，常用于合体夹克、大衣等。

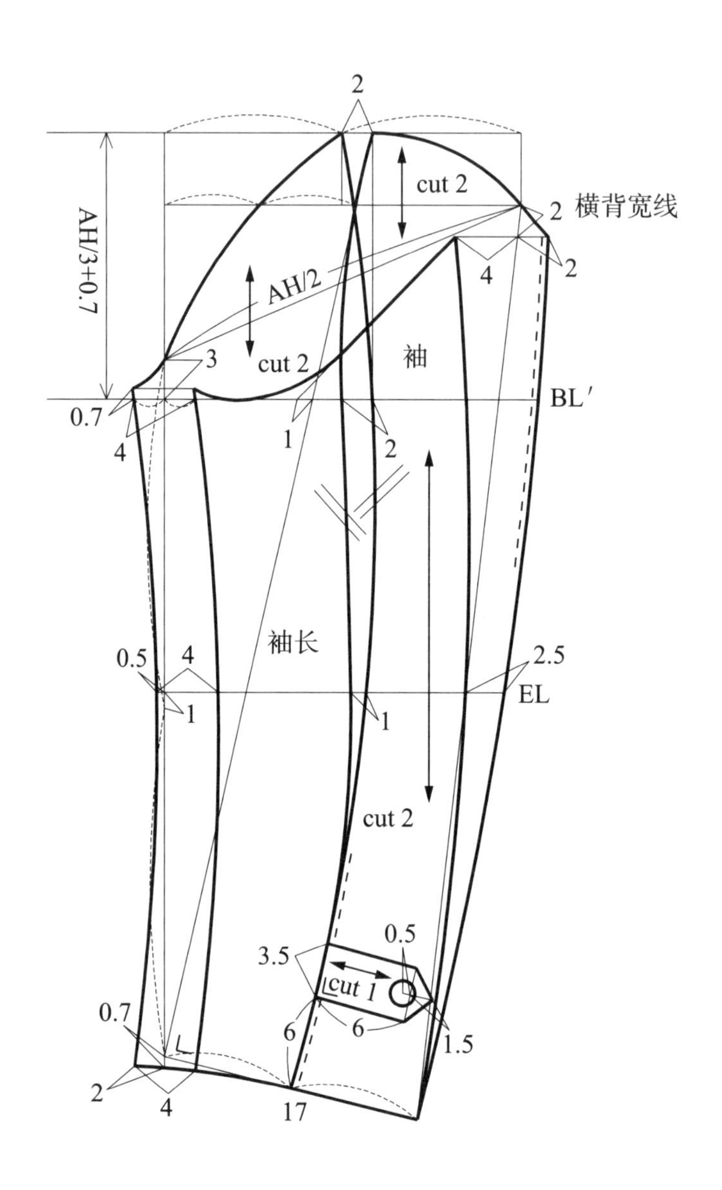


图 4–40 三片袖

（说明：此种袖型结构设计是在先设计好的前、后衣片基础上进行的。）

其他袖型，请参见后面具体的成衣款式里的袖型结构设计。

## 四、裤子设计原理

### （一）裤子分类

裤子的种类较多，可以从地域和裤子的腰头、裤型、长短等方面来分类。

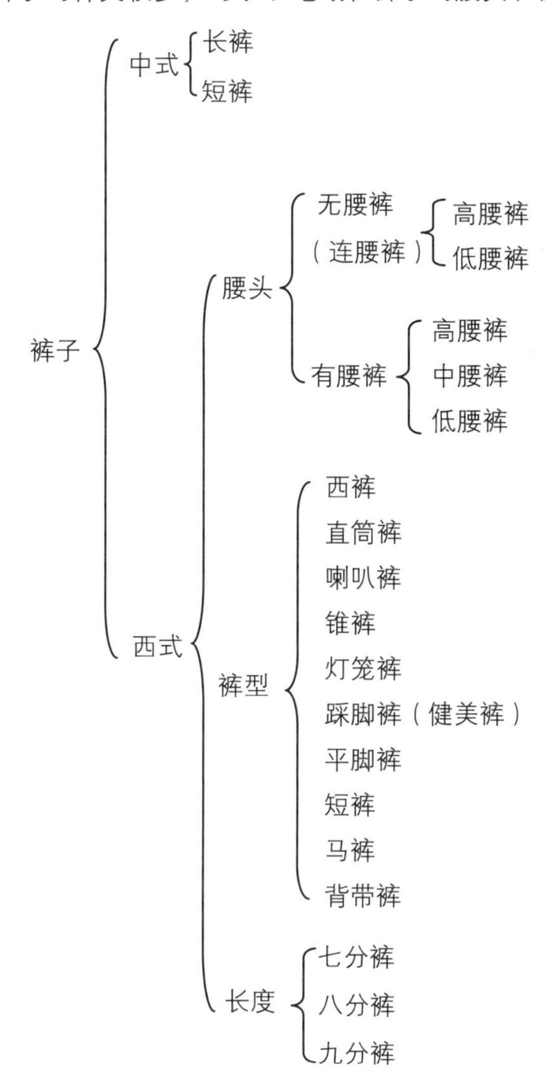


### （二）裤子结构设计原理

人的臀部是一复杂的立体，要设计出美观、贴体的裤装，主要是要处理好臀腰差和裆部的合体问题。我国男体标准人体的臀腰落差均值为 16.5cm，女体腰臀落差均值 21.26cm，男体腰、臀比为 0.82cm，女体腰臀比为 0.77cm，图 4–41 是人体与裤片的关系。

**1. 腰部省道的设计原理**

图 4–42 是腰部、臀部截面差异图，三角形的地方，则是收省或劈势的量，也是臀腰落差的量。落差越大，省量越大，反之亦然。这些省量可以在前、后裤片上等分，也可以前大后小或后小前大，具体根据款式需要而定，如图 4–43 所示。

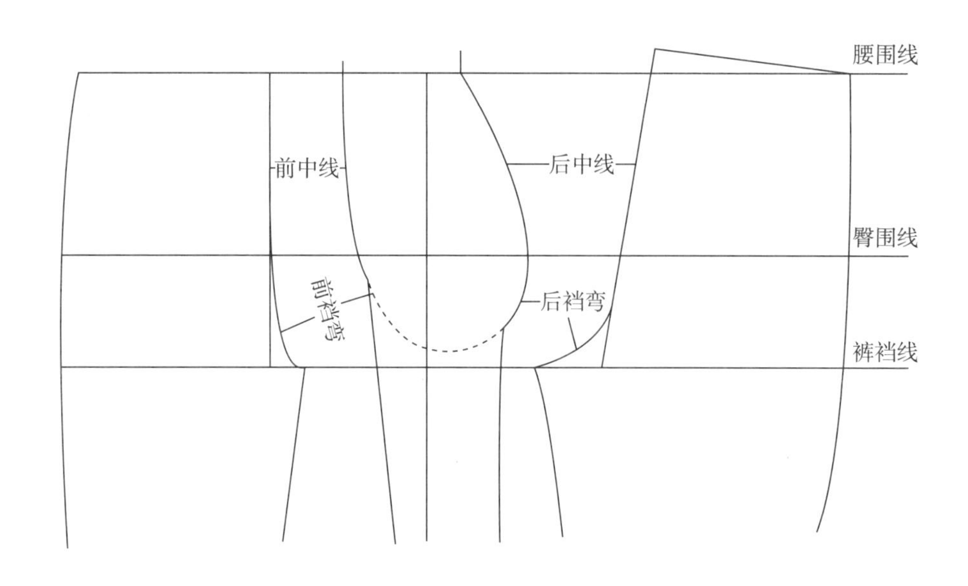


图 4-41 人体与裤片的关系

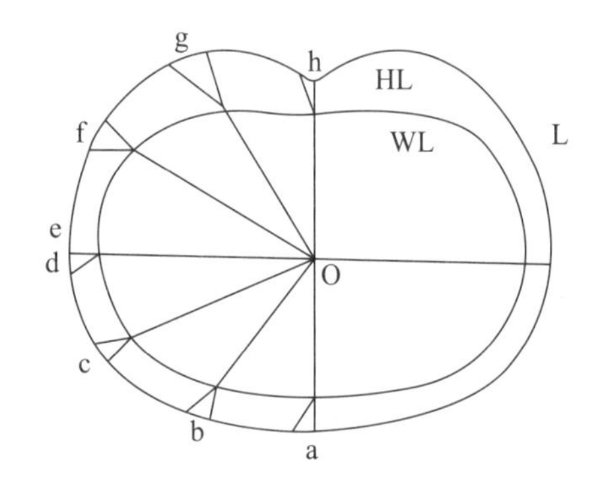


图 4-42 腰臀截面差异图

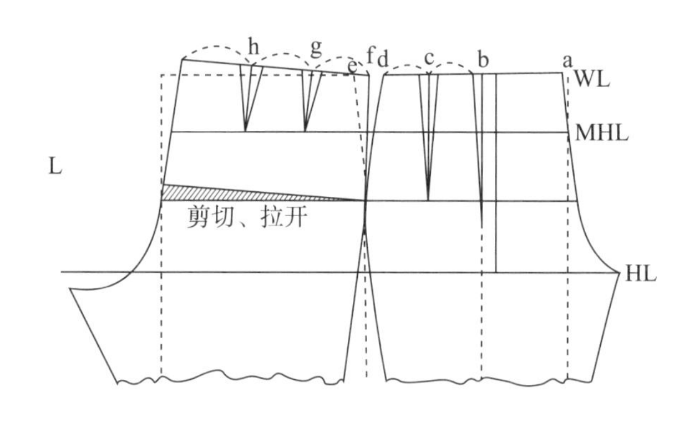


图 4-43 省道设计

图 4-44 是臀、腰的正面差异图，正常体∠δ约为 8°，是设计侧缝时，腰部劈势大小的依据。

**2. 后裆倾斜度设计原理**

后裆倾斜度是指后裆缝的倾斜程度，也称捆势，是后裆设计的重要参数依据。后裆缝的设计，既要考虑人体运动不受后裆缝的限制，还要考虑裤子臀部的合体。臀部越丰满，后裆线的倾斜角度越大，臀部越扁平，后裆线的倾斜角度越小。

图 4-45 是臀围与腰围水平线的夹角，正常男体∠α约 11.3°（臀部丰满），∠β约 8°（臀部扁平）时，夹角越大，后裆线的倾斜度大，夹角越小，后裆线的倾斜度则小。

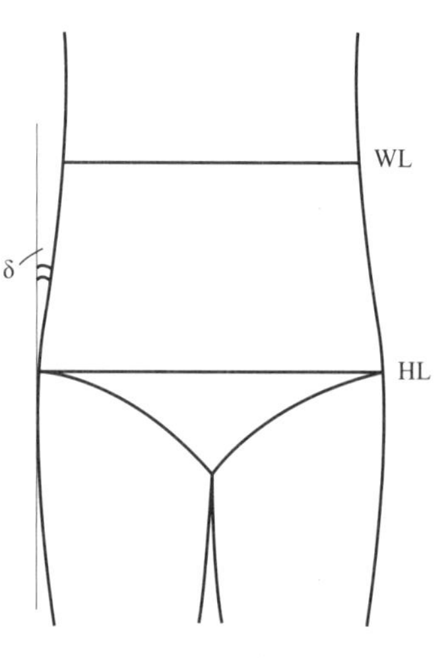


图 4-44 臀、腰的正面差异图

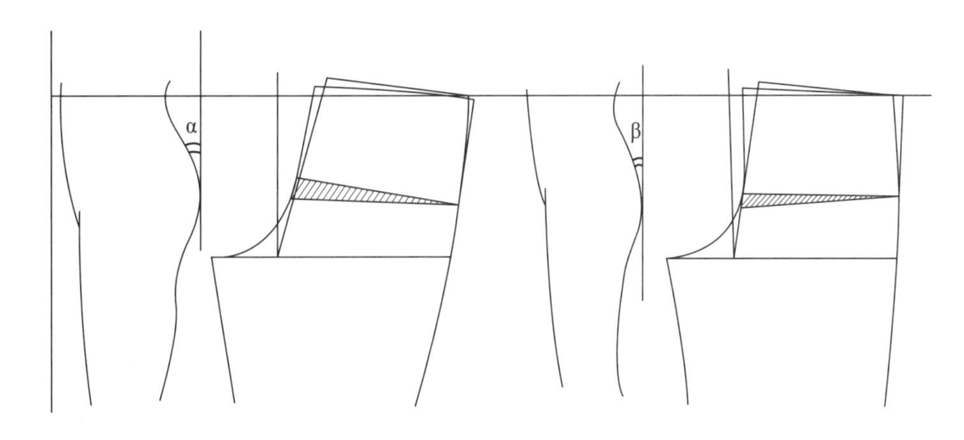


图 4–45　臀腰的夹角

**3. 前后裆窿门的比例分配（图 4–46）**

裤子总窿门大小的推算公式为：1.6 H /10 。

小裆占总窿门的 1/4，所以计算公式为：0.4H/10。

大裆占总窿门的 3/4，所以计算公式为：1.2 H/10。

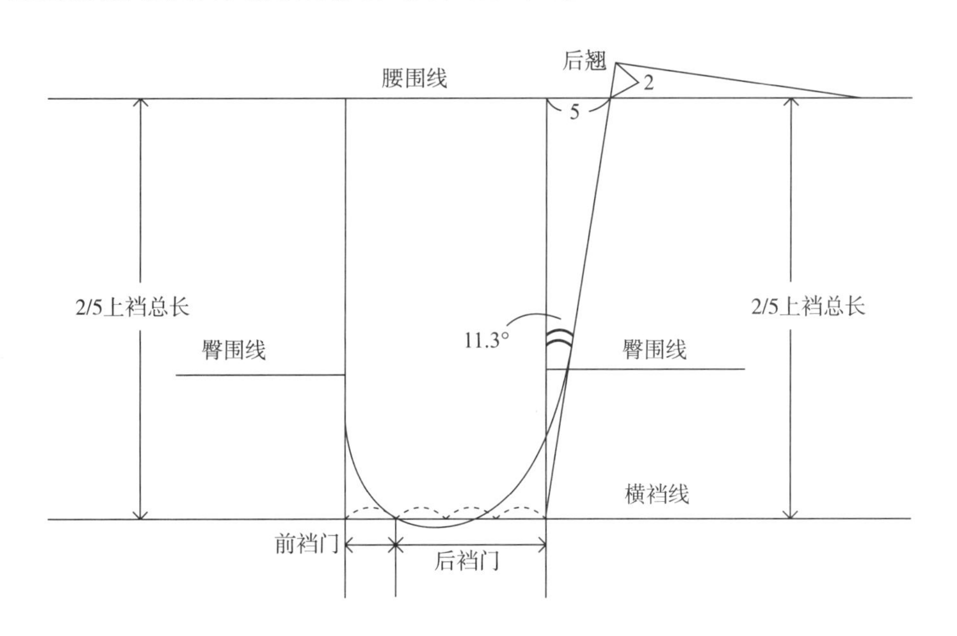


图 4–46　总窿门与前、后窿门的关系

**4. 裤子直裆的设计原理**

裤子直裆长短的设计，直接影响着裤子臀部的造型，裤子直裆长，则裤子穿着宽松，裤子直裆短，则裤子穿着合体，当然不能设计过长或过短，因为，过长会吊裆，过短会勒裆。裤子直裆的长度可以直接测量，如图 4–47 所示。

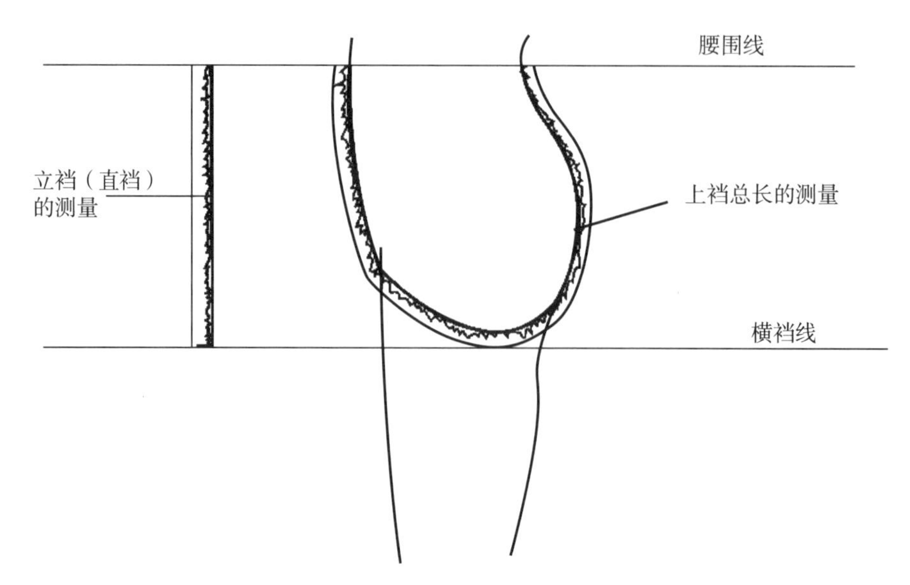


图 4-47 总裆的测量

上裆总长由前、后直裆和总裆宽构成。我们把上裆总长近似的看作矩形线框，前、后直裆是上裆总长的 2/5，总窿门为 1/5 上裆总长。

但直裆常用的推算公式为：H/4。这样可以直接按 H 推算，而不必去测量总裆长。

**5. 裤子腰头设计**

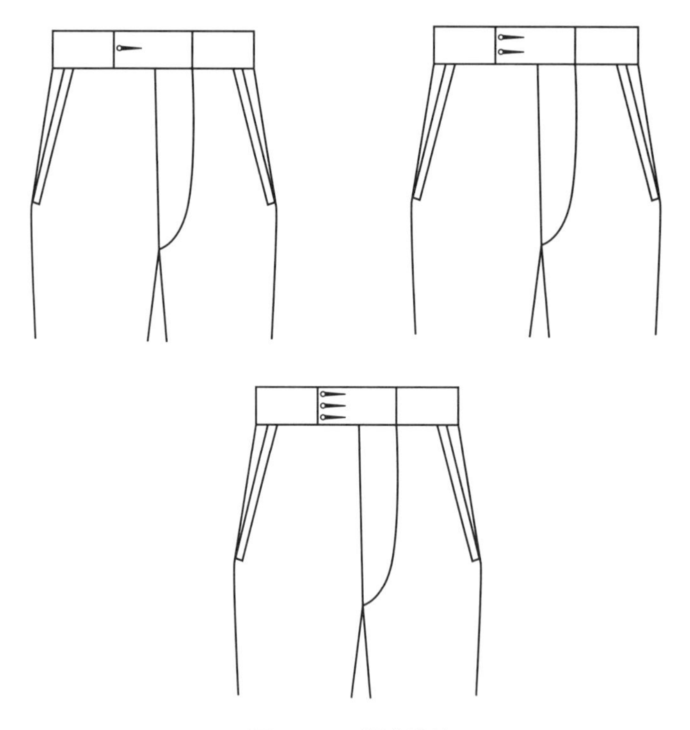

图 4-48 腰头设计

裤子腰头宽 3.5~6cm，长：W+ 底襟宽（3cm~4cm）。可设计 1~3 个钮扣眼，如图 4-48 所示。

**6. 前、后袋口设计**

（1）前袋口款式设计（图 4–49）。

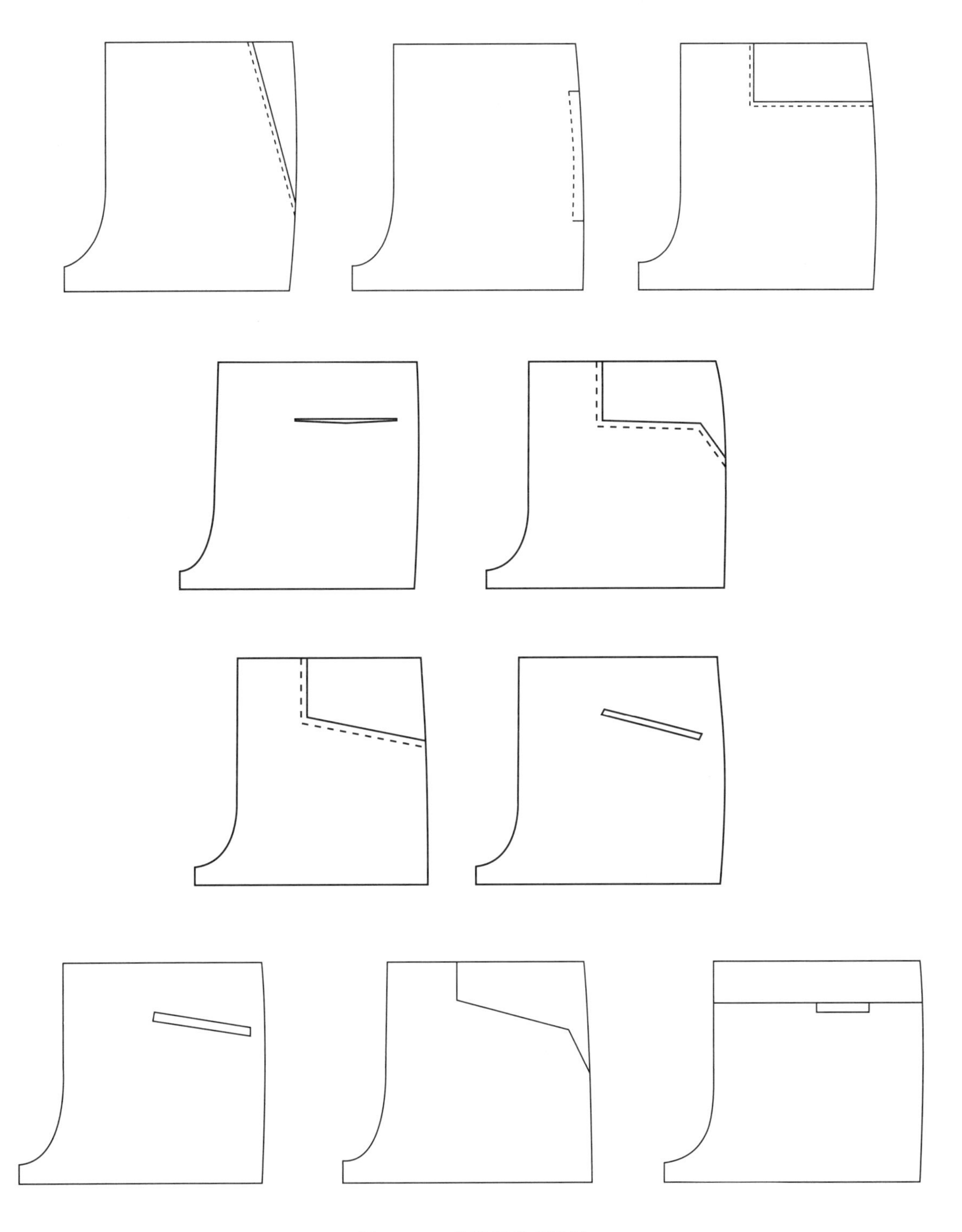

图 4–49　前袋口款式设计

（2）后袋口、袋盖款式设计（图 4–50）。

图 4–50　后袋口、袋盖、贴袋款式设计

# 第五章　中式男装结构制图设计

服饰既能体现人们的物质生活方式，又能折射出时代的精神文化风貌。当今，信息技术高度发达，全球服饰日趋一体化。传统的中式服饰面临极大的挑战。传承中式服饰文化，是我们义不容辞的责任。

近代中式男装服饰是中华服饰文化的重要组成部分之一，受中华传统文化主体“天人合一”古典哲学思想的影响，中式男装造型特点宽松、肥大。近代中式男装分中式男装和改良中式男装，中式男装按款式造型分中式便装、中式长衫、中式马褂、中式马甲、中式长裤和中式短裤等。而长衫、马褂、马甲、长裤与瓜皮帽或礼帽、小圆口布鞋搭配，构成近代中式男装的礼服。中式改良男装分礼服类和便服类，新唐装、中山装、属礼服类，学生装、青年装和军便装一般归属中式改良男装的便服类。中式男装按季节分春秋装、夏装和冬装；春夏秋冬款式相差无几，只是面料质地厚、薄的差异。

中式服装的结构特点：关闭式小立圆领、连肩袖、无省道和褶裥，门襟分满襟、对襟和琵琶襟（又称缺襟），两侧下摆开衩。中式服装连肩袖涉及到一个新的术语，即出手，是指人体的背中线与手指虎口的水平距离。中式服装的结构设计采用比例裁剪方法进行设计。

## 第一节　传统中式服装结构设计

### 一、中式便服结构设计

#### 1. 中式便服概述及款式图

中式便服是中国传统男式服装之一，采用我国传统的比例裁剪方法。其结构为前后身相连，肩袖相连，小立领，对襟、七粒布扣、插袋式样、左右两侧下摆开衩。常作为日常服穿着，也可作为武术练习、表演、比赛等选用的服装。如图 5–1 所示。

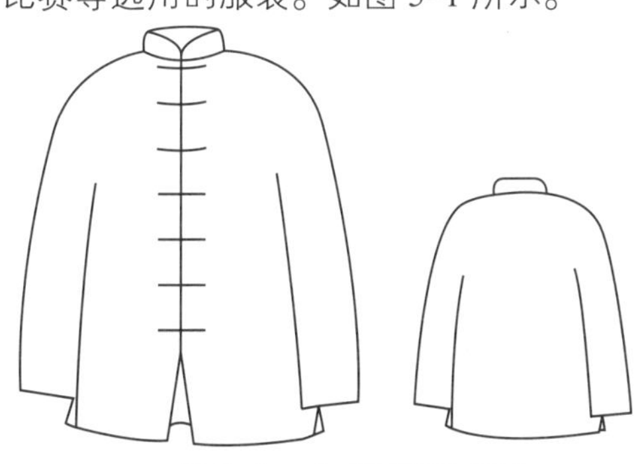

图 5–1　中式便服款式图

**2. 结构设计制图（图 5–2）**

（1）成品规格：衣长（L）76，胸围（B′）110，净胸围（B）92，肩宽（S）47，领大（N）40，出手 82，袖口 16。

（2）选用号型：170/92A。

（3）单位：cm。

（4）制图说明：

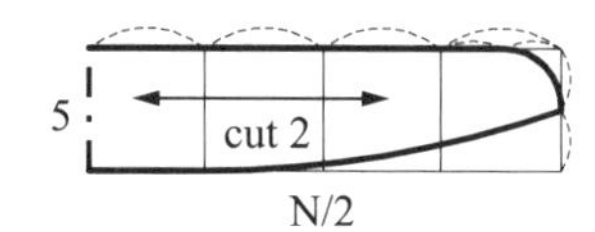


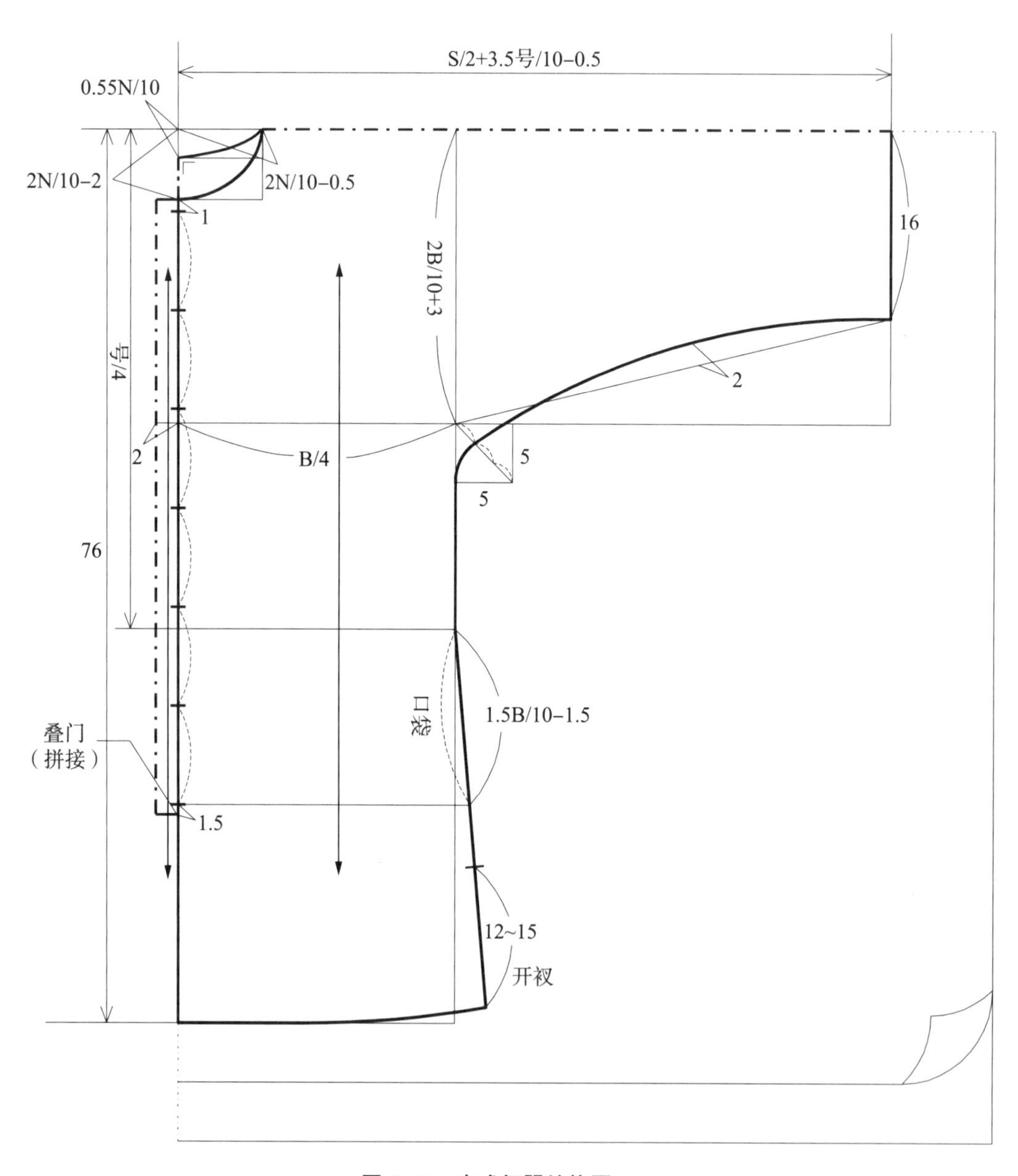


图 5–2 中式便服结构图

①腰节长：号/4（42.5）。
②前、后胸围大：B/4。
③袖根肥：2B/10+3。
④出手：S/2+3.5号/10−0.5。
⑤前、后横开领宽：2N/10−0.5。
⑥前直开领：2N/10−2。
⑦后直开领：0.55N/10。
⑧袖口：16。
⑨袋口：1.5B/10−1.5。
⑩开衩：12～15。

## 二、中式长衫外套

### 1. 长衫外套概述及款式图

长衫外套是我国传统男装服饰之一，是近百年来受国外服饰冲击最小的服装。其衣长约至踝骨，立领、大襟（满襟）右衽、五至七粒扣、肩袖相连、破背，左右两侧的下摆侧缝开衩至膝位；分日常服和礼服，日常服和礼服区别在：近代长衫外套礼服，在外面配马甲或马褂（对襟窄袖、衣长至腹、前襟五粒钮扣），脚穿小圆口布鞋或皮鞋，头戴瓜皮帽（近代受西方服饰的影响，也有配礼帽的穿法）；现代长衫外套礼服，里面必须配中式领的白衬衫或在长衫外套的领里，缝一匹白色中式衬领，并露出0.5cm左右，袖口贴边接白色质地相近的面料15cm宽左右，往袖子正面外翻。日常服则无须这些要求。日常服长衫外套在汉、羌、藏、回、纳西等民族中，一些地区的人们仍保留穿戴它，不同的少数民族在其上面加了不同的服饰配件和其他不同质地的面料，以显民族特色。而现代长衫外套礼服则是相声演员、小品演员等首选服饰；近代长衫外套礼服则是以历史题材为背景的电视剧、电影等的首选服饰。长衫外套款式图5–3所示，实物图参见彩图4。

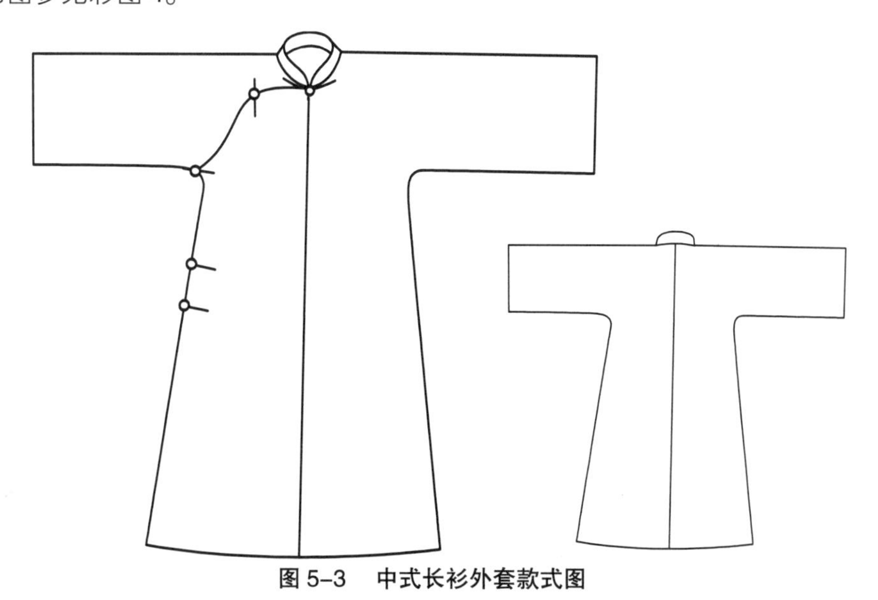

图5–3　中式长衫外套款式图

**2. 结构制图设计（图 5–4）**

（1）成品规格：衣长（L）130，胸围（B）120，领大（N）40，出手 87，袖口 18，肩宽（S）47，台肩 25.5，袖窿深 28.8。

（2）单位：cm。

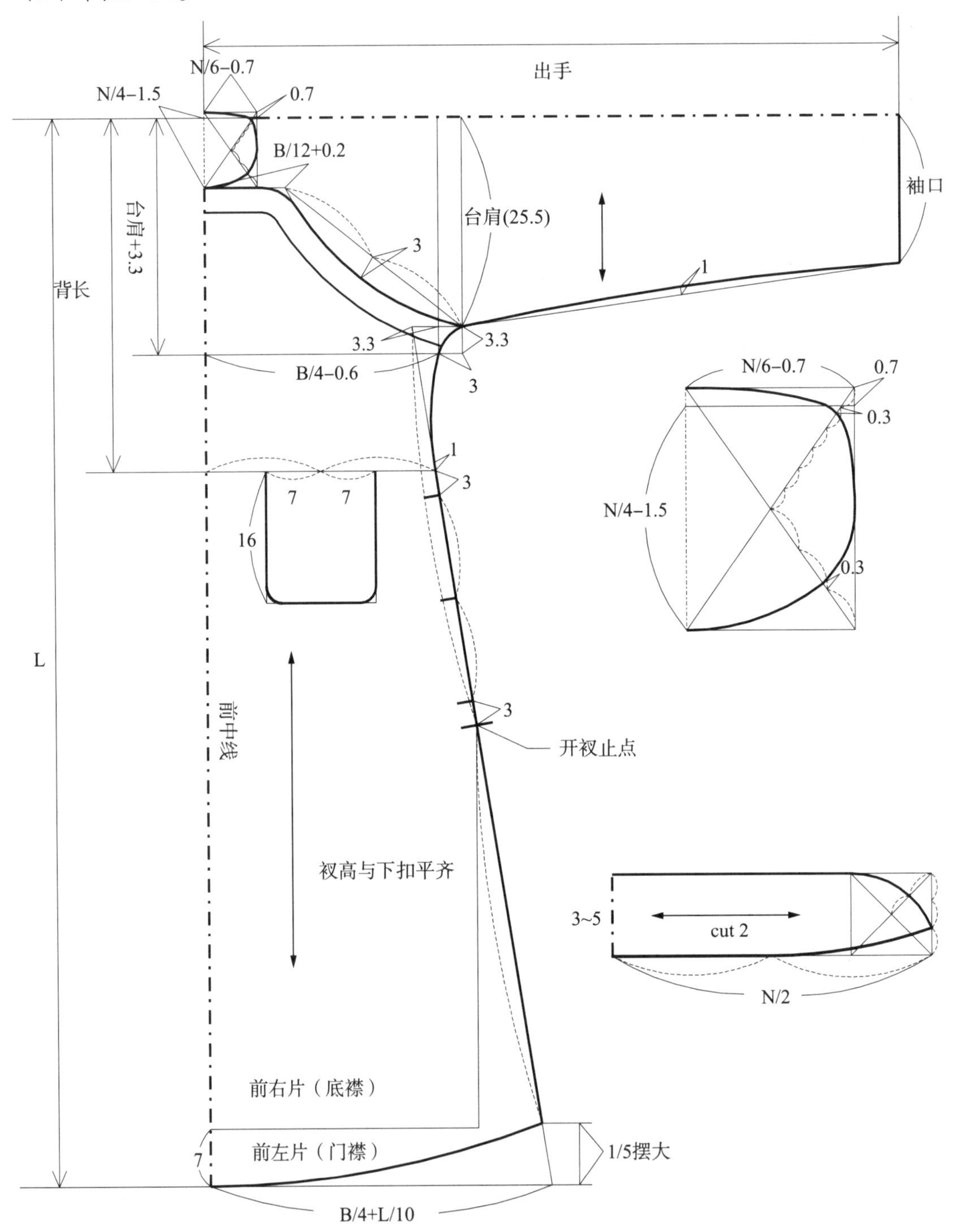


**图 5–4　中式便服结构图**

（注：受面料幅宽的限制，中式长衫的前、后中缝均可破缝，袖长也可以拼接。）

（3）选用号型：170/92A。

（4）制图说明：

① 衣长：130 。

② 出手：S/2 +3.5 号 /10+4。

③ 台肩：25.5~28，袖窿深：台肩 +3.3，或按公式计算：2B/10+5。

④背长：号 /4+0.5（43）。

⑤前、后胸围大：B/4−0.6。

⑥大襟横线：B/12+0.2～1。

⑦横开领宽：N/6−0.7，前直开领：N/4 −1.5，后直开领：0.7。

⑧袖口：18。

⑨下摆大：B /4+L/10，起翘：1/5 摆大。

⑩开衩：如结构图所示。

**3. 长衫展开图（图 5–5）**

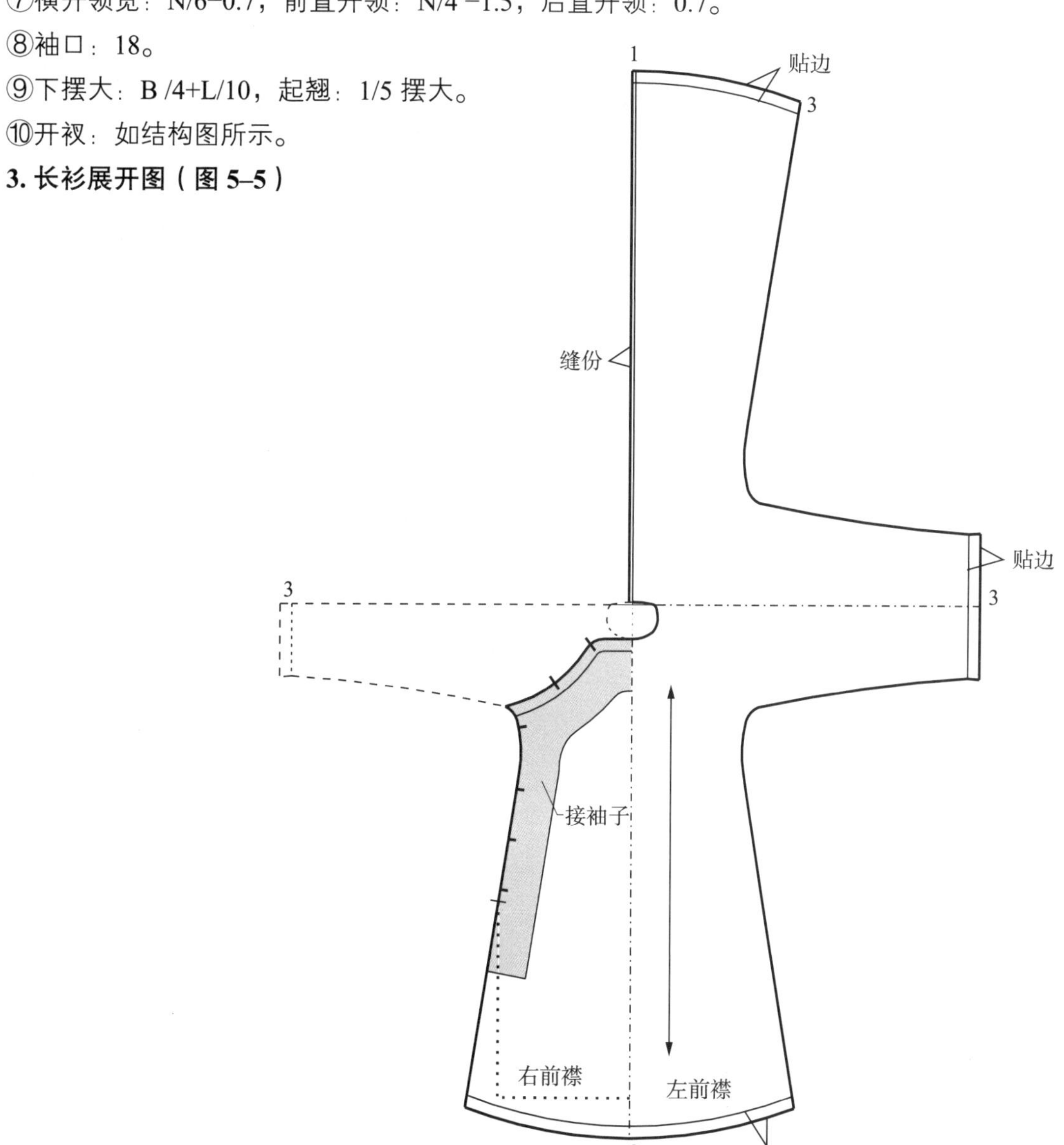


图 5–5　中式便服结构展开图

## 三、马褂

### 1. 马褂概述及款式图

马褂大多为五粒扣、长袖，袖口平齐而宽大，一般是穿在长衫之外。马褂有对襟、大襟和缺襟之别，缺襟马褂又叫“琵琶襟马褂”，多用作行装，大襟马褂多作常服，对襟马褂与长衫外套搭配，称为近代中式礼服，款式图如图 5–6、图 5–7 所示，实物图参见彩图 3。

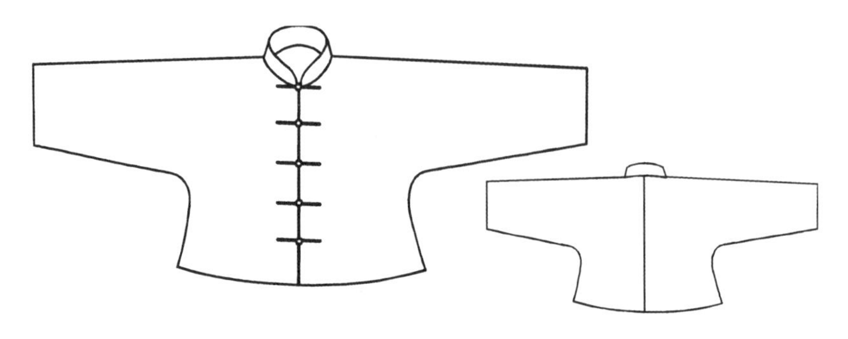

图 5–6 对襟马褂款式图

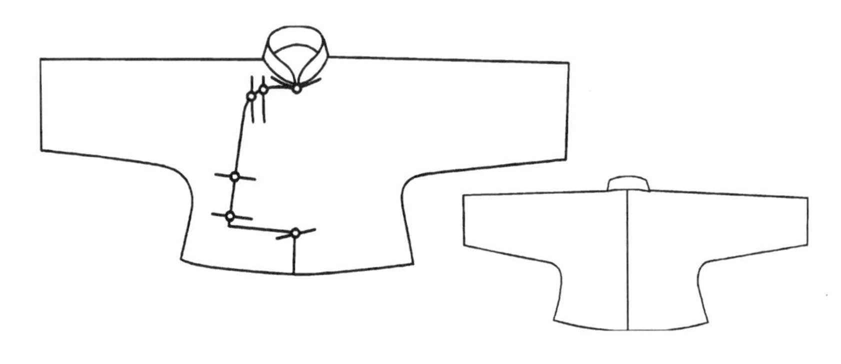

图 5–7 琵琶襟马褂款式图

### 2. 对襟马褂结构制图设计（图 5–8）

（1）成品规格：衣长（L）65，领大（N）41，胸围（B）124，出手 88，袖口 20，肩宽（S）48。

（2）单位：cm

（3）选用号型：170/92A

（4）制图说明：

① 衣长：65 。

② 出手：S/2 +3.5 号 /10+5。

③ 袖根肥：2B/10 +5.2（30）。

④ 背长： 号 /4+0.5（43）。

⑤ 前、后胸围大：B/4。

⑥ 前、后横开领宽：N/6 −0.6。

⑦ 前直开领：N/4−1.5。

⑧ 后直开领：0.6。

⑨ 袖口大：20。

⑩ 开衩：L/4−6。

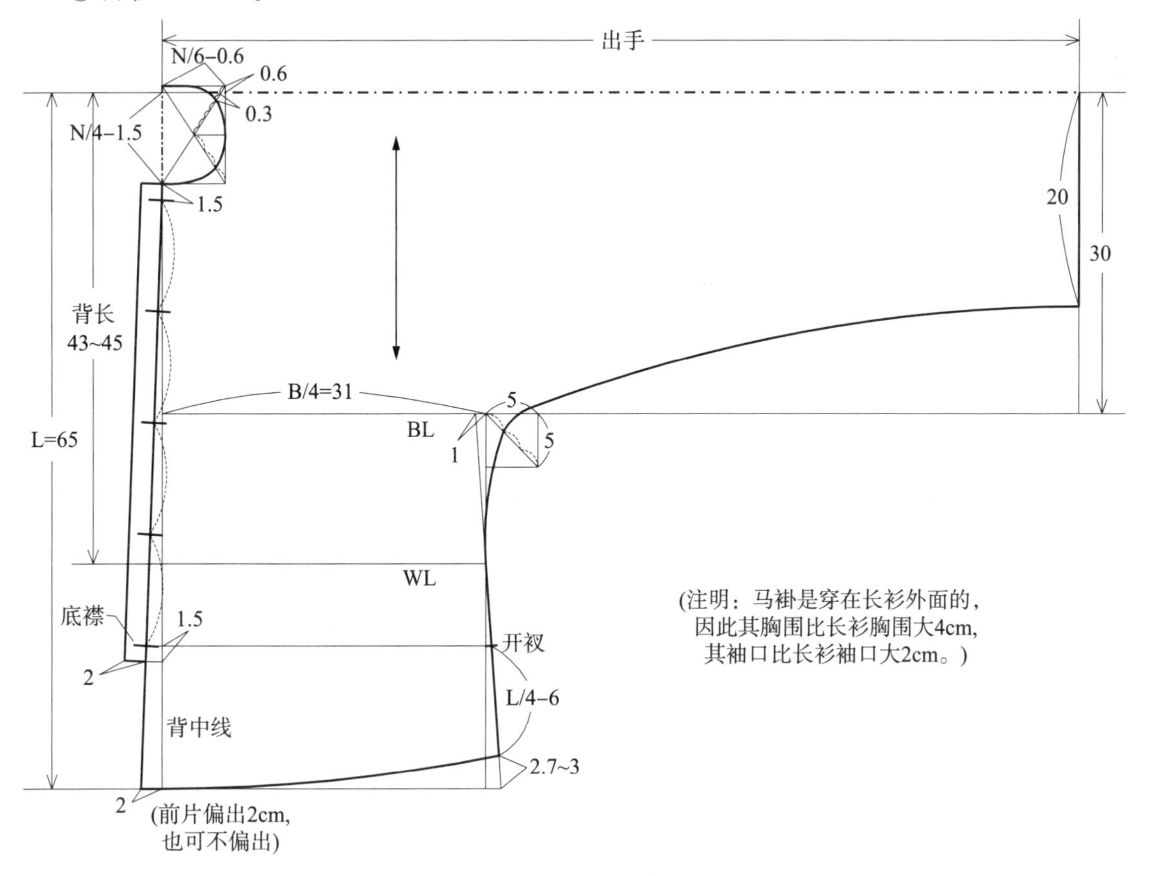


图 5−8 对襟马褂结构图

## 四、马甲

### 1. 马甲概述及款式图

马甲起源于清朝，北方称“坎肩”或“背心”，分一字襟、对襟、琵琶襟等。一般穿在里面，式样比较窄小；晚清后，马甲可以穿在外面了。巴图鲁坎肩（“巴图鲁”是满语勇士的意思），四周镶边，衣身短小仅及腰部，对襟，左右两腋亦开小襟，前身又有一字横襟，都用钮扣连系。由于正胸横行一排共十三粒，俗称“一字襟”马甲或曰“十三太保”，如图 5−9 所示。一字襟套在袍子里穿最方便，如果觉得热时，不用脱外衣，只要解下两腋下的钮扣以及胸前的排扣即可在里面拽出，勇士门穿脱很方便。早先只能是朝廷要官才能穿着，故又称为“军机坎”。以后，一般官员也能穿戴，成为了半礼服；半礼服马甲一般穿在长衫外面。民间普遍穿大襟、对襟、琵琶襟马甲，有单层、夹层和有领、无领之分，普通马甲可穿在便装、长衫外面。民间现在一些地方仍穿戴它。如图 5−10 为琵琶襟马甲款式图，5−11 为对襟马甲款式图，实物图参见彩图 2。

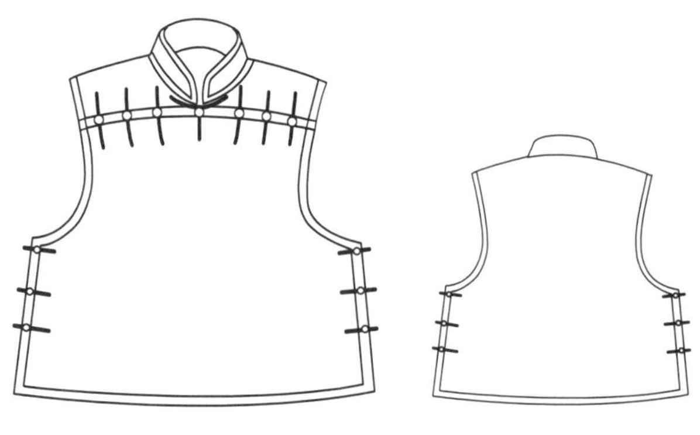

图 5-9 一字襟马甲

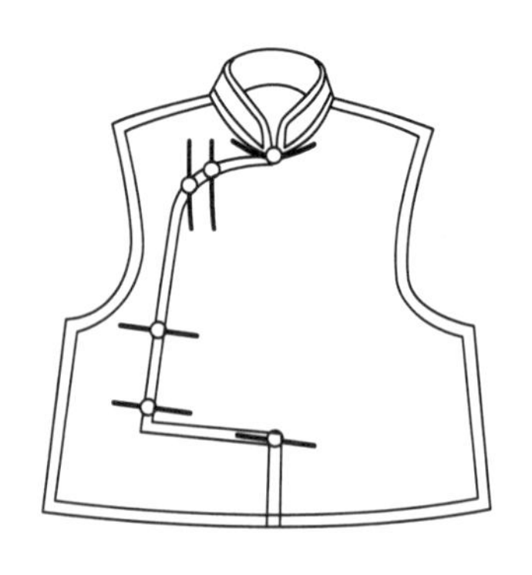

图 5-10 琵琶襟马甲

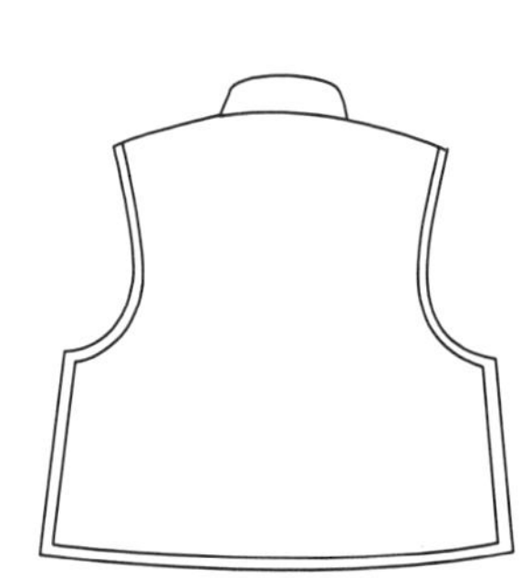

图 5-11 对襟马甲

**2. 一字襟马甲结构制图设计**

（1）一字襟马甲款式图如图 5–9 所示。

（2）成品规格：衣长（L）60，领大（N）40，肩宽（S）46，胸围（B）116，袖窿深 28~30。

（3）单位：cm。

（4）选用号型：170/92A。

（5）结构制图设计见图 5–12。

制图说明：

① 衣长：60。

② 背长：号 /4+1.5（44）。

③ 袖根肥：2B/10 +3.2~5.2（28~30）。

④ 前、后胸围大：B/4。

⑤ 前、后横开领宽：N/6−0.6。

⑥ 前直开领：N/4−1.5，后直开领：0.6。

⑦ 开衩：10~12。

⑧ 前、后衣身可通过胸前的一字横襟、前领窝下 1cm 处七颗排扣以及两腋下的六颗排扣

进行结合（扣合）。

⑨ 前衣身一字横襟的底襟长可取 5 ～15。

⑩ 前领窝左右两边各钉缝一个钮袢，与前中心线上钉的钮扣进行扣合，即两个钮袢与一颗钮扣扣合。

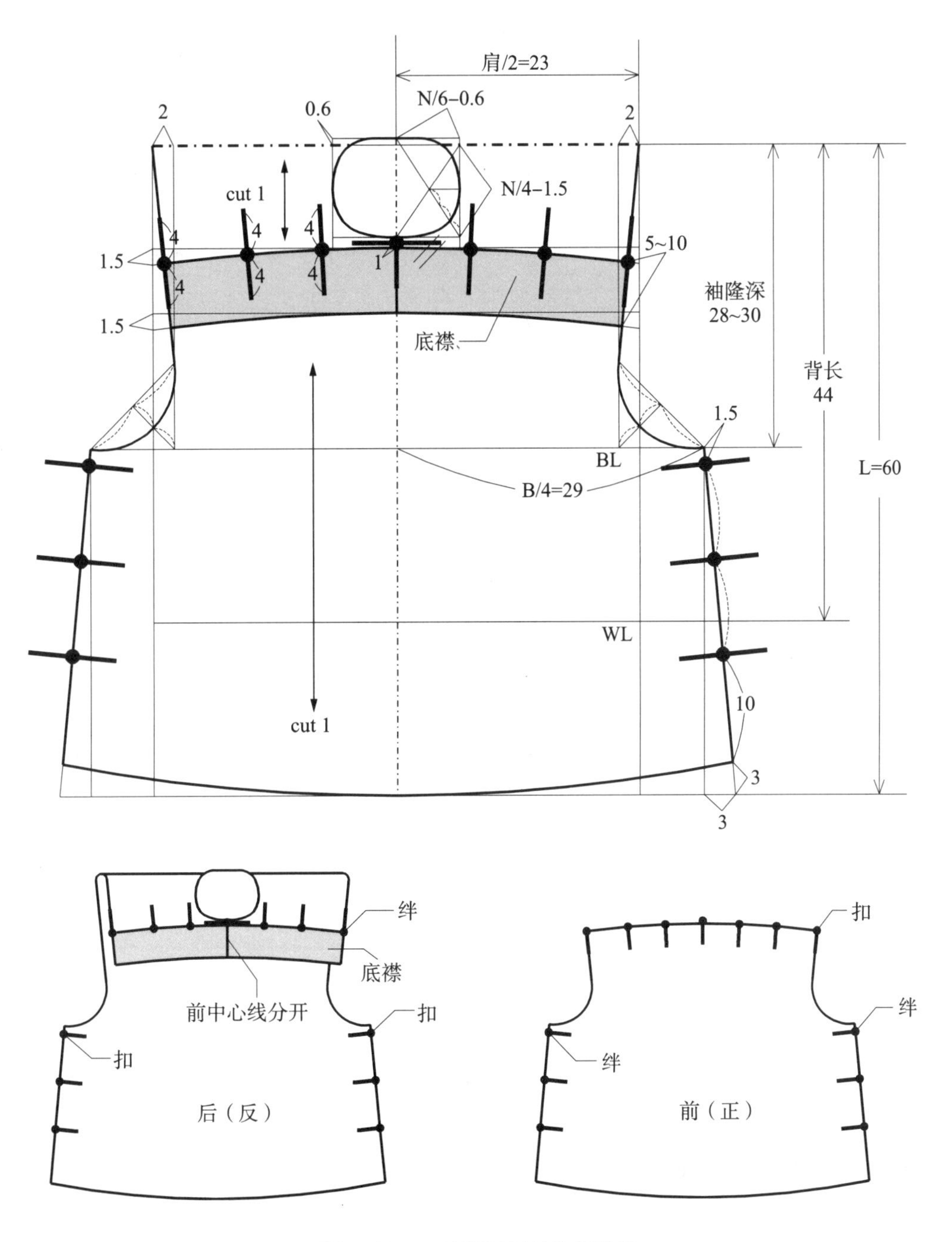


图 5-12　一字襟马甲结构设计图

## 五、中式裤子

**1. 中式裤子的渊源**

中式裤子亦称绔。古代长裤称绔，短裤称为困。裤子的产生比衣、裙晚。皇帝垂衣裳，并没有提到裤子。商代俑开始呈现人穿裤子的形象。裤子的最早款式是胫衣，《说文解字》："绔，胫衣也"。胫指小腿。说明裤子相当于现在的套裤、开裆裤。古代的人不管男女老少都穿开裆裤，因为，汉代以前，裤子是内衣，是次要的服装，穿在裙、袍里面，所以不讲究。战国楚墓、马王堆西堆墓的裤子都是开裆的。汉代以后，才开始出现有裆裤并作为外服。传统的中式裤子，宽腰（单层）、无皮带袢、无褶、无省、无门底襟、无侧缝，裤腿较肥大，裤脚以缎带或布带系扎，整个裤子造型宽松，不讲究合体度，且仅在裤裆的内侧有一条缝合缝，穿着舒适。有长、短裤之分，单层、夹层之分，内裤（衬裤）、外裤等之分，其造型无太大的差异；至今一些偏远山区的汉族、少数民族和以历史题材为背景的电视剧、电影里的人物，还仍然穿传统的中式裤子。现在人们穿着的裤子大都被西化了。传统的中式裤子一般与中式便装中式长衫搭配，穿着时，还必须配一根 1～2cm 宽的、软的裤腰带（因为腰头无皮带袢），系在人体腰部后，再将单层裤腰扎在裤腰带里，才算完成穿着。因此，俗称"扎扎裤"。中式裤子款式图如图 5–13 所示。

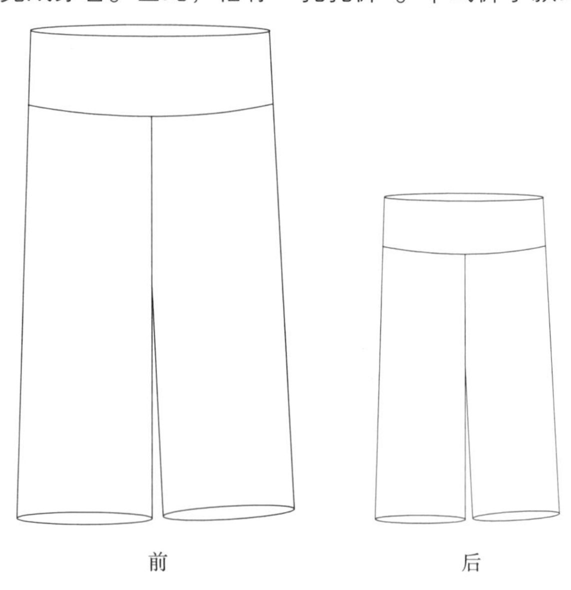


图 5–13　中式裤子款式图

**2. 中式裤子结构制图设计（图 5–14）。**

（1）选用号型：170/92A 。

（2）假定规格：裤长 96，腰围 110，脚口 55～58。

（3）单位：cm 。

**3. 主要计算公式：**

（1）L= 裤长 – 腰头宽（15～20）。

（2）上裆缝：L/3+1。

（3）横裆大：W/3+2.5。

（4）裆大：W/10–4。

（5）脚口大：W/4+（0~3）。

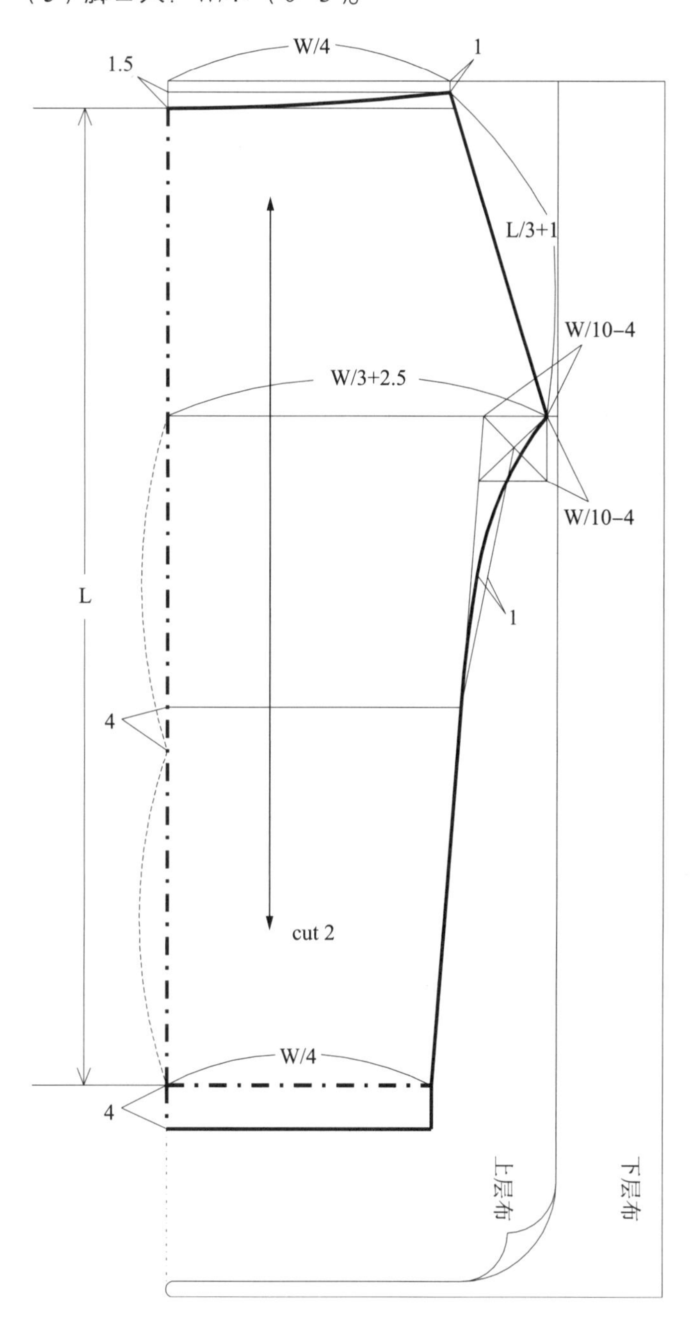


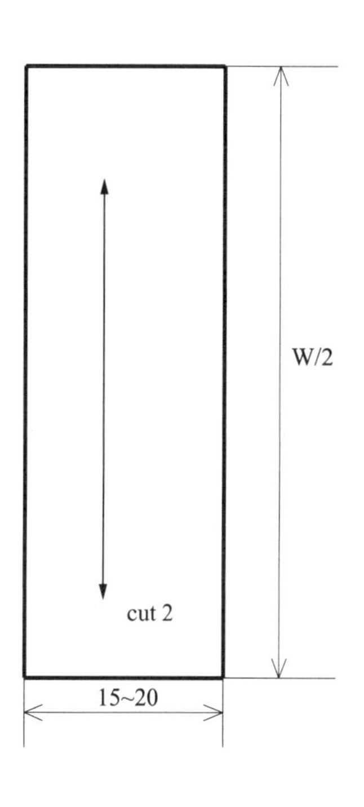


图 5–14　中式裤子结构图

## 第二节　改良中式服装

改良中式服装是指在保留中式传统服装特点的基础上，吸收西式服装的造型特点，设计产生的具有东、西方文化特点的服装，例如：中山装、新唐装、学生装等。其属于东西方文化碰撞、交融的服饰产物。

## 一、改良中式服装——礼服

### 1. 新中装

〈1〉新中装概述

新中装是2014年APEC会议，举行欢迎晚宴嘉宾以及文艺演出时，21个经济体领导人身穿的现代中式礼服。服装面料采用了非物质文化遗产宋锦、漳缎等，面料纹样采用了“海水江崖纹”，赋予了APEC 21个经济体山水相依，守望相护的寓意。

2014年APEC会议领导人服装工作形成了丰硕的成果，挖掘、抢救了大量中国传统服饰文化优秀元素，传承、创新了大量世界级、国家级非物质文化遗产，形成了多个系列、多种风格的适合中国人体型、气质、意蕴的中式服装，成为新时期中国服装工业的新动力，新时代中华民族服饰文化的新宝库。其根为“中”，其魂为“礼”，其形为“新”，合此三者，谓之“新中装”（图5-15）。

“新中装”的推出，是中华民族在新的历史时期对其服饰文化的积极尝试和探索，是将中国传统文化中与时代文化相适应的元素提取出来，与当今的服饰文化、审美需求和流行时尚相融合。使其既是传统的又是现代的，既是中国的又是国际的，既能在礼仪场合穿着，也能在日常生活中穿着。

图5–15 新中装

〈2〉新中装结构设计制图（图5-16、图5-17）。

（1）选用号型：170/92A。

（2）假定规格：衣长76，成品胸围110，净胸围（92），肩宽 50，领大40，袖长60，袖口大15。

（3）单位：cm。

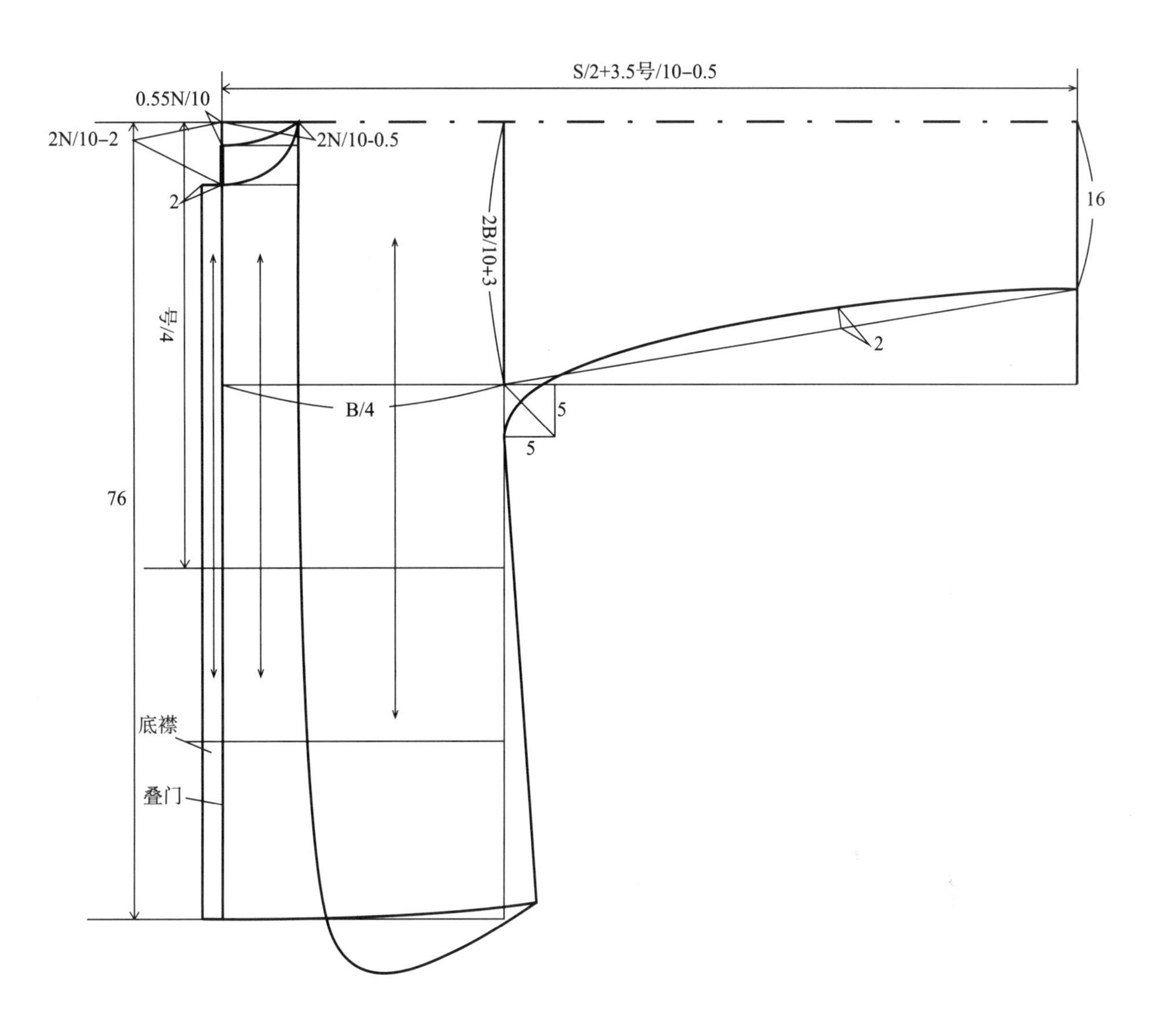


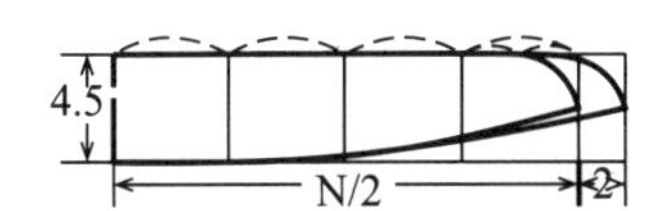


图 5–16　直下摆新中装结构设计制图

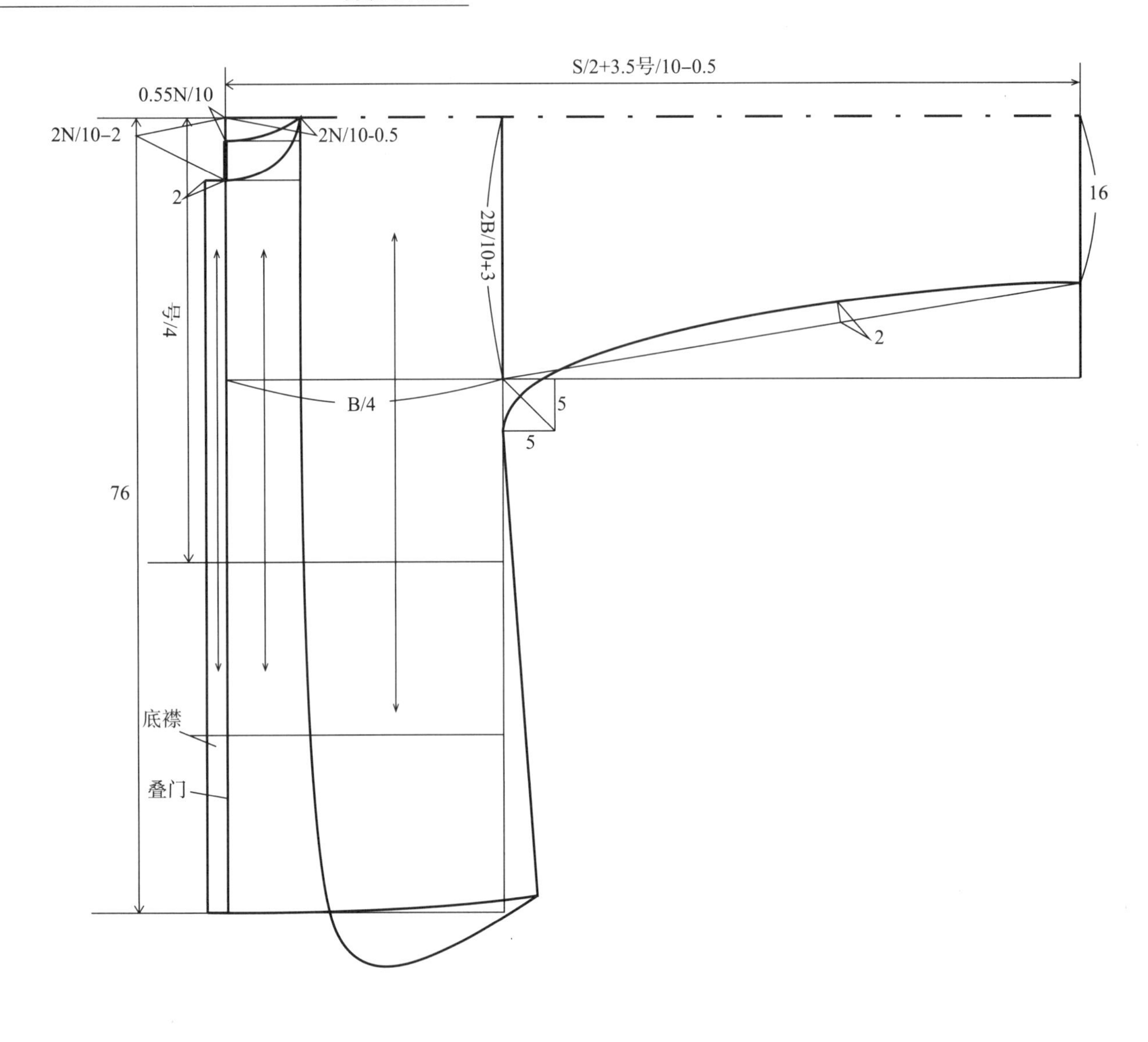


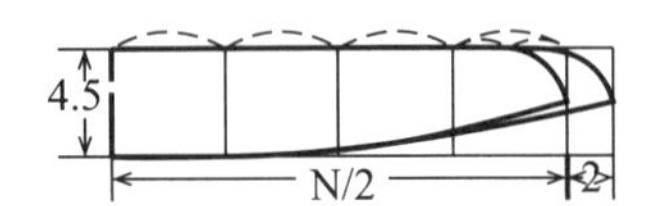


图 5–17 圆下摆新中装结构设计制图

**2. 新唐装**

〈1〉新唐装概述

2001 年 10 月，亚太经合组织第九次领导人非正式会议在上海召开，各国首脑身着具有中国特色的服装聚集上海，成为一道独特、靓丽的风景线。这是中国人民送给世界各国领导最尊贵的礼物，深受领导们的欢迎。为了让世人记住曾经以“衣冠王国”著称于世的中国，将具有中国特色的服装命名为新唐装（彩图 6）。

新唐装是由中式便装演变而来，由外套和衬衫组成，与中式便装不同之处：其结构设计吸收了西式服装结构设计的特点，体现合体性；前片门襟上面采取撇胸，下面采取起翘，袖型由原来的连袖改为绱袖，袖子设计为大小袖，后片破背，借鉴西服后片结构设计。面料采用特定设计的以“APEC”字样为背景的团花图案锦缎，排料时特别注意了图案的完整性。色彩有大红色、绛红色、紫色、蓝色、咖啡色为外套颜色，白色为衬衫用料。钮扣采用的是一字扣，外套共七颗扣，衬衫是三颗为一组（寓意为“王”字），四组共 12 颗。

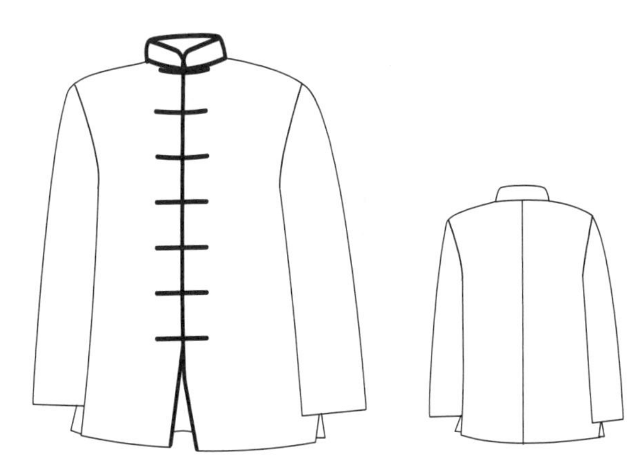

图 5–18　新唐装款式图

〈2〉新唐装结构设计制图（图 5–19）

（1）新唐装款式图 5–18 所示。

（2）选用号型：170/92A。

（3）成品规格：衣长（L）76，成品胸围（B′）110 净胸围（B）92，肩宽（S）48，领大（N）40，袖长 60，袖口 15。

（4）单位：cm。

（5）制图说明：

衣片

①衣长：76，画出上平线下平线。

② 背长： 0.25 号 +1（43.5），背中线收腰：在胸围线处收 1，腰围线至下摆线处收 2。

③ 横开领：后横开领宽 0.2N–0.5，前横开领宽 0.2N–1。

④ 直开领：后直开领定数 2.5，前直开领 2N/10−2。

⑤ 肩斜度：前：15:6，后：15:5。

⑥ 肩宽：后肩：肩 /2，前肩：后肩 −0.5。

⑦ 袖窿深：0. 16B+6。

⑧ 胸围：后胸围大：B/4−3，前胸围大：B/4+3。

⑨ 背宽、胸宽：背宽 B/6+2.5，胸宽 B/6+1.5。自肩点（SP）经背宽、胸宽至胸围线（BL），求出袖窿弧线。

⑩ 开衩：17。

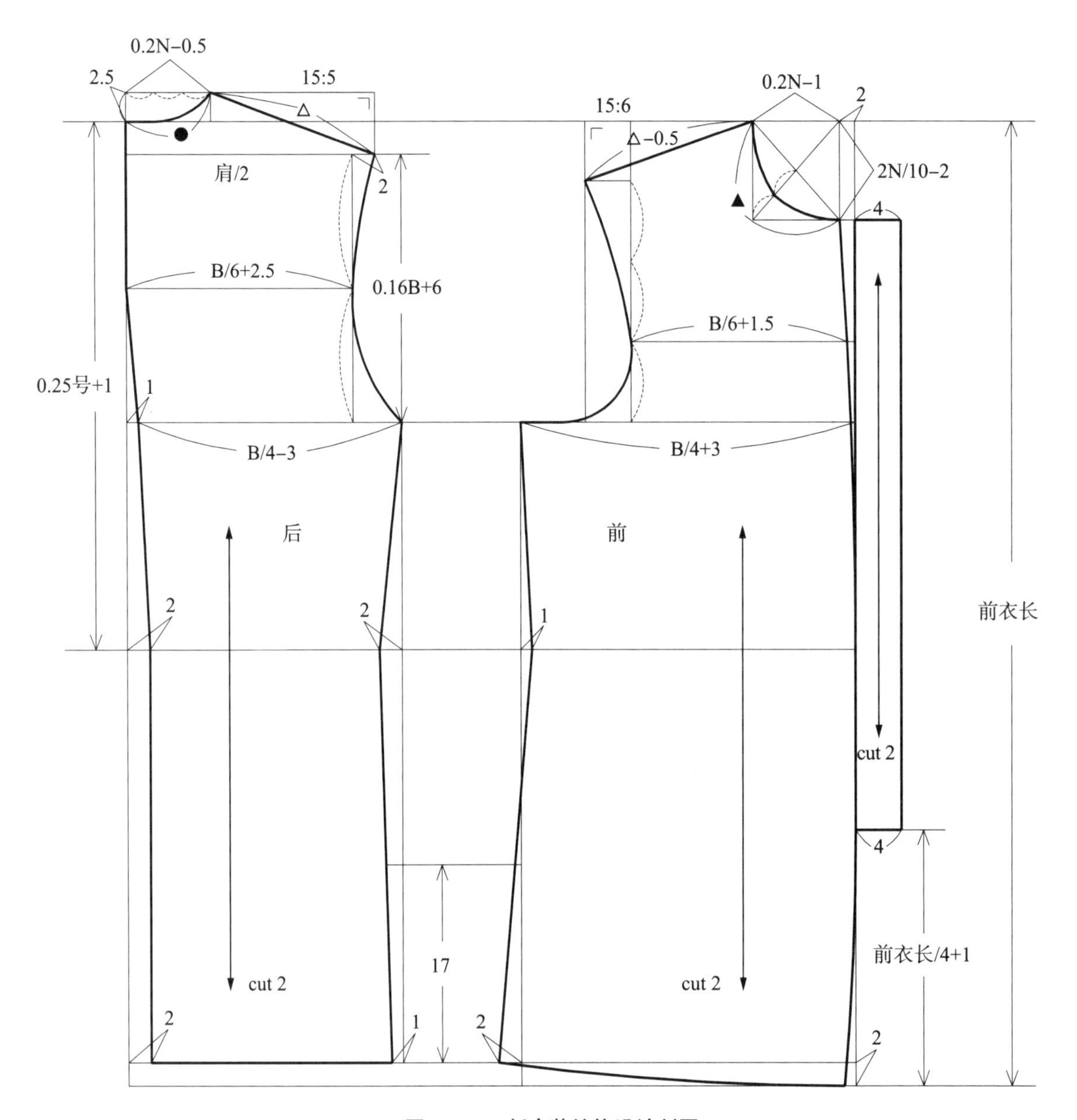


图 5-19 新唐装结构设计制图

袖子结构设计（图 5-20）

① 测量出衣身的袖窿弧线 AH 长度。

② 袖长：60。

③ 袖肘线（EL）：0.2 号。

④ 袖山深： AH/2 + 1。

⑤ 袖肥：0.15B+3.5（20）。

⑥ 大小袖相借：2.5。

⑦ 袖子弯势：在袖肘线（EL）处，弯势 1。

⑧ 袖口：15～19。

**3. 中山装**

〈1〉中山装概述

中山装是孙中山先生根据中服和西服样式改革而成。1911 年辛亥革命前，随着西方文化流入我国，西装式样也随之传入。辛亥革命后，孙中山先生认为革命党人穿什么式样的服装是一个大问题，在广泛征求意见与展开讨论的基础上，确立为：立翻领、有背缝、后背中腰处有腰带、前门襟钉 9 粒扣、上下口袋袋褶外露，随着时间的推移，这种旧式中山装逐渐改为：立翻领、对襟，门襟五粒扣、四贴袋上小下大，上面两个贴袋圆底、尖盖，缉明线，下面两个贴袋方底、方盖，缉暗线，大小袋盖上均有明扣眼；圆袖、袖口三粒扣，无袖衩，无背缝。人们为了纪念他，就将这种服装命名“中山装”，因此而得名。

这些形制其实是有深厚的文化内涵，是根据《易经》周代礼仪等内容寓以意义。其一，封闭式立翻领，显示严谨治国之理念。其二，前身四个口袋表示国之四维（礼、义、廉、耻），上袋盖为倒笔架造型，寓意为以文治国。其三，门襟五粒钮扣区别于西方的三权分立的五权分立（行政、立法、司法、考试、监察）。其四，袖口三粒钮扣表示

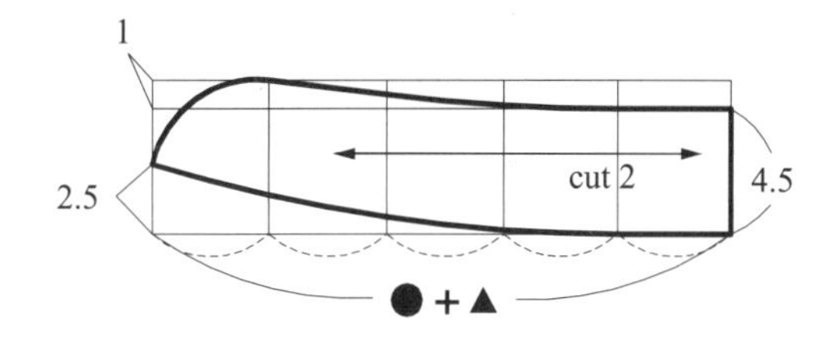


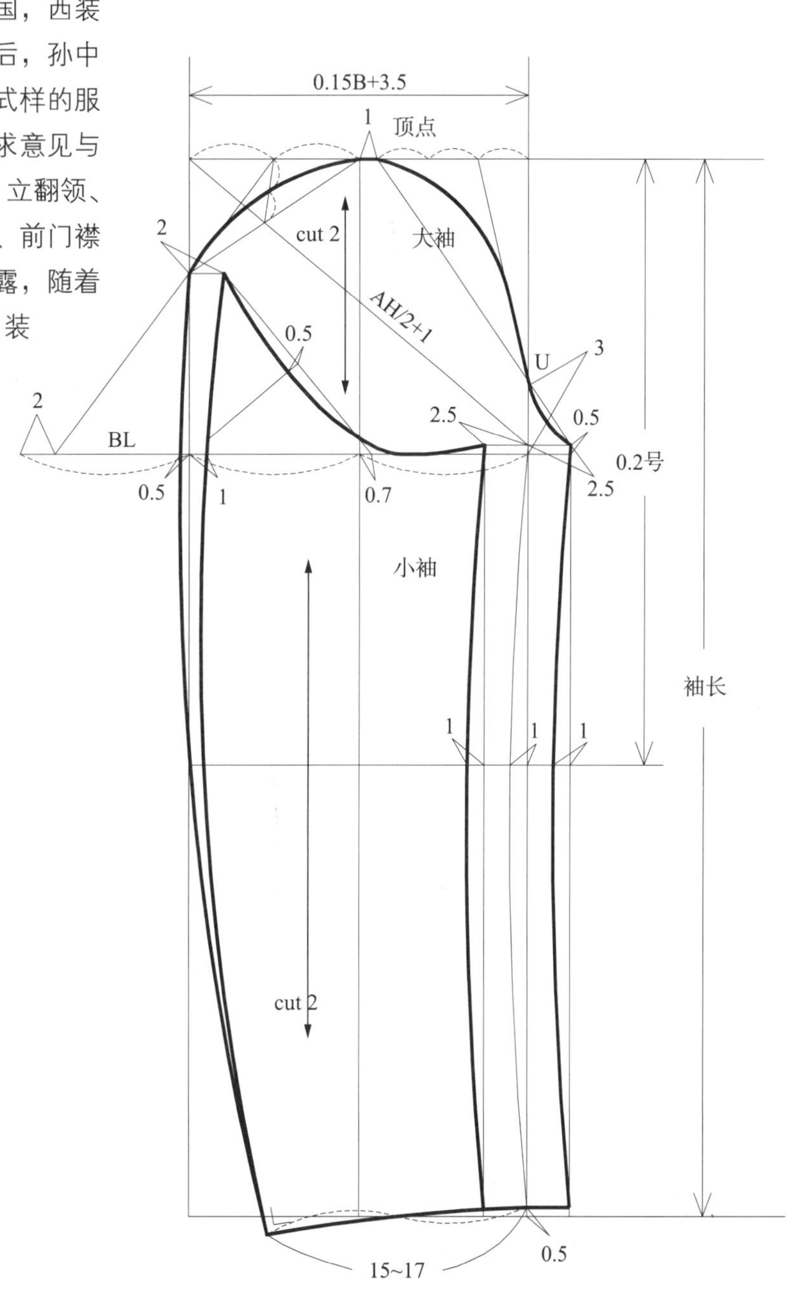


图 5-20　新唐装领子、袖子

三民主义（民族、民权、民生）。其五，后背不破缝，表示国家和平统一之大义。

直到今天，中山装在国际上仍代表我国的正式礼服。而国内既把它当作礼服，也把它当作常服；作礼服时，相配套的裤子是外翻脚边。我国老一辈无产阶级革命家无论是在平时，还是在会晤国外高层领导时常穿中山装。现在国家领导在出席中国传统活动时，也常穿着它。老百姓也喜欢穿着它，曾经中山装在社会上广泛流行，成为了中国男装一款标志性的服装。即使是在如今的T型台上依然能见到由中山装演变而来的时尚服饰。款式见图5–21所示，实物图参见彩图5。

**图5–21 中山装款式图**

〈2〉中山装上衣结构制图设计

① 规格设置：衣长（L）74，成品胸围（B′）106，净胸围（B）92，肩宽（S）48，袖长（SL）60，领大（N）40，袖口 15。

② 单位：cm。

③ 选用号型：170/92A。

④ 中山装款式图如图5–20。

衣身结构制图（图5–22）

后片：

1〉背中线：画出上平线，求出衣长74，再画出下平线，下脚边处劈势3，连接后颈中点与下脚边劈势，为背中线。

2〉脚边线：自下脚边处劈势3处，作背中线的垂线或在侧缝起翘0.7~1。

3〉腰节线：背长44，画出腰节线（WL）。

3〉袖窿深：2 B /10 +10，画出胸围线（BL）。

4〉横背宽线：上平线与BL的1/2处。

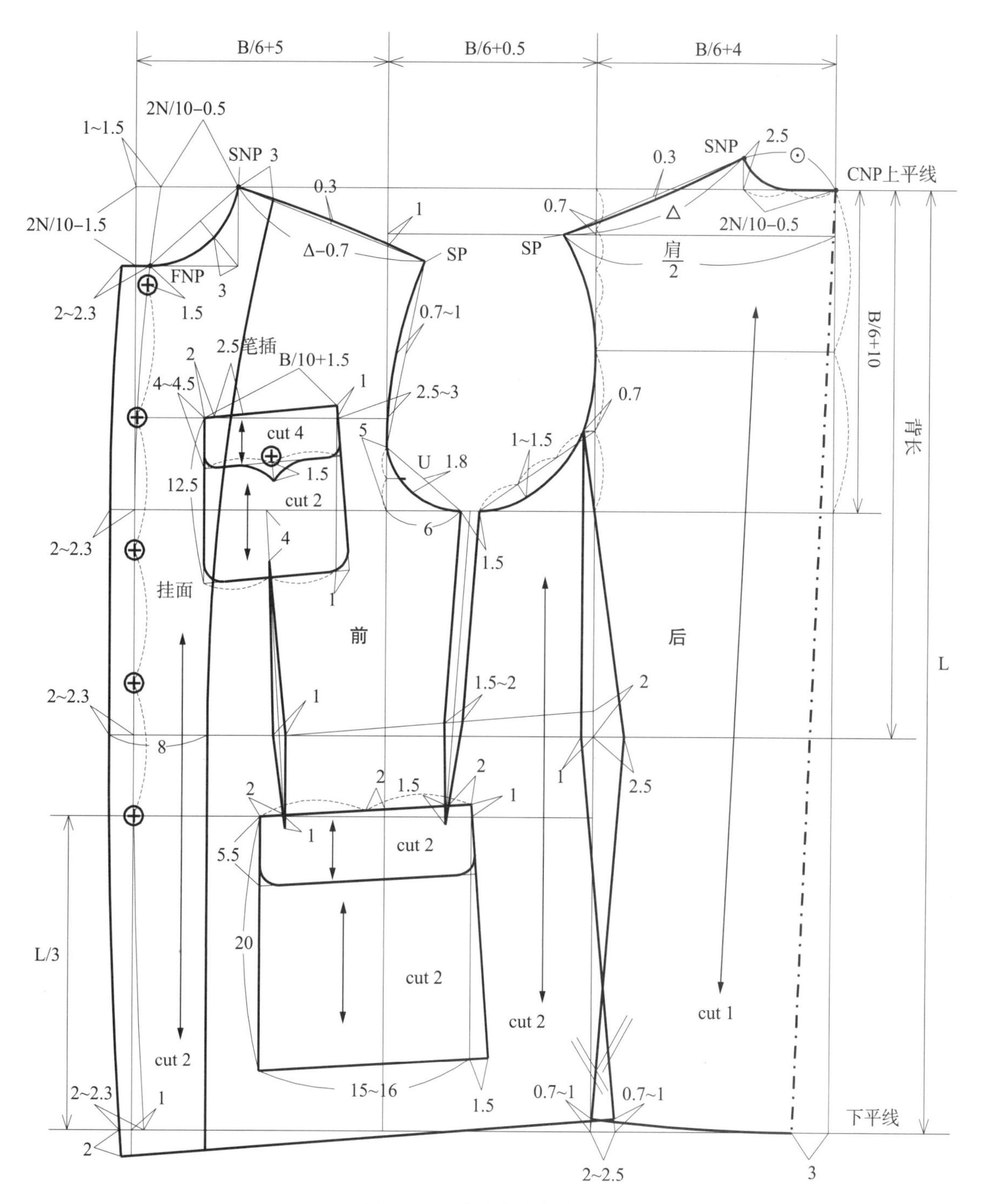


图 5−22　中山装衣身结构图

5〉背宽线：在横背宽线上，求出背宽大：B /6 +4，作垂线，自上平线至下平线。

6〉后横开领：2N/10−0.5。

7〉后直开领：定数 2.5，确定颈侧点（SNP）。后领窝弧线：自颈侧点至 1/2 后横开领大画弧线至后颈中点。

8〉肩斜度：上平线与横背宽线的 1/4 向上移 0.7。

9〉后肩宽：1/2 肩宽，确定出肩点（S P）。

10〉后肩线：连接颈侧点与肩点，中段凹势 0.3。

11〉后袖窿末点：横背宽线与胸围线的 1/2 处向左移 0.7~1。

12〉后袖窿弧线：弧线连接肩点、横背宽线、后袖窿末点。

13〉后侧缝线：腰节线收腰 2.0~2.5。自后袖窿末点，连接腰节线收腰处至脚边线。

前片：

1〉延长上平线、下平线、胸围线、腰节线。

2〉袖窿门大：距背宽线 B /6 +0.5，自上平线至下平线作出胸宽线，与胸围线垂直。

3〉胸宽大：B /6 +5，自上平线至下平线作出前中心线，与胸围线垂直。

4〉撇门：上端：自上平线与前中心线的交点至胸围线，劈势 1~1.5。

5〉叠门宽：2~2.3，作出门襟止口线。

6〉横开领：2N/10−0.5，确定颈侧点（SNP）。

7〉直开领：2N/10−1.5, 确定前颈中点颈点（FNP）。

8〉前领窝弧线：连接横开领与直开领，在其角平分线上取值 3，连接颈侧点（SNP）与前颈中点颈点（FNP）。

9〉钮位确定：共 5 粒扣，第一钮位距颈中点颈点（FNP）1.5，第五钮位距下平线 L/3，其余等分第一钮位与第五钮位之间的距离，等分端点为其余钮位。

10〉门襟止口：自第五粒钮扣至下平线，下端门襟止口撇门 1。

11〉肩斜度：延长后肩宽至胸宽线，下移 1，为前片肩斜度；也可以按前 15:6，后 15:5 计算。

12〉前肩：△ −0.7( 后肩长 −0.7)，求出肩点 (SP)，连接颈侧点（SNP 与）肩点 (SP)，中段凸出 0.3。

13〉前袖窿弧线：在胸围线与胸宽线的交点为起点，定三个点，第一个点在胸宽线上距起点 5，平分 5，是袖窿对位记号的起点；第二个点在胸围线上距起点 6，设计为腋下省的起点，腋下省 1.5。第三个点腋下省的末点，线段分别连接肩点 (SP)、至第一个点、至第二个点，第三个点再与后袖窿末点连接，分别凹势 0.7~1、1.8、1~1.5 后弧线连接。袖窿弧线连接完成。

14〉前侧缝：在侧缝处，前腰节提高 1~2，收腰 1，下摆加大 2~2.5，侧缝起翘 0.7~1。侧缝起点在前后袖窿的交点上（及前袖窿的末点与后袖窿的末点的相交）。侧缝末点在下脚边上与后侧缝末点平齐，分别连接即可。

15〉下脚边：门襟止口下平线处，下降 2，与前侧缝末点连接即可。

16〉挂面：与前领窝弧线，门襟止口叠合，肩线处宽 3~5，腰节线处 8~10，延长至下脚边。

17〉袋位：小袋位：与第二钮位平齐，距胸宽线 2.5~3，靠袖窿端起翘 1~1.5；大袋位：与第五钮位平齐，距胸省 2 为大袋位起点，靠侧缝处起翘 1~1.5。

18〉笔插：距袋口起 2~2.5，笔插大 2~5。

19〉小贴袋：袋盖大：B / 10 + 1.5，宽：4~4.5，盖尖 5.5~6，笔插大 2~2.5，距小袋盖起点 2；袋深：12.5，袋底大：袋口大 +1=13.5。

20〉胸省：距胸围线 4，经过袋底的 1/2 处，做前腰节线的垂线延长至大袋位下 1，省大 1。

21〉大贴袋：大袋盖大：15~16，宽 5.5；大袋大：上端 14~15，下端比上端大 1.5；大袋深：20。

22〉腋下省：起点：自袖窿至腰节线经大袋位 2，大袋位下 1.5 为末点，袖窿省大 1.5~2。

领子结构图（图 5-23）。

袖子结构图（图 5-24）。

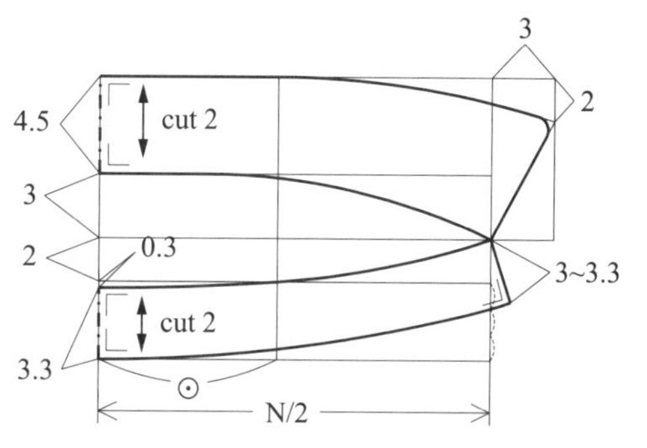


图 5-23　中山装领子结构图

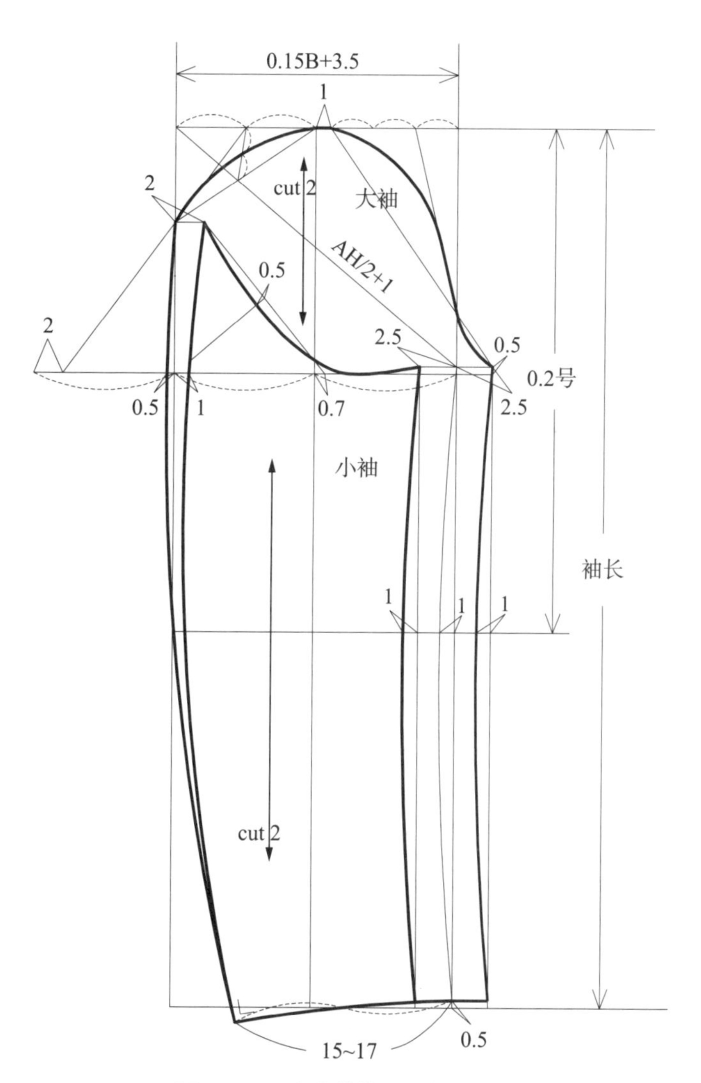


图 5-24　中山装袖子结构设计图

① 测量出衣身的袖窿弧线 AH 长度。

② 袖长：60。

③ 袖肘线（EL）：0.2 号。

④ 袖山深：AH/2+1。

⑤ 袖肥：0.15B+3.5（20）。

⑥ 大小袖相借：2.5。

⑦ 袖子弯势：在袖肘线（EL）处，弯势 1。

⑧ 袖口：15~17。

〈3〉中山装下装结构设计制图（图 5–26）

① 假定规格：裤长（L）102，腰围（W）74，臀围（H）110，脚口 48。

② 单位：cm。

③ 选用号型：170/92A。

④ 制图说明：

裤片结构制图设计

1〉裤片长：画出上平线，求裤片长：裤长 −4（腰头宽），画出下平线（脚口线）。

2〉立裆深：H/4（27.5），画出横档线。

3〉臀围线（HL）：1/3 立裆深处。前片臀围：H/4+1.5，后片臀围：H/4−1.5。

4〉膝围线（KL）：膝围线又称之为中裆，臀围线至脚口线之垂距 / 2+5。

5〉腰围：前腰围：劈势 1，W/4+3.5（裥）+3.5（裥），后腰围：W/4+1.5+1.5（省）。

6〉裆：小裆（前裆）：0.45H/10，大裆（后裆）：比小裆下落 1，按 1.1H/10 计算。

7〉横裆：前横裆大：前臀围大加小裆，后横裆大：后臀围大加大裆。

8〉中挺缝线：前中挺缝线：平分前横档大，后中挺缝线：平分后横档大后，并向侧缝方向偏移 1。

9〉脚口：前片脚口大：脚口 /2−2，后片脚口大：脚口 /2+2。脚口为外翻脚边，有两种翻折方式，如图 5–25 所示。

10〉中裆：前片中裆大：前脚口大 +2，关于中挺缝线平分，后片中裆大：后脚口大 +4，关于中挺缝线平分。

11〉后腰捆势 3，起翘 2.5，2 个后腰省等分后腰口大。

12〉前片连接：侧缝、前裆缝、下裆缝（内裆缝）。

13〉后片连接：侧缝、后裆缝、下裆缝（上段凹势 1~1.5）。

14〉插手袋：距腰口线 4，长：15~17。

15〉后袋大：13~14。

腰头：长：74+4（底襟宽），宽：3.5~4，如图 5–25 所示。

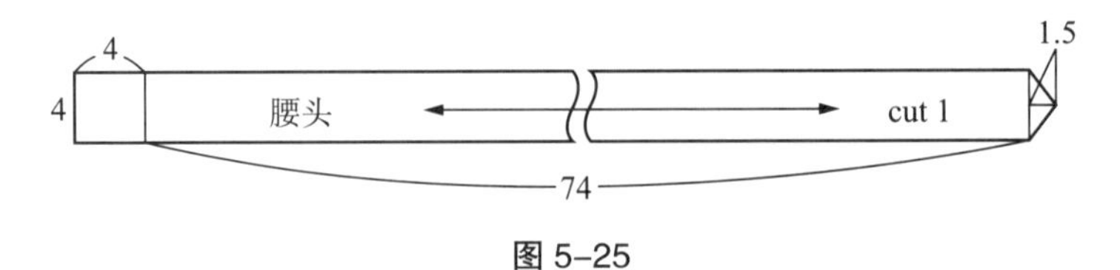


图 5–25

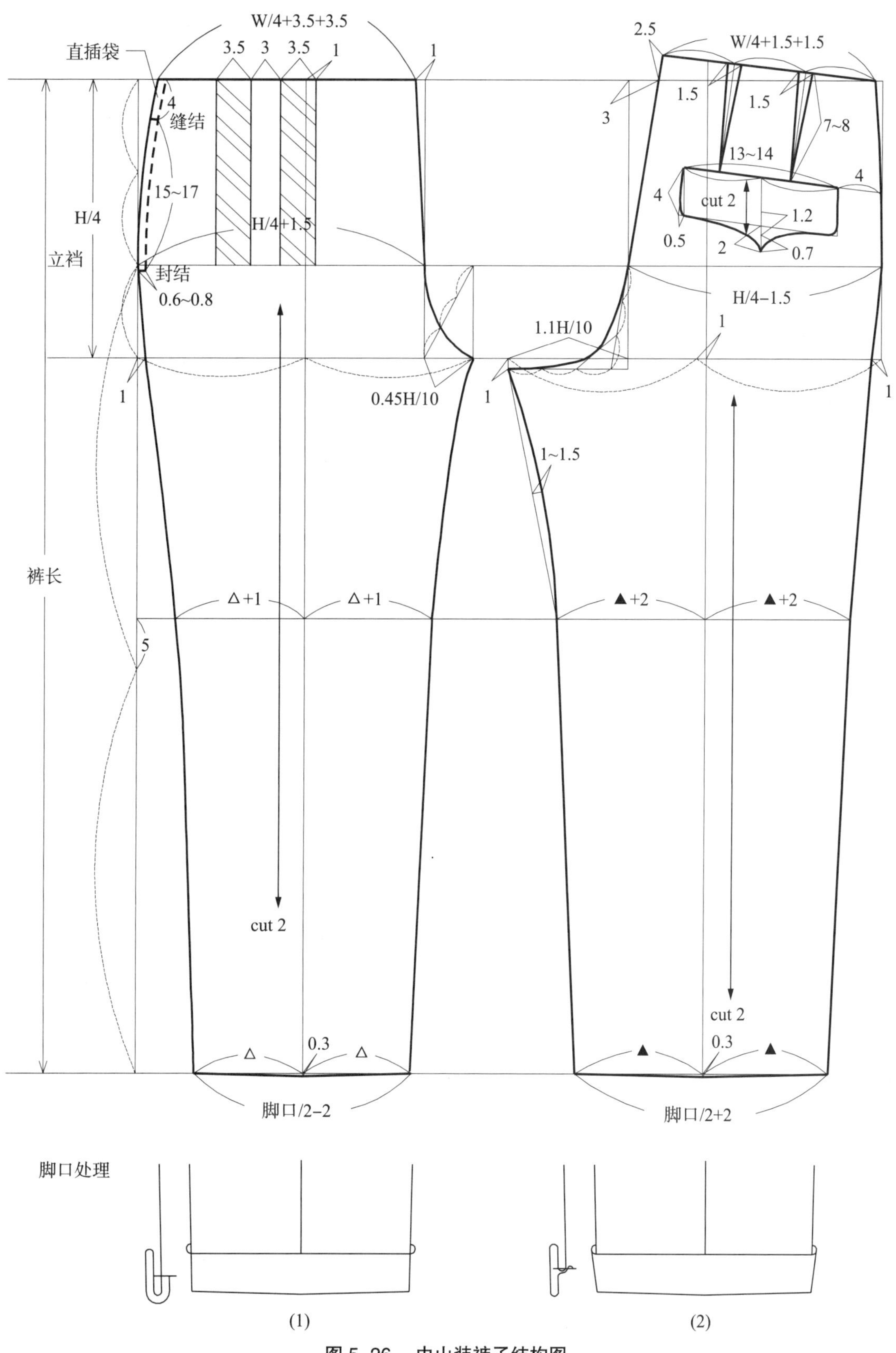


图 5-26　中山装裤子结构图

## 二、改良中式服装——便服

### 1. 青年装

青年装又名学生装，立领、门襟五粒扣，领子、门襟止口缉明线；三个圆底贴袋，左上胸部一个小圆底贴袋缉明线，左右下边各一个大圆底贴袋缉暗线；圆袖，袖口 3~4 粒口，后背可破背，也可不破背（传统青年装不破背）。近代，不少知识分子、进步人士及青年学生常穿戴此服装。现在，常作为中学男生的校服和民乐演奏者、青年相声演员、民族声乐演唱者、民乐合唱团、交响乐团等的演出服；节目主持人等穿着青年装，给人一种干练严肃、庄重的感觉。实物图参见彩图 8。

（1）款式图如图 5–27 所示。

图 5–27 青年装款式图

（2）假定规格：衣长（L）74，成品胸围（B′）106，净胸围（B）92，肩宽（S）48，袖长（SL）60，领大（N）40，袖口 15。

（3）单位：cm。

（4）选用号型：170/92A。

衣身结构制图（图 5–28）

后片：

1〉画出上平线，求出衣长 74，在画出下平线。

2〉腰节线：背长 44，画出腰节线（WL）。

3〉袖窿深：B/6+10，画出胸围线（BL）。

4〉横背宽线：上平线与 BL 的 1/2 处。

5〉背中线：胸围线处收 1，腰节线处收腰 2.5，下平线处收 2.5，连接后颈中点与横背宽线、腰节线和下平线。

6〉背宽线：在横背宽线上，求出背宽大：B/6+4，作垂线，自上平线至下平线。

7〉后横开领：2N/10−0.5。

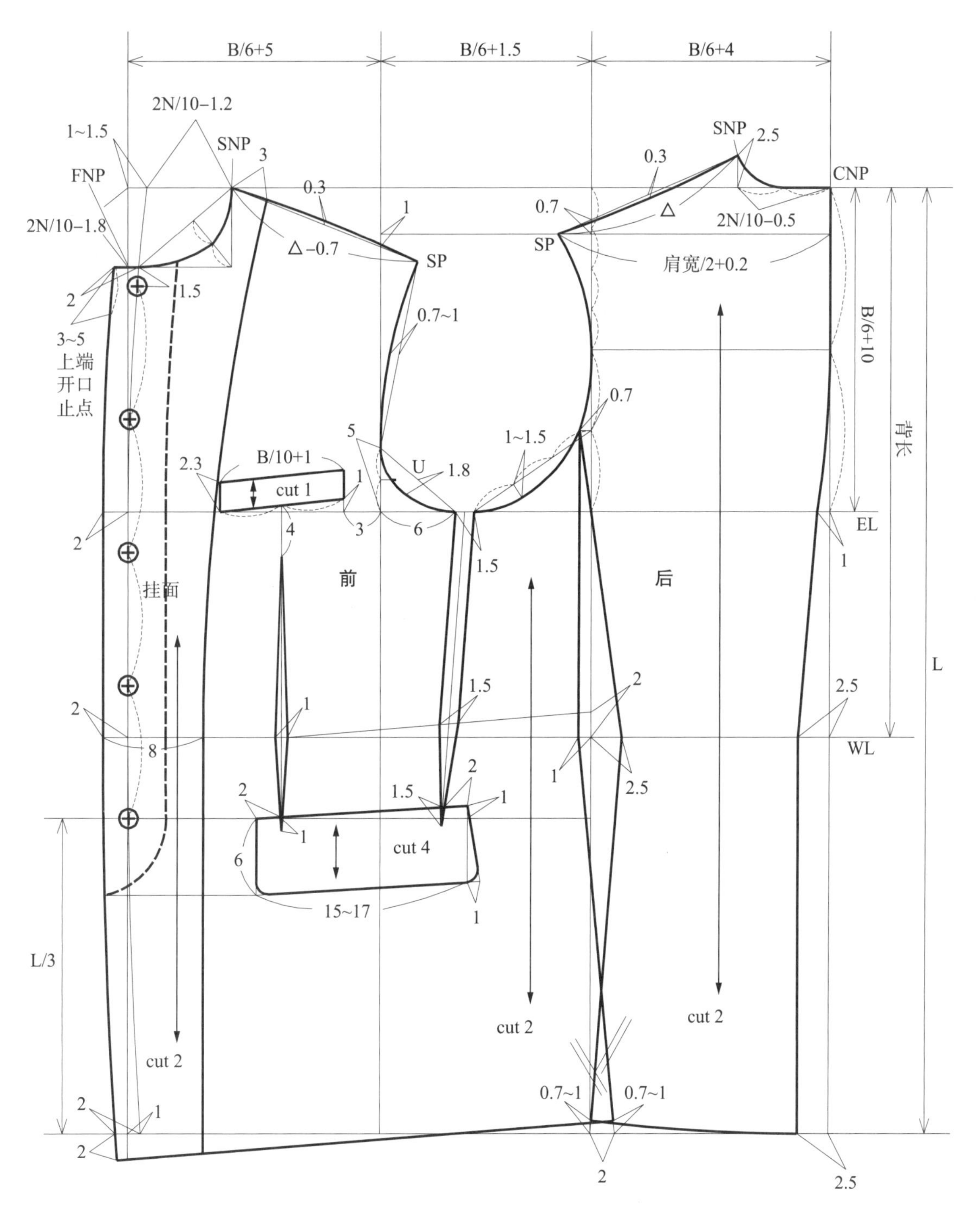


图 5-28　青年装结构设计制图

8〉后直开领：定数 2.5，确定颈侧点（SNP）。

9〉后领窝弧线：自颈侧点至 1/2 后横开领大画弧线至后颈中点。

10〉肩斜度：上平线与横背宽线的 1/4 向上移 0.7。

11〉后肩宽：1/2 肩宽，确定出肩点（S P）。

12〉后肩线：连接颈侧点与肩点，中段凹势 0.3。

13〉后袖窿末点：横背宽线与胸围线的 1/2 处向左移 0.7~1。

14〉后袖窿弧线：弧线连接肩点、横背宽线、后袖窿末点。

15〉后侧缝线：腰节线收腰 2.0~2.5。自后袖窿末点，连接腰节线收腰处至脚边线。

16〉侧缝起翘 0.7~1 与背中线连接。

前片：

1〉延长上平线、下平线、胸围线、腰节线。

2〉袖窿门大：距背宽线 B /6 +1.5，自上平线至下平线作出胸宽线，与胸围线垂直。

3〉胸宽大：B /6 +5，自上平线至下平线作出前中心线，与胸围线垂直。

4〉撇门：上端：自上平线与前中心线的交点至胸围线，劈势 1~1.5。

5〉叠门：叠门宽 2，作出门襟止口线。

6〉横开领：2N/10−1.2，确定颈侧点（SNP）。

7〉直开领：2N/10−1.8，确定前颈中点颈点（FNP）。

8〉前领窝弧线：连接横开领与直开领，经角平分线等分点，连接确定颈侧点（SNP）与前颈中点颈点（FNP）。

9〉肩斜度：延长后肩宽至胸宽线，下移 1，为前片肩斜度；也可以按前 15:6，后 15:5 计算。

10〉前肩：△ −0.7( 后肩长 −0.7)，求出肩点 (SP)，连接颈侧点（SNP 与）肩点 (SP)，中段凸出 0.3。

11〉前袖窿弧线 以胸围线与胸宽线的交点为起点，定三个点，第一个点在胸宽线上距起点 5，平分 5，是袖窿对位记号的起点；第二个点在胸围线上距起点 6，设计为腋下省的起点，腋下省 1.5。第三个点腋下省的末点，线段分别连接肩点 (SP)、至第一个点、至第二个点，第三个点再与后袖窿末点连接，分别凹势 0.7~1、1.8、1~1.5 后弧线连接。袖窿弧线连接完成。

12〉前侧缝：在侧缝处，前腰节提高 1~2，收腰 1，下摆加大 2~2.5，侧缝起翘 0.7~1。侧缝起点在前后袖窿的交点上（及前袖窿的末点与后袖窿的末点的相交）。侧缝末点在下脚边上与后侧缝末点平齐，分别连接即可。

13〉钮位确定：共 5 粒扣，第一钮位距颈中点颈点（FNP）1.5，第五钮位距下平线 L/3，其余钮位等分第一钮位第五钮位之间的距离，等分点为钮位。

14〉门襟止口：自第五粒钮扣至下平线，下端门襟止口撇门 1，暗门襟：宽 5，长：上至前领窝，下至第五个钮位向下 6。

15〉下脚边：门襟止口下平线处，下降 2，与前侧缝末点连接即可。

16〉挂面：与前领窝弧线、门襟止口叠合，肩线处宽 3~5，腰节线处 8~10，延长至下脚边。

17〉手巾袋位：胸围线上，距胸宽线 2~3，靠袖窿端起翘 1~1.5。

18〉手巾袋大：B/10+1，手巾袋宽 2.3~2.5。

19〉大袋位：与第五钮位平齐，距胸省 2 为起点，靠侧缝处起翘 1~1.5。

20〉胸省：手巾袋 1/2 处，距胸围线 4，经腰节线延长至大袋位下 1，省大 1。

21〉大袋盖大：15～17，宽 5.5～6。

22〉腋下省：自袖窿至腰节线经大袋位 2，大袋位下 1.5 为末点，袖窿省大 1.5～2。也可以将腋下省，按腋下省中线顺延至下脚边，形成分割线。

袖子结构图（图 5–29）测量出衣身的袖窿弧线 AH 长度。

1〉袖长：60。

2〉袖肘线（EL）：0.2 号（身高）。

3〉袖山深：AH/2+1。

4〉袖肥：0.15B+3.5（20）。

5〉大小袖相借：2.5。

6〉袖子弯势：在袖肘线（EL）处，弯势 1。

7〉袖口：15（注：袖口可设计袖衩）。

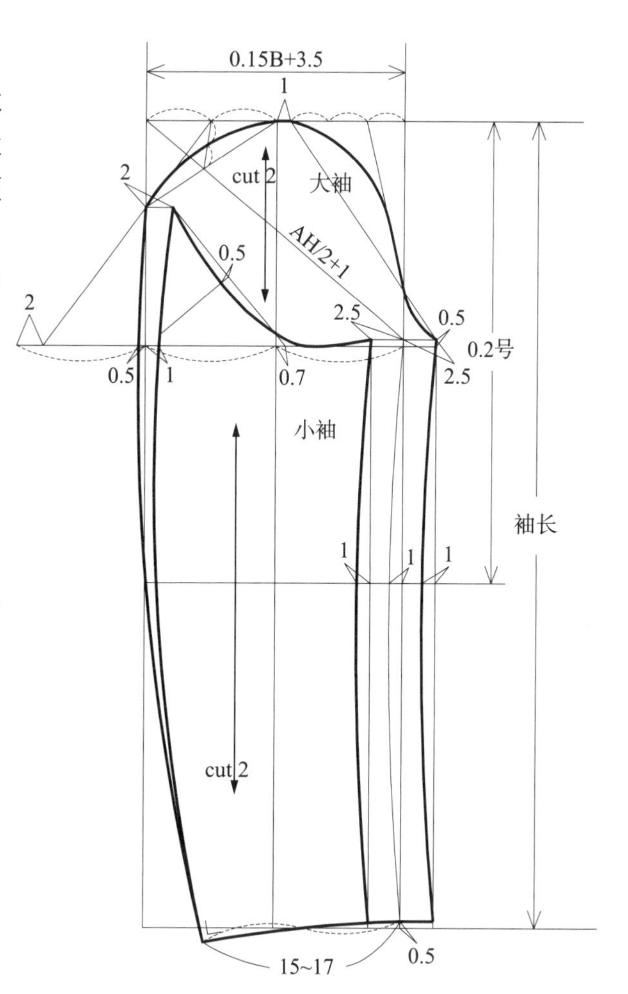


图 5–29　青年装袖子结构制图

**2. 学生装**

（1）款式图如图 5–30 所示。

（2）假定规格：衣长（L）74，成品胸围（B′）106，净胸围（B）92，肩宽（S）46，袖长（SL）60，领大（N）40，袖口 15。

（3）单位：cm。

（4）选用号型：170/92A。

（5）衣身结构制图（图 5–31）。

后片：

1〉背中线：画出上平线，求出衣长 74，在画出下平线，下脚边处劈势 3，连接后颈中点与下脚边劈势，为背中线。

2〉脚边线：自下脚边处劈势 3 处，作背中线的垂线或在侧缝起翘 0.7～1。

3〉腰节线：背长 44，画出腰节线（WL）。

4〉袖窿深：B/6+10，画出胸围线（BL）。

5〉横背宽线：上平线与 BL 的 1/2 处。

图 5–30　学生装款式图

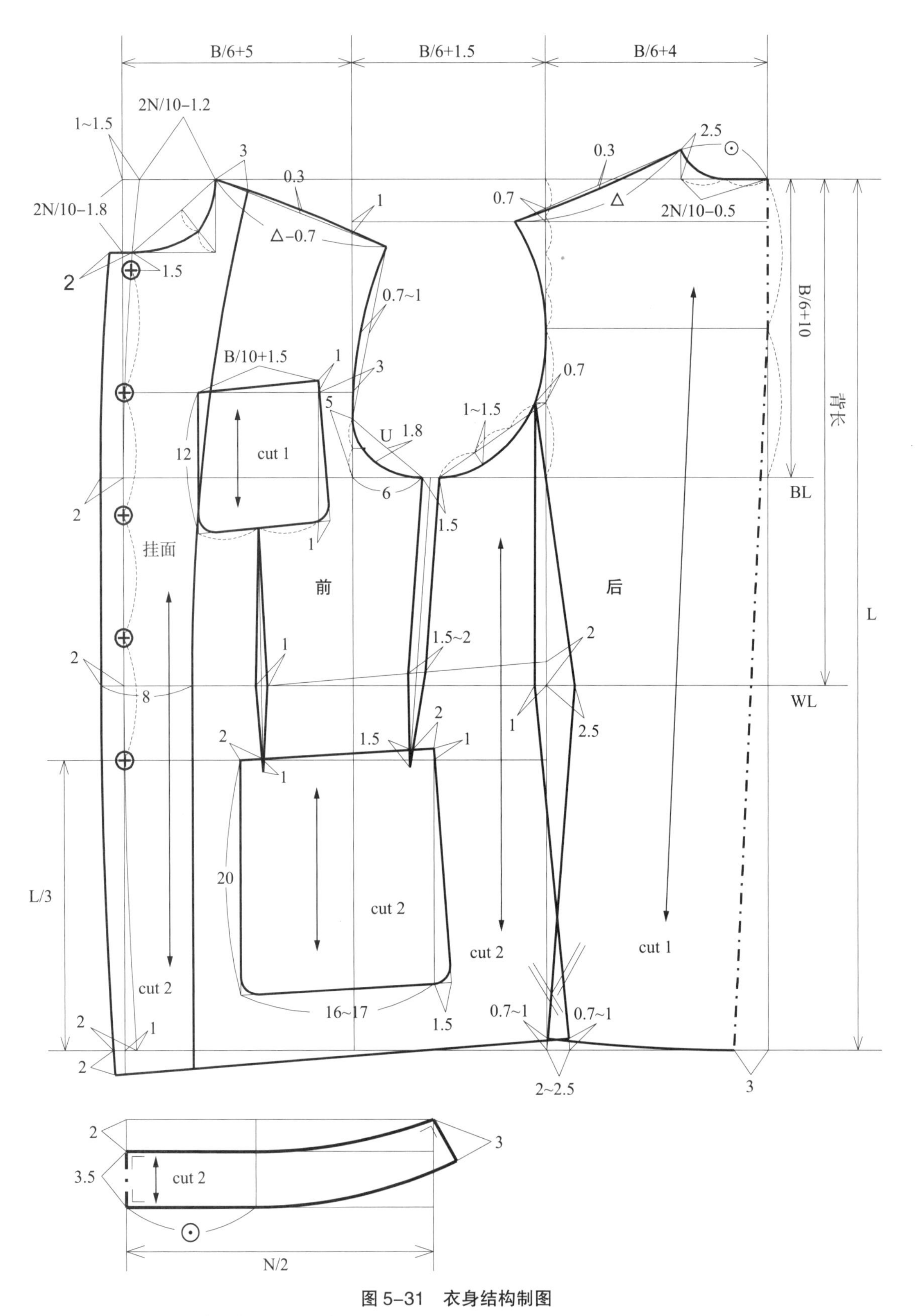


图 5–31 衣身结构制图

注：袖子结构图设计参照青年装袖子结构。

6〉背宽线：在横背宽线上，求出背宽大：B /6 +4，作垂线，自上平线至下平线。

7〉后横开领：2N/10−0.5。

8〉后直开领：定数 2.5，确定颈侧点（SNP）。后领窝弧线：自颈侧点至 1/2 后横开领大画弧线至后颈中点。

9〉后肩斜度：上平线与横背宽线的 1/4 向上移 0.7。

10〉后肩宽：1/2 肩宽，确定出肩点（S P）。

11〉后肩线：连接颈侧点与肩点，中段凹势 0.3。

12〉后袖窿末点：横背宽线与胸围线的 1/2 处向左移 0.7~1。

13〉后袖窿弧线：弧线连接肩点、横背宽线、后袖窿末点。

14〉后侧缝线：腰节线收腰 2.0~2.5。自后袖窿末点，连接腰节线收腰处至脚边线。

前片：

1〉延长上平线、下平线、胸围线、腰节线。

2〉袖窿门大：距背宽线 B/6+1.5，自上平线至下平线作出胸宽线，与胸围线垂直。

3〉胸宽大：B/6+5，自上平线至下平线作出前中心线，与胸围线垂直。

4〉撇门：上端：自上平线与前中心线的交点至胸围线，劈势 1~1.5。

5〉叠门宽：2~2.3，作出门襟止口线。

6〉直开领：2N/10−1.8，确定前颈中点颈点（FNP）。

7〉前领窝弧线：连接横开领与直开领，经角平分线的等分点，连接确定颈侧点（SNP）与前颈中点颈点（FNP）。

8〉钮位确定：共 5 粒扣，第一钮位距颈中点颈点（FNP）1.5，第五钮位距下平线 L/3，其余钮位等分第一钮位第五钮位之间的距离，等分点为钮位。

9〉门襟止口：自第五粒钮扣至下平线，下端门襟止口撇门 1。

10〉前肩斜度：延长后肩宽至胸宽线，下移 1，为前片肩斜度；也可以按前 15:6，后 15:5 计算。

11〉前肩：△ −0.7( 后肩长 −0.7)，求出肩点 (SP)，连接颈侧点（SNP 与）肩点 (SP)，中段凸出 0.3。

12〉前袖窿弧线：在胸围线与胸宽线的交点为起点，定三个点，第一个点在胸宽线上距起点 5，平分 5，是袖窿对位记号的起点；第二个点在胸围线上距起点 6，设计为腋下省的起点，腋下省 1.5。第三个点腋下省的末点，线段分别连接肩点 (SP)、至第一个点、至第二个点，第三个点再与后袖窿末点连接，分别凹势 0.7~1、1.8、1~1.5 后弧线连接。袖窿弧线连接完成。

13〉前侧缝：在侧缝处，前腰节提高 1~2，收腰 1，下摆加大 2~2.5，侧缝起翘 0.7~1。侧缝起点在前后袖窿的交点上（及前袖窿的末点与后袖窿的末点的相交）。侧缝末点在下脚边上与后侧缝末点平齐。分别连接即可。

14〉下脚边：门襟止口下平线处下降 2，与前侧缝末点连接即可。

15〉挂面：与前领窝弧线、门襟止口叠合，肩线处宽 3~5，腰节线处 8~10，延长至下脚边。

16〉袋位：小袋位：与第二钮位平齐，距胸宽线 3~4，靠袖窿端起翘 1~1.5；大袋位：与第五钮位平齐，距胸省 2 为大袋位起点，靠侧缝处起翘 1~1.5。

17〉小贴袋：袋口大：B/10 + 1.5，袋深：12，袋底大：袋深 +1=13.5。

18〉胸省：距胸围线 4，经过袋底的 1/2 处，做前腰节线的垂线延长至大袋位下 1，省大 1。

19〉大贴袋：袋口大：15~16，贴袋下端比上端大 1.5；大袋深 20。

20〉腋下省：起点：自袖窿至腰节线经大袋位 2，大袋位下 1.5 为末点，袖窿省大 1.5~2。

# 第六章　西式男装结构制图设计

## 第一节　衬衫结构制图设计

衬衫（shirt）是现代男装中不可缺少的重要组成部分。历史上，衬衫在装束中总处在衬托的地位，男人如果只穿衬衫是不庄重的，一直到一百多年前，衬衫还依然作为贴身衣服。现代，男衬衫的款式丰富多彩，风格各异，内穿、外穿均可，按穿戴的时间、场所与目的分为：礼服衬衫、普通衬衫、休闲衬衫三类。

礼服衬衫：主要分夜礼服衬衫、晨礼服衬衫、塔克士多衬衫和黑色套装礼服衬衫三种。礼服衬衫的最大特点是它和外衣饰物有一定的组合规范，即在衬衫的特定部位，划分出不同场合的礼仪规格，采用固定的搭配形式图。

普通衬衫：普通衬衫是一种单独穿或穿在套装内的企领衬衫，其款式变化主要在领子、门襟、口袋、下摆、袖口等部位。

休闲衬衫：休闲衬衫是以轻快的细节设计为特征，穿在外面的衬衫之总称。其款式造型宽松，给人活泼、洒脱、随意、放松的感觉。

### 一、衬衫零部件款式变化（图6-1～图6-4）

衬衫门襟

自卷门襟　外上门襟　暗门襟　开衩门襟

T恤门襟

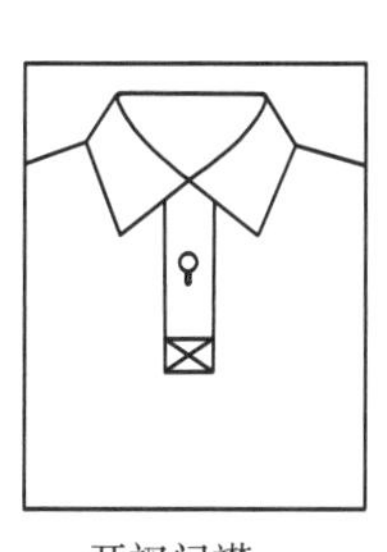

开衩门襟

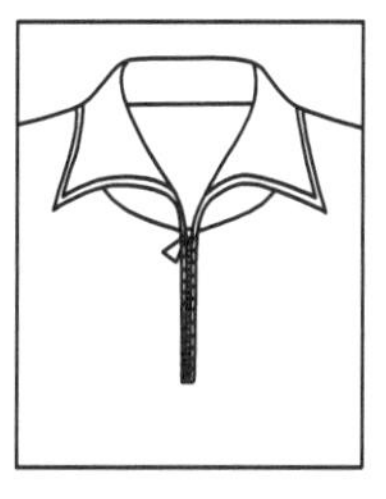

拉链门襟

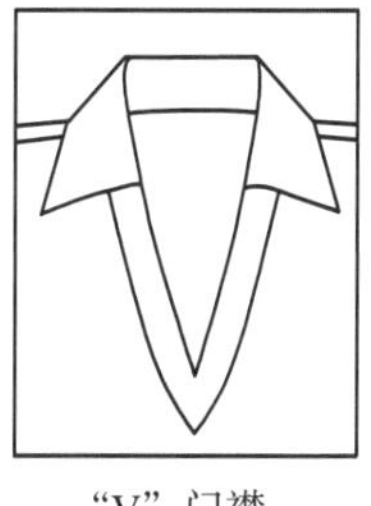

“V”门襟

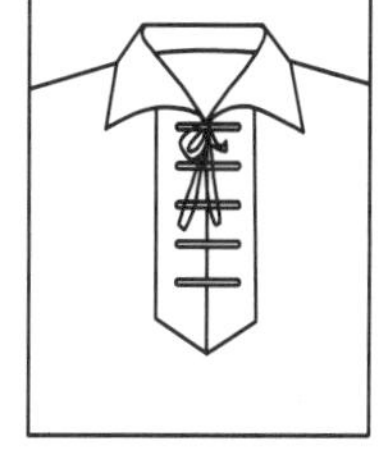

系带门襟

图 6-1　衬衫门襟款式图

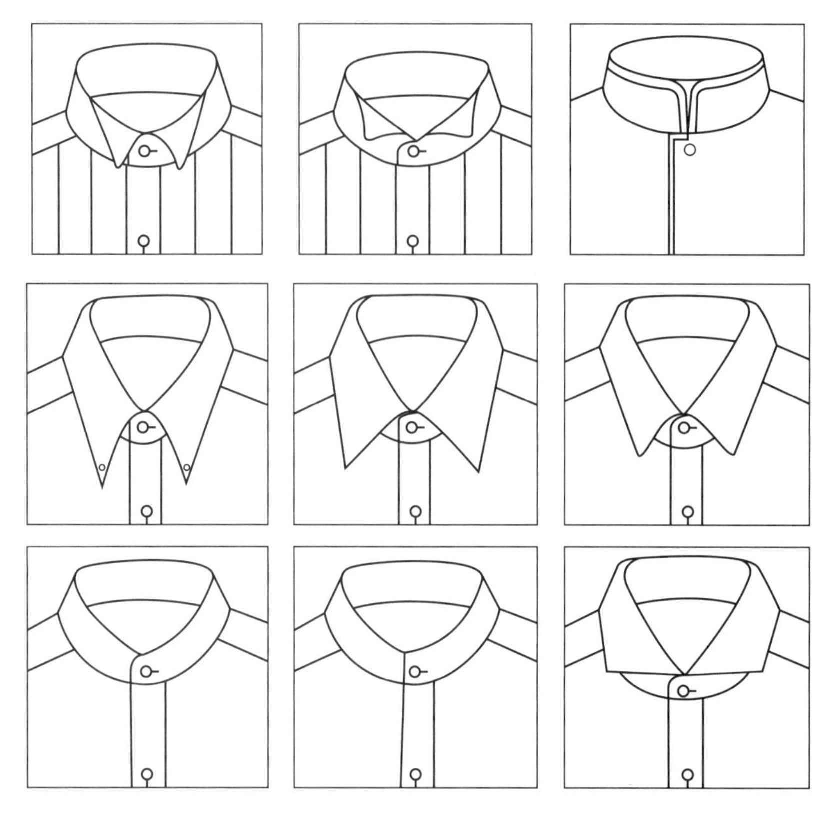

图 6-2 领子款式图

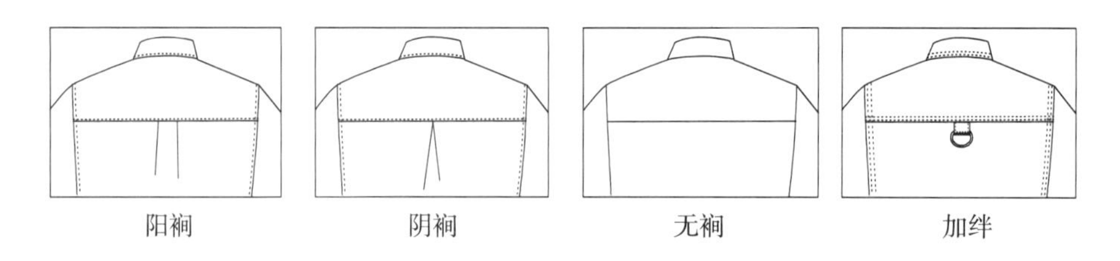


图 6-3 肩复司、褶裥款式图

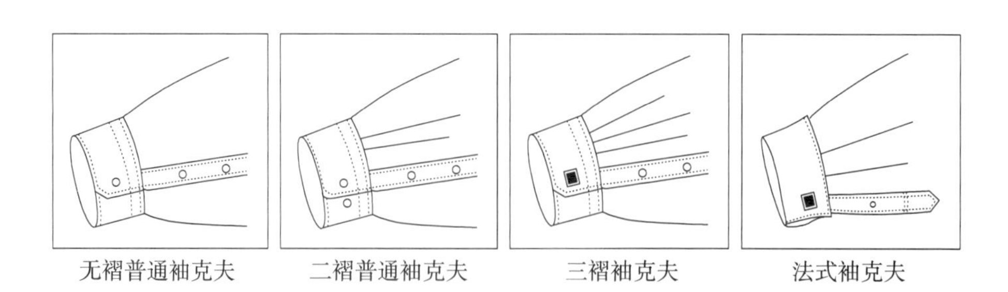


图 6-4 袖口款式设计图

## 二、衬衫结构制图设计

### 1. 夜礼服衬衫

夜礼服衬衫：白色衬衫，配白色蝶形领结，双翼领，前胸由 U 字型树脂衬制成，门襟有六粒钮扣，钮扣材质为珍珠或贵重金属，袖克夫（袖盖）采用双层翻折结构，用并接双面链式扣钮扣系合，称为“法式克夫”。

（1）成品规格：衣长（L）77.5，净胸围（B）92，成品胸围（B′）107，领大（N）40，肩宽（S）42.6，袖口 13，总体高（FC）150，袖长（SL）60，袖克夫长 25，袖克夫宽 6.5。

（2）单位：cm。

（3）选用号型：170/92A。

（4）款式图如图 6–5。

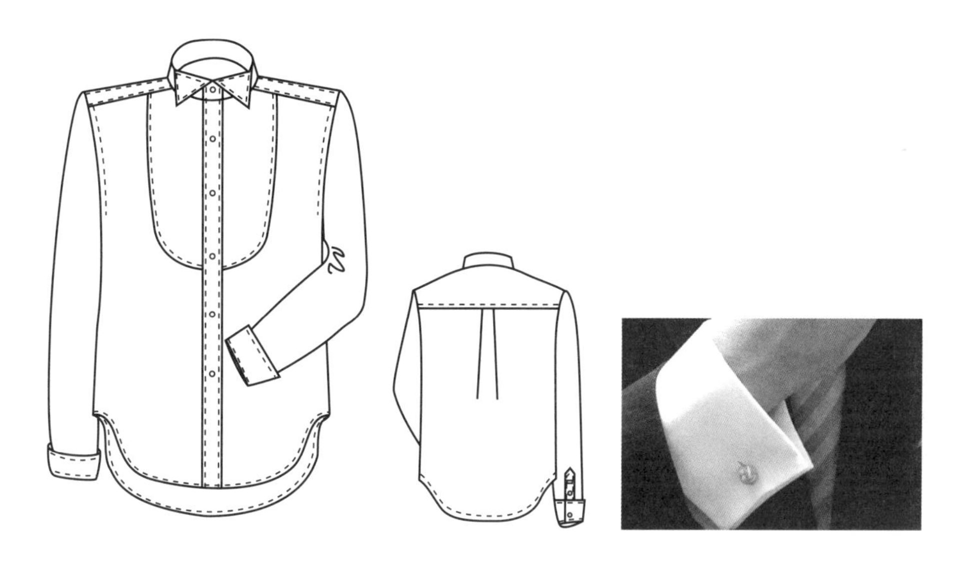

图 6–5 款式图、袖克夫（袖盖）采用双层翻折结构（法式克夫）

衣身结构制图（图 6–6）

1〉衣长：画出上平线，求出后衣长 77.5，前衣长 73.5，分别画出前、后片的下平线，连接后颈中点与下平线，为基础背中线。

2〉腰节线：背长 FC/4+7=44.5，画出腰节线（WL）。

3〉袖窿深：B/6+7.5，画出胸围线（BL）。

4〉肩复势：背中线处肩复势宽 B/16，袖窿处收省 1，宽：7~10。

5〉背宽线：B/6+5~8，作垂线，自胸围线至上平线。

6〉背中线：在基础背中线上向外增加 4（阳裥），作对折线与基础背中线平行。

7〉袖窿门：距离背宽线：B/6−2.5，作出胸宽线，与背宽线平行。

8〉基础侧缝：1/2 袖窿门处。通常情况下，前片可借给后片 1~1.5，作胸围线的垂线，与背中线平行。

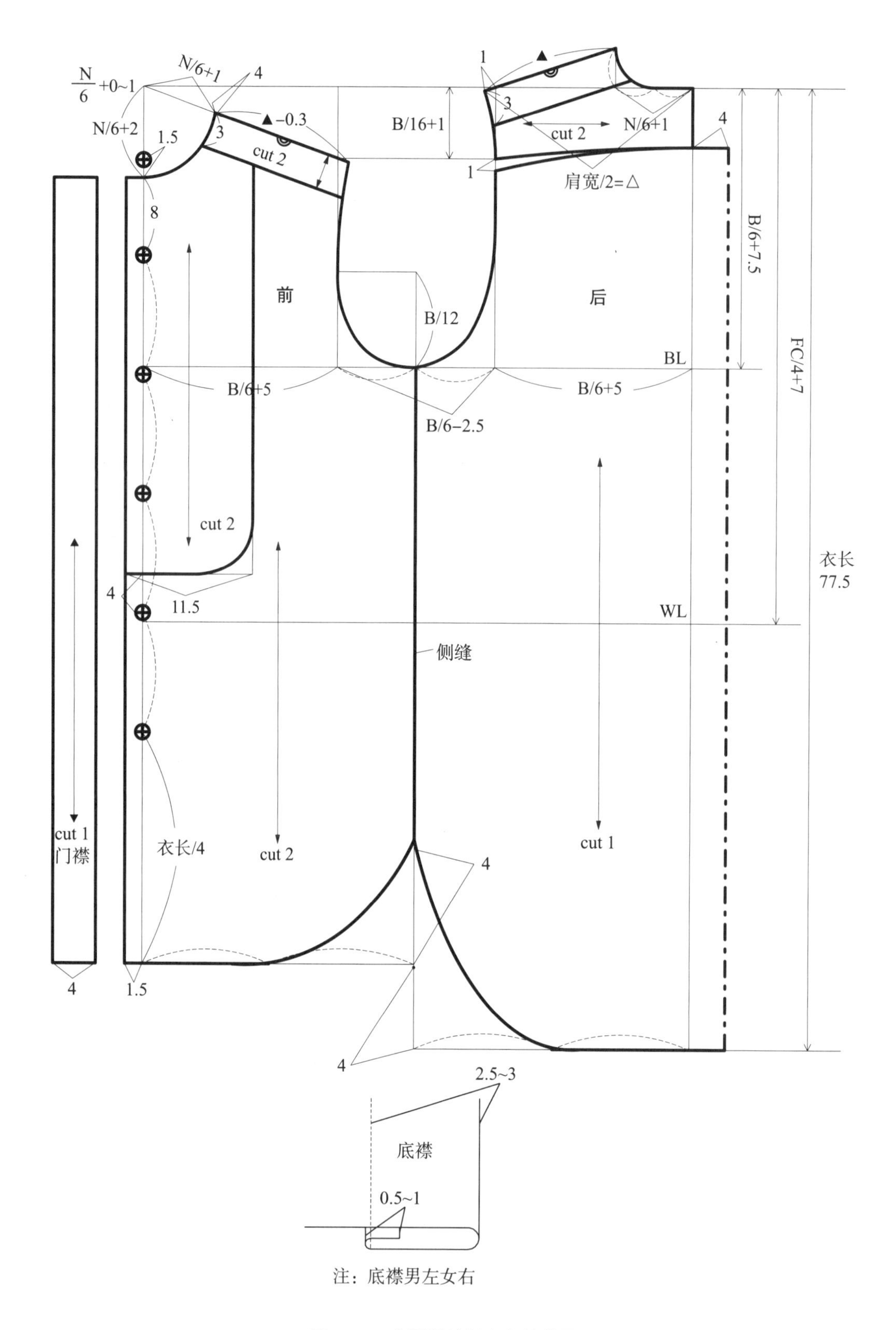


图 6-6 燕尾服衬衫衣身结构图

9〉前中心线（叠门线）：距前胸宽：B/6+5~8，作出前中心线（叠门线）与背中线平行

10〉止口线：距前中心线 1.5，与前中心线平行。

11〉门襟宽：4，与止口线平行。

12〉底襟宽：2.5~3，与止口线平行。

13〉前片下平线：比后片下平线短 4。

14〉后横开领：◎ = N/6+1 ≈ 7.7。

15〉后直开领：1/2 ◎ ≈ 3.9，确定颈侧点（SNP）。后领窝弧线：自颈侧点至 1/2 后横开领大画弧线至后颈中点。

16〉肩斜度：4。

17〉后肩宽：1/2 肩宽 = △，确定出肩点（SP）。

18〉后肩线：连接颈侧点（SNP）与肩点（SP）。

19〉后袖窿末点：BL 上，袖窿门 1/2 处。

20〉后袖窿弧线：弧线连接肩点、肩复势（去掉省）、后袖窿末点。

21〉侧缝末点：基础侧缝线上，BL 与前片下平线的 1/3 处，根据下摆的圆弧程度，也可以设计为定数，一般在 4~12。（距脚边线）。

22〉后侧缝线：腰节线收腰 1.5~2，侧缝末点收 1。自后袖窿末点，连接腰节线收腰处至后侧缝末点。

23〉后片脚边线：将后片下平线平分，平分端点与侧缝末点连接，再平分平分线，平分线的端点为脚边线经过地方，圆下摆分别凹势、凸势 1~1.5。

24〉前片肩斜度：肩复势的延长线上。

25〉前肩线基础线：通过前中心线与上平线的交点，连接前肩斜度。

26〉前横开领：在前肩基础线上：$\frac{1}{6}$N+1≈7.7，确定颈侧点（SNP）。

27〉前直开领：$\frac{1}{6}$N+2。

28〉前领窝弧线：自颈侧点至前直开领大末点，画弧线至门襟宽。

29〉前肩宽：▲ −0.3 确定出肩点（SP）。

30〉前袖窿末点：BL 上，袖窿门 1/2 处。

31〉前袖窿弧线：弧线连接肩点、胸宽线$\frac{B}{12}$处、前袖窿末点。（注：衬衫袖窿都设计为包缝，为了缝合方便，一般情况下，可以不作太大的凹势，因为袖窿弧线越弯，包缝的难度越大。）

32〉前侧缝线：腰节线收腰 1.5~2，侧缝末点收 2~2.5，自后袖窿末点，连接腰节线收腰处至前侧缝末点。

33〉钮位：衬衫钮扣一般设计为 6~8 粒。第一钮位：叠门线领窝处上升 1.5（领座），第二钮位距第一钮位 6~8，最后一粒钮位按公式：衣长 /4 计算，其余钮位等分第二钮位与最后一粒钮位之间的距离。

34〉前片脚边线：将前片下平线平分，平分端点与侧缝末点连接，再平分平分线，平分线的端点为脚边线经过地方，圆下摆分别凹势 1~1.5、凸势 1~1.5。

35〉U 型胸衬：宽 10，长在 WL 以上 4，与 BL 垂直，与肩线相交；右下底程圆角。

领子（双翼领）结构制图设计（图 6–7）。

1〉领子：领座：长 N/2，N=40，后中宽 3.3，前宽 2.8~3。

2〉翼领：长 N/4，领尖长 4.5~5.5。

3〉领座起翘量：2.9。

袖子结构制图要点

1〉袖片长：袖长 − 克夫宽 =53.5

2〉袖山高：AH/6。

3〉袖肥：AH/2。

袖克夫：单叠长 25，宽 6.5；双叠长 25，宽 13，见图 6–8。

宝剑头袖衩：大片长 13~15，宽 5.1；小片长 9.5~11.5，宽 2.3。

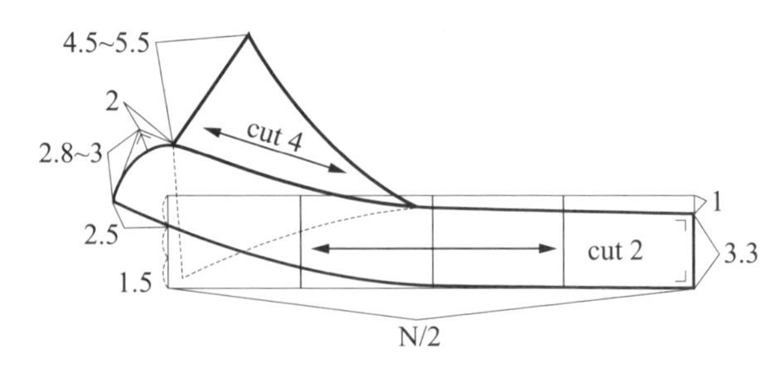


图 6–7 领子结构制图

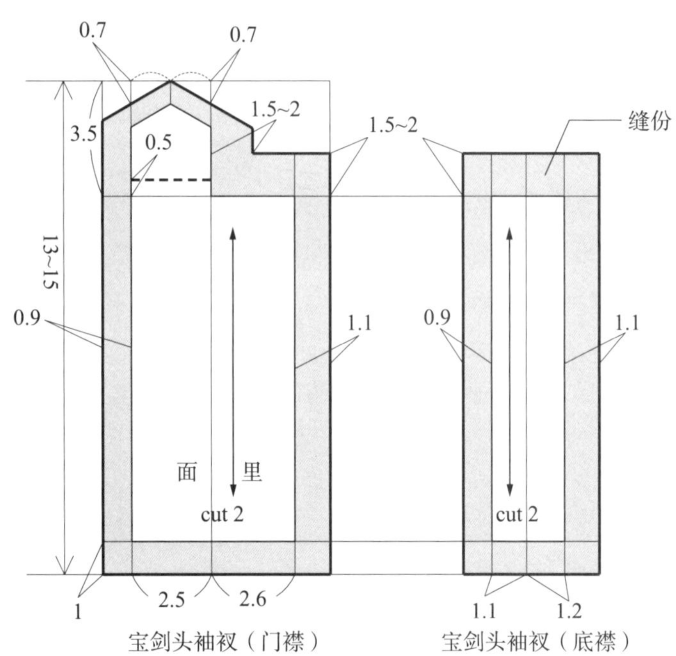


图 6–9 袖克夫结构制图

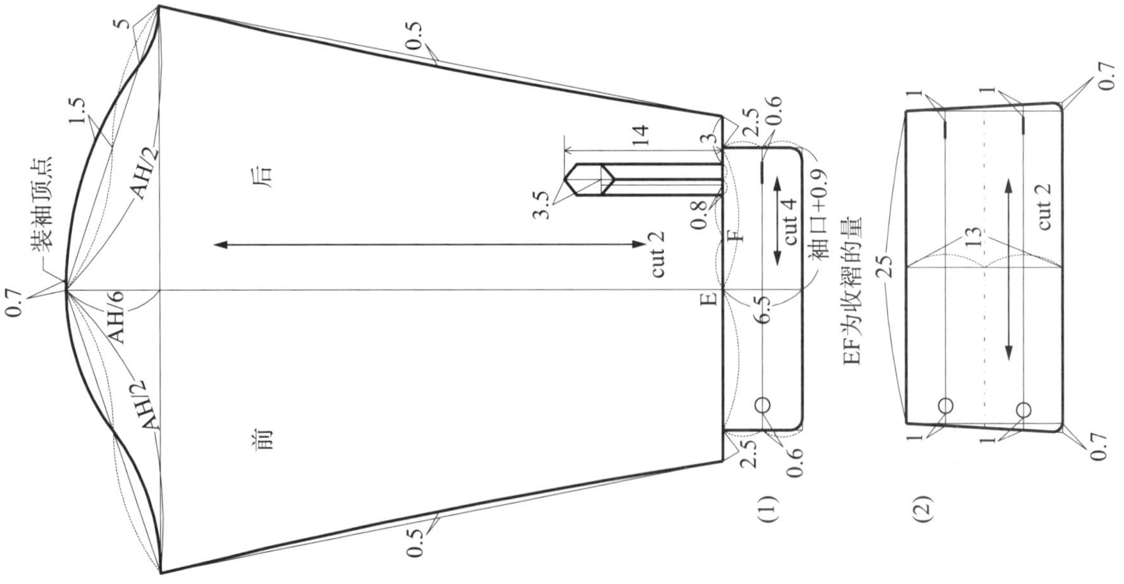

图 6–8 袖子结构制图

**2. 晨礼服衬衫**

晨礼服衬衫：采用双翼领平胸或普通领型礼服衬衫，用领带或阿斯科特宽领巾（ascot tie）与其相配，是晨礼服穿戴的标准形式。

（1）成品规格：衣长（L）77.5，净胸围（B）92，成品胸围（B′）107，领大（N）40，肩宽（S）42.6，袖口 13，FC（总体高）150，袖长（SL）60，袖克夫长 25，袖克夫宽 6.5。

（2）单位：cm。

（3）选用号型：170/92A。

（4）晨礼服款式图见图 6–10。

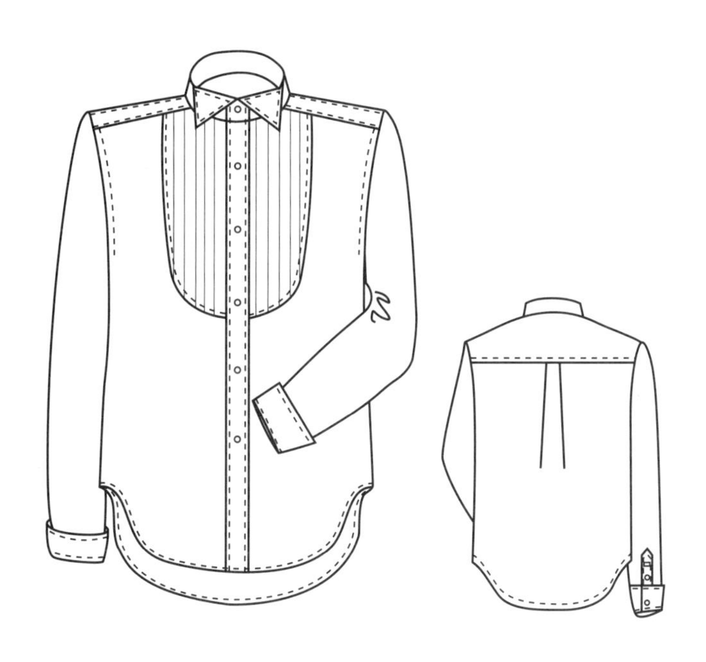

图 6–10　晨礼服衬衫款式图

（5）晨礼服衬衫结构制图（图 6–11）

制图步骤、制图方法参照夜礼服结构制图。

（1）与夜礼服制图的不同点：U 型胸衬是设计有竖褶裥，褶裥大为 1，间距大 1.6。

（2）翼领：可参照夜礼服翼领设计，也可设计翻领与领座不分开，如图 6–12 所示。

**3. 塔克士多衬衫和黑色套装礼服衬衫**

塔克士多衬衫和黑色套装礼服衬衫：前胸采用竖褶或波浪装饰褶的双翼领或普通企领衬衫；与之搭配的领结为黑色标准形式。领结有专门的系法，也有现成的勾挂式领结。

（1）成品规格：衣长（L）74，净胸围（B）92，成品胸围（B′）107，领大（N）40，肩宽（S）42.6，FC（总体高）150，袖长（SL）60，袖口 13，袖克夫长 25，袖克夫宽 6.5。

（2）单位：cm。

（3）选用号型：170/92A。

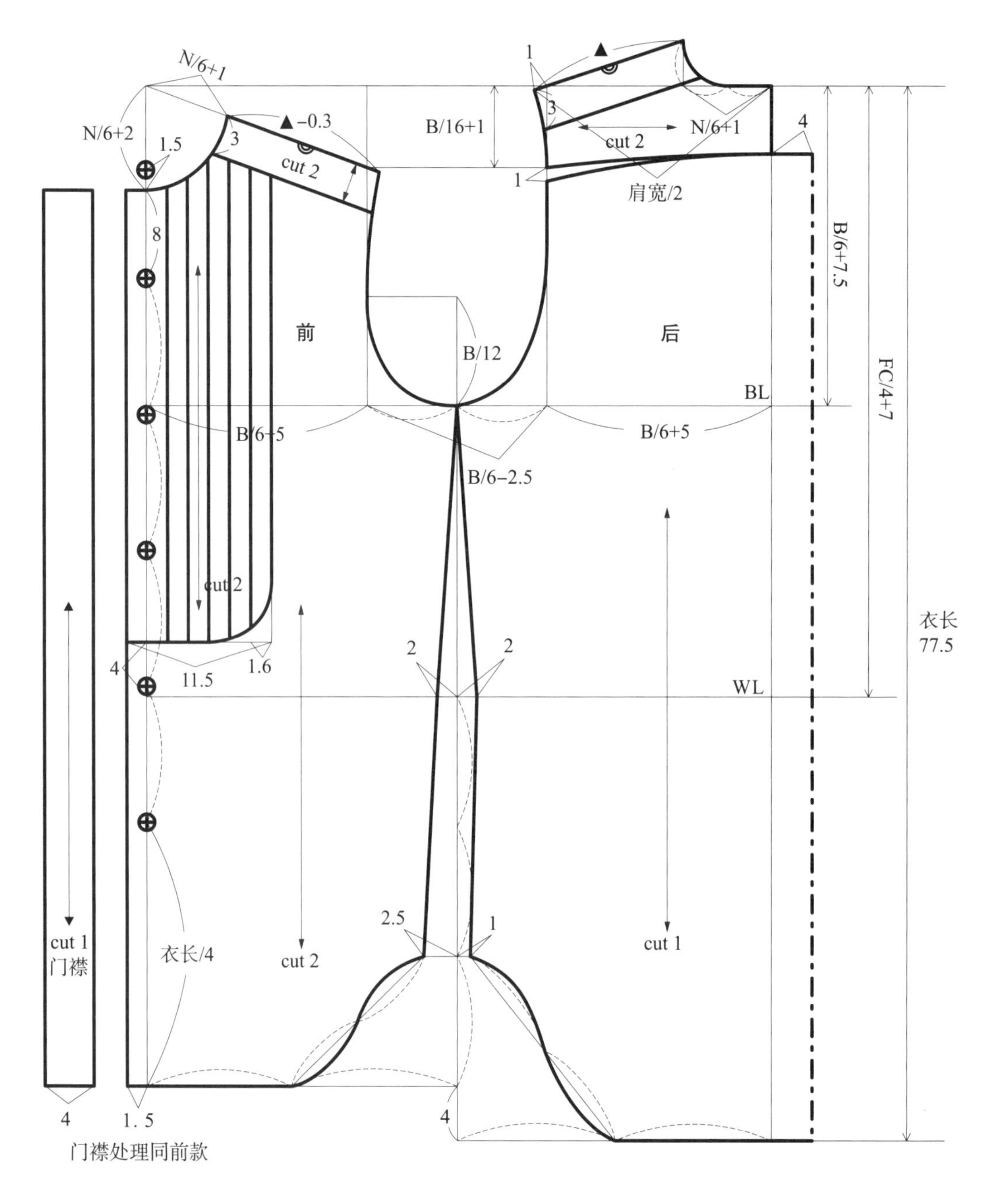


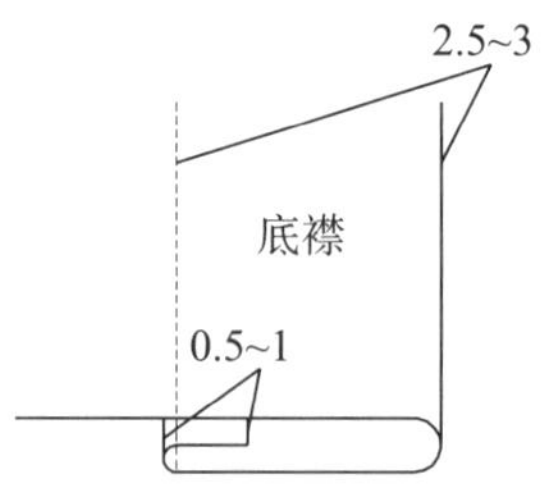


注：底襟男左女右

图 6-11 晨礼服衬衫结构制图

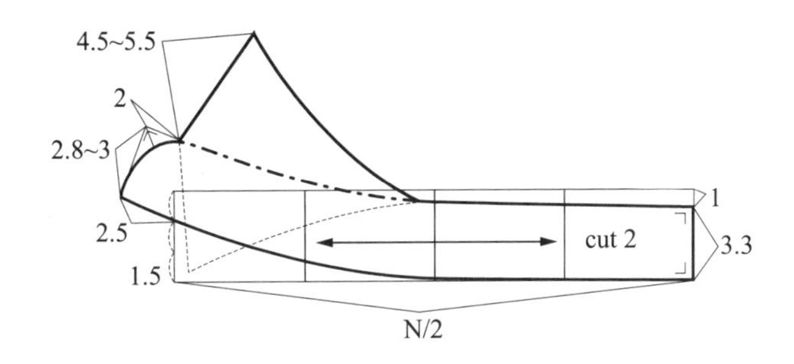


图 6–12 领子结构制图

（4）塔克士多衬衫款式图如图 6–13。

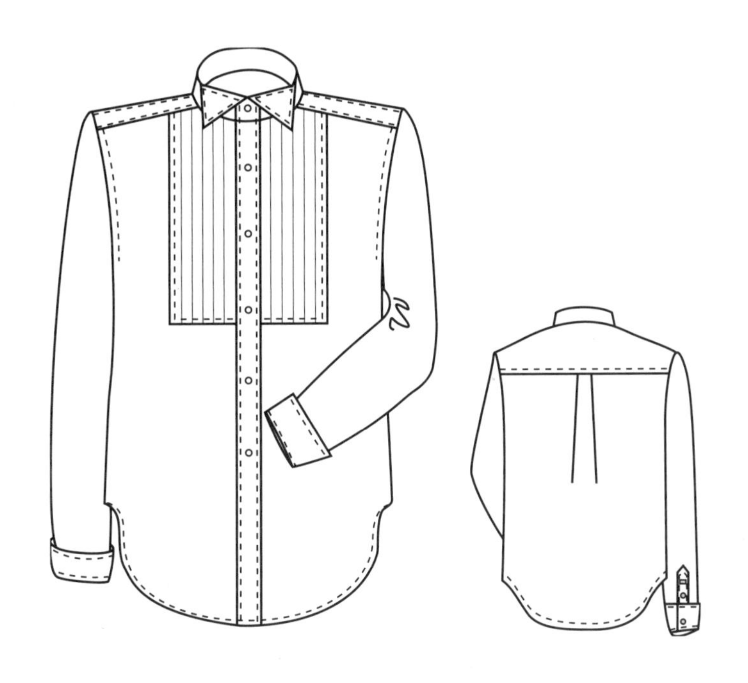

图 6–13 塔克士多衬衫款式图

（5）塔克士多衬衫结构制图（图 6–15）

制图步骤制图方法参照夜礼服结构制图。

与夜礼服制图的不同点：

（1）U 字形胸衬是设计有竖褶或荷叶边波浪装饰，褶裥大为 1，间距大 1.6。

（2）衣长：前、后衣长可设计为同样长短，也可以设计为后长前短。

（3）领子：可参照夜礼服翼领设计，也可设计为普通衬衫领。

普通衬衫领结构制图设计见图 6–14。

（1）领座：长 N/2+2.5（叠门），宽 3.3。

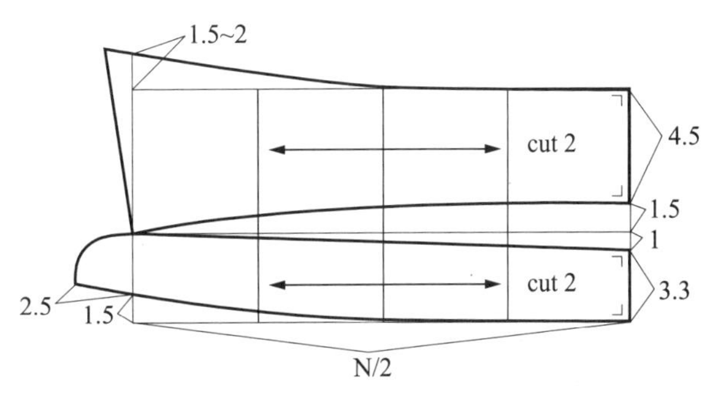


图 6–14 普通衬衫领结构制图

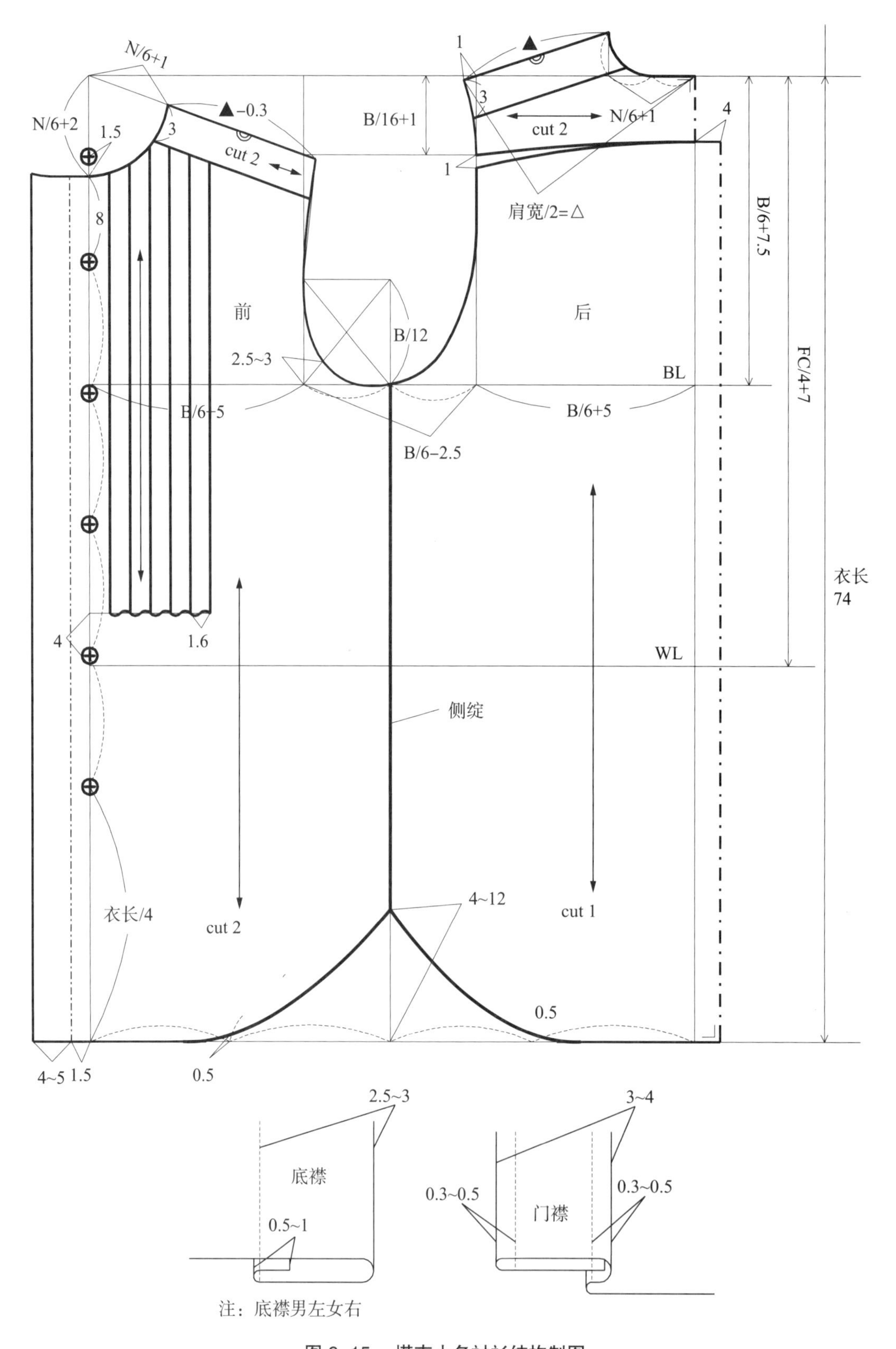


图 6-15 塔克士多衬衫结构制图

（2）翻领：长 N/2，宽 4.5，领尖长 6~7。

（3）丝缕要求：经纱。

**4. 普通衬衫结构制图设计**

（1）普通衬衫——圆下摆

1）成品规格：衣长（L）74，净胸围（B）92，成品胸围（B′）110，领大（N）40，肩宽（S）42.6，FC（总体高）150，袖长（SL）60，袖口 13，袖克夫长 25，袖克夫宽 6.5。

2）单位：cm。

3）选用号型：170/92A。

4）款式图如图 6–16 所示，实物图参见彩图 21。

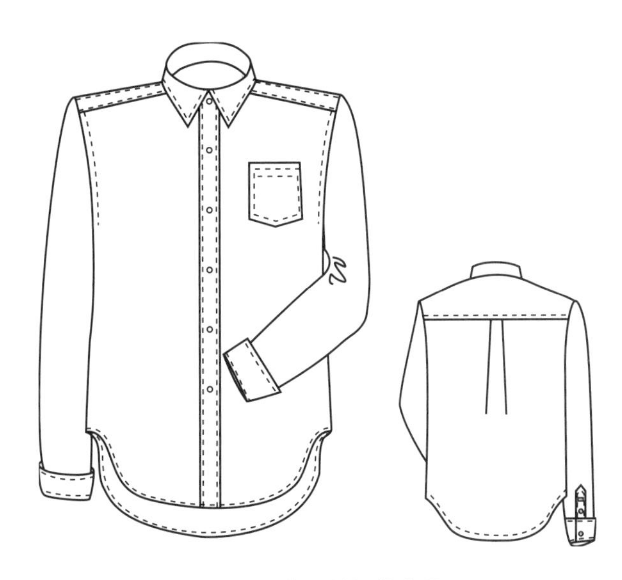

图 6–16　普通衬衫款式图

衣身结构制图（图 6–17）

1〉衣长：画出上平线，求出后衣长 77.5，前衣长 73.5，分别画出前、后片的下平线，连接后颈中点与下平线，为基础背中线。

2〉腰节线：背长：FC/4+7=44.5，画出腰节线（WL）。

3〉袖窿深：B/6+7.5≈38.2，画出胸围线（BL）。

4〉肩复势：背中线肩复势宽：B/16=11.5，袖窿处收省 1，长：7~10。

5〉背宽线：B/6+5~8，作垂线，自胸围线至上平线，也可以直接从肩点（SP）向背中线方向小 1~1.5。

6〉背中线：在基础背中线上向外增加 4（阳裥），作对折线与基础背中线平行。

7〉袖窿门：距离背宽线：B/6−2.5，作出胸宽线，与背宽线平行。

8〉基础侧缝：1/2 袖窿门处。通常情况下，前片可借给后片 1~1.5，作胸围线的垂线，与背中线平行。

9〉前中心线（叠门线）：距前胸宽：B/6+5~8，作出前中心线（叠门线）与背中线平行。

10〉止口线：距前中心线 1.5，与前中心线平行。

11〉门襟宽：4，与止口线平行。

12〉底襟宽：2.5~3，与止口线平行。

13〉前片下平线：比后片下平线短 4。

14〉后横开领：◎ =N/6+1≈7.7。

15〉后直开领：◎ /2≈3.9，确定颈侧点（SNP）。后领窝弧线：自颈侧点至 1/2 后横开领大画弧线至后颈中点。

16〉肩斜度：4。

17〉后肩宽：1/2 肩宽 = △，确定出肩点（SP）。

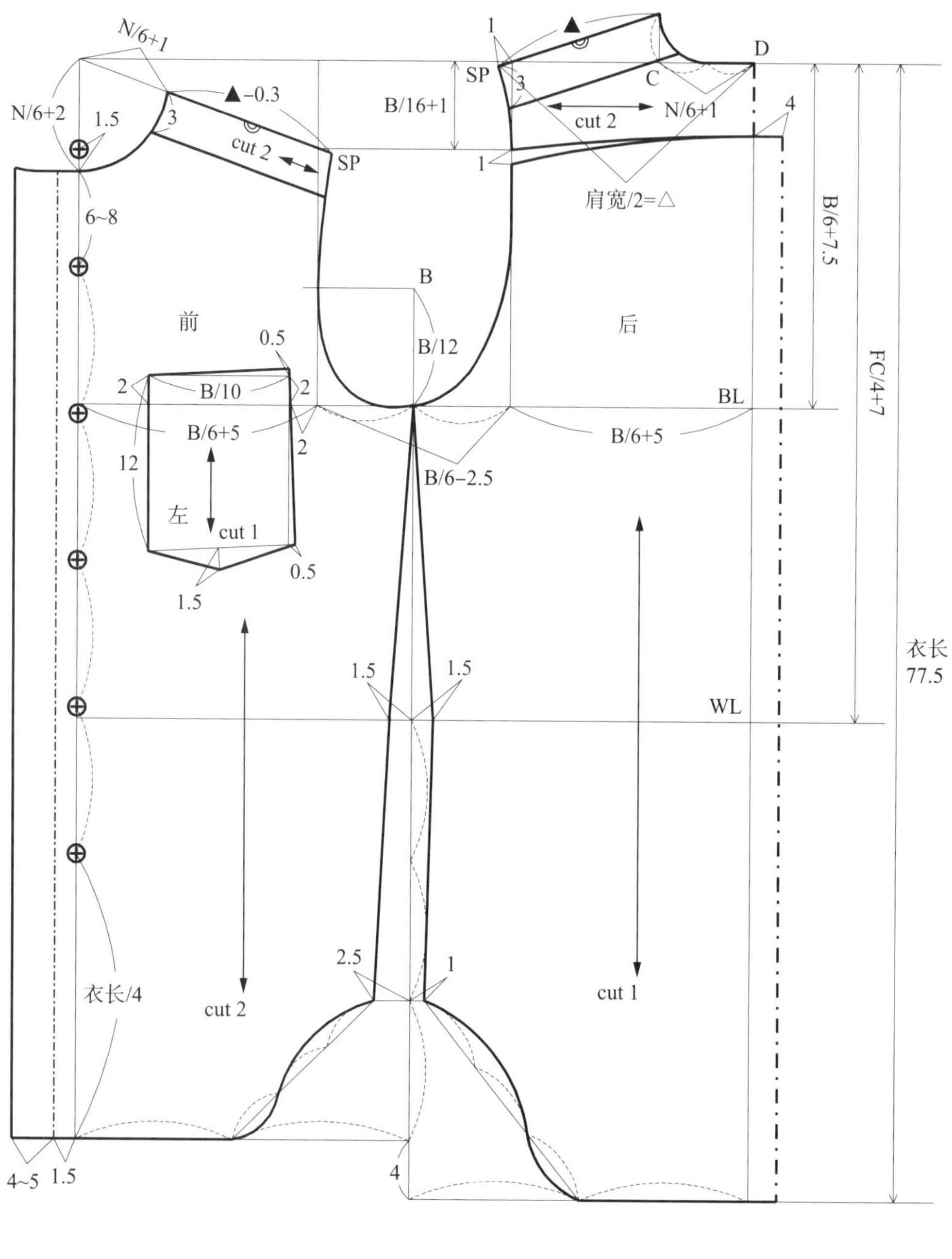


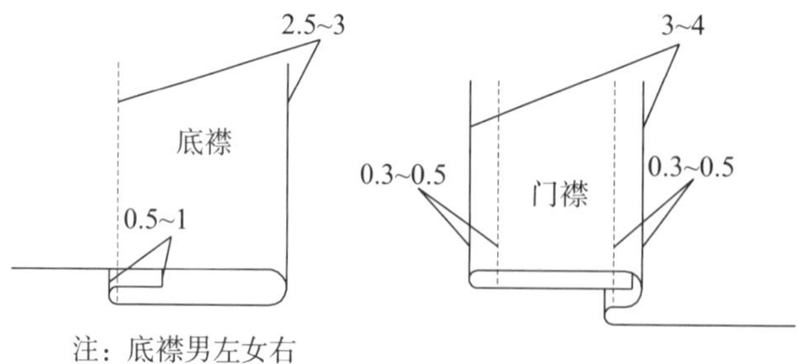


注：底襟男左女右

图 6-17 普通衬衫衣身结构制图

18〉后肩线：连接颈侧点（SNP）与肩点（SP）。

19〉后袖窿末点：BL 上，袖窿门 1/2 处。

20〉后袖窿弧线：弧线连接肩点、肩复势（去掉省）、后袖窿末点。

21〉侧缝末点：基础侧缝线上，BL 与前片下平线的 1/3 处，根据下摆的圆弧程度，也可以设计为定数，一般在 4～12。

22〉后侧缝线：腰节线收腰 1.5，侧缝末点收 1。自后袖窿末点，连接腰节线收腰处至后侧缝末点。

23〉后片脚边线：将后片下平线平分，平分端点与侧缝末点连接，再平分平分线，平分线的端点为脚边线经过地方，圆下摆分别凹势、凸势 1～1.5。

24〉前片肩斜度：肩复势的延长线上。

25〉前肩线基础线：通过前中心线与上平线的交点，连接前肩斜度。

26〉前横开领：在前肩基础线上：$\frac{1}{6}$N+1≈7.7，确定颈侧点（SNP）。

27〉前直开领：$\frac{1}{6}$N+2。

28〉前领窝弧线：自颈侧点至前直开领大末点，画弧线至门襟宽。

29〉前肩宽：▲ −0.3，确定出肩点（SP）。

30〉前袖窿末点：BL 上，袖窿门 1/2 处。

31〉前袖窿弧线：弧线连接肩点、胸宽线上$\frac{B}{12}$处、后袖窿末点。（注：衬衫袖窿都设计为包缝，为了缝合方便，一般情况下，可以不作太大的凹势，因为袖窿弧线越弯，包缝的难度越大。）

32〉前侧缝线：腰节线收腰 1.5，侧缝末点收 2.5，自后袖窿末点，连接腰节线收腰处至前侧缝末点。

33〉钮位：衬衫钮扣一般设计为 6～8 粒。第一钮位：叠门线领窝处上升 1.5（领座），第二钮位距第一钮位 6～8，最后一粒钮位按公式：衣长 /4 计算，其余钮位等分第二钮位与最后一粒钮位之间的距离。

34〉前片脚边线：将前片下平线平分，平分端点与侧缝末点连接，再平分平分线，平分线的端点为脚边线经过地方，圆下摆分别凹势、凸势 1～1.5。

35〉袋位：左前，距胸宽线、BL 分别 2。

36〉口袋：袋口：B/10，起翘 0.5～1，袋底：袋口 +0.5～1，袋尖：居袋底中，1.5；袋深：12。

长袖结构制图如 6–18

短袖结构制图如图 6–19，短袖款式图如图 6–20 所示。

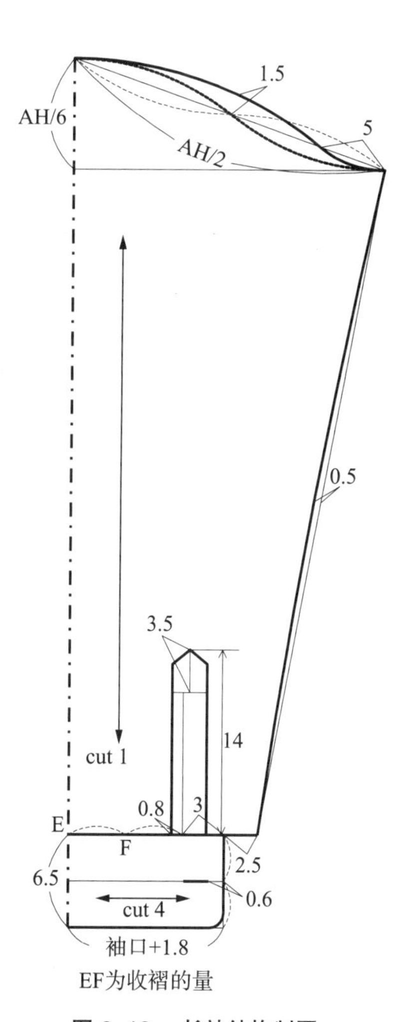


图 6–18　长袖结构制图

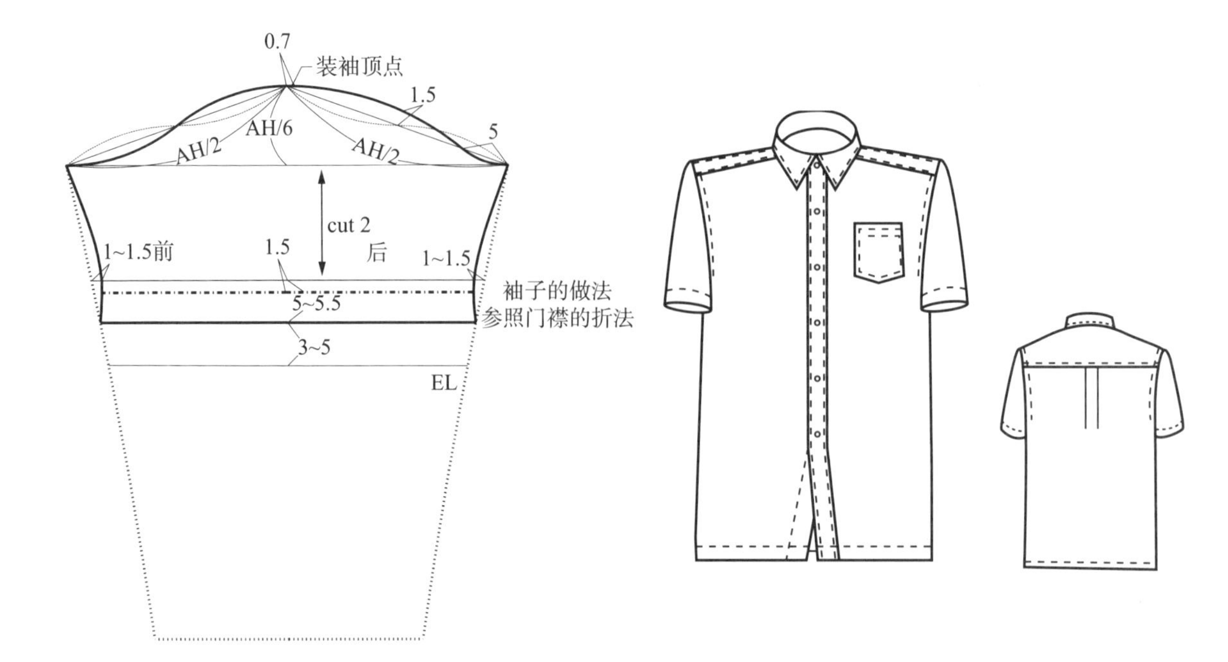


图 6-19 短袖结构制图

图 6-20 平下摆短袖衬衫款式图

（2）普通衬衫——平下摆

①成品规格：衣长（L）74，净胸围（B）92，成品胸围（B′）110，领大（N）40，肩宽（S）42.6，FC（总体高）150，袖长（SL）60，袖口 13，袖克夫长 25，袖克夫宽 6.5。

②单位：cm。

③选用号型：170/92A。

④款式图如图 6-21 所示。

⑤普通衬衫——尖衬衫领结构制图设计，见图 6-22。

⑥普通衬衫——方领结构制图，见图 6-23。

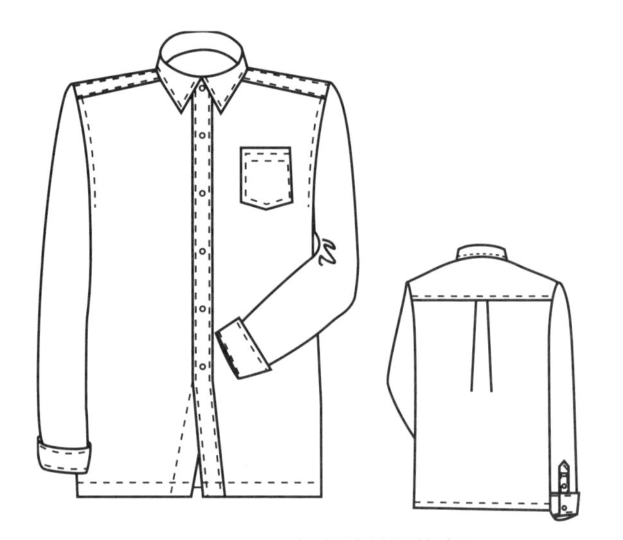

图 6-21 平下摆长袖衬衫款式图

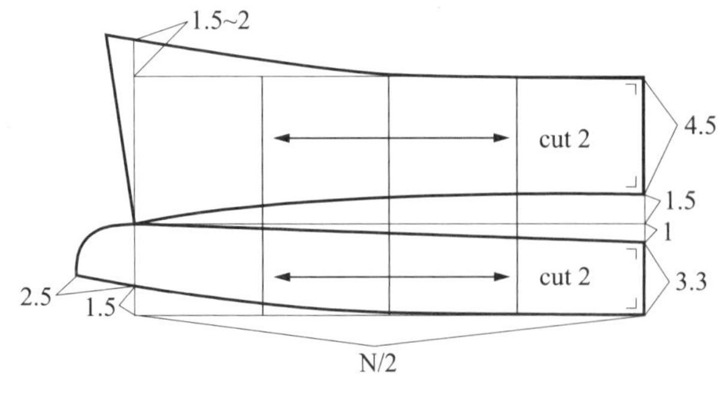


图 6-22 尖衬衫领结构制图

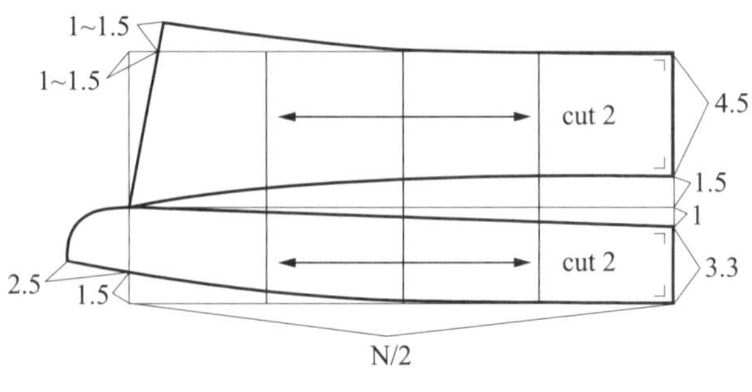


图 6-23 衬衫方领结构制图

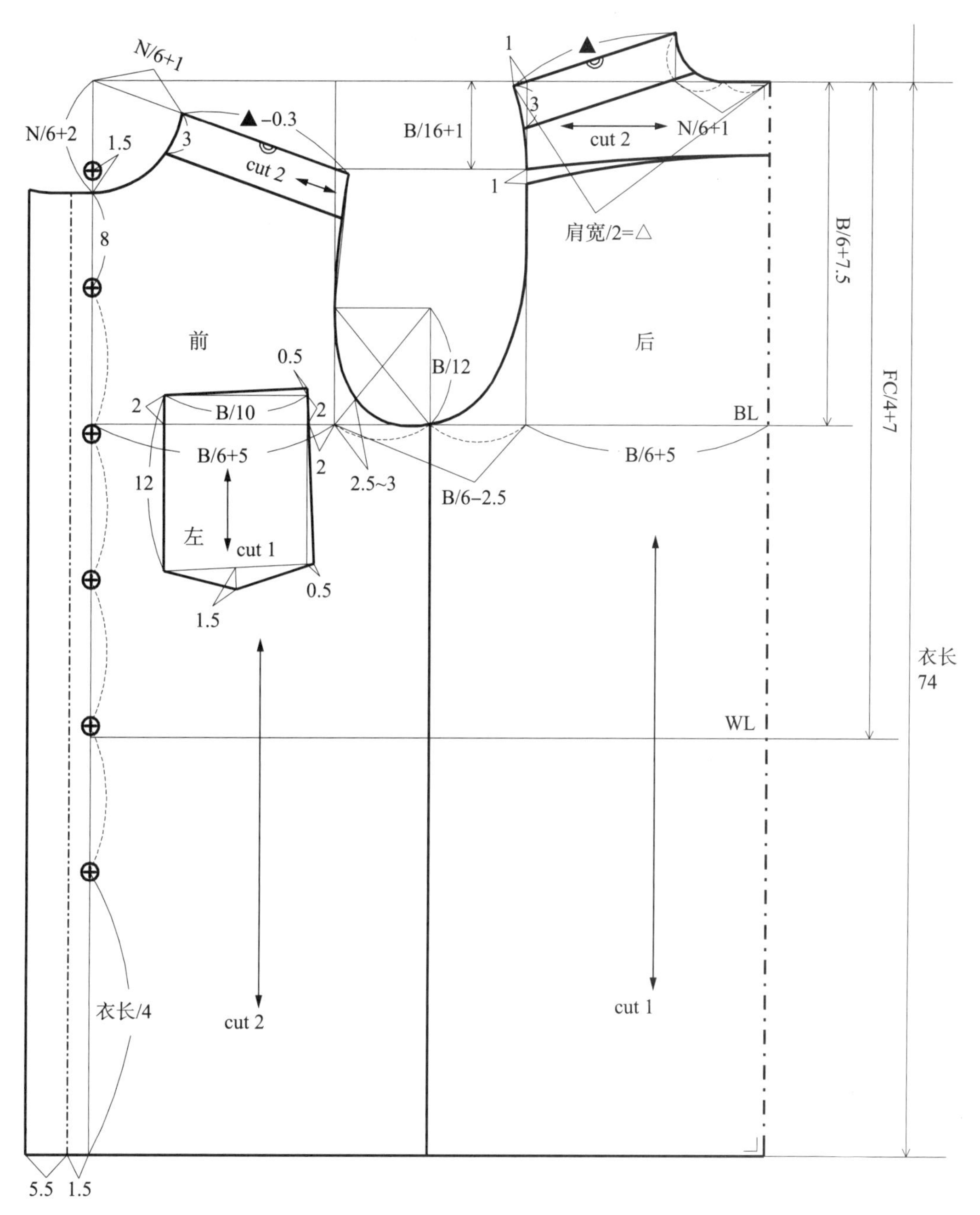


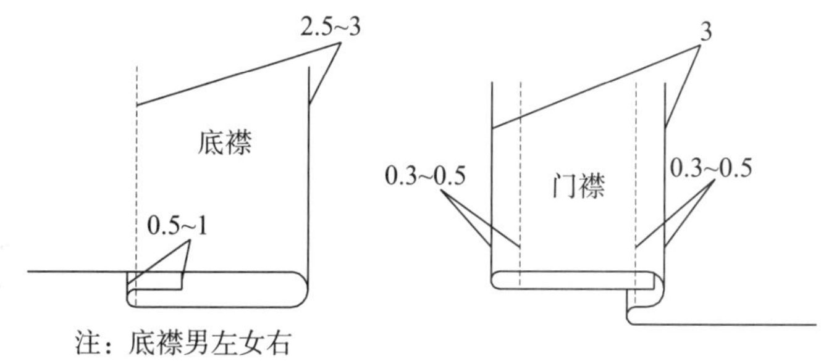


注：底襟男左女右

图 6-24　平下摆长衬衫结构图

# 第二节 裤子结构制图设计

裤装，在英国称“trousers”，在美国称“pants”，在法国称“pantaloon”。早期长裤的款式并不正式，到了19世纪末，男式长裤的各项形式渐趋稳定，并被赋予道德及审美等多方面的含义，成为男性的日常服装而被广泛穿用。现代男裤十分丰富，按其用途分，可分为礼服裤、西装裤、运动裤、工装裤、休闲裤。

## 一、裤子款式变化

常穿的裤子款式如图6–25所示。

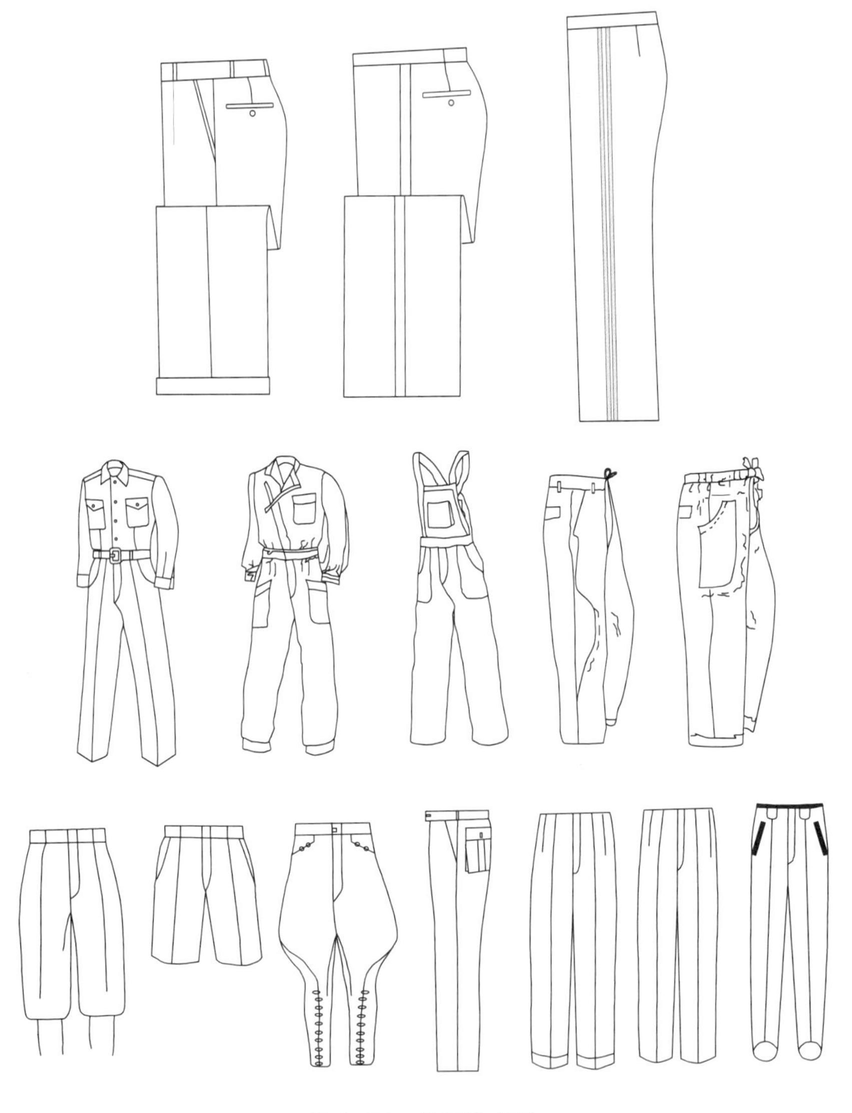

图6–25 裤子款式图

## 二、裤子的结构制图设计

### （一）西装裤

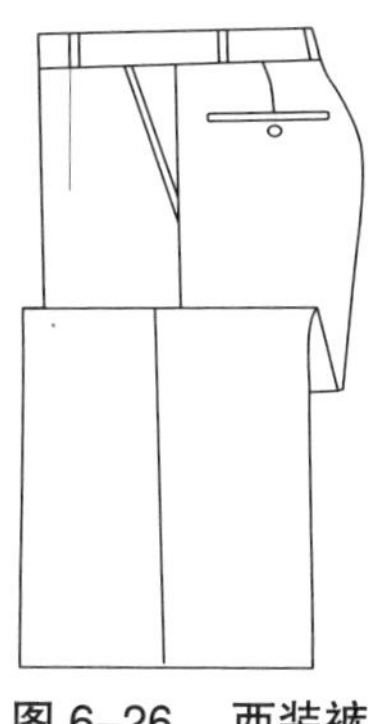

图 6–26 西装裤

西装裤是西服套装三件套之一，与礼服裤的款式造型相似，不同之处是西装裤的脚边可以外翻，也可以是非翻脚裤，侧缝无须装饰侧章，前身侧缝的口袋为斜插袋（又称西裤袋），其搭配性、组合性、协调性较强，不同年龄、职业、体型的男士都可以穿，是一种较普遍的男士装束，如图 6–26 所示。

西裤结构制图（图 6–27）

（1）成品规格：裤长（L）100，腰围（W）74，臀围（H）100，脚口 44。

（2）单位：cm。

（3）选用号型：170/92A。

（4）制图说明：传统的西裤需加大、小裆拼角，护膝和贴脚条等零部件。

裤片

〈1〉裤片长：画出上平线，求裤片长：裤长 −4（腰头宽），画出下平线（脚口线）。

〈2〉立裆深：H/4（25），画出横裆线。

〈3〉臀围线（HL）：位置：1/3 立裆深处。前片臀围：H/4+1，后片臀围：H/4−1。

〈4〉膝围线（KL）：膝围线又称之为中裆，横裆线至脚口线之垂距 /2+6。

〈5〉腰围：前腰围：劈势 0.7，W/4+3（裙），后腰围：W/4+2（省）。

〈6〉裆：小裆（前裆）：0.4H/10，大裆（后裆）：比小裆下落 1，按 H/10 计算。

〈7〉横裆：前横裆大：前臀围大加小裆，后横裆大：后臀围大加大裆。

〈8〉中挺缝线：前中挺缝线平分前横裆大，后中挺缝线平分后横裆大。

〈9〉脚口：前片脚口大：脚口 /2−2，后片脚口大：脚口 /2+2。

〈10〉中裆：前片中裆大：前脚口大 +2，关于中挺缝线平分，后片中裆大：后脚口大 +4.4，关于中挺缝线平分。

〈11〉后腰捆势 2~3，起翘 2~2.5，1 个后腰省长 7~8，大 2。

〈12〉前片连接：侧缝、前裆缝、下裆缝（内裆缝）。

〈13〉后片连接：侧缝、后裆缝、下裆缝（上段凹势 1~1.5）。

〈14〉斜插袋：劈势 4，距上平线 3.5，长：15~16。

〈15〉后袋大：12~13。

腰头：长：74+4（底襟宽），宽：3.5~4。

底襟：西裤的底襟有鸡嘴式和鸭嘴式两种造型，如图 6–28 所示。其长比立裆短，在 HL 与横裆线的 1/3 处。

门襟：图 6–27 门襟比底襟短 1（因为，在裤子的反面看到的是底襟在上，门襟在下）。

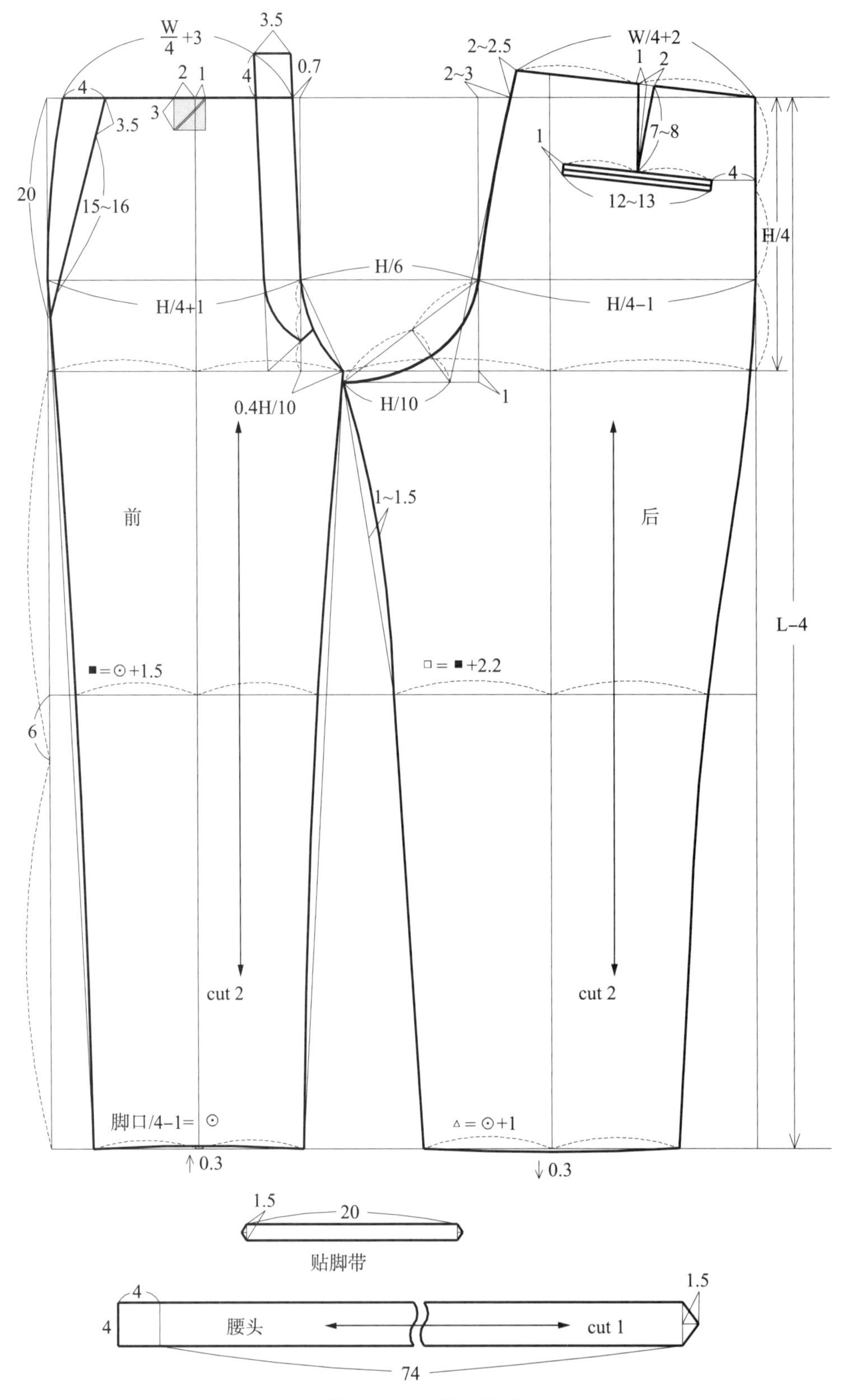


图 6–27 西裤结构图

（说明：总裆的计算公式本为 1.6H/10，而 1.6H/10≈H/6，所以总裆公式为 H/6。）

### （二）礼服裤

礼服裤是在正式场合与燕尾服或晨礼服等搭配穿戴的裤子。装腰，门襟装拉链，上方侧缝左右各一个直插袋，后裤身左右上边各一个双嵌线口袋，脚口无翻脚边。造型简洁优雅、庄重大方。与燕尾服配套的礼服裤采用黑色或深蓝面料，侧缝要求装饰两条 1cm 宽左右的侧章，如图 6–29 所示。

而与晨礼服配套的礼服裤采用黑、灰相间的条子面料或与上衣面料质地相同的面料，侧缝要求只装饰 3~6cm 宽的一条侧章( 条子面料无须加侧章 )。与塔克斯多相匹配的礼服裤只需要一条窄侧章，如图 6–30 所示。

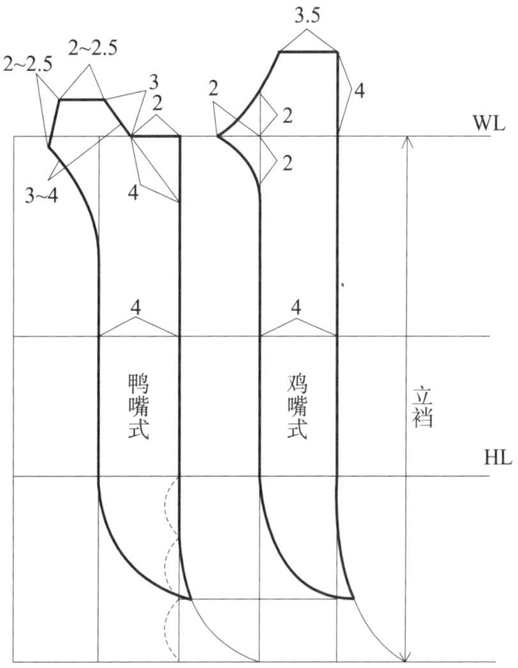

图 6–28　西裤底襟结构图

**1. 晚礼服西裤结构制图（图 6–32）**

（1）规格：裤长（L）100，腰围（W）74，臀围（H）100，脚口 46。

（2）单位：cm。

（3）选用号型：170/92A。

（4）制图步骤参考西裤结构制图。

### （三）休闲裤

休闲裤指穿着舒适、无固定搭配形式的裤子，一般在非正式场合时随意穿着，不受年龄限制，老少皆亦，款式见图 6–31。

**1. 牛仔裤（Jeans Pants）结构制图（图 6–33）**

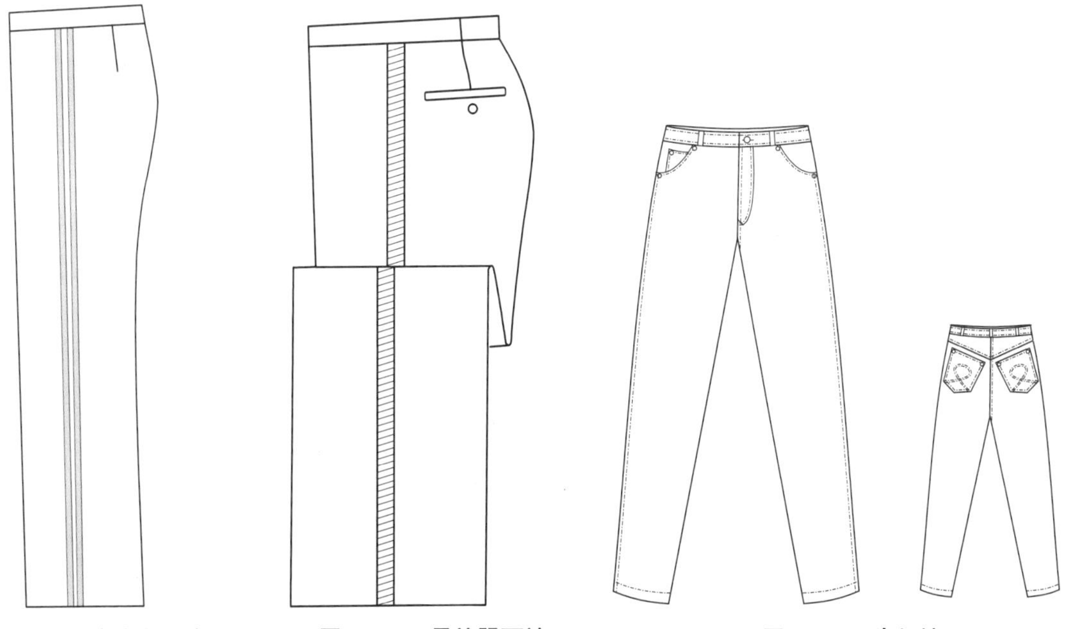

图 6–29　晚礼服西裤　　图 6–30　晨礼服西裤　　图 6–31　牛仔裤

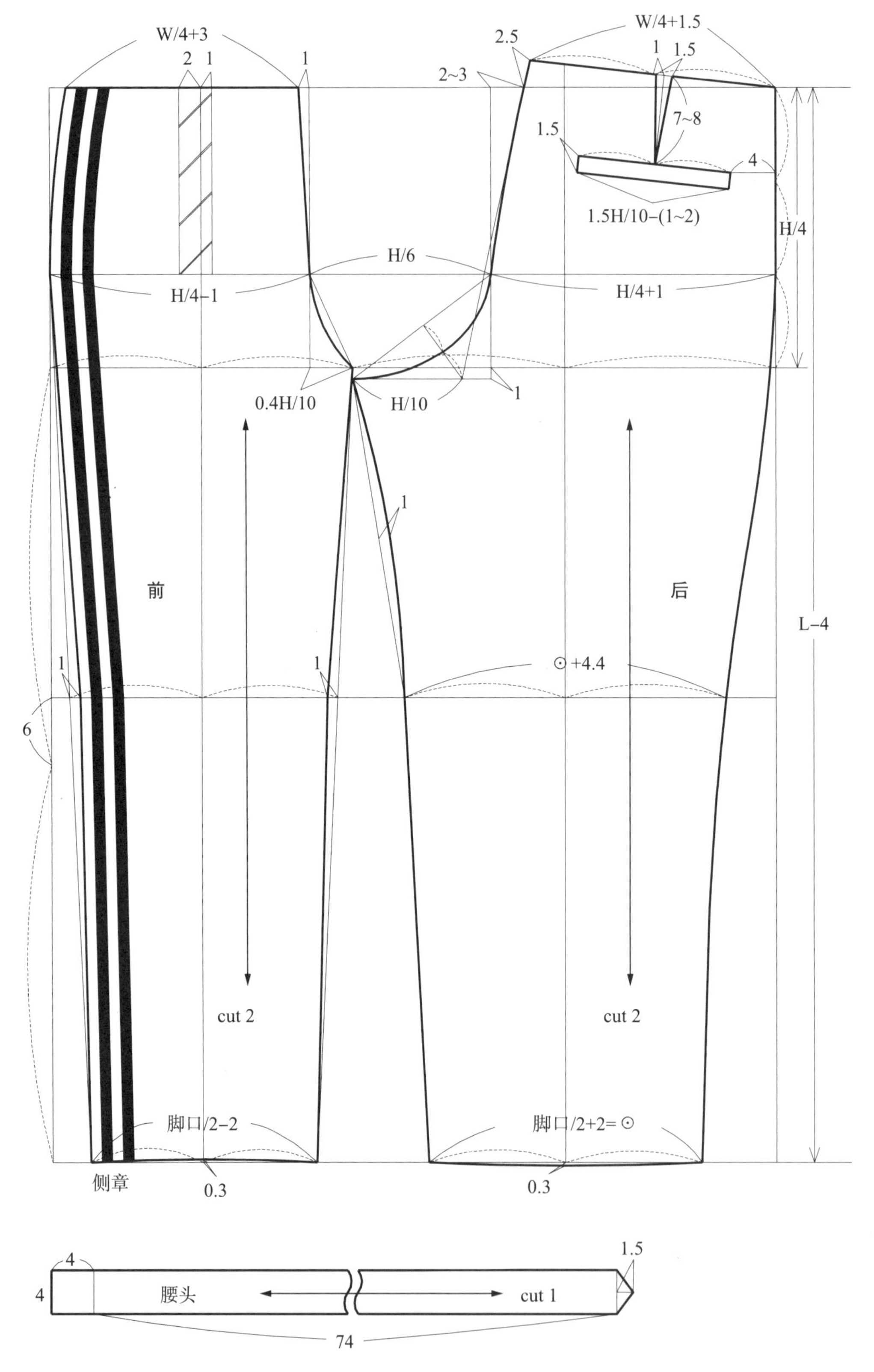


图 6-32　晚礼服西裤结构图

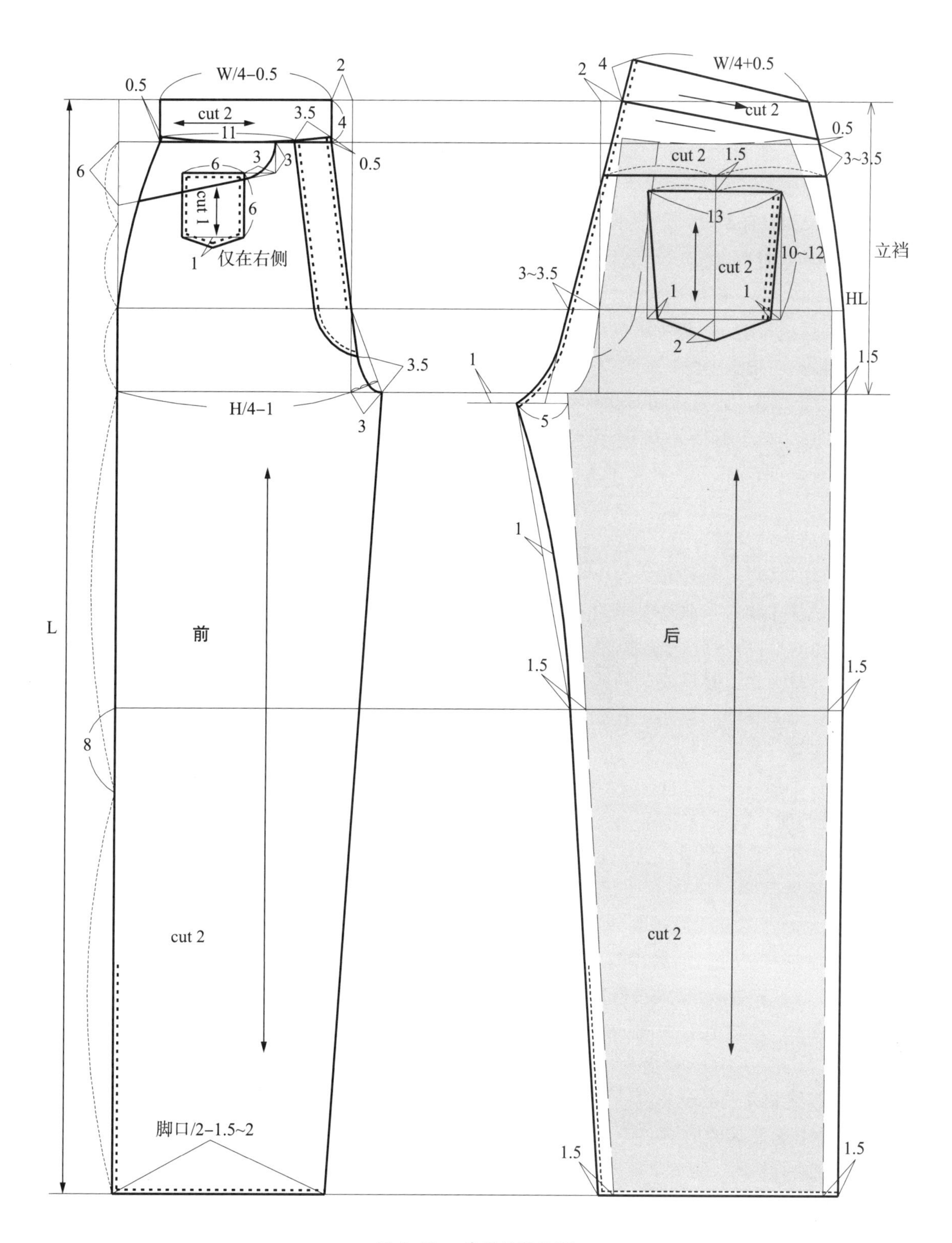
W/4−0.5
2
0.5
cut 2
3.5
4
11
0.5
6
3
3
6
cut 1
6
1
仅在右侧
3.5
H/4−1
3
L
前
8
cut 2
脚口/2−1.5~2
4
W/4+0.5
2
cut 2
0.5
cut 2
1.5
3~3.5
13
立裆
10~12
cut 2
3~3.5
1
1
HL
2
1
1.5
5
1
后
1.5
1.5
cut 2
1.5
1.5

图 6-33　牛仔裤结构图

（1）规格：裤长（L）99，腰围（W）68，臀围（H）94，脚口：44。

（2）单位：cm。

（3）选用号型：170/92A

裤片

〈1〉裤长：画出上平线，作上平线的垂线，求出裤长，作裤长线的垂线为下平线（脚口线）。

〈2〉立裆深：H/4（23.5）（牛仔裤直裆包含腰头宽在内），画出横裆线。

〈3〉臀围线（HL）位置：1/3 立裆深处（扣除腰头）。前片臀围：H/4−1，后片臀围：H/4+（4.5~5）（后裆缝边加 3~3.5，侧缝边加 1.5）。

〈4〉膝围线（KL）：膝围线又称之为中裆线，横裆线至脚口线之垂距 /2+8。

〈5〉腰围：前腰围：劈势 2，W/4−0.5，两端各起翘 0.5，后腰围：在前直裆深的基础上捆势 2，后裆缝边起翘 3~4，侧缝边起翘 0.5，后腰围大：W/4+0.5。

〈6〉裆：小裆（前裆）：0.4H/10−0.5，大裆（后裆）：比小裆下落 1，按小裆大加 5。

〈7〉横裆：前横裆大：前臀围大加小裆大；后横裆大：前横裆大加 6.5（下裆缝边加 5，侧缝边加 1.5）。

〈8〉脚口：前片脚口大：脚口 /2−（1.5~2），后片脚口大：前脚口大 +3。

〈9〉前片中裆大：前脚口大与小裆大连接为下裆缝，下裆缝与侧缝之间的距离为前片中裆大。

〈10〉后片中裆大：前片中裆大 +3。

〈11〉前片连接：腰口线、侧缝、前裆缝、下裆缝（内裆缝）和脚口线（脚边线）。

〈12〉后片连接：腰口线、侧缝、后裆缝、下裆缝（上段凹势 1）和脚口线。

〈13〉门襟：在前裆缝处：作宽 3.5，长距小裆弧线末点 3.5，连接各点为门襟（单层）。

〈14〉底襟：较门襟长 0.5~1，较门襟宽 0.5，双层。

〈15〉前插袋：袋口大 11，外侧：从 WL 起计算，侧缝边下降 6，内侧：下降 3，连接内、外两侧，画弧线，前插袋完成。

〈16〉表带：距前侧袋内侧 3 处，向下作正方形边长为 6，下端袋底尖加长 1。

〈17〉后片育克：侧缝线处距基础腰口线 3~3.5，作水平线交于后裆缝处。

〈18〉后袋：袋位：距后片育克 1.5，育克宽的中点为后袋中点，后袋袋口大 13，袋底大 11；袋长，两端 12，中间 14。

腰头：长：68+3.5（底襟宽），宽：3.5~4。

**（四）工装裤（Salopette）**

工装裤有着悠久的历史，随着时代的发展和行业分工的不同，便有了更多的工装裤，将有些工装裤融入流行元素，衍化成现代的时尚时装，受到人们青睐，见图 6–34 所示。

图 6–34 工装裤

**1. 背带裤结构制图（图 6–36）**

（1）成品规格：裤长（L）105，腰围（W）76，臀围（H）104，脚口 46，净胸围（B）106，肩宽（S）45.5，领大（N）40。

（2）单位：cm。

（3）选用号型：170/92A。

（4）款式如图 6–35 所示。

（5）结构特点：背带裤的裤型设计为喇叭裤，喇叭裤的结构特点是 KL 线较普通西裤提高 4~5；

中裆大比脚口大还小，腰头上设计松紧。

裤片

〈1〉裤长：画出上平线，作上平线的垂线，求出裤长，作裤长线的垂线为下平线（脚口线）。

〈2〉立裆深：H/4（26）（牛仔裤直裆包含腰头宽在内），画出横裆线。

〈3〉臀围线（HL）：位置：1/3 立裆深处。前片臀围：H/4+1，后片臀围：H/4+1（后裆侧缝边加 1）。

图 6–35　背带裤

〈4〉膝围线（KL）膝围线又称之为中裆线，

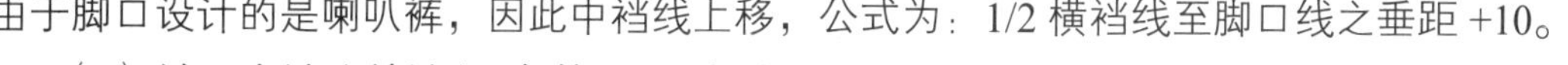

由于脚口设计的是喇叭裤，因此中裆线上移，公式为：1/2 横裆线至脚口线之垂距 +10。

〈5〉裆：小裆（前裆）：定数 3.5，大裆（后裆）：比小裆下落 0.7，按小裆直裆深线大加 6。

〈6〉横裆：前横裆大：前臀围大加小裆大，后横裆大：按小裆直裆深线大加 8，经 HL 与横裆大 1/2 处弧线连接，侧缝边加 1。

〈7〉中挺缝：前中挺缝平分前横裆大，作垂线至脚边线；后中挺缝平分后横裆大，作垂线至脚边线。

〈8〉腰围：前腰围：前臀围大 −3（褶裥），腰头宽：前裆缝处 7~9，侧缝处 4；侧缝处起翘 0.5。后腰围：在前直裆深的基础上捆势 3，起翘 2.5，W/4+4（△ = 省）。

〈9〉中裆大：前片中裆大：19~20，关于中挺缝平分；后片中裆大：前片中裆大 +3，关于中挺缝平分。

〈10〉脚口大：前片脚口大：25~26，后片脚口大：前脚口大 +3，都关于中挺缝对称。

〈11〉前片连接：腰口线、侧缝、前裆缝、下裆缝（内裆缝）和脚口线（脚边线）。

〈12〉后片连接：腰口线、侧缝、后裆缝、下裆缝（上段凹势 1）和脚口线。

〈13〉门襟：在前裆缝处：作宽 3.5，长距小裆弧线末点 3.5，连接各点为门襟（单层）。

〈14〉底襟：较门襟长 0.1，宽 0.5，双层。

〈15〉前斜插袋：外侧：WL 侧缝边起内移 5~6，袋口长 15 与侧缝相交。裤子侧缝开衩，开衩处垫口布上钮扣位 2~3 个，腰头上一个钮扣。

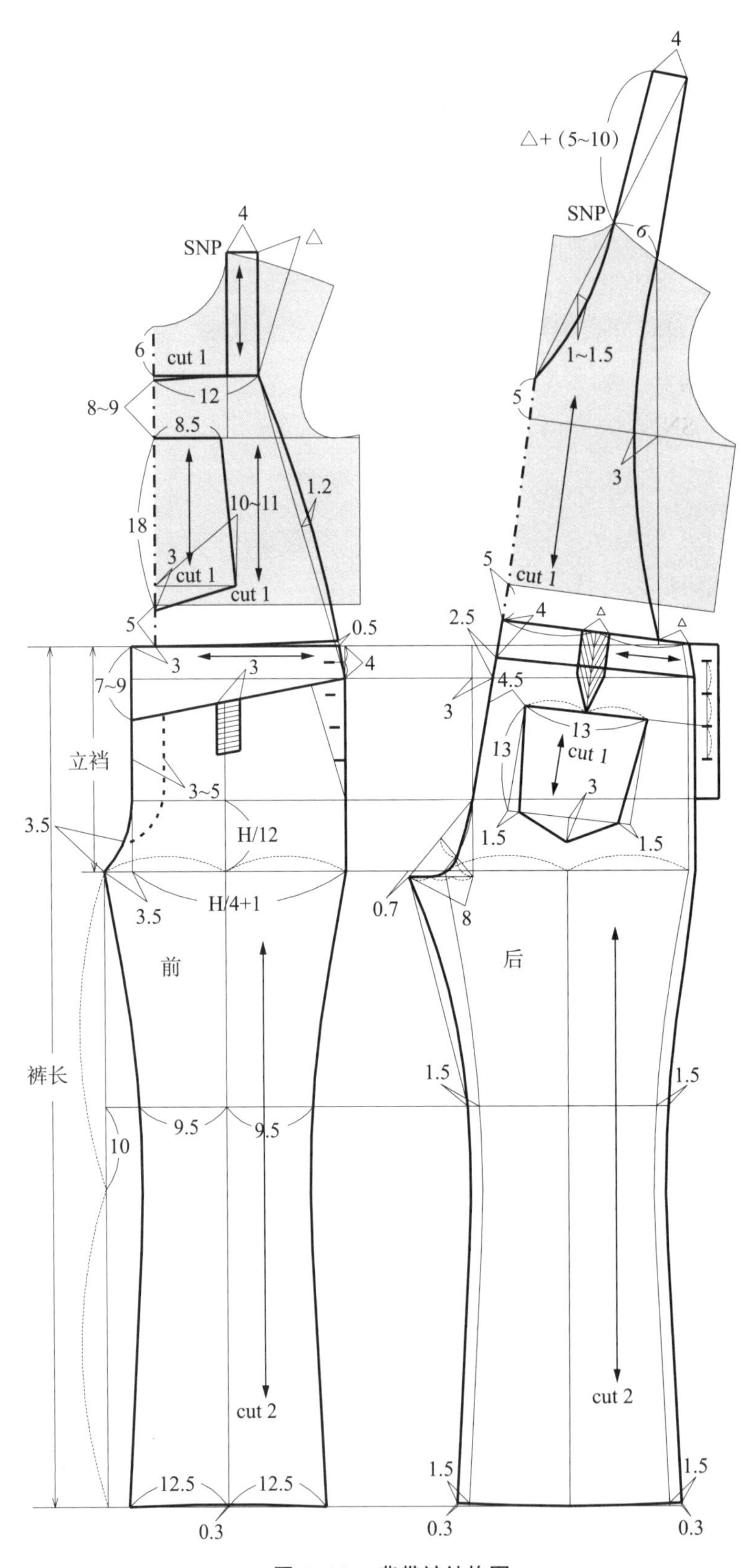

4
△+（5~10）
SNP
6
1~1.5
5
3
4
SNP
△
6
cut 1
12
8~9
8.5
10~11
1.2
18
3
cut 1
cut 1
5
cut 1
5
0.5
2.5
4
3
3
4
7~9
4.5
3
13
13
cut 1
立裆
3~5
3
3.5
H/12
1.5
1.5
3.5
H/4+1
0.7
8
前
后
裤长
1.5
1.5
9.5
9.5
10
cut 2
cut 2
1.5
1.5
12.5
12.5
0.3
0.3
0.3


图 6-36 背带裤结构图

〈16〉后袋：袋位：与第三颗钮扣平齐，后片腰围的中点为后袋中点，后袋袋口大 13，袋底大 10；袋长，两端 13，中间 14~17。

〈17〉前片衣长：原型的前中心线与前裤片的前裆线，在腰口线处横向间距 3，纵向间距 5。FNP（前颈中点）向下 6，作前中心线的垂线宽 12（是前衣片与前背带长的分界线），与下端前腰口等大连接，中段凸出 1.2。

〈18〉贴袋：距上衣长线 8~9，上端大：8.5，下端大 10~11；袋深：中间 18，两端 15。

〈19〉后片衣长：原型的背中线与后裤片的后裆线间距 5 对齐。

〈20〉后领窝深：BL 以上 5，与 SNP 弧线连接，凹势 1~1.5。

〈21〉背带：背带宽：前片在 SNP（颈侧点）处向外取 4，后片在 SNP（颈侧点）处向外取 6；背带长：在后片 SNP（颈侧点）为背带的起点，加上前背带长 +5~10。

腰头：长 76+3.5（底襟宽），宽前中 7~9，两端宽 4。

**（五）运动裤**

运动裤顾名思义是根据运动项目的特点，采用弹性面料或科技含量高的透气面料而特定设计的裤子。如：马裤、高尔夫球裤、滑雪裤、丛林裤、尼卡裤、运动短裤等，如图 6–36 所示。

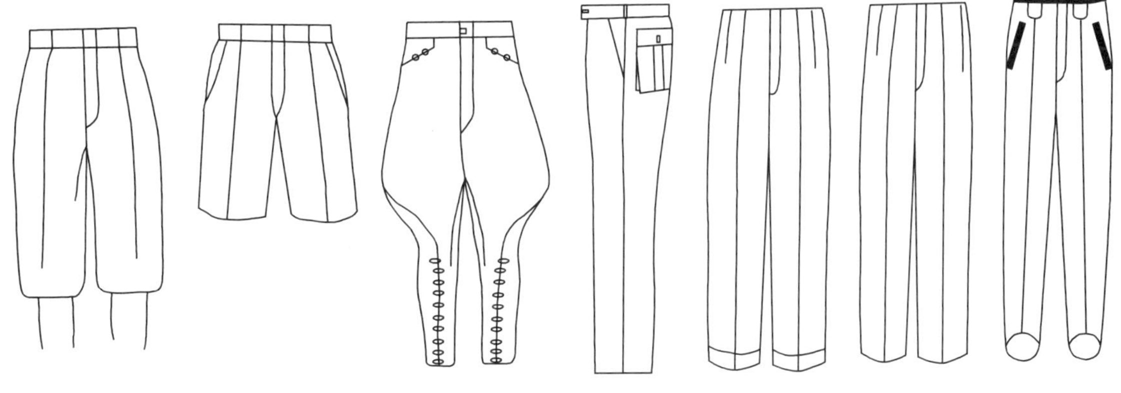

**图 6–36　运动裤**

马裤结构制图（图 6–38）

（1）成品规格：裤长（L）105，腰围（W）74，臀围（H）108，小腿围 38，上膝围 39，下膝围 34，踝骨围 32。

（2）单位：cm。

（3）选用号型：170/92A。

（4）款式图如图 6–37 所示。

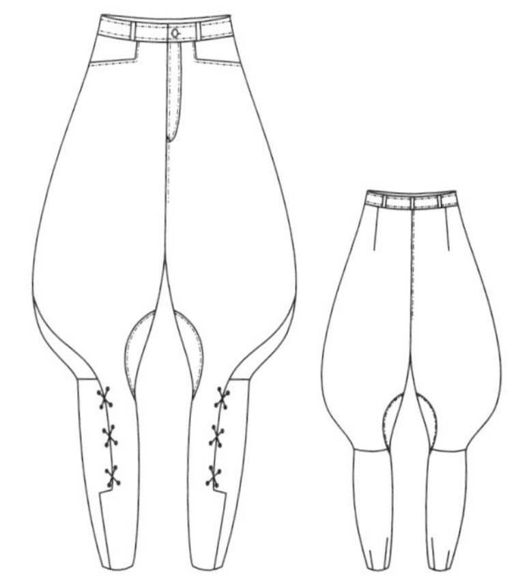

**图 6–37　马裤款式图**

（5）马裤结构制图要点：

前片：

（1）上裆长（立裆）：H/4+4.5（腰头宽）=30.5。

（2）下裆长：裤长 − 上裆长 =74.5。

（3）HL（臀围线）：H/12+2（距横裆线）。

（4）臀围：H/4=27。

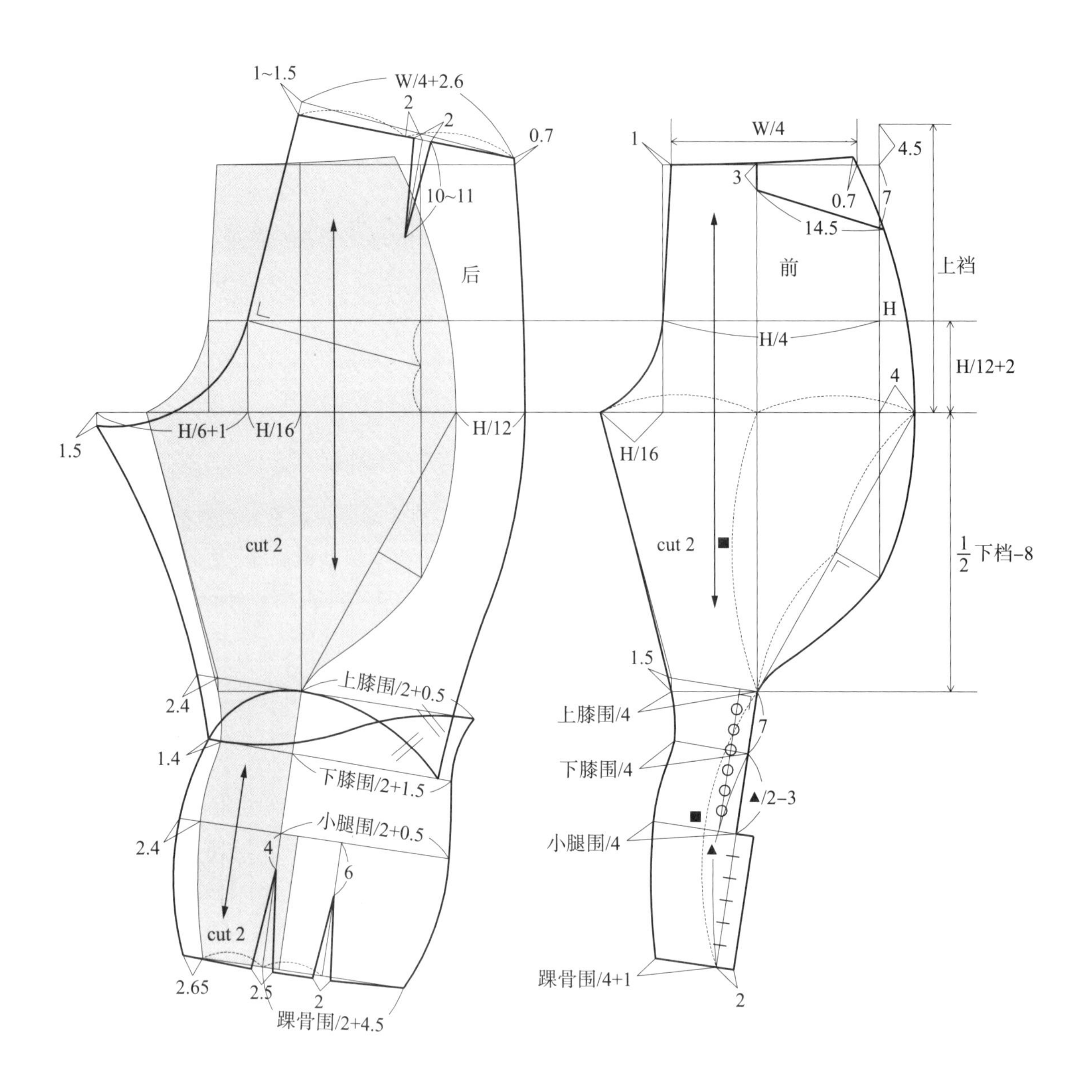


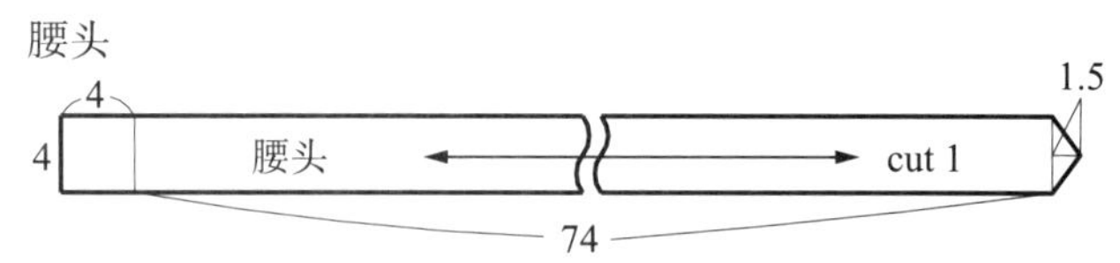


注：小腿围、上膝围、下膝围、踝骨围是马裤的特殊要求

图 6-38 马裤结构制图

（5）小裆大：H/16≈6.8。

（6）上膝位线：距横裆线：$\frac{1}{2}$下裆长 −8=29.3。

（7）前中挺缝线：1/2 横裆大。

（8）前腰围：W/4=18.5，前裆缝线劈势 1，侧缝腰口处，起翘 0.7。

（9）插袋位：腰口线前中挺缝处向下 3，腰口线侧缝处向下 7。

（10）下膝位：距上膝位线 7。

（11）踝骨线：踝骨线到上膝位线的距离与上膝位线到横裆线等距离。

（12）前片上膝位：1/4 上膝围，侧缝边起翘 1.5。

（13）前片下膝位：1/4 下膝围。

（14）前片小腿围：1/4 小腿围。

（15）前片踝骨围：1/4 踝骨 +1，叠门宽 2。

后片：后片是在前片的基础上进行设计的。

（1）后片捆势：在前片横裆线上距中挺缝作：H/16，分别与横裆线、HL 垂直，其与 HL 的交点与前片基础侧缝线处，横裆线与 HL 的 1/2 连接。过交点作连接线的垂线，为后片裆缝线捆势（倾斜程度）。

（2）后片大裆：H/6+1。

（3）后片落裆：1.5。

（4）后片臀围大：前片臀围大 +H/12（横裆线处）

（5）后片起翘度：在腰口处前腰口线的延长线上，作后裆缝的垂线与侧缝处上升的 0.7 连接。垂线处下降 1～1.5，为起翘度大。

（6）后腰口大：W/4+2.6（省）。

（7）省：省位中点距离 1/2 后腰口大 2，省大 2，长 10～11。

（8）下膝位：距上膝位线 7。

（9）后片上膝围：在前片上膝围大的基础上，左侧加 2.4，右侧加：1/2 上膝围 +0.5。

（10）后片下膝围：在前片下膝围大的基础上，左侧加 1.4，右侧加：1/2 下膝围 +1.5。

（11）后片小腿围：在前片小腿围大的基础上，左侧加 2.4，右侧加：1/2 小腿围 +.05。

（12）后片踝骨围：在前片踝骨围的基础上，左侧加 2.65，右侧加 1/2 踝骨围 +2（省）+ 2.5（省）。

**（六）睡裤结构制图**

图 6–39 是同一款式三种不同长度睡裤的结构制图设计，用以满足不同爱好的人群，可采用纯棉平布或绒布制作。

（1）长裤成品规格：裤长（L）100，腰围（W）76，臀围（H）106，脚口 52。

（2）单位：cm。

（3）号型：170/92A。

（4）主要计算公式：

1）立裆：H/4+3。

2）臀围大：H/4+1.5。

3）裆大：小裆 0.4H/10，大裆 H/8−1.5。

4）脚口大：H/2−1。

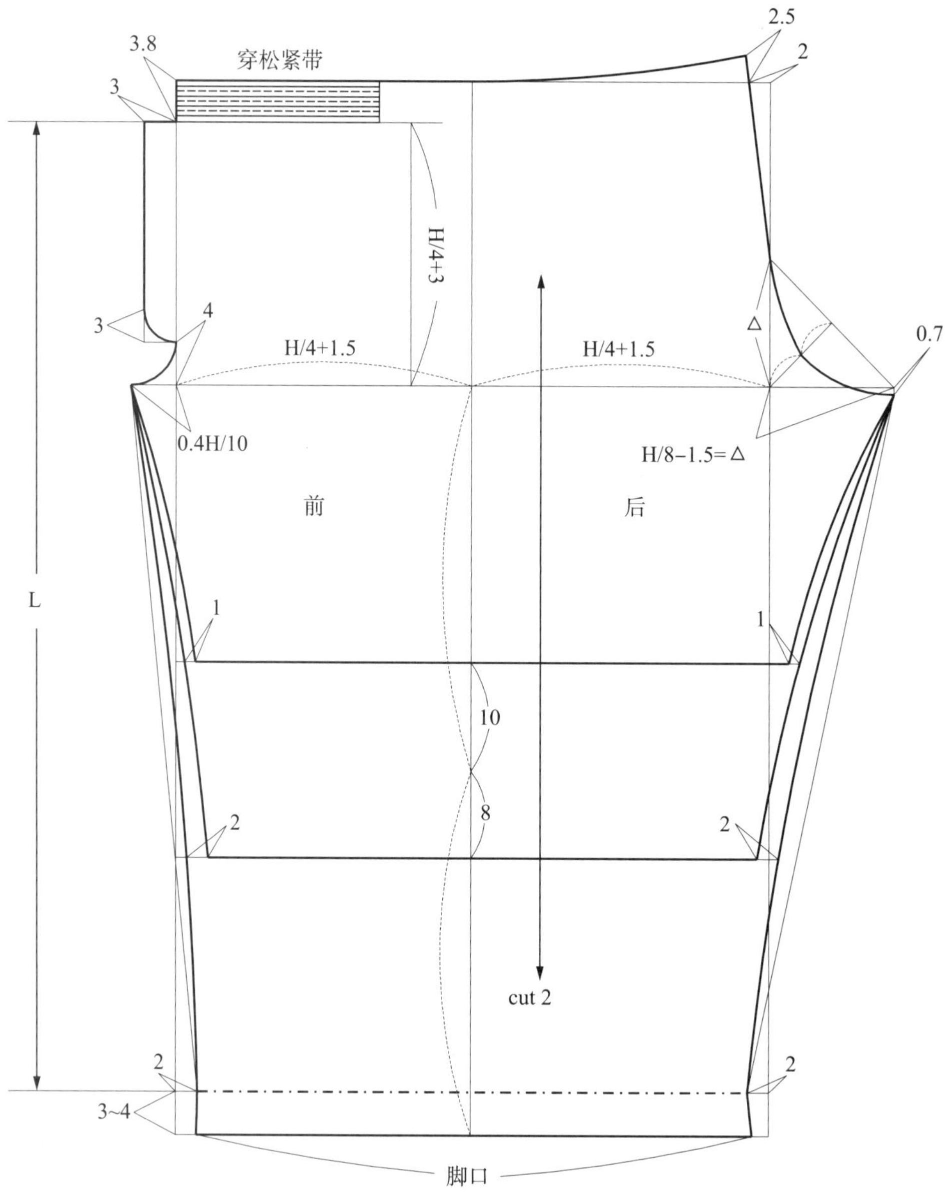


图 6–39　睡裤结构图

注：款式图参见睡衣部分。

## （七）短裤

短裤是指裤子的长度在膝位线与大腿根部以下 10cm 之间的裤子，分西式短裤和休闲短裤，如图 6–40 所示。

西式短裤结构制图

（1）成品规格：裤长（L）50，腰围（W）74，臀围（H）100，脚口 56。

（2）单位：cm。

（3）号型：170/92A。

（4）款式图见图 6–40。

（5）短裤结构制图参见图 6–41。

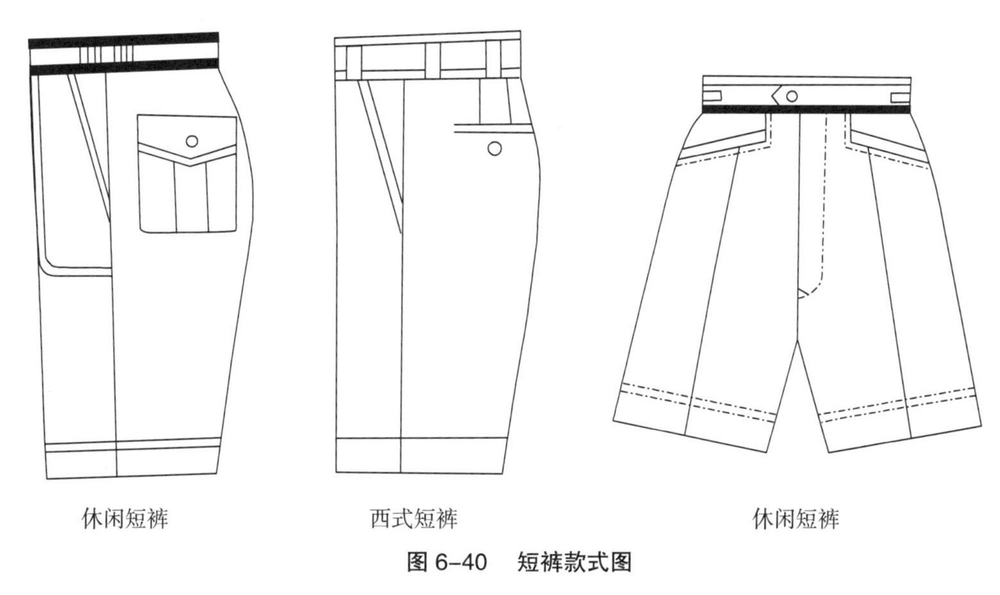


图 6-40　短裤款式图

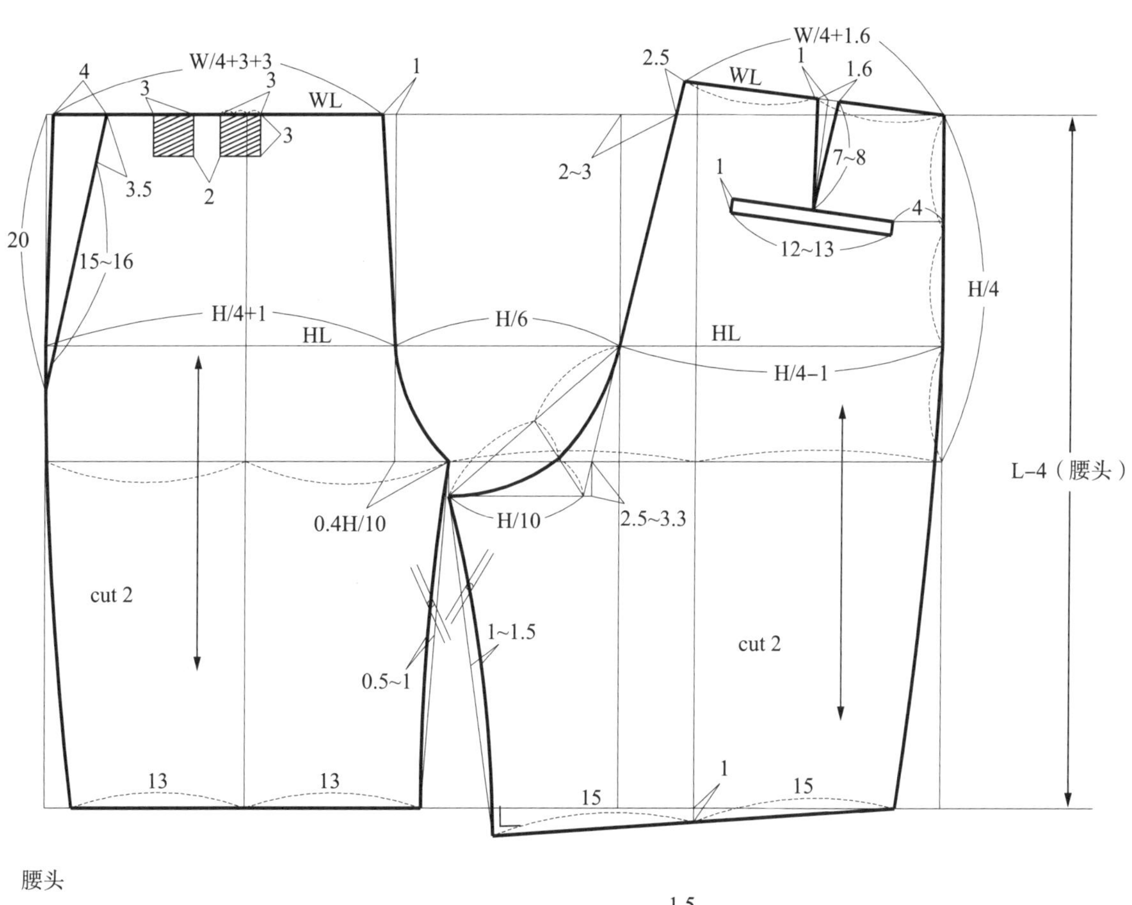


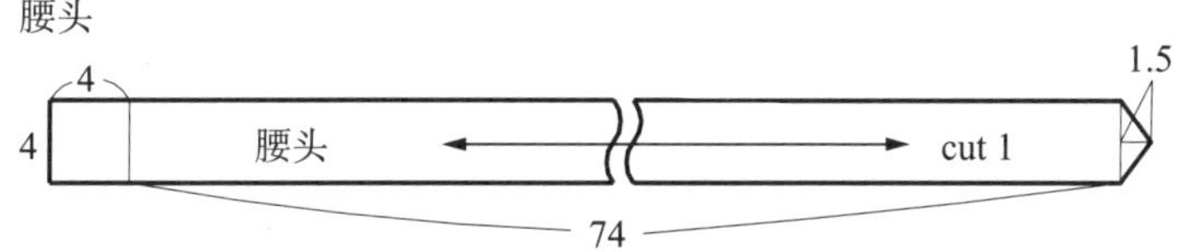


图 6-41　西式短裤结构制图

注意：短裤后片横裆线需落裆 2~3.3cm，否则，下裆缝脚边处会往上吊，裤脚口不平。

# 第三节 背心

## 一、背心定义及分类

背心有 waistcoat、gilet、vest 等之称谓，日本称 jak。是男士礼服套装的重要组成部分，也是西服套装三件套之一。其款式造型变化主要是在领型、钮扣、口袋下摆等部位。根据穿戴的场合不同可分为：燕尾服背心、塔克斯多礼服背心、晨礼服背心、普通背心和休闲背心。

（1）晨礼服背心：因在日间使用，领型设计为青稞领或枪驳领，门襟止口采用双排六粒扣，四只口袋上小下大，也可以设计为单排六粒扣、平驳领，如图 6–42 所示。

图 6–42　晨礼服背心款式集锦

（2）燕尾服背心：一般为单排 3~4 粒扣，前片下方两只袋爿造型口袋，方型领或青稞领（除简化演变为饰带外）；前身面子面料用与燕尾服面子面料同质感的面料，前身夹里、后背的面与里均用燕尾服夹里面料，如图 6–43 所示。

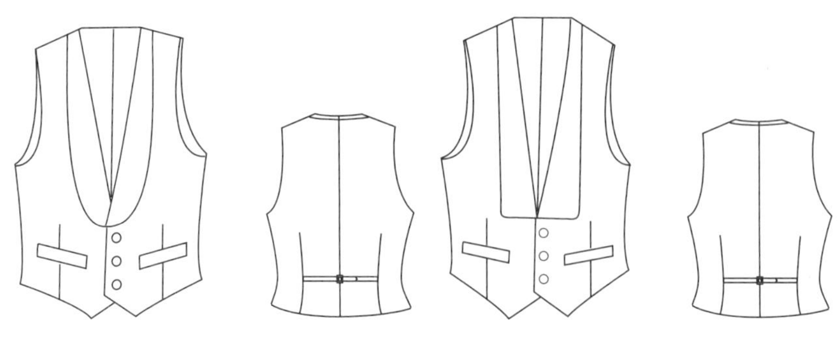

图 6–43　燕尾服背心款式集锦

（3）塔克斯多礼服背心："U"领型，单排扣，前片下方两只袋爿造型口袋，也可以使用装饰腰袋，装饰腰带色彩与领结色彩相同，一般为黑色或酒红色，如图 6–44 所示。

（4）普通西服背心：无领、领圈"V"造型，单排 4~7 粒扣，四只口袋上小下大，也可以设计为下面两边各一只口袋。可配衬衫单穿，也可组成西服三件套之一，配合西服套穿，如图 6–45 所示。

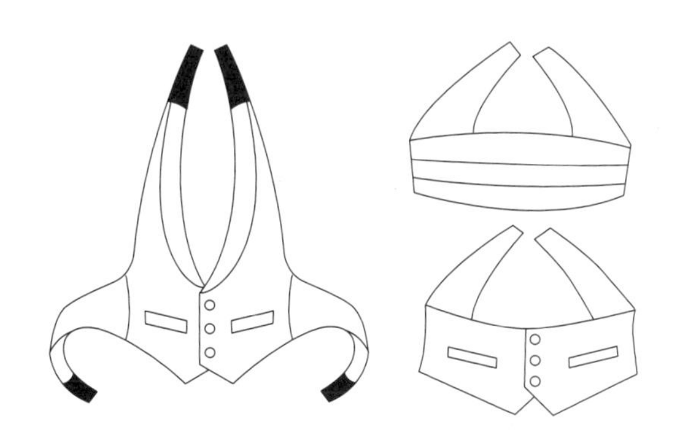

图 6–44　塔克斯多礼服背心

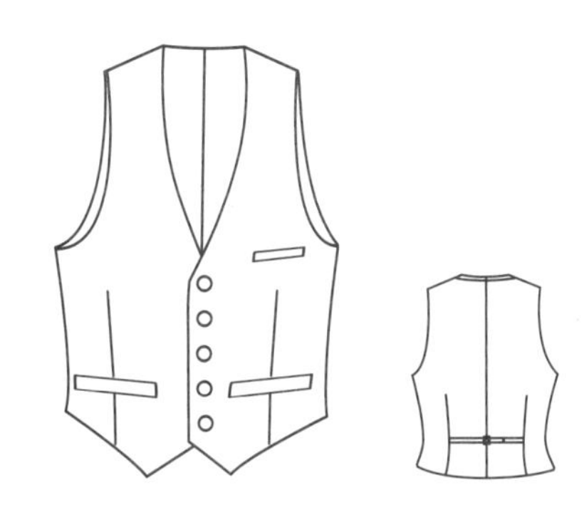

图 6–45　普通西服背心

（5）休闲背心：休闲运动型背心造型宽松，口袋较多风格各异，色彩搭配自由，材料选择无限制。除礼服外，可以与其他服装搭配，也可以单穿。有很多种类，常见的有摄影背心、钓鱼背心、猎装背心、牛仔背心、登山背心、骑马背心、防寒背心、救生背心等等，如图 6–46 所示。

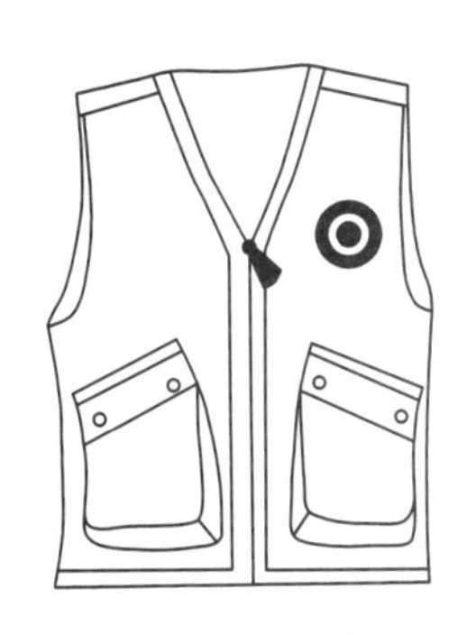

图 6–46　休闲背心款式

## 二、背心结构制图设计

### 1. 普通西服背心结构制图（图 6–47）

〈1〉西服背心结构特点：根据款式造型需要，西服背心具有以下特点：

1）西服背心衣长较短，一般设计在 WL 以下 5~8~10cm；胸围加放量较小，一般在 10 左右。

2）BL 以上，后片衣长较前片衣长（不包括领圈）长，BL 以下，前片衣长长于后片。

3）西服背心后片大于前片（后片用夹里面料较软，不影响西装的穿戴效果）。

4）普通西服背心款式图如图 6–45 所示。

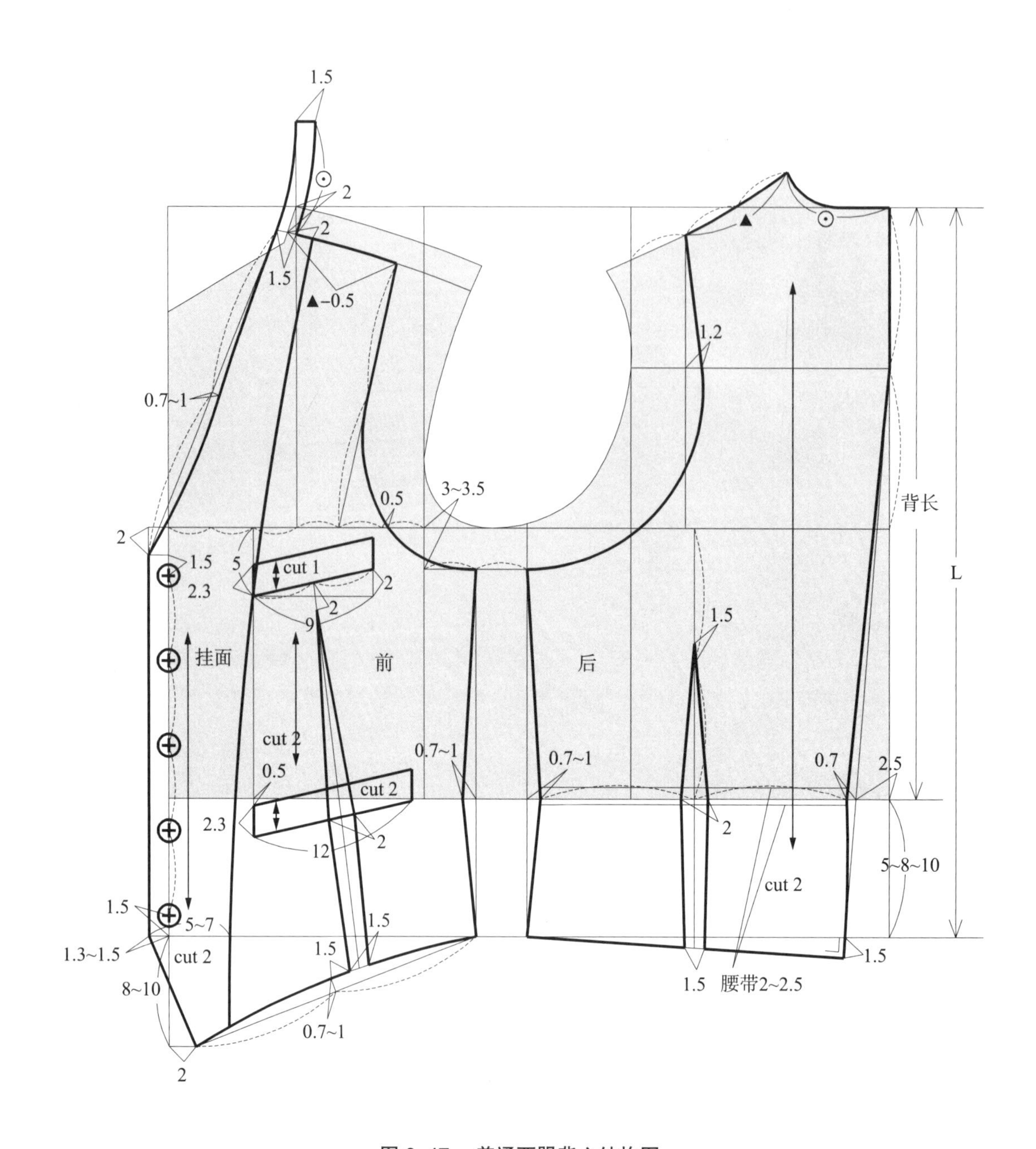


**图 6-47 普通西服背心结构图**

（注：前领颈侧点 SNP 的延长部分等于后领窝弧线长——缝合时做后领窝贴边。结构设计时，若西背不作三件套穿时，可以省略去掉前领颈侧点 SNP 的延长部分。）

〈2〉用料特点：背心前衣身面子面料与后衣身不同，前衣身面子面料用与西服面子面料同质感的面料，前衣身夹里、后背的面与里均用与前衣身夹里面料同色或相近的美丽绸或羽纱。

〈3〉西服背心挂面、夹里、里袋关系图见图 6-48。

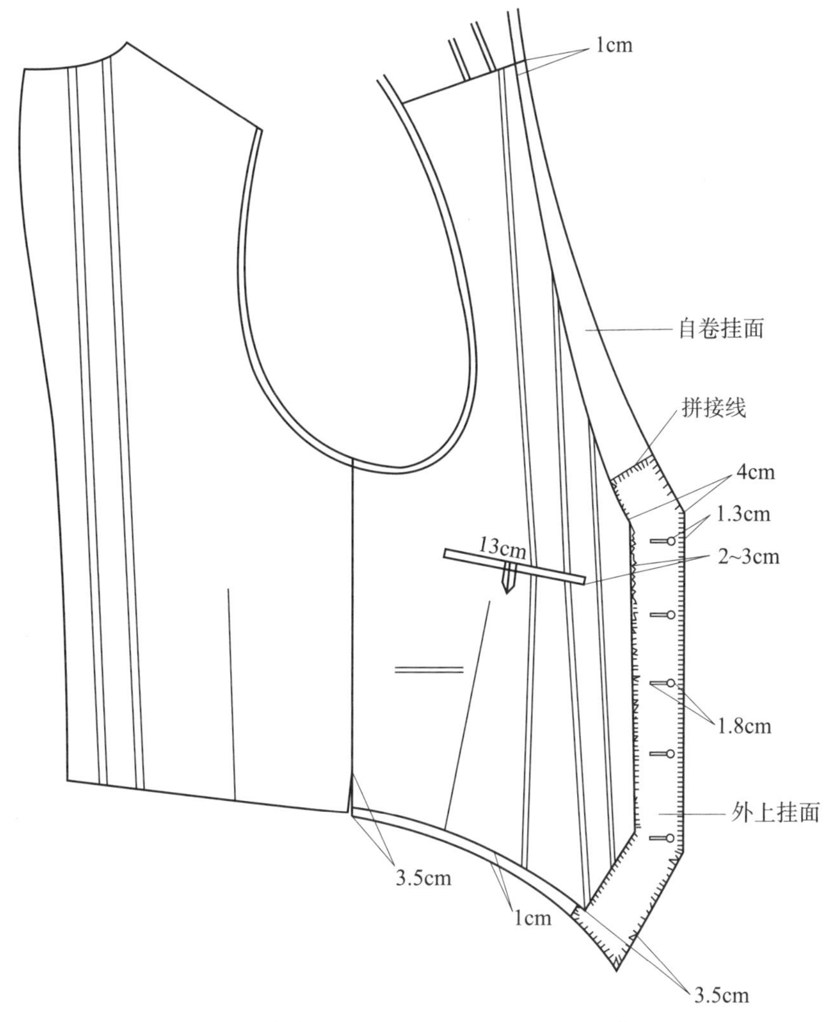


图 6-48　传统工艺西服背心挂面、夹里、里袋关系图

1）普通侧衩可开可不开。

2）夹里折边距下脚边止口线 1cm，还有 2.5cm 的余量（座式）。

3）里袋在第一颗钮扣和第二颗钮扣之间，距挂面 2~3cm，大 13cm 左右，可要可不要。

4）挂面：第一种情况（传统工艺）是以直开领大向上 4cm 为分界线，上面部分为自卷挂面，下面部分为外上，自卷与外上部分放缝头时，重叠 1cm，用手针缝合。第二种情况是省略去掉前领颈侧点 SNP 的延长部分，直接配上挂面，肩缝处宽 3.5cm，衣长线处 5~7cm 宽。

5）钮扣直径大：1.2~1.8cm。

**2. 礼服背心结构制图（图 6-50）**

（1）枪驳领礼服背心

〈1〉枪驳领背心款式图见图 6-49 所示。

图 6-49　枪驳领礼服背心款式图

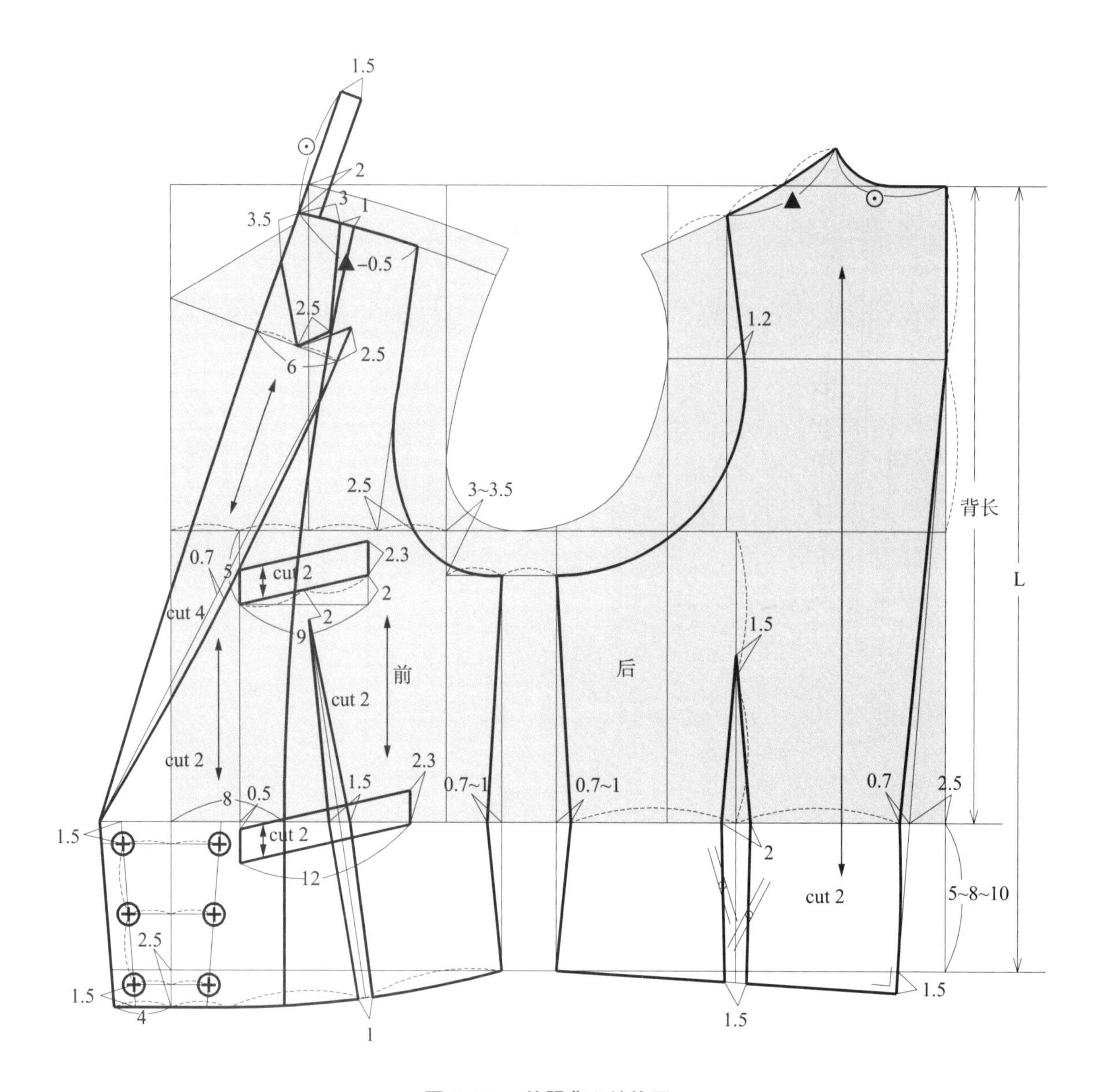


图 6-50　礼服背心结构图

〈2〉枪驳领礼服背心结构特点：根据款式造型需要，礼服背心具有以下特点：

1）枪驳领礼服背心衣长较短，一般设计在 WL 以下 5~8~10cm；胸围加放量较小，一般在 10cm 左右。

2）枪驳领为平领（只有前领圈有领子），驳面宽 5~6cm，驳角长 2.5cm；领面宽 3cm，领角长 2.5cm。

3）双排六粒扣，叠门宽：WL 处 5cm，下脚边处 4cm。

4）BL 以上，后片衣长较前片衣长（不包括领圈）长，BL 以下，前片衣长稍长于后片。

5）西背后片大于前片（后片用夹里面料较软，不影响西装的穿戴效果）。

6）挂面宽：肩缝处 4cm，WL 处 13cm（5cm+8cm）。

7）腰带：参照图 6-47。

〈3〉用料特点：背心前衣身面子面料与后衣身不同，前身衣面子面料用与礼服面子面料同质感的面料，前衣身夹里、后背的面与里料均用与前衣身夹里面料同色或相近的美丽绸或软缎。

（2）方领礼服背心 A

〈1〉方领礼服西背心 A 款式见图 6–51 所示。

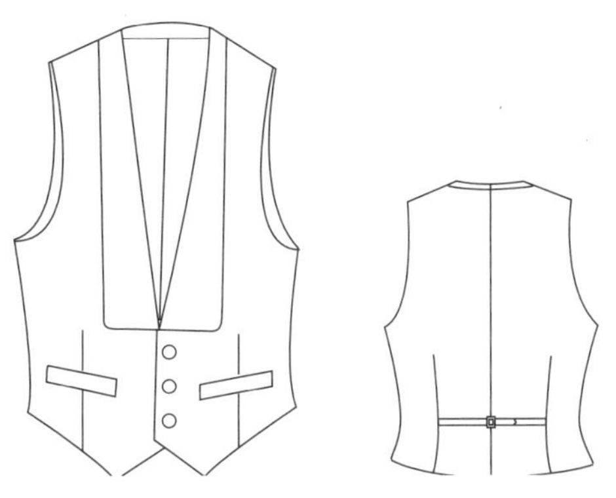

图 6–51　方领礼服背心 A 款式图

〈2〉方领礼服背心结构特点（图 6–52）：

1）方领礼服背心衣长较短，一般设计在 WL 以下 5~8cm；胸围加放量较小，一般在 10cm 左右。

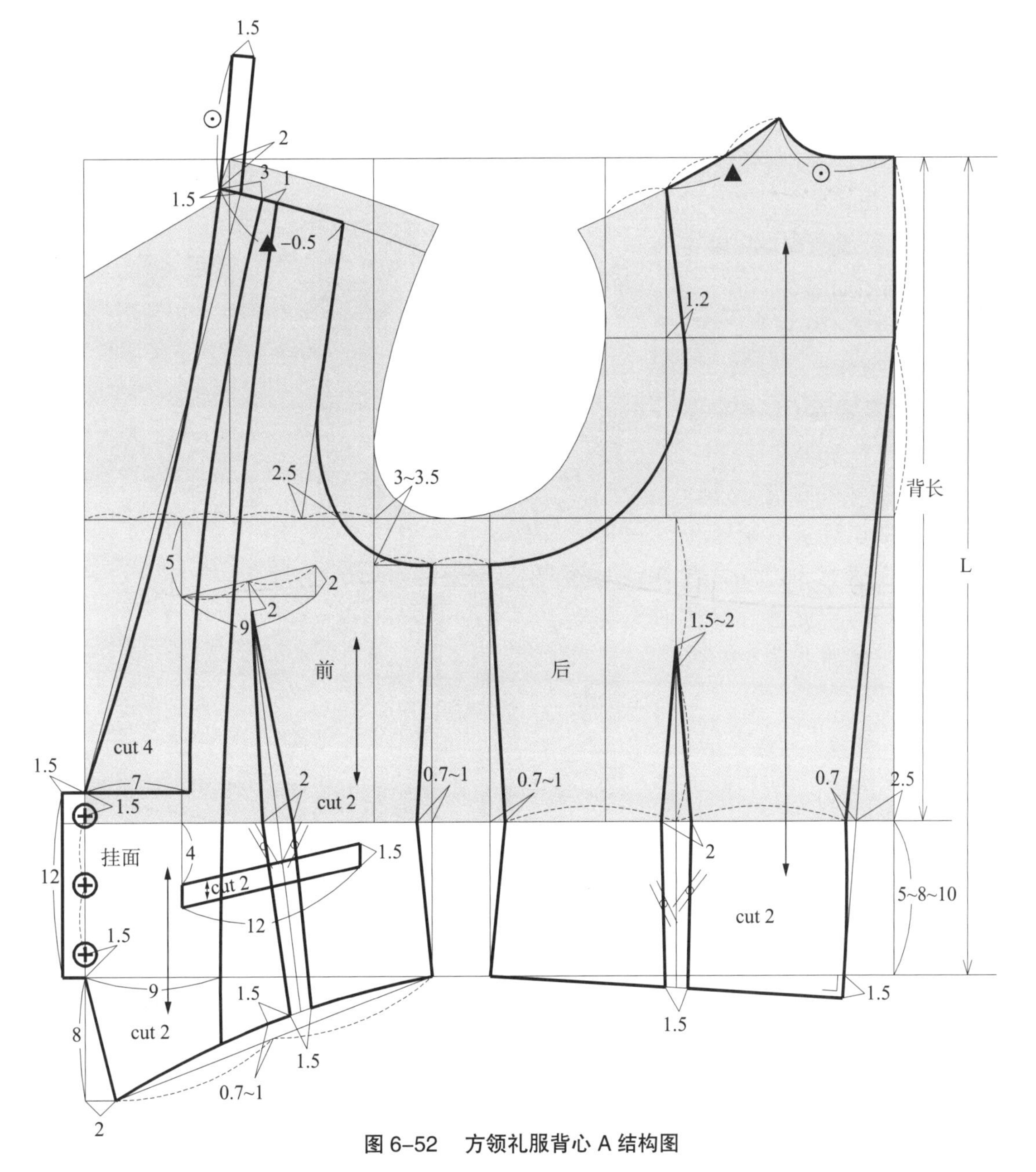


图 6–52　方领礼服背心 A 结构图

2）方领礼服背心为平领（只有前领圈有领子），方领上端宽 3~5cm，下端宽 5~7cm。

3）单排 3 粒扣，叠门宽 1.5cm、长 12cm 左右。

4）BL 以上，后片衣长较前片衣长（不包括领圈）长，BL 以下，前片衣长长于后片。

西背后片大于前片（后片用夹里面料较软，不影响西装的穿戴效果）。注：腰带参考 6-47 图。

5）挂面宽：肩缝处 4cm，衣长线处 9cm。

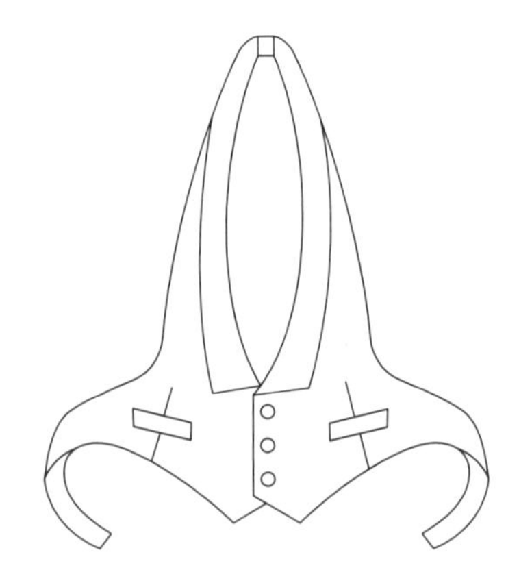

图 6-53 方领礼服西背心 B 款式

〈3〉用料特点：背心前衣身面子面料与后衣身不同，前

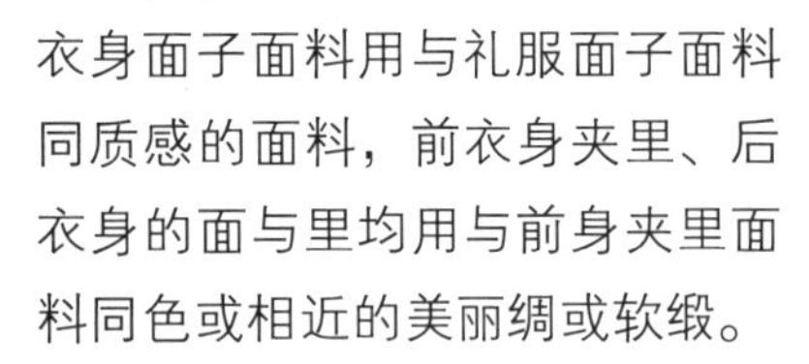

衣身面子面料用与礼服面子面料同质感的面料，前衣身夹里、后衣身的面与里均用与前身夹里面料同色或相近的美丽绸或软缎。

（3）方领背心 B

〈1〉方领礼服西背心 B 属变化背心，款式图如图 6-53 所示，此款背心适合娱乐场所、宾馆、饭店的服务生穿着。

〈2〉方领礼服背心结构特点（图 6-54）：

1）此款方领礼服背心设计后背镂空，只设计了后领圈和腰带，后领圈带宽 3~7cm，腰带长 W/4±2cm。若是腰部设计为系腰带，则腰带长为：W/4+（25~30cm）。

2）方领礼服背心为平领（只有前领圈有领子），方领上端宽 3~5cm，下端宽 5~8cm。

3）单排 3 粒扣，叠门宽 1.5cm，长 10~15cm。

4）BL 以上，后片衣长较前片衣长（不包括领圈）长，BL 以下，前片衣长长于后片。

西背后片大于前片（后片用夹里面料，较软，不影响西装的

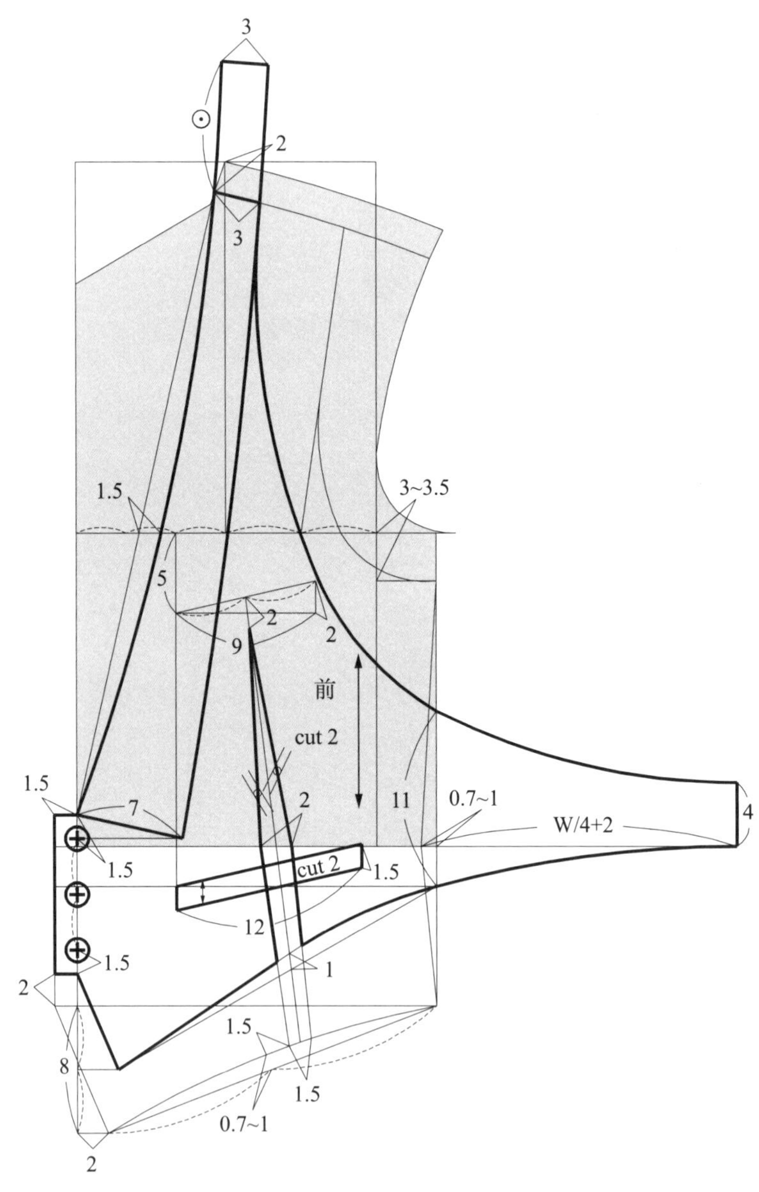


图 6-54 方领礼服西背心 B 结构设计制图

穿戴效果）。

〈3〉用料特点：此款方领背心用料没有严格的限制，前、后衣片可以用同样的面料，也可以采用背心前衣身面子面料用与礼服面子面料同质感的面料，前衣身夹里、后背的面与里均用与前衣身夹里面料同色或相近的暗花缎、美丽绸或羽纱等料子。

（4）青稞领礼服背心

〈1〉青稞领款式图如图 6–55 所示。

〈2〉青稞领礼服背心结构特点（图 6–56）：

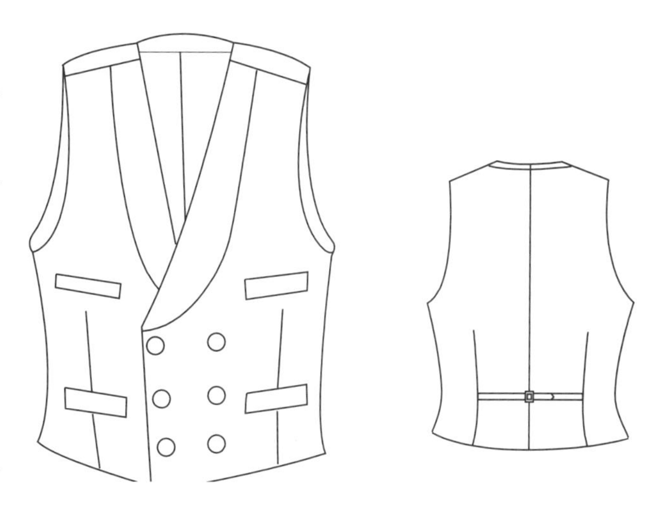

图 6–55 青稞领礼服背心款式图

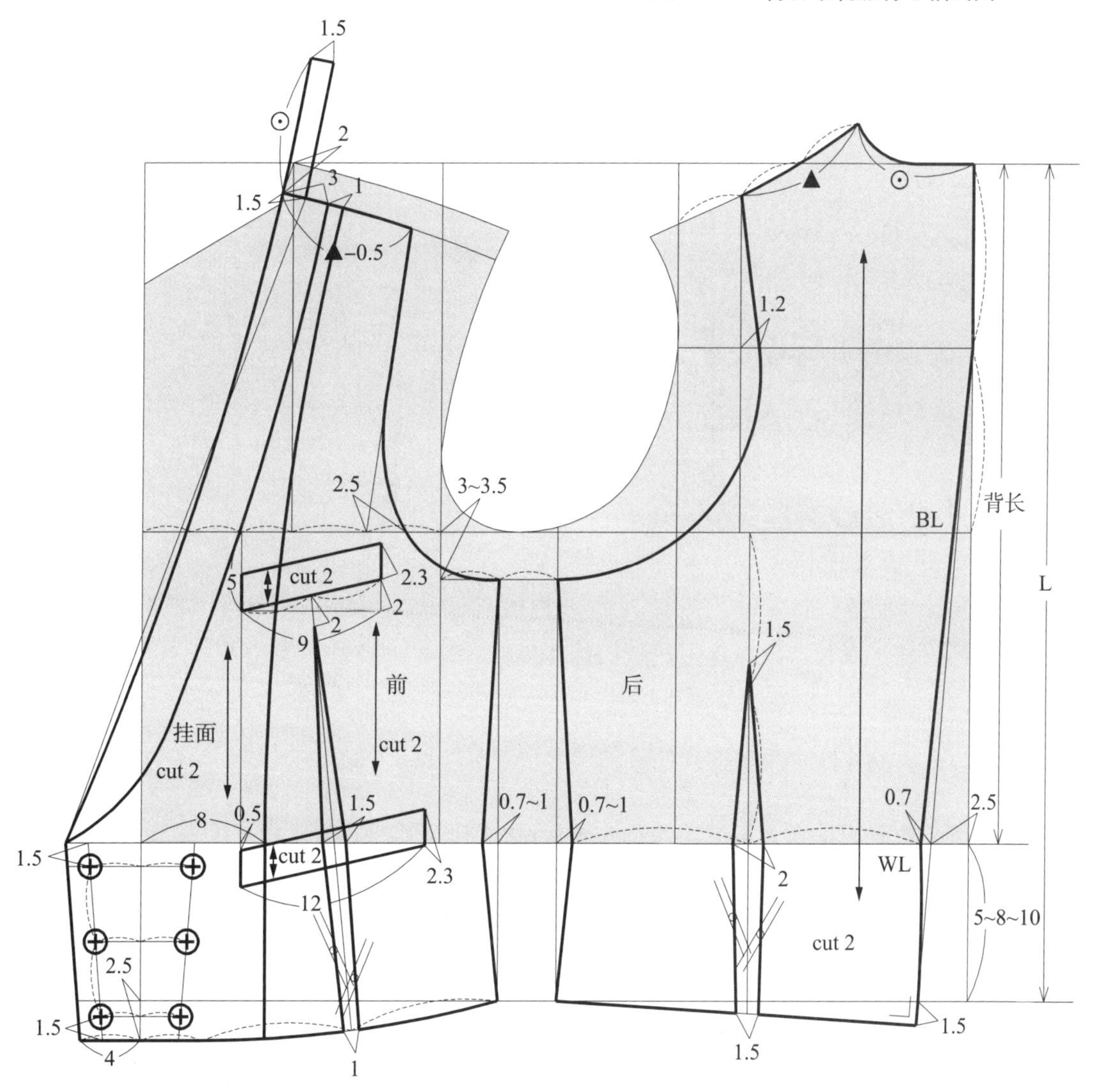


图 6–56 青稞领礼服背心结构制图

1）青稞领背心衣长较短，一般设计在 WL 以下 5~8~10cm；胸围加放量较小，一般在 10cm 左右。

2）青稞领为平领（只有前领圈有领子），驳面宽 3~5cm，驳面造型可以是上、下均等，也可以设计为上小下大。

3）双排六粒扣，叠门宽 WL 处 5cm，下脚边处 4cm。

4）BL 以上，后片衣长较前片衣长（不包括领圈）长，BL 以下，前片衣长稍长于后片。

西背后片大于前片（后片用夹里面料，较软，不影响西装的穿戴效果）。

5）挂面宽：肩缝处 4cm，WL 处 13cm（5cm+8cm）。注：腰带参考 6–47 图。

〈3〉用料特点：背心前衣身面子面料与后衣身不同，前身衣面子面料用与礼服面子面料同质感的面料，前衣身夹里、后背的面与里料均用与前衣身夹里面料同色或相近的美丽绸或纺丝绸等。

**3. 休闲背心结构的设计（图 6–58）**

（1）摄影背心款式见图 6–57。

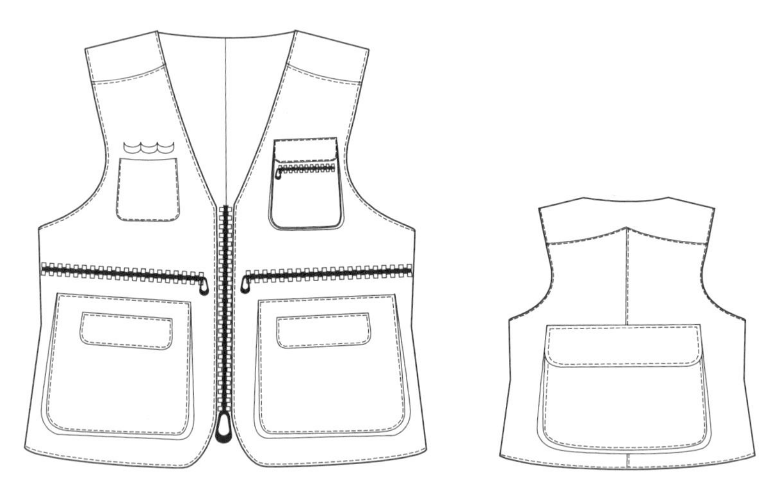

**图 6–57 摄影背心款式图**

（2）规格设置：衣长（L）60，腰围（B）104。

（3）单位：cm。

（4）选用号型：170/92A。

（5）制图要点：

◇摄影背心衣长根据穿着习惯可设计在 50~60。

◇胸围：前、后片胸围均比原型胸围减小 2。

◇袖窿增大：BL 下降 3~3.5。

◇背中缝 WL 处收腰 1.5，下脚边处收腰 1。

◇育克：前片宽 5，后片宽背中缝处 7、袖窿处 6。

◇后风琴褶袋：袋口大：距背宽线 2；袋底大：袋口大 +2；袋深：距下脚边 3~5；袋盖比袋口大 0.5，宽 5~6。

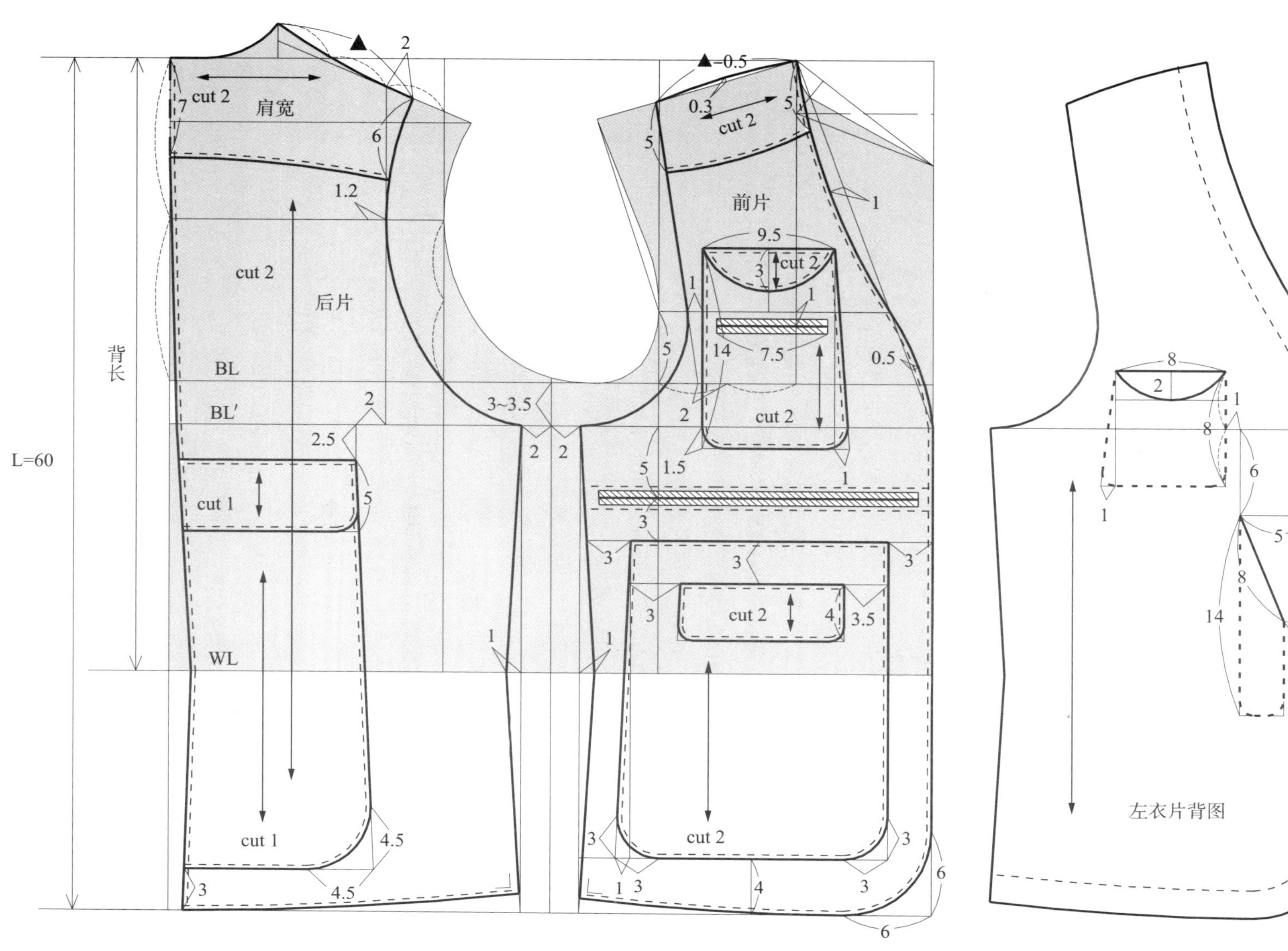


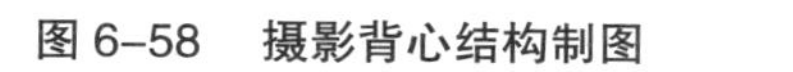

图 6–58　摄影背心结构制图

◇后侧缝：WL 出收腰 1，下摆起翘成直角。

◇前门襟止口装拉链，无需设计叠门。

◇前侧缝：WL 出收腰 1，下摆起翘成直角，与后片侧缝一样长。

◇前小风琴袋：袋深 14，袋大 9.5，距袖窿线 1；小风琴袋上的拉链距 BL 4（5−1），大 7.5。

◇前拉链袋：距前中心线、前侧缝线各 1.5，距 BL′ 5。

◇前大袋：上距前拉链袋 3，距前中心线、前侧缝线各 3，距下脚边 4；袋盖距袋口 3，距前中心线边袋位线 3.5，距侧缝线边袋位线 3。

# 第四节　西服结构制图设计

## 一、西服（West-style Clothes）定义

西装泛指西方国家人们所穿的服装，从狭义概念讲，通常是指西服套装，西服则是指西服套装的外套上衣。现代西服的直接始祖出现于 19 世纪的维多利亚时代，英国上层社会的男士们为了能在晚餐后更舒适的放松休息，避免弄皱燕尾服而设计出的一种宽松样式的服装“拉翁 . 基夹克”（Long Jacket）。在美国称为“萨克科特”（Sack Coat），西服（Suit）就是 Long Suit 和 Sack Suit 的简称。19 世纪 60 年代，供绅士们休息用的拉翁·基夹克开始采用同色同质面料来制作上衣和裤子，从此现代西服套装的形制得到了确立。

西装源于欧洲，清末逐渐传入我国。现在西装流行全世界，深受世界各个国家、地区各民族的欢迎，已成为男子必备的国际通用服装。其可塑性很强，从礼服、日常服、外出服、办公服、制式服到运动服，从正式到非正式场合均可穿戴使用。

## 二、西服分类

西服按穿戴场合可分为日常西服（正统西服）、运动型西服和休闲型西服。在传统男装中，无论是正统西装还是运动西装，其设计风格上比较保守，款式的设计往往只在一些细节处变动，如领型、扣位、口袋形制、运动西装徽章设计等，从整体风格看来，体现了传统男装简洁庄重的风格特征。

**1. 日常西服**

日常西装的基本款式可以分为两大类，即平驳领单排扣西服和枪驳领双排扣或单排扣西服。平驳领单排扣（Single）西服前门襟钮扣有一至四粒扣之分，且为圆下摆，如图 6–59。单排扣、枪驳领西服，下摆为圆下摆，门襟两粒扣，如图 6–61。双排扣枪驳领一般为二至六粒扣，为直下摆，如图 6–62。日常西装口袋流行以双开线袋盖为主，而西服廓型则为 T 型与 H 型。夹里设计考究，备有多个不同功能的口袋。驳领、插花眼、手巾袋、开衩、口袋等款式细节随历史的发展已经逐渐退化演变为装饰设计元素，如近几年流行的窄驳领，见图 6–60 所示。

图 6-59 平驳领单排扣贴袋西服

图 6-60 窄平驳领单排扣西服

图 6-61 枪驳领单排扣西服

图 6-62 枪驳领双排扣西服

平驳领与枪驳领的相同点是：左前胸一只手巾袋，下边两侧各有一个夹大袋盖的双嵌线口袋，根据流行趋势的变化，可分别在背中缝、侧缝设开衩，既可开明衩，又可开暗衩，也可不开衩；袖口设计为真袖衩或假袖衩，分别在袖衩上钉三至四粒装饰扣。

**2. 运动型西服**

运动型西服是根据日常西服基本型变化而来，传统的运动型西装其整体结构一般采用单排三粒扣的套装样式，明贴袋、缉明线是其工艺的基本特点，在这种程式要求下的局部变化和普遍西装相同，但在服装感觉上更为亲近自然。

现代运动型西服款式变化丰富，而比较有固定风格的是一种成为“Blazer Coat”的款式，其整体造型采用平驳领、单排三粒扣、圆下摆形式；贴袋（patched pocket），领子、门襟止口、贴袋等装饰明缉线（Stiych）。“Blazer”原意是光辉之眼焰，以前是英国剑桥大学赛艇俱乐部的制服，用火红色并饰有社团徽章。运动型西装另一个突出特点是在上贴袋左胸部或左臂上刺绣

LOGO（徽记），体现其团体性，它经常作为体育团体、俱乐部、职业公关人员、学校和公司职员的制服。徽章的造型有盾牌型、长方形、圆形和其他组合型，不同的体育团体、企业、学校有不同的徽章。其服饰搭配对衬衫、领带的要求随意，只要不与西服的风格相悖，如图 6–63 所示。

图 6–63 运动型西服

**3. 休闲型西服**

休闲型西服其款式结构接近运动西装（只是没有徽章），是一种在面料质地、细节构思上变化较多的款式，是适合非正式场合穿戴的、较为轻松方便的生活装（图 6–64，彩图 20，21）。又称为调和性西装，因为它具有较强的变通性：上下自由组合、内外色彩、配饰几乎完全脱离正统西装的固定搭配形式，可以根据自己的爱好去搭配。但休闲西装固定下来的模式，毕竟经过了千锤百炼。

图 6–64 休闲西服

## 三、西装款式变化

### 1. 西装款式变化部位

西装的款式变化紧跟流行时尚风格，看似简单、款式变化不大，其实无论是面料的质地、色彩，还是款式变化每年都是不同的。近年来国际流行轻、薄、挺、软的西装。其款式变化主要在领子、驳面、口袋、门襟止口下摆、后片、有无开衩及开衩位置等。

（1）领子、驳面、门襟止口下摆款式变化（图 6–65）

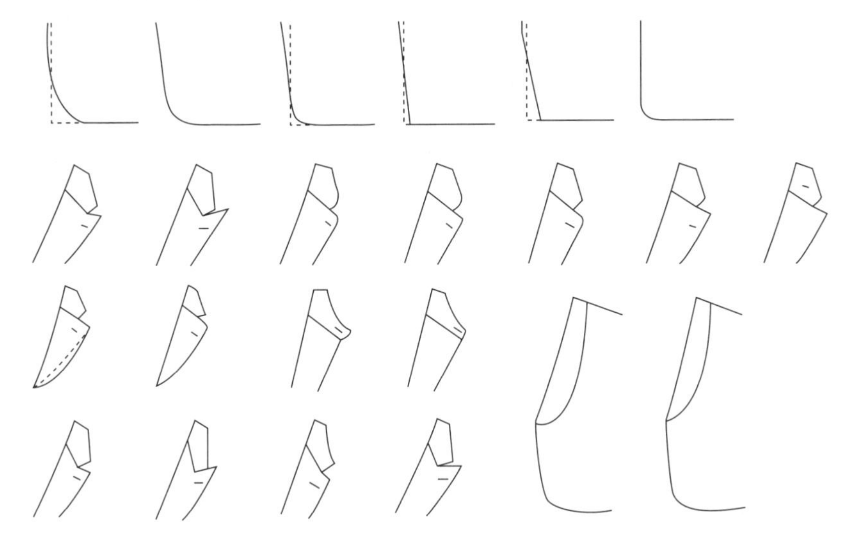

图 6–65　西装领子、驳面、门襟止口下脚边款式变化

（2）后片款式变化（休闲西服）（图 6–66）

图 6–66　西装后背款式变化

（3）口袋款式变化（图 6–67）

图 6–67 西装口袋款式变化图

（4）西装开衩变化（图 6–68）

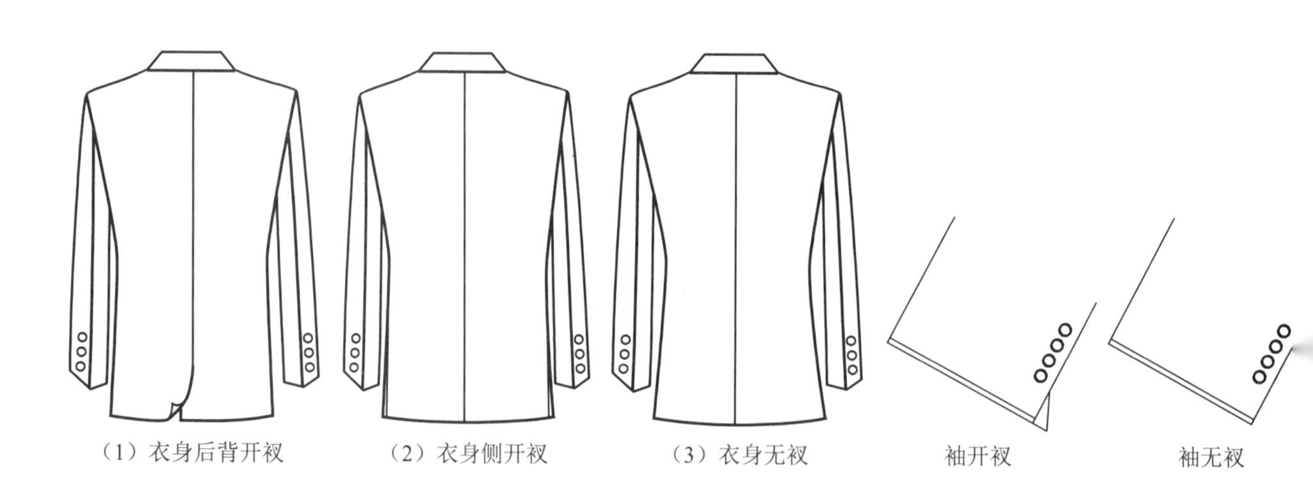


图 6–68 西装开衩

**2. 西装（正装）款式（图 6–69）**

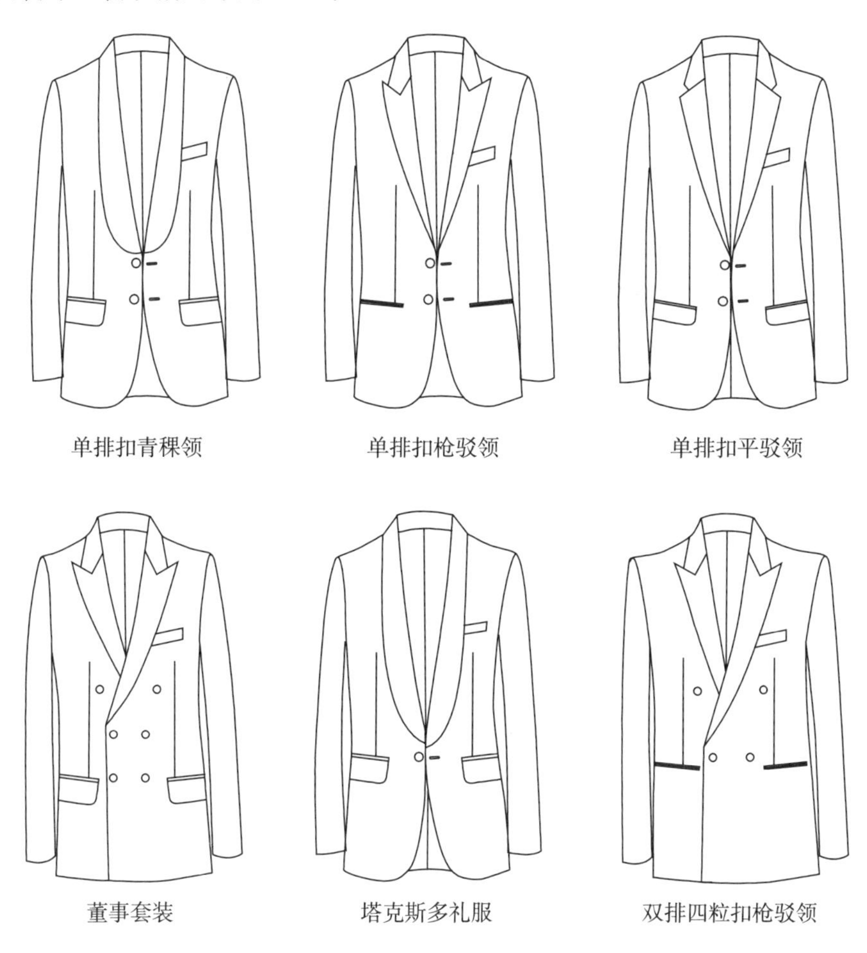


图 6–69　经典西装款式

**3. 休闲西装款式（图 6–70）**

图 6–70 ①　休闲西装款式

图 6–70 休闲西装款式

## 四、西服结构制图设计

### （一）平驳领、单排两粒扣西服结构制图（图 6–72）

一般来说，能够体现绅士风格的正装的面料非常讲究，色彩多以黑色、深蓝色和灰色为主。此外，合身的剪裁和严格的尺码是绅士正装的基本要素，外套应长于臀部，袖口距大拇指尖 10cm 左右，裤子要短于鞋跟 2～3cm。实物图参见彩图 22。

（1）假定成品规格；衣长（L）74，胸围（B）106，肩宽（S）43，袖长（SL）60，袖口 15。

（2）单位：cm。

（3）选用号型：170/92A。

（4）款式图：平驳领、门襟单排两粒扣、圆下摆、后开衩，袖口四粒扣、真袖衩，如图 6–71。

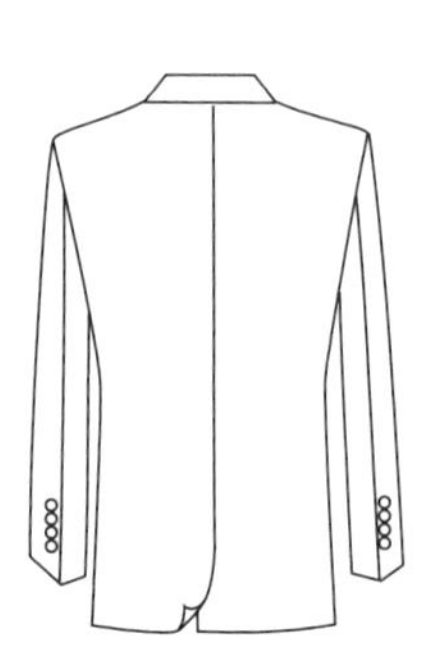

图 6–71 平驳领、单排两粒西服款式图

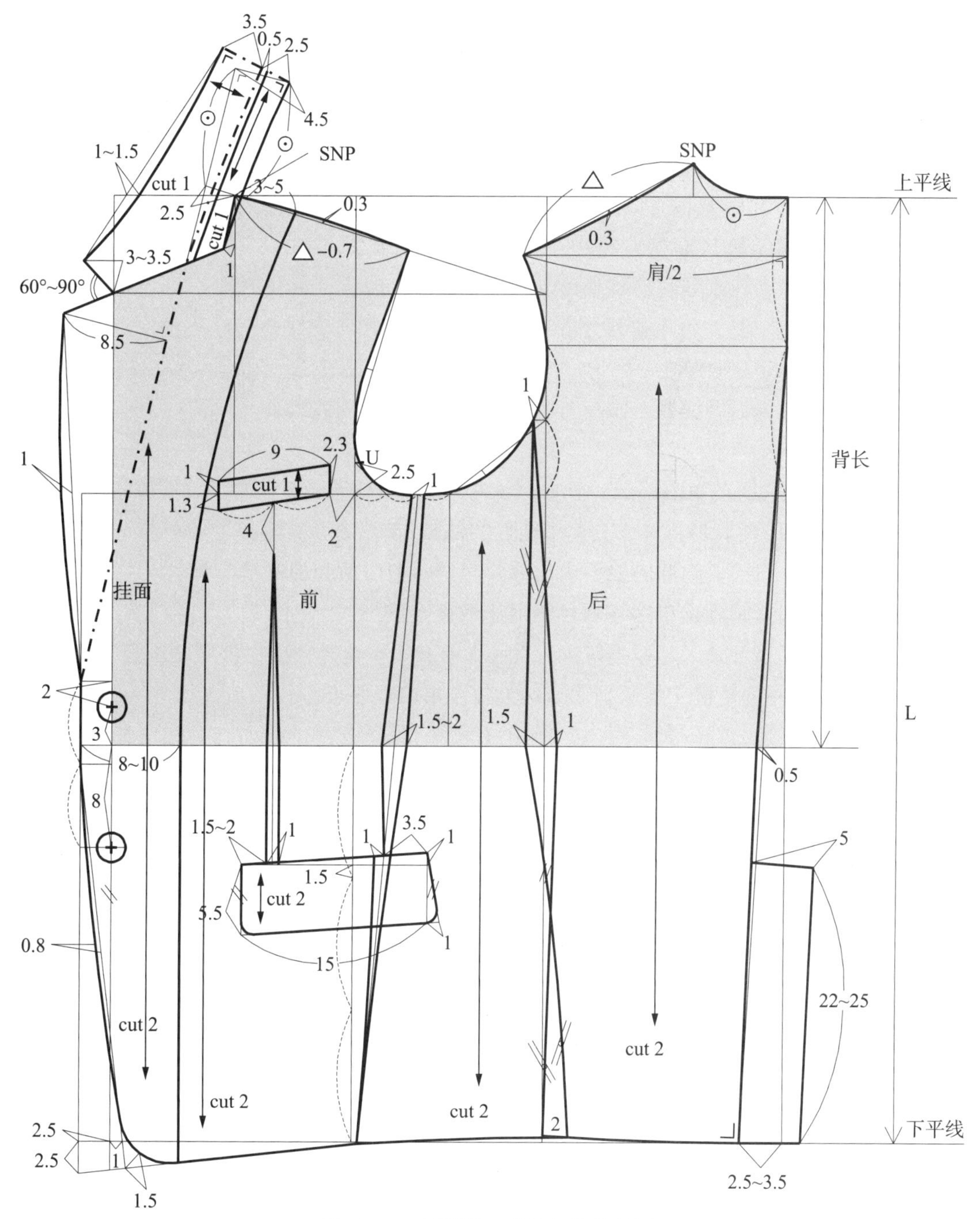


图 6-72　平驳领、单排扣结构制图

（5）应用原型法进行结构制图设计。

**1. 制图步骤：**

后片

（1）画出西服原型。

（2）确定衣长：经过原型 BNP 点（后颈中点）作上平线，与原型前中心线、后中心线垂直，在原型背中延长线求出衣长 L，画出下平线。

（3）确定新背中线：在背中线与下平线的交点处，内量 2.5~3.5，与横背宽线、BNP 点连接，并在 WL 出凹进 0.5，将新背中线连顺。

（4）后衩长：西装后衩一般为：22~25。

（5）后领圈、后肩缝采用原型。由于假定规格中的胸围、肩宽尺寸与原型相同，所以不动。后领圈也可作增大设计。即 SNP 点向左移 1cm，肩宽也可以直接按肩宽 1/2 计算。

（6）确定后袖窿：延长原型背宽线至下平线，横背宽线与 BL 的 1/2 处，向外量 1 为前、后衣片袖窿处的分界点，也是后袖窿末点，连顺袖窿。

（7）后片侧缝线：前、后片袖窿分界点与 WL 收腰处和背宽线与下平线的交点连接，求出后片侧缝线，后片 WL 处收腰 1。

（8）后片下摆线：下平线处，作新背中线的垂线，与侧缝线相交。

前片

（1）基础止口线：距前中心线 2.5 作前中心线的平行线。从 BL 处与下平线连接并延长 2.5。

（2）侧缝线：WL 处，收腰 1.5，摆大增加 2~2.5，前后衣片袖窿处的分界点与 WL 处收腰后的点和增加的摆大连接，起翘的量要求与后片相同，前、后片的侧缝应等长。

（3）基础下摆线：基础止口线与前片侧缝起翘点连接。

（4）领圈设计：横开领大与原型等大，为 1/2 前胸宽；直开领大：外侧与原型直开领等大，内侧是外侧的 1/2，并向外偏 1 与原型串口线连接，形成西服领圈的串口线。

（5）驳角长：在串口线的延长线上，前中线与串口线的交点向外 4~5，驳面宽 7~8.5。

（6）钮扣位确定：第一颗钮扣位距 WL 线 3，第二颗钮扣位距 WL 线 8。

（7）翻折点、翻折线：上端点在肩线的延长线上，距 SNP2.5，下端点在止口线上第一钮扣位 2。连接上、下端点，画出翻折线。

（8）止口线：以驳角长的端点、驳面端点、钮扣位中点和下摆前中心线劈势 1 为基础，画圆顺、顺直。

（9）前肩线、前袖窿与原型相同。

（10）手巾袋：距胸宽线 2，门襟止口端在 BL 处下降 1.3，另一端在 BL 上，成品规格大 9~10，宽 2.3~2.5。

（11）胸省：上端距手巾袋中点 4，与 WL 垂直，相交于大袋位线，省大 1。

（12）大袋：大袋位：胸宽线上，WL 与下平线之 1/3，向上提高 1.5，侧缝端起翘 1。

大袋大：以胸省与袋位线交点向左 2 为起点计算 15，袋盖宽 5.5。

（13）肋下分割线：将胸宽线与原型侧缝线三等分，其 1/3 端点与袋位末端 3.5 处连接延长至下摆线；BL 处收省 1，WL 处收省 2；袋口上端比下端长 1。

（14）袖窿 AH：前、后袖窿弧线长的总和为 AH。

领子

（1）从翻折线与肩线延长线的交点起，在翻折线上作后领弧线长⊙，作翻折线的垂线，垂足 4.5，找到后领底中点；连接后领底中点与领圈直开领内侧，找到内领口线，经过后领底中点做内领口线的垂线求出领宽线（领中线），领宽为 6（座领宽为 2.5，翻领宽为 3.5）。

（2）领角长：领角长一般为 3.5，与驳角长成 60°～90° 夹角，连接领角长与领宽线，修正外领口线，使其与领宽线垂直，并与领角长连接顺直。

（3）领面：领中线为对折线，翻领部分与领座分开，距翻折线 0.5～1。翻领要求纬纱，领座要求经纱。

（4）领里：翻领部分与领座不分开，选用辅料领底绒，则领中线不破开为对折线；若用西装面子面料，则领中线破开为结构线。

挂面

（1）挂面宽：SNP 处 3～5，WL 处 8～10。

（2）领口、门襟止口翻折线处，挂面比衣片各大 0.5，翻折线以下到下脚边挂面与衣片等大。

袖子结构设计制图

（1）袖子造型同样是西服关键所在，既不能太肥，也不能偏瘦，袖山头的缩缝量适中以保证袖子缩缝量在 3 左右，图 6–73 所示。

（2）袖山高：AH/3。

（3）袖肥：AH/2−2。

（4）大小袖相借 1.5，前袖缝处大袖比小袖大 3，偏袖线处大袖比小袖大 2～2.5。

（5）袖衩长：9~12。

（6）袖口装饰钮扣：3～4 粒。

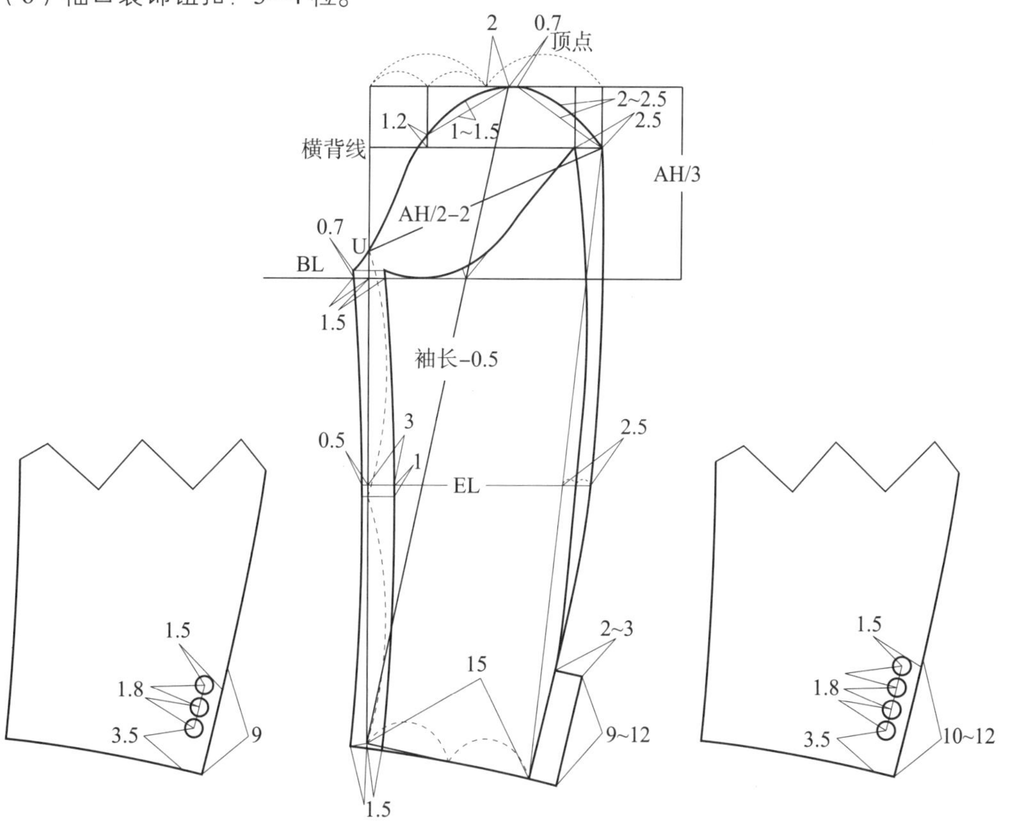


图 6–73　袖子结构制图

**2. 西服胸省展开图（图 6–74）**

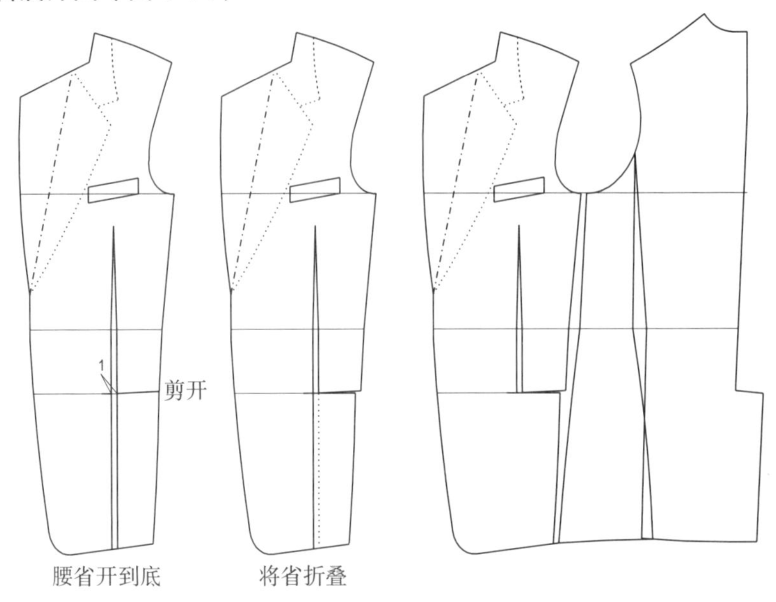


图 6–74　胸省、肋省展开图

**3. 里袋位、烟袋位结构制图设计（图 6–75、图 6–76）**

（1）里袋开袋位布（马耳朵）：用西服面子面料，肋下缝处：BL 下 2~3，宽 3~4；挂面处：BL 下 5~6，宽 6~8。

（2）里袋：从挂面 2.5 处算起，里袋大 15，深 18~20；袋盖宽 5，双嵌线宽 0.6，各 0.3 宽。

（3）手机袋：袋大 8，深 12，袋爿宽 2，距面子大袋 1~2。

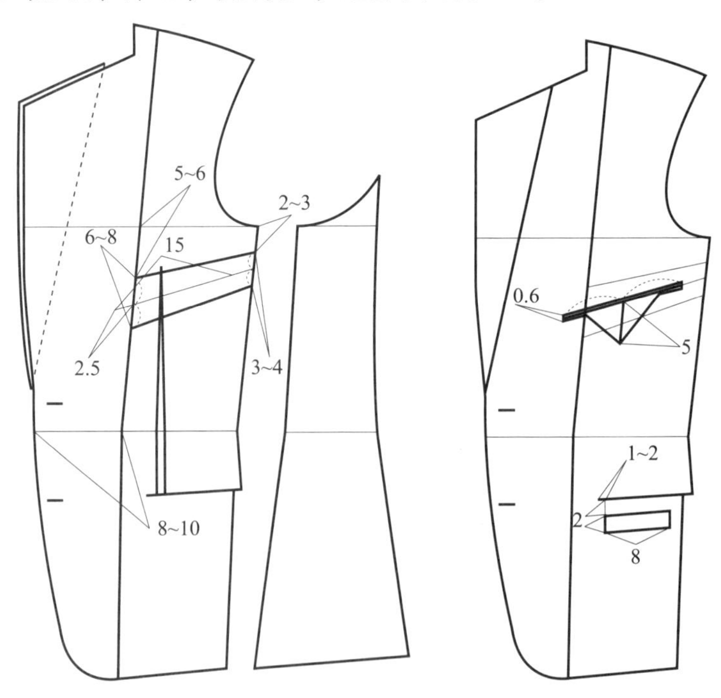


图 6–75　里袋位、烟袋位

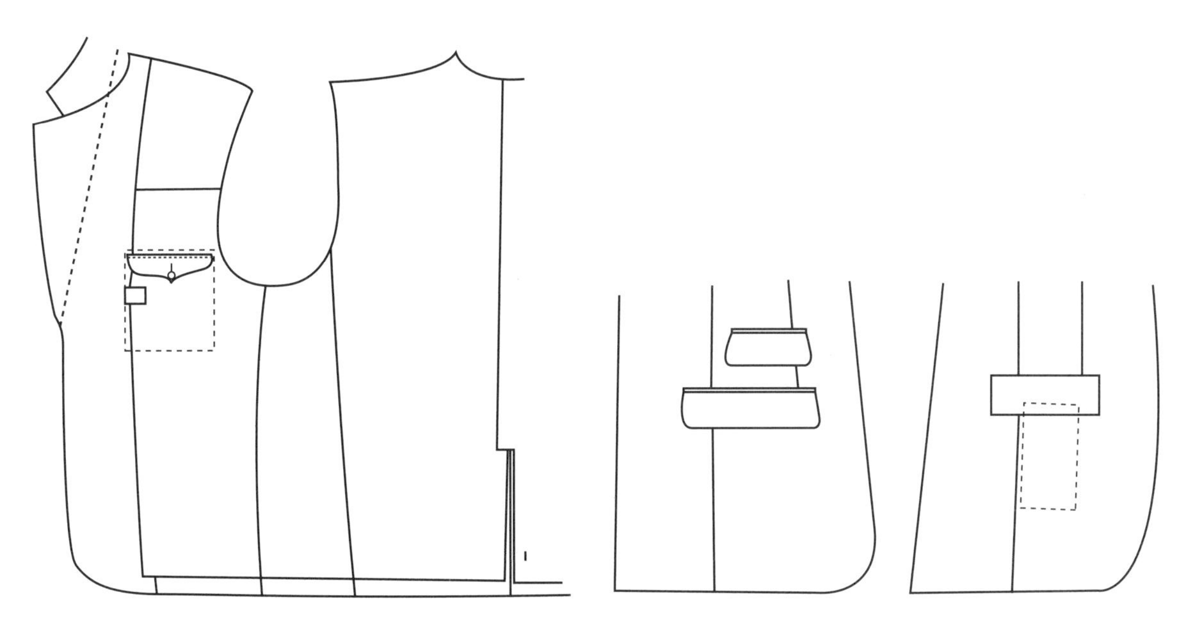

图 6–76　常用大袋、里袋、烟袋成型图

**（二）平驳领、单排三粒扣（圆下摆、侧开衩）西服结构制图（图 6–78）**

（1）假定成品规格：衣长（L）74，胸围（B）106，肩宽（S）43，袖长（SL）60，袖口 15。

（2）单位：cm。

（3）选用号型：170/92A。

（4）款式描述：平驳领、门襟单排两粒扣、圆下摆、侧开衩，袖口四粒扣、真袖衩，如图 6–77 所示。

（5）结构设计制图设计原理：应用原型法进行结构制图设计。

图 6–77　平驳领、单排三粒扣西服款式图

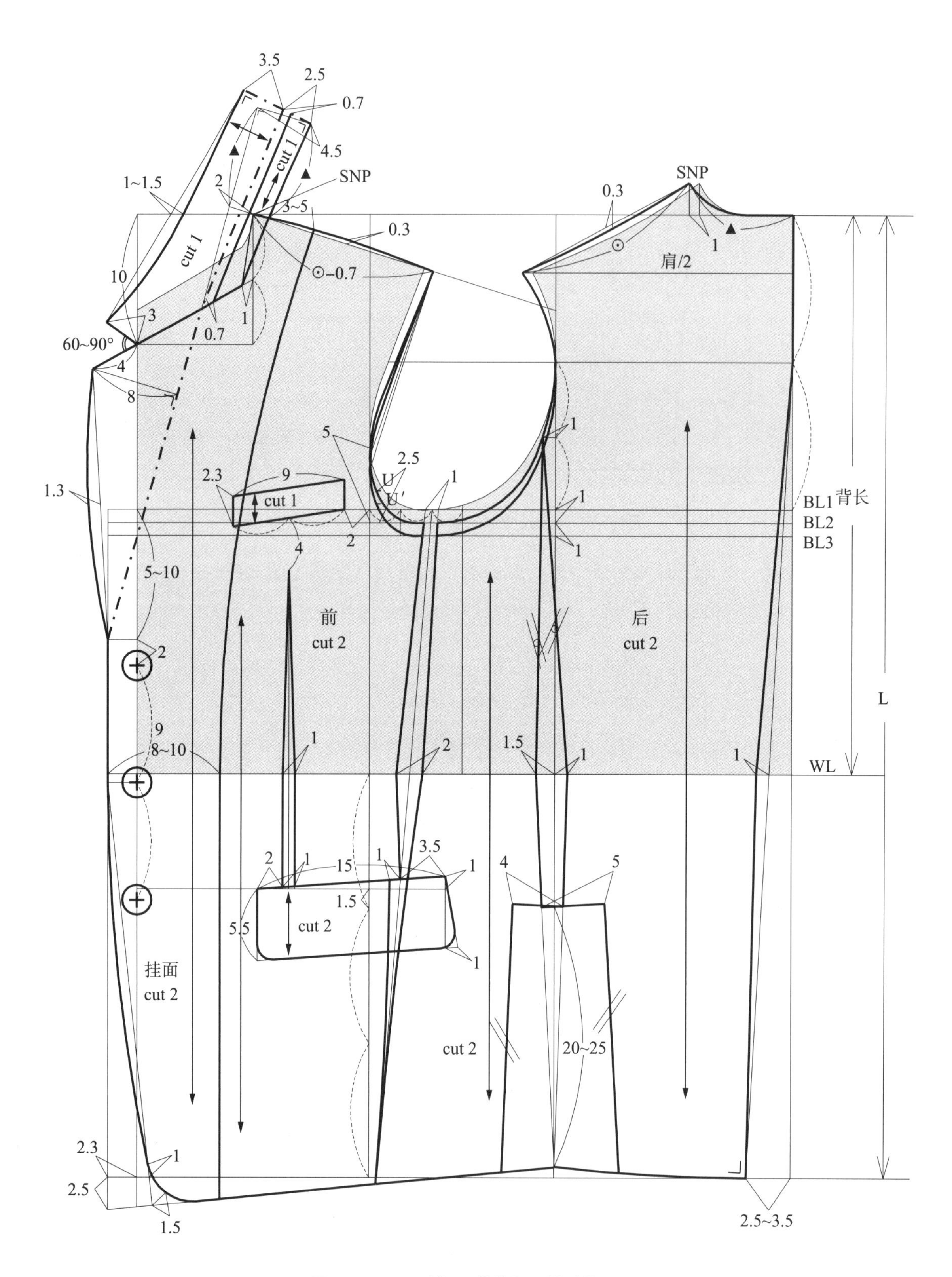


图 6-78 平驳领、单排扣西服结构制图

**1. 制图步骤：**

后片

（1）画出西服原型。

（2）确定衣长：经过原型BNP点（后颈中点）作上平线，与原型前中心线、后中心线垂直，在原型背中延长线求出衣长L，画出下平线。

（3）确定新背中线：在背中线与下平线的交点处，内量2.5~3.5，与横背宽线、BNP点连接，并在WL处凹进1，将新背中线连顺。

（4）后领圈：采用原型领圈，实际应用中，领圈横开领也可以向左增大1，再画顺后领窝（▲）。

（5）后肩缝（⊙）：肩宽也可以按人体实际肩宽设计，公式为：1/2肩宽，后肩缝也随着肩宽增大而增大或随着肩宽减小而减小。

（6）后袖窿大：根据实际需要，可在原型袖窿的基础上增大。方法是将BL1下降1~3，形成新的BL2、BL3，横背宽线与BL的1/2处，向外量1为前后衣片袖窿处的分界点，也是后袖窿的末点，自肩点、横背宽线至后袖窿末点，连顺后袖窿。

（7）确定后片侧缝线：延长原型背宽线至下平线，后片WL处收腰1；连接分界点、WL收腰处和背宽线与下平线的交点，求出后片侧缝线。

（8）后片侧衩：在后片侧缝线靠下脚边处留衩，侧衩长20~25，宽4~5，为侧衩门襟。

（9）后片下脚边线：下平线处，作新背中线的垂线，与侧缝线相交并与侧衩连接。

前片

（1）基础止口线：距前中心线2.5作前中心线的平行线。从BL处与下平线连接并延长2.5。

（2）侧缝线：WL处，收腰1.5，摆大增加2~2.5，前后衣片袖窿处的分界点与WL处收腰后的点和增加的摆大连接，起翘的量，要求与后片相同，前、后片的侧缝应等长。

（3）前片侧衩：在前片侧缝线靠下脚边处留衩，侧衩长20~25，宽4~5，为侧衩底襟。

（4）前基础下脚边线：基础止口线先与前片侧缝起翘点连接，再与侧衩连接。

（5）领圈设计：横开领大与原型等大，为1/2前胸宽；直开领大10，直开领外侧与内侧的1/2连接形成串口线，并向外偏1，形成西服领圈。

（6）前肩线长：后肩长（⊙）−0.7。

（7）驳面宽：7~8。

（8）驳角长：在串口线的延长线上4~5。

（9）翻折点、翻折线：上端点在肩线的延长线上，距SNP2.5，下端点在门襟止口线上，距BL5~10，连接上、下端点，画出翻折线。

（10）止口线：以驳角长的端点、驳面端点、钮扣位中点和下摆前中心线劈势1为基础，画圆顺、顺直。

（11）前袖窿大：根据实际需要，可在原型袖窿的基础上增大。方法是将BL1下降1~3，形成新的BL2、BL3，袖窿将随之增大1.5~4.5。在胸宽线上自BL2、BL3重新向上取5，与SP连接，取2.5确定出对位记号U；画顺袖窿。

（12）手巾袋：距胸宽线 2，一端在 BL 处下降 1.3，另一端在 BL 上，成品规格大 9~10，宽 2.3~2.5。

（13）大袋位：胸宽线上，WL 与下平线之 1/3，向上提高 1.5，起翘 1。

（14）胸省：上端距手巾袋中点 4，与 WL 垂直，相交于大袋位线，省大 1。

（15）大袋盖：大袋盖大：以胸省与袋位线交点向左 2 为起点计算 15，袋盖宽 5.5。

（16）肋下分割线：将胸宽线与原型侧缝线之距离三等分，其 1/3 端点与袋位末端 3.5 处连接延长至下脚边线；BL 处收省 1，WL 处收省 2；袋口上端比下端长 1。

（17）钮扣位确定：第一颗钮扣位距翻折线下端点 2，第三颗钮扣与袋位平齐，平分第一颗钮扣与第三颗钮扣之间距离，则为第二颗钮扣位。

（18）袖窿 AH：前、后袖窿弧长的总和为 AH。

领子

（1）从翻折线与肩线延长线的交点起，在翻折线上作后领弧线长▲，作翻折线的垂线，垂足 4.5，找到后领底中点；连接后领底中点与领圈直开领内侧，找到内领口线，经过后领底中点做内领口线的垂线求出领宽线（领中线），领宽为 6（座领宽为 2.5，翻领宽为 3.5）。

（2）领角长：领角长一般为 3.5，与驳角长成 60°~90° 夹角，连接领角长与领宽线，修正外领口线，使其与领宽线垂直，并与领角长连接顺直。

（3）领面：领中线为对折线，翻领部分与领座分开，距翻折线 0.5~1。翻领要求纬纱，领座要求经纱。

（4）领里：翻领部分与领座不分开，选用辅料领底绒，则领中线不破开为对折线；若用西装面子面料，则领中线破开为结构线。

挂面

（1）挂面宽：SNP 处 3~5，WL 处 8~10。

（2）领口、门襟止口翻折线处，挂面比衣片各大 0.5，门襟止口翻折线以下到下脚边与衣片等大。

袖子结构设计制图

（1）袖子造型同样是西服关键所在，既不能太肥，也不能偏瘦，袖山头的缩缝量适中以保证袖子缩缝量在 3 左右，如图 6–79 所示。

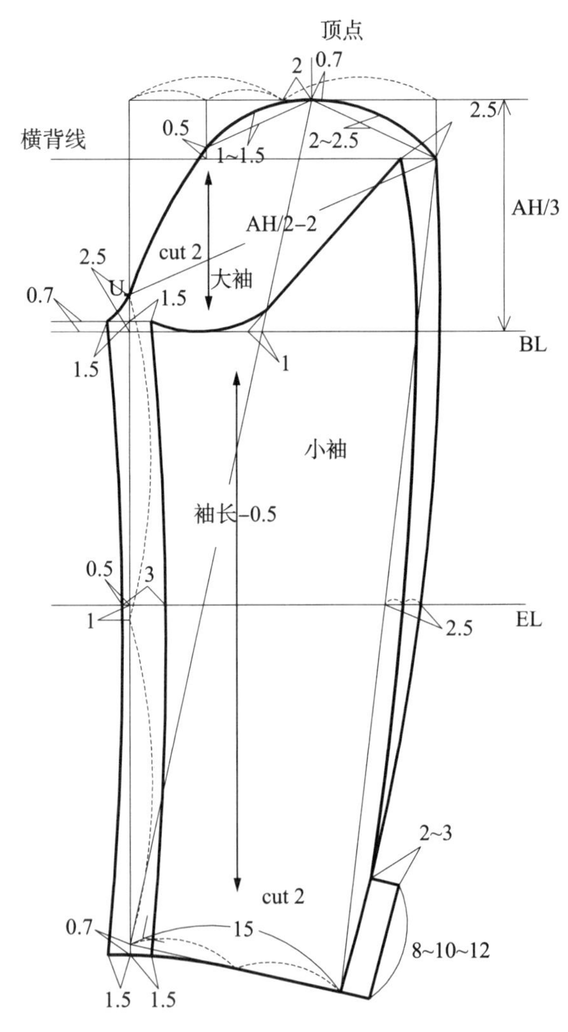


图 6–79 袖子结构制图

（2）袖山高：AH/3。

（3）袖肥：AH/2−2。

（4）大小袖相借 1.5，前袖缝处大袖比小袖大 3，横背宽线处大袖比小袖大 2~2.5。

（5）袖衩长：8~10~12。

（6）袖口装饰钮扣：3~4 粒。

**2. 西服夹里**

为了穿脱方便和体现西服的品质，西服都要加夹里。西服的夹里（衬里）分全衬与半衬。全衬是指西服的反面全部加衬夹里。半衬是指西服的反面局部加衬夹里，如前胸、后背、袖山头或袖口等部位加衬夹里。一般礼服类西装、商务西装和职业套装采用全衬，休闲类西服采用半衬。

（1）全衬夹里（图 6–80）

全衬夹里对面料的要求，一般衣身夹里用与面料颜色相同或相近、华丽的仿缎，袖子则用白色或米色轻薄的仿丝绸，目的是为了穿脱方便。

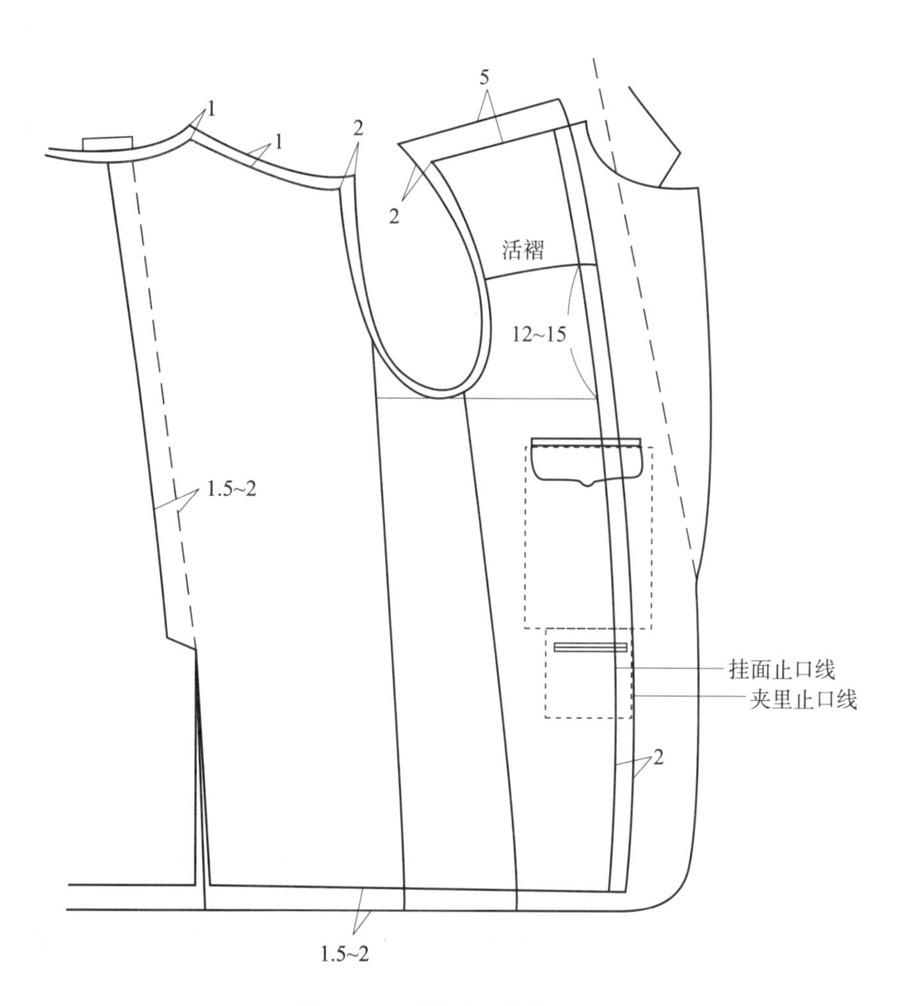


图 6–80　全衬夹里半成品

夹里配制是在面子毛样板上配制的，前片夹里：肩部比面子长 5cm（4cm 作活褶，1cm 作袖窿松量），肩宽比面子大 2cm，夹里袖窿与面子同样深浅；门襟处比挂面大 2（即重叠放 2cm）；后片：肩部比面子衣长 1cm，肩宽比面子大 2cm，袖窿与面子同样深浅；侧缝、肋缝与面子同大；背中缝：WL 以上作阴褶、比面子背缝大 1.5~2cm，WL 以下比面子大 0.5~1cm，夹里在下脚边处，都比面子毛样短脚边宽的一半，袖子山头夹里比面子长 1cm，袖子夹里脚边比面子毛样短 2cm，如图 6–80 所示。

（2）西装半衬夹里、里袋位置

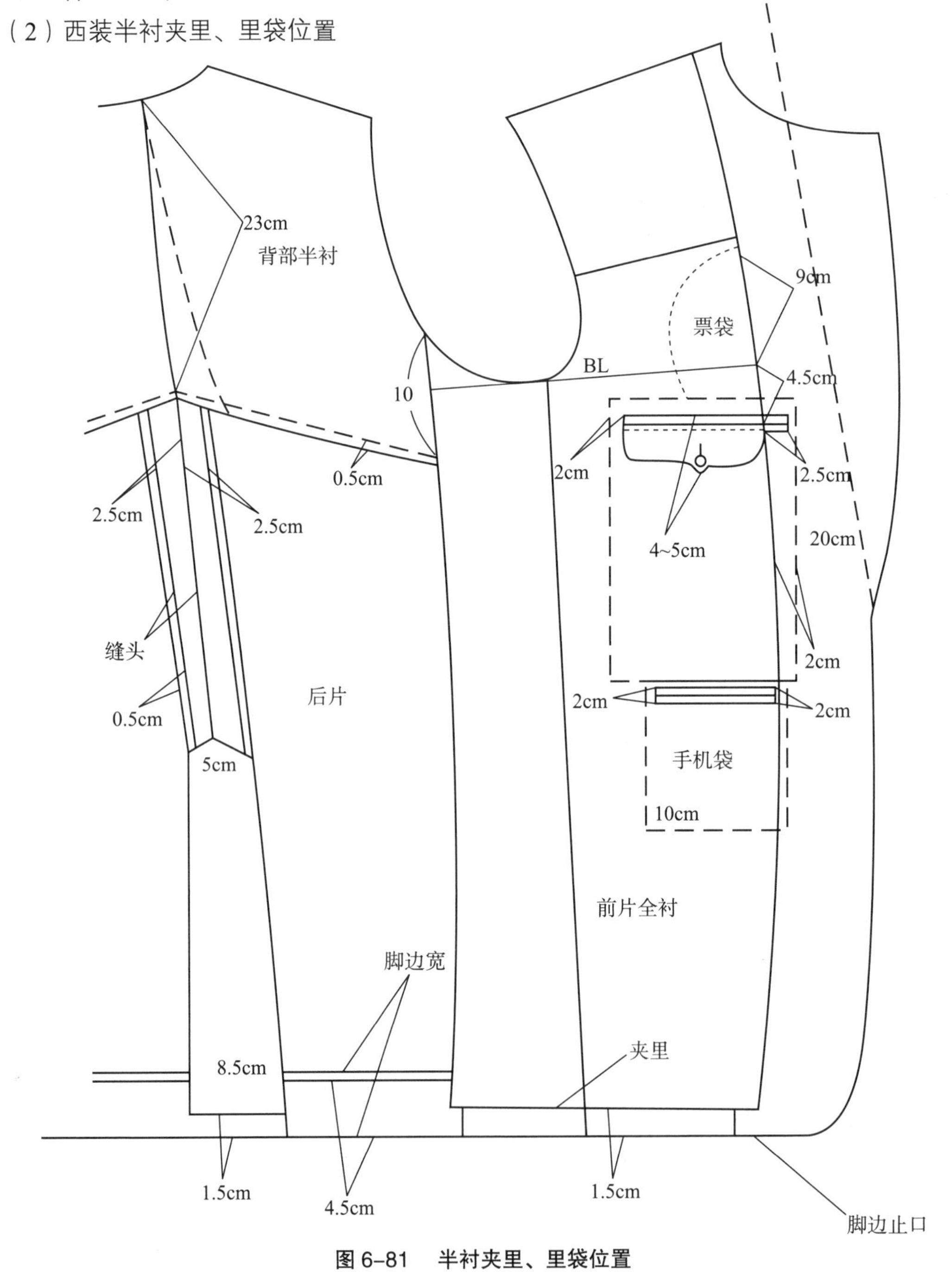


图 6–81　半衬夹里、里袋位置

随着国际一线男装名牌入驻国内市场，带动了国内男装的发展，国内男装品牌明确了风格定位，裁剪、制作工艺有了进一步的创新。近年来，休闲西装由于其穿着随意、舒适，倍受消费者青睐，占据了很大的市场份额。一些品牌为了抢占市场，在同等面料和大同小异的款式造型的基础上，为了体现其品牌文化内涵，厂家纷纷在夹里上下功夫。根据面料的厚薄和穿着的季节不同，半衬夹里的质地、所衬部位出现多元化，也是西服一道独特靓丽的风景线。

〈1〉西装前片全衬、后片半衬结构设计（图 6–81）

A. 夹里胸部活褶，距 BL10~12cm，活褶大 4cm。

B. 票袋大 9cm，距 BL9cm。

C. 里袋距 BL4.5cm，里袋从挂面 2.5cm 处算起，大 15cm；里袋布大 19cm，深 20~22cm；里袋盖宽 4~5cm。（注：里袋盖也可以居袋口大的中间）

D. 手机袋距里袋位置 25cm 左右，距挂面 2cm；袋大 8cm，袋深 10cm，袋爿宽 2cm。

E. 后片背中缝缝头宽 2~2.5cm，下脚边缝头宽 4.5cm，其余缝头均为 0.7~1cm；包边 0.5cm。

F. 后片半衬：背中缝处长 23~25cm，侧缝处长 10cm。

G. 背衩里布上宽 5cm，下宽 8.5cm。

H. 夹里下脚边余量（座式）3cm，距西服面子下脚边 1.5cm。

〈2〉前后侧缝相连的西装半衬夹里结构设计（图 6–82）

A. 夹里胸部活褶，距 BL10~12cm，活褶大 4cm。

B. 西装半衬夹里后背长 15cm，前片宽：下脚边处遮大袋布宽的一半（11cm 宽），侧缝长 7~10cm。

C. 里袋距 BL4cm，里袋从挂面 2.5cm 处算起，大 15cm；里袋布大 19cm，深 20cm~22cm；里袋盖宽 4~5cm。

D. 笔插距里袋位低 4cm，笔插大从挂面 1cm 处算起，大 5cm。

E. 后片背中缝缝头宽 2.5cm，下脚边缝头宽 4.5cm，其余缝头均为 0.7~1cm；包边 0.5cm。

F. 背衩里布上宽 5cm，下宽 8.5cm。

H. 夹里下脚边余量（座式）3cm，距西服面子下脚边 1.5cm。

〈3〉前后侧缝不相连的西装半衬夹里（图 6–83）

A. 前片夹里肩部收省或活竖褶距里袋位 4~5cm。

B. 西装半衬夹里后背采用里子面料长 18cm，前片夹里采用面子面料，宽以肋缝为界，下脚边处遮大袋布宽的一半。

C. 里袋距 BL2cm，里袋从翻折线 2.5cm 处算起，大 15cm；里袋布大 19cm，深 20~22cm；里袋盖宽 4~5cm。

D. 笔插距里袋位低 4cm，笔插大从翻折线 2.5cm 处算起，大 5cm。

E. 后片背中缝缝头宽 2.5cm，下脚边缝头宽 4.5cm，其余缝头均为 0.7~1cm；包边 0.5cm。

F. 侧衩里布上宽 5cm，下宽 7cm。

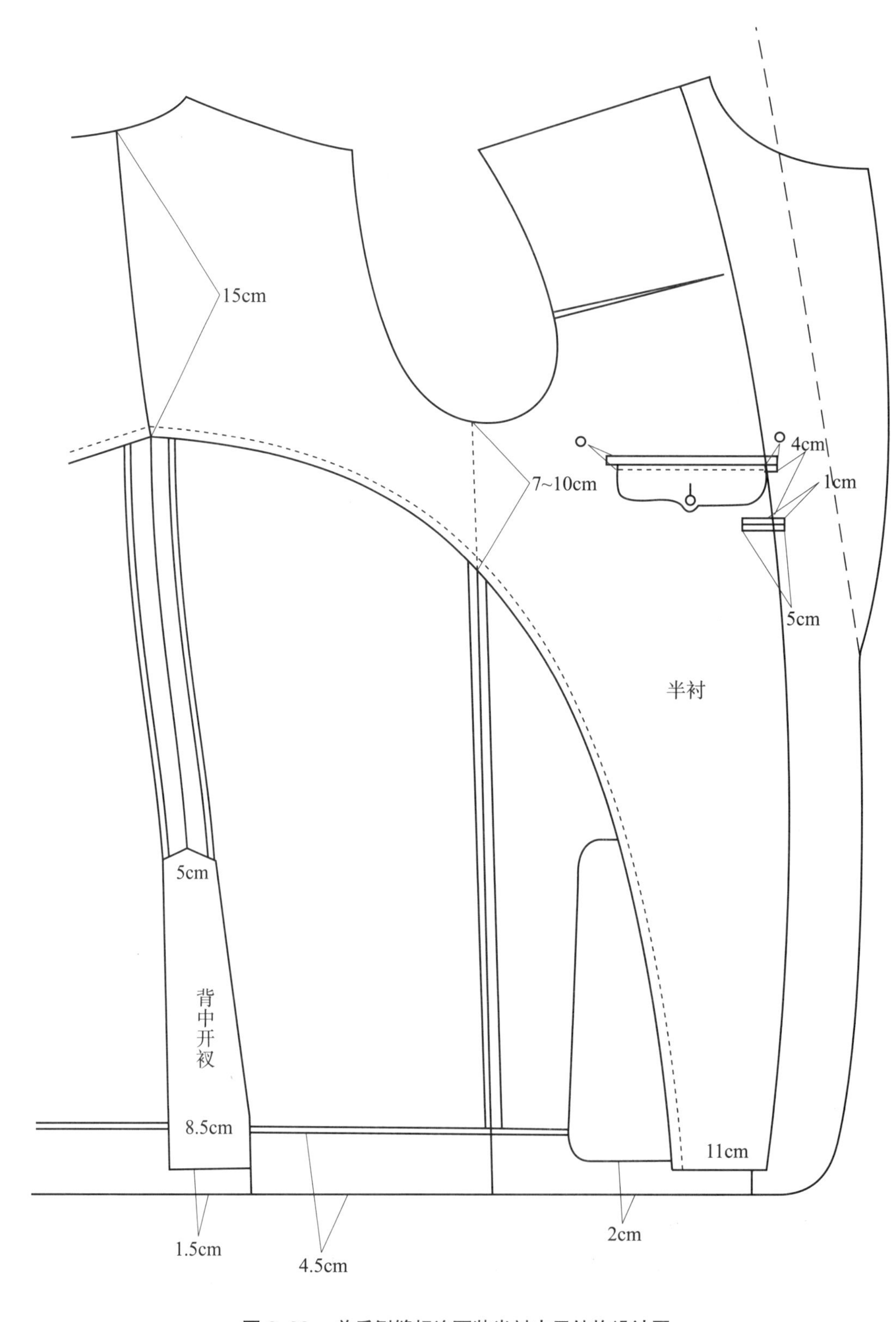


图 6-82 前后侧缝相连西装半衬夹里结构设计图

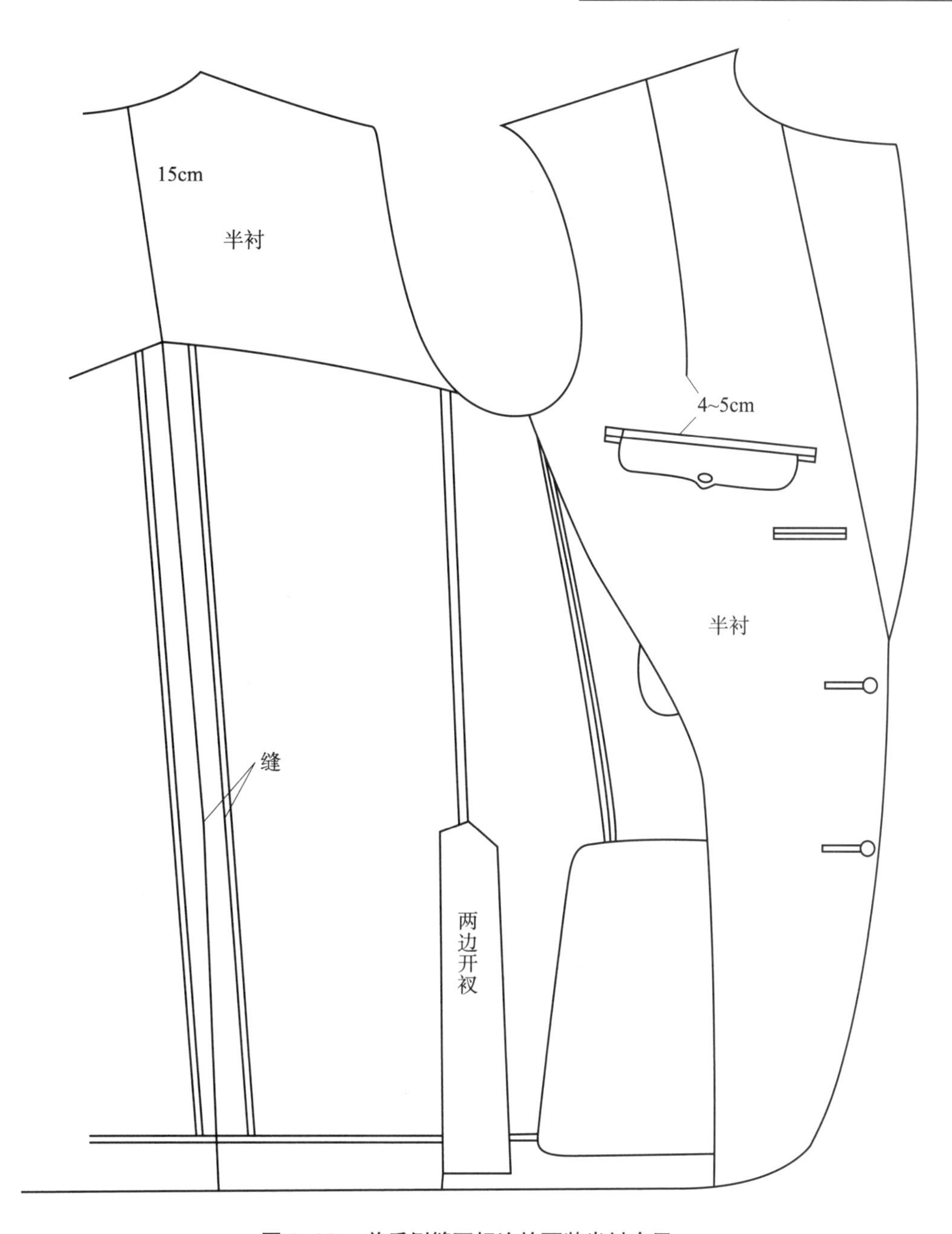


图 6–83　前后侧缝不相连的西装半衬夹里

〈4〉前后侧缝不相连、WL 以上的西装半衬夹里（图 6–84）

A. 前后侧缝不相连、WL 以上的西装半衬夹里适用于休闲西装。

B. 西装半衬前片夹里采用面子面料宽：以肋缝为界，下至 BL 以下 8cm。夹里后背采用里子面料，背中缝处长 15cm，袖窿处以侧缝为界。

C. 里袋开在 BL 上，以挂面为界，大 15cm；里袋布大 19cm，深 20～22cm。

D. 后片背中缝缝头宽 2.5cm，下脚边缝头宽 4.5cm，其余缝头均为 0.7～1cm。

E. 背衩里布上、下宽均为 5cm。

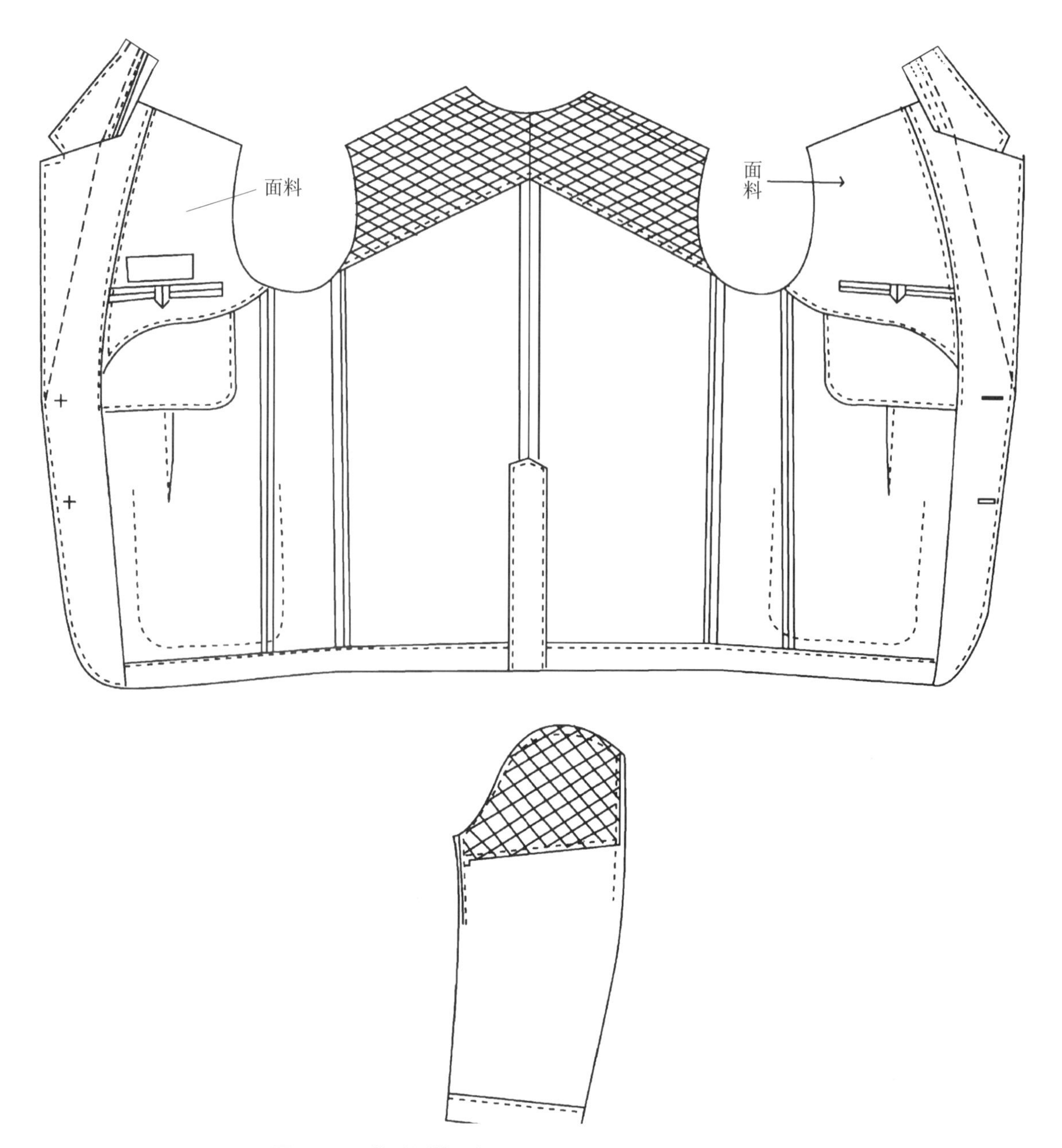


图 6–84　前后侧缝不相连，WL 线以上的西装半衬夹里

F. 大袖夹里长，袖肥线（对应衣身的 BL）以下 5cm，与面袖等大。

**（三）运动西服结构制图（图 6–86）**

（1）假定成品规格；衣长（L）74，胸围（B）106，肩宽（S）43，袖长（SL）60，袖口 15。

（2）单位：cm。

（3）选用号型：170/92A。

（4）款式图：平驳领、门襟单排两粒扣、圆下摆、后开衩，袖口四粒扣、真袖衩，如图 6–85。

（5）应用原型法进行结构制图设计。

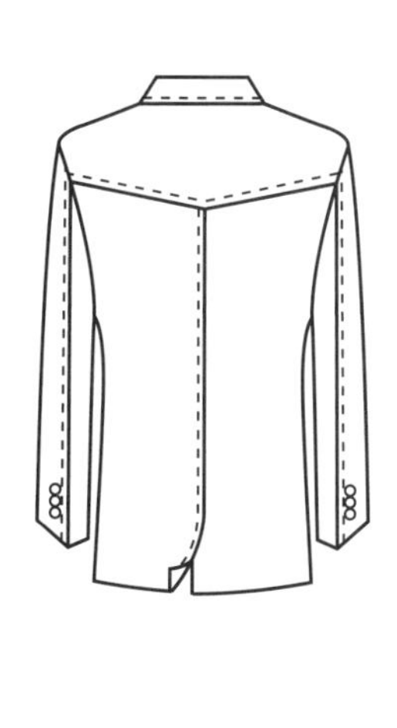

图 6-85　运动西装款式图

制图步骤：

后片

（1）画出西服原型。

（2）确定衣长：经过原型 BNP 点（后颈中点）作上平线，与原型前中心线、后中心线垂直，在原型背中延长线求出衣长 L，画出下平线与前中心线、后中心线垂直。

（3）确定新背中线：在背中线与下平线的交点处，内量 2.5~3.5，与横背宽线、BNP 点连接，并在 WL 出凹进 1，将新背中线连顺。

（4）后衩长：运动西装后衩长一般为：20~24，宽 4~5。

（5）后领圈、后肩缝采用原型。由于假定规格中的胸围、肩宽尺寸与原型相同，所以不动；也可向左增大 1。

（6）后肩宽：▲ =1/2 肩宽。

（7）后背育克：背中线端，横背宽线下降 3；袖窿端，横背宽线上升 1~3。

（8）后片侧缝线：延长原型背宽线至下平线，横背宽线与 BL 的 1/2 处，向外量 1 为后袖窿末点，也是前、后衣片袖窿处的分界点，后片 WL 处收腰 1；连接分界点、WL 收腰处和背宽线与下平线的交点，求出后片侧缝线。

（9）后袖窿大：为使袖窿增大，BL 下降 1.5，画出 BL′ 与前中心线、后中心线垂直。从 SP 至育克、横背宽线至后袖窿末点，连顺后袖窿。

（10）后片下摆线：下平线处，作新背中线的垂线，与侧缝线相交。

前片

（1）基础止口线：距前中心线 2.5 作前中心线的平行线。从 BL 处与下平线连接并延长 2.5。

（2）侧缝线：WL 处，收腰 1.5，下摆大不增加，前、后衣片袖窿处的分界点与 WL 处收

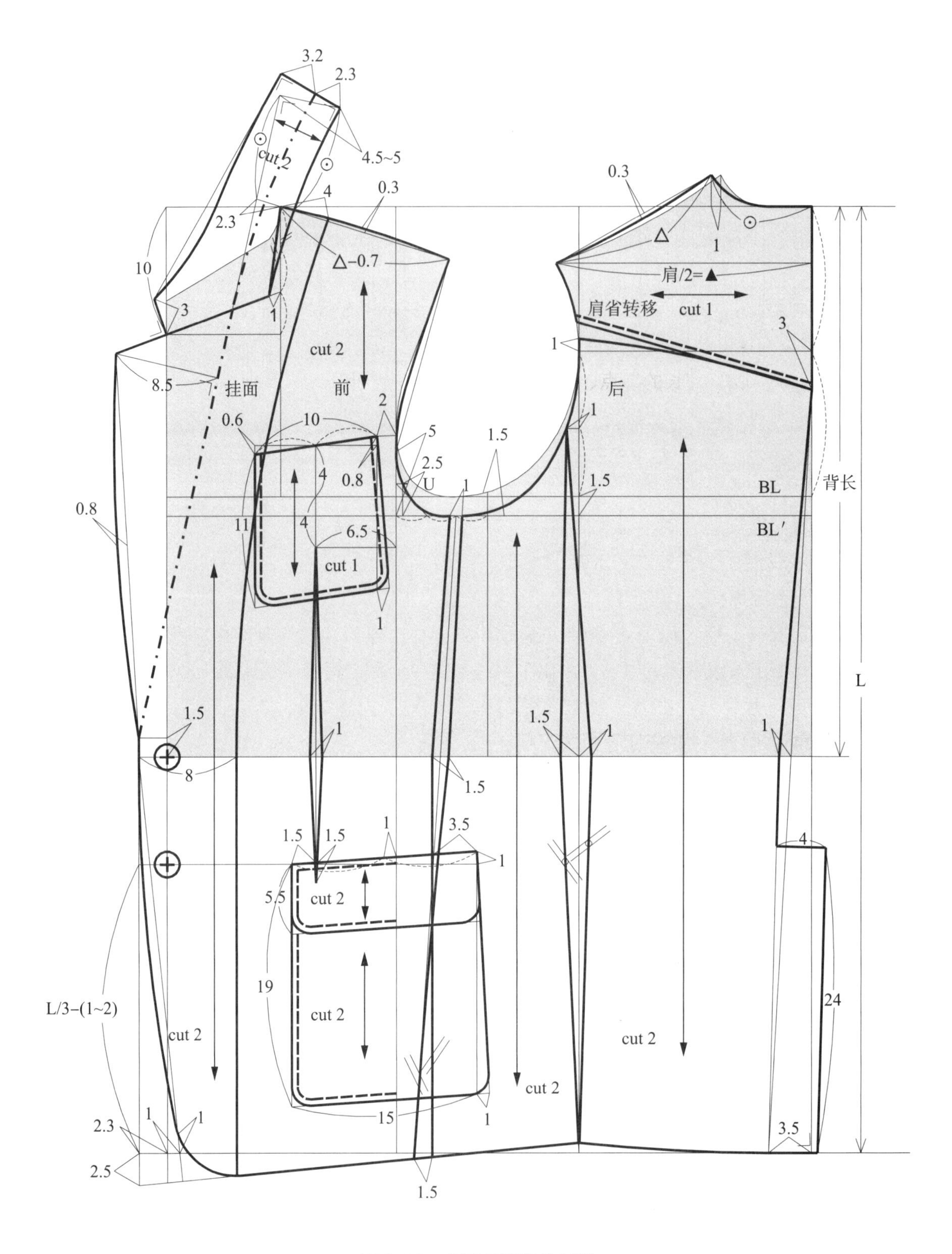


图 6-86 运动西服结构制图

腰后的点和下摆大连接，起翘的量要求与后片相同，前、后片的侧缝应等长。

（3）基础脚边：基础止口线与前片侧缝起翘点连接。

（4）领圈设计：横开领大与原型等大，为 1/2 前胸宽；直开领大 10，直开领外侧与内侧的 1/3 连接形成串口线，并向外偏 1，形成西服领圈。

（5）前肩宽：△ −0.7。

（6）驳角长：在串口线的延长线上，前中线与串口线的交点向外 4~5，驳面宽 7~8.5。

（7）钮扣位确定：第一颗钮扣位在 WL 上，第二颗钮扣位距 WL8~11，也可以按公式 L/3−（1~2）计算。

（8）翻折点、翻折线：上端点在肩线的延长线上，距 SNP2.5，下端点在止口线上第一钮扣位 1.5~2。连接上、下翻折端点，画出翻折线。

（9）止口线：以驳角长的端点、驳面端点、钮扣位中点和下摆前中心线劈势 1 为基础，画顺直。

（10）前袖窿大：在胸宽线上自 BL′ 重新向上取 5，与 SP 连接，取 2.5 确定出对位记号 U，画顺袖窿。

（11）左上贴袋：袋位 BL 向上 4，距胸宽线 2，靠腋下端起翘 1.6，成品规格袋口大 10，袋底大 11~12，袋深 11~13。

（12）胸省：上端省尖距贴袋袋口 8，与 WL 垂直，相交于大袋位线，省大 1。

（13）大袋：大袋位：与第二颗钮扣平齐（距第一钮扣相距 8~11）靠侧缝端起翘 1；大袋大：以胸省与袋位线交点向左 2 为起点计算 15 为袋口大，袋底大 16，袋深 19；袋盖大 15，宽 5.5。

（14）肋下分割线：将胸宽线与原型侧缝线三等分，其 1/3 端点与袋位末端 3.5 处连接延长至下摆线，下摆向左增大 2；袖窿 BL 处收省 1，WL 处收省 1.5。

（15）袖窿 AH：前、后袖窿弧长的总和为 AH。

领子

（1）从翻折线与肩线延长线的交点起，在翻折线上作后领弧线长⊙，作翻折线的垂线，垂足 4.5~5，找到后领底中点；连接后领底中点与领圈直开领内侧，找到内领口线，经过后领底中点做内领口线的垂线求出领宽线（领中线），领宽为 5.5（座领宽为 2.3，翻领宽为 3.2）。

（2）领角长：领角长一般为 3~3.5，与驳角长成 90° 夹角，连接领角长与领宽线，修正外领口线，使其与领宽线垂直，并与领角长连接顺直。

（3）领面：领中线为对折线，翻领部分与领座不分开。也可以设计翻领部分与领座分开，距翻折线 0.5~1；翻领要求纬纱，领座要求经纱。

（4）领里：翻领部分与领座不分开，领中线破开设计为结构线。

袖子

袖子结构制图，参照原型袖子制图方法。

挂面

挂面一般上端 3~4，下端为 8~10。

**（四）休闲西装结构制图设计（图 6–88）**

（1）假定成品规格：衣长（L）74，胸围（B）106，肩宽（S）43，袖长（SL）60，袖口 15。

（2）单位：cm。

（3）选用号型：170/92A。

（4）外型说明：平驳领、门襟单排两粒扣、圆下摆、后开衩，袖口四粒扣、真袖衩，如图 6–87。

（5）应用原型法进行结构制图设计。

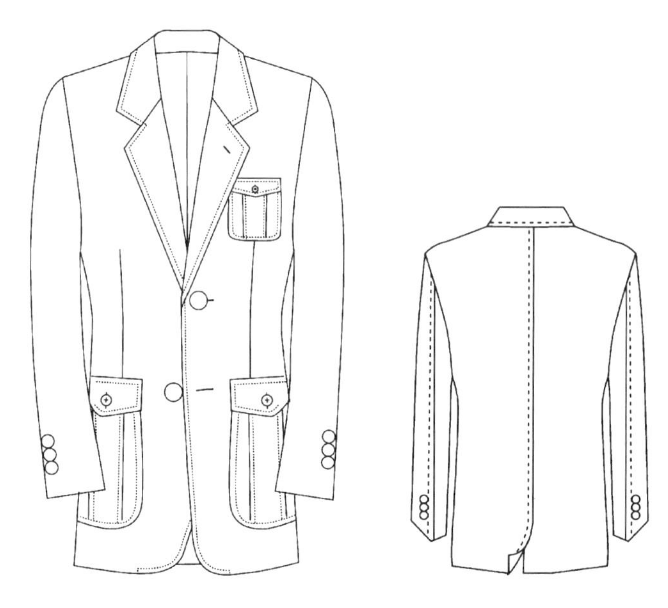

图 6–87　休闲西装款式图

制图步骤：

后片

（1）画出西服原型。

（2）确立衣长：经过原型 BNP 点（后颈中点）作上平线，与原型前中心线、后中心线垂直，在原型背中延长线求出衣长 L，画出下平线。

（3）确立新背中线：在背中线与下平线的交点处，内量 3.5，与横背宽线、BNP 点连接，并在 WL 出凹进 1，将新背中线连顺。

（4）后衩长：一般为 20~24，宽 4~5。

（5）后领圈、后横开领增大 1。

（6）后肩宽：▲ =1/2 肩宽。

（7）后袖窿大：为使大衣的袖窿增大，将 BL 下降 2~3，画出 BL′ 与前中心线、背中线垂直。延长原型背宽线至下平线，横背宽线与 BL′ 的 1/2 处，向外量 1 为后袖窿末点，也是前、后衣片袖窿处的分界点，从 SP 至横背宽线至后袖窿末点，连顺后袖窿。

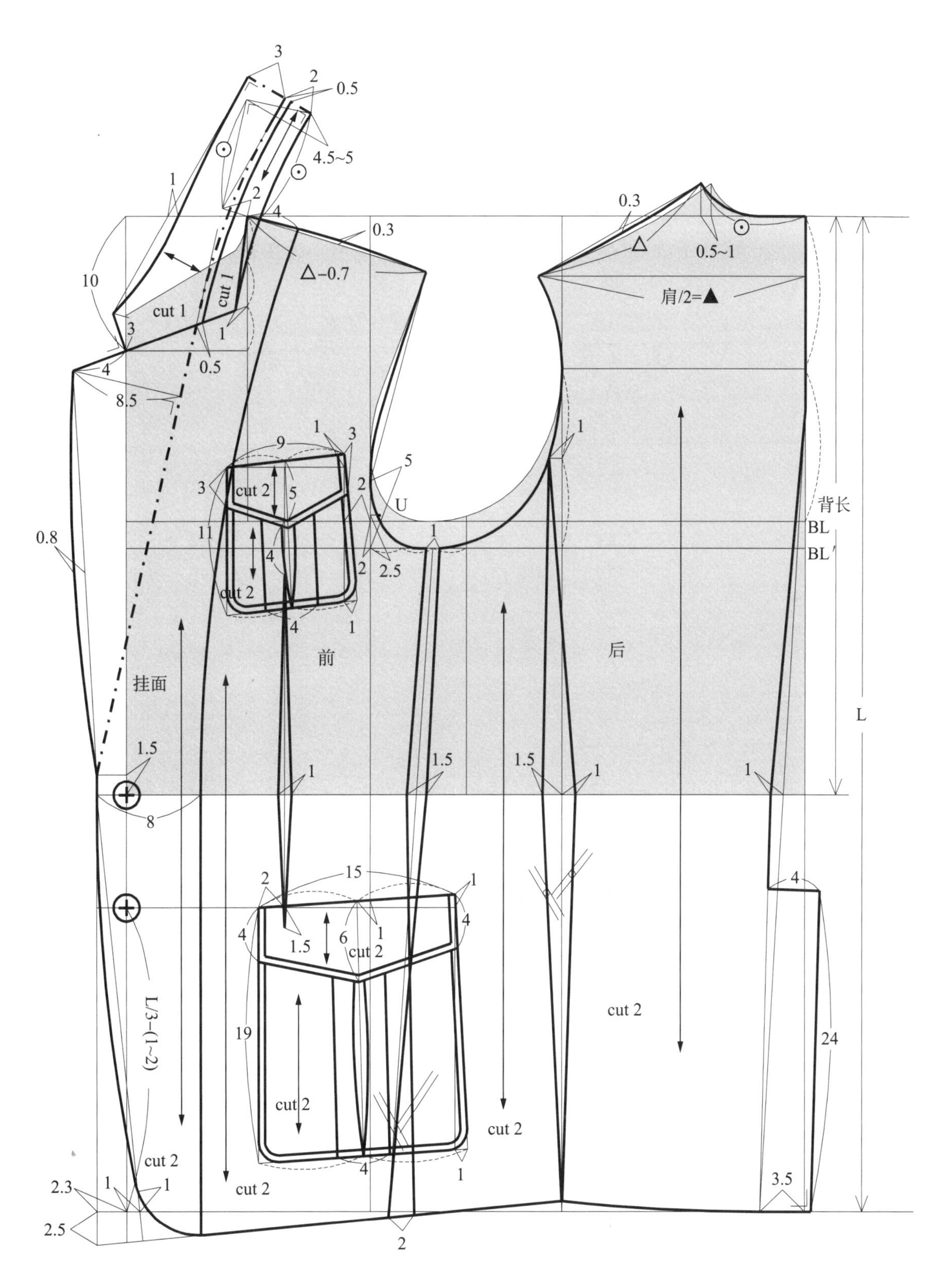


图 6-88　休闲西装结构制图

（8）后片侧缝线：延长原型背宽线至下平线，横背宽线与 BL 的 1/2 处，向外量 1 为后袖窿末点，也是前、后衣片袖窿处的分界点，后片 WL 处收腰 1；连接分界点、WL 收腰处和背宽线与下平线的交点，求出后片侧缝线。

（9）后袖窿大：从 SP 至横背宽线至后袖窿末点，连顺后袖窿。

（10）后片下摆线：下平线处，作新背中线的垂线，与侧缝线相交。

前片

（1）基础止口线：距前中心线 2.5 作前中心线的平行线。从 BL 处与下平线连接并延长 2.5。

（2）侧缝线：WL 处，收腰 1.5，下摆大不增加，前、后衣片袖窿处的分界点与 WL 处收腰后的点和下摆大连接，起翘的量要求与后片相同，前、后片的侧缝应等长。

（3）基础下摆线：基础止口线与前片侧缝起翘点连接。

（4）领圈设计：横开领大与原型等大，为 1/2 前胸宽；直开领大 10，直开领外侧与内侧的 1/3 连接形成串口线，并向外偏 1，形成西服领圈。

（5）前肩宽：△ −0.7。

（6）驳角长：在串口线的延长线上，前中线与串口线的交点向外 4~5，驳面宽 7~8.5。

（7）钮扣位确定：第一颗钮扣位在 WL 上，第二颗钮扣位距 WL8~11，也可以按公式 L/3–（1~2）计算。

（8）翻折点、翻折线：上端点在肩线的延长线上，距 SNP2.5，下端点在止口线上第一钮扣位 1.5~2。连接上、下翻折端点，画出翻折线。

（9）止口线：以驳角长的端点、驳面端点、钮扣位中点和下摆前中心线劈势 1 为基础，画顺直。

（10）前袖窿大，BL 下降 2，画出 BL′，增大袖窿，在胸宽线上自 BL′ 重新向上取 5，与 SP 连接，取 2.5 确定出对位记号 U；画顺袖窿。

（11）上贴袋：袋位 BL 向上 5，距胸宽线 2，靠腋下端起翘 1.5，袋口大 9，袋底大 10~11，袋深 11；袋盖大 9，袋盖宽两端 3，中间 5；袋布中间贴条宽 4，与袋布同长。

（12）胸省：上端省尖距 BL4，与 WL 垂直，相交于大袋位线，省大 1。

（13）大袋：大袋位与第二颗钮扣平齐（距第一钮扣相距 8~11）靠侧缝端起翘 1；大袋大：以胸省与袋位线交点向左 2 为起点计算 14.5 为袋口大，袋底大 16，袋深 19，袋盖大 15，宽，两端 4，中间 6；袋布中间贴条宽 3~4，与袋布同长。

（14）肋下分割线：将胸宽线与原型侧缝线三等分，其 1/3 端点与袋位末端 3.5 处连接延长至下摆线，下摆向左增大 2；袖窿 BL 处收省 1，WL 处收省 1.5。

（15）袖窿 AH：前、后袖窿弧线长的总和为 AH。

领子

（1）从翻折线与肩线延长线的交点起，在翻折线上作后领弧线长⊙，作翻折线的垂线，垂足 4.5~5，找到后领底中点；连接后领底中点与领圈直开领内侧，找到内领口线，经过后领底中点做内领口线的垂线求出领宽线（领中线），领宽为 5（座领宽为 2，翻领宽为 3）。

（2）领角长：领角长一般为 3~3.5，与驳角长成 90° 夹角，连接领角长与领宽线，修正外领口线，使其与领宽线垂直，并与领角长连接顺直。

（3）领面：领中线为对折线，翻领部分与领座不分开。也可以设计翻领部分与领座分开，距翻折线 0.5~1；翻领要求纬纱，领座要求经纱。

（4）领里：翻领部分与领座不分开，领中线破开设计为结构线。

袖子：袖子结构制图，参照原型袖子制图方法。

挂面：挂面一般上端 4，下端为 8。

## 五、礼服

男士礼服作为礼仪的标志，在礼节规范和形式上，具有很强的规定性。在文明程度较高的国家和地区，在初级教育里“行为礼仪规范”作为必修课程。根据通用的国际惯例，礼服可分为正式礼服、半正式礼服和日常礼服。而正式礼服又分为夜间穿的燕尾服和白天穿的晨礼服。

### （一）正式礼服

正式礼服又称第一礼服，分燕尾服和晨礼服，实物图参见彩图 9、10 所示。

#### 1. 燕尾服

燕尾服为男士在晚间 6 点以后正式场合穿戴的服装，亦称夜礼服（evening dress coat）。最早出现于 1789 年法国大革命时期，是上流社会男士较为普遍的装束，1850 年升格为夜间正式礼服，1854 年流行黑色燕尾服。第二次世界大战以前，成为上流社会绅士们参加正式的招待会、观戏、结婚宴会、舞会等场合的第一礼服。现在成为包括社交在内指定性的公式化装束，如夜间特定的典礼、婚礼的主持人、诺贝尔奖章获得者、大型古典音乐的指挥、古典交际舞比赛赛手、豪华宾馆指定的公关先生等等。燕尾服优雅、华贵，赋予了艺术和情感。

其外型为：前片衣长至腰部，侧缝和前门底襟斜线连接呈锐角，前片左右各设立三粒装饰扣（穿戴时无需系扣），领型为枪驳领（剑形领）或青稞领（丝瓜领），领面用同色缎子面料，后片衣长至膝关节，破背，背中缝从腰节线开始开衩，在后片刀背缝与腰节线的拼节处，钉两粒装饰扣。形似燕尾而得名。与其搭配的服饰：内穿三粒扣、方领或青稞领的白色礼服背心，白色双翼领，加“U”字形硬胸衬的礼服衬衫，蝴蝶结、手套、胸前装饰巾均用白色；裤子侧缝装饰两条侧章，脚口无翻脚边，色彩与燕尾服一样用黑色、藏青色或深蓝色；脚穿黑色袜子和漆皮皮鞋。如果正式请柬写着 whtite tie（白领结）时，意为穿燕尾服之意。燕尾服是格调很高的礼服，很少受流行趋势的影响，其外型图见图 6–89、图 6–90 所示。

#### 2. 晨礼服

晨礼服作为男士白天正式场合穿着的正式礼服，又被称为 Cutaway Frock，见图 6–91 所示。始于 1876 年，盛行于 1898 年，当时为英国绅士骑马时的装束，亦称乘马服。第一次世界大战以后升格为日间正式礼服。晨礼服庄重严肃，现在几乎成为公式化场合行使礼仪的装束，如国家级别的就职典礼、授勋仪式、日间大型古典音乐的指挥等。在西方国家原系着晨礼服的场合现多由黑色套装所取代。晨礼服不能和晚礼服替换使用。

图 6-89 晚礼服、晨礼服效果图

图 6-90 燕尾服款式图

图 6-91 晨礼服款式图

其款式结构为：前身腰部有一粒扣的搭门，至后身膝关节成大圆摆；后身与燕尾服结构相同；领型为枪驳领或平驳领。与其搭配的服饰为与外衣相同颜色或灰色面料的双排六粒扣夹领礼服背心，也可搭配一般形式的背心，白色双翼式或普通礼服衬衫，饰黑灰条纹或银灰色领带（参加葬礼用黑色领带）或阿司科特领巾（as-cot），手巾袋装饰巾为白色，手套为白色或灰色（参加葬礼用黑色或灰色），裤子是黑灰条纹相间或与上衣面料相同的非翻脚边裤子，袜子和皮鞋均为黑色。

**（二）准礼服（半正式礼服）**

半正式礼服是燕尾服和晨礼服的略装，款式是将燕尾服的燕尾部分去掉，亦有日间、夜间之分，在春、秋、冬季用黑色或深蓝色，夏季用白色，现在本该穿燕尾服、晨礼服的隆重场合多由半正式礼服代替。分塔克斯多礼服、梅斯礼服和普通礼服，实物图见彩图 11。

（1）塔克斯多礼服（Tuxedo suit）为男子夜间用半正式礼服，参加 16:00 以后正式的宴会、舞会、观剧、受奖仪式、鸡尾酒会等时穿戴。最早出现在 1886 年，在美国纽约市附近有一个地区叫塔克斯多（Tuxedo Lake），1814 年一个叫皮波尔·咯里亚尔（Pierre Lorillard）的家族购得此地，并于 1886 年自成一个社区，地位显赫，当时在晚宴上男士们所穿的一种新式无燕尾的礼服被称为塔克斯多礼服。其造型类似普通西服，前门襟一粒钮扣，圆下摆，领型采用的是青稞领或枪驳领，大袋用缎面双嵌线，无袋盖，背心采用“U”字领、四粒扣，也可以采用装饰腰袋代替礼服背心，腰袋与领结的颜色相同，也经常用黑色丝织物制成的卡玛绉饰带（cummerbund）封系在腰间代替背心。裤子面料颜色与上衣相同，侧缝装饰一条 2~3cm 宽的缎带非翻脚裤，衬衫为白色双翼领、胸有缉明线细褶的礼服衬衫，配黑色蝴蝶结，一般在晚间正式场合的请柬上标有 black tie（黑领结），即暗示穿塔克斯多礼服，如图 6-92 所示。

（2）梅斯礼服是将燕尾服腰线以下部分剪去的一种款式，也是男士夜间准礼服，一般仅在夏季穿用，如图 6-93 所示。

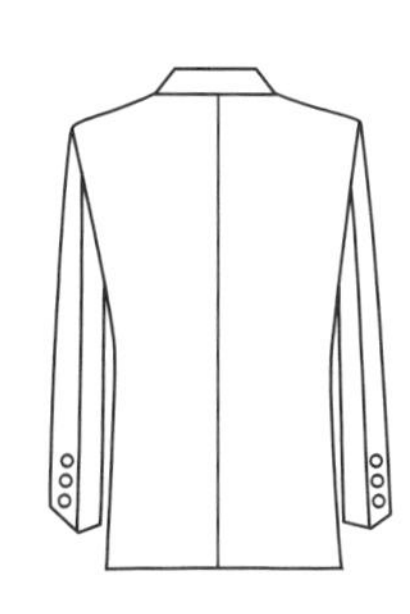

图 6–92　塔克多士礼服

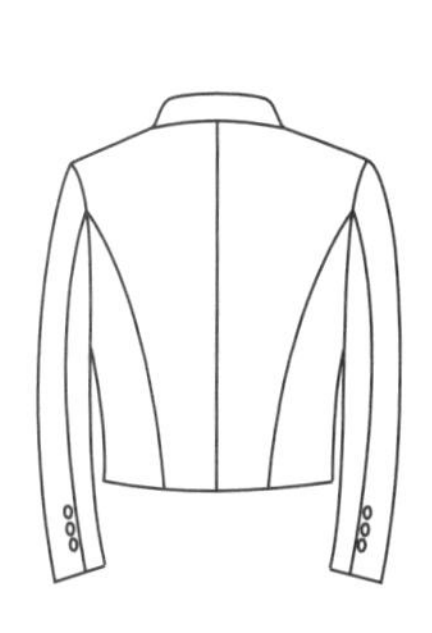

图 6–93　梅斯礼服

（3）普通礼服是指男子白天穿的准礼服，也成商务套装。其基本形式和普通西服相似，采用枪驳领、单排一粒或两粒扣，两大袋双嵌线无袋盖、袖口三粒扣，其配饰与和晨礼服相同。现在，晚礼服和日礼服逐步在简化，但彼此之间不能代替，故在礼服中，创造了一种在一般礼仪场合中没有时间限制的日常礼服，如图 6–94 所示。

**（三）黑色套装**

黑色套装又称董事套装，是不受礼仪的时间、场所和等级的限制的日常礼服。在礼仪性较明显的场合，如果没有对服装作特别的要求，穿黑色套装最适合。这是现代男士对社交装束的新概念。枪驳领、双排四粒或六粒扣、两个双嵌线大袋加袋盖，常采用黑色或深蓝色面料制作；裤子与上衣面料质地相同，脚边不外翻。普通领型胸纳褶或一般礼服衬衫，系黑色领结或银灰色领带，以区别日间和晚间的场合，实物图见彩图 23。

黑色套装正处在礼服到日常西装过渡阶段，其可塑性很强，如果将黑色套装的领面换成缎面，就完全可作为正式场合穿戴的塔克斯多礼服。在使用黑色套装的同一场合里，也可以用黑色三件套（西服、西背、西裤）代替，款式见图 6–95 所示。

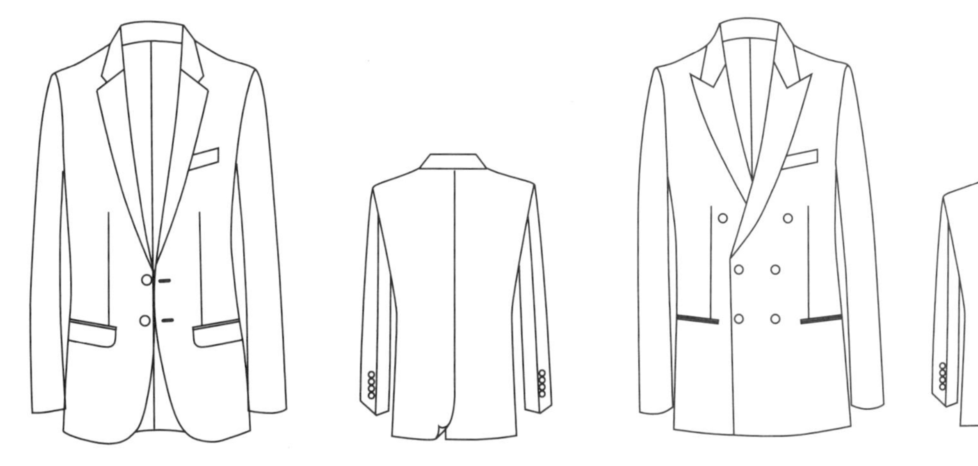

图 6–94　日常礼服　　　　图 6–95　董事套装

综上所述，可以总结出礼服在礼仪程式上的要求为：礼服的面料为黑色或深蓝色的精纺织物；裤子仅用非翻脚边裤型；双翼领衬衫比企领衬衫更庄重和华丽；在隆重的场合领结比领带更适合用，并与晚礼服配合使用，塔克斯多礼服配黑色领结，唯燕尾服配白色领结；枪驳领为礼服的通用领，缎面青稞领最显华贵并适用在晚间；礼服口袋的双嵌线形式比夹有袋盖的形式更庄重；除第一种礼服外，其他礼服均不得在后背设计开衩；礼服袖衩装饰四粒扣比装饰三粒扣更庄重。

### （四）礼服结构制图设计

#### 1. 晨礼服结构制图（图 6–97）

〈1〉假定规格：前衣长 54，后衣长 105，肩宽 43，胸围 102，袖长，袖口 14。

〈2〉单位：cm。

〈3〉选用号型：170/92A。

〈4〉款式图如图 6–96，实物图参见彩图 9。

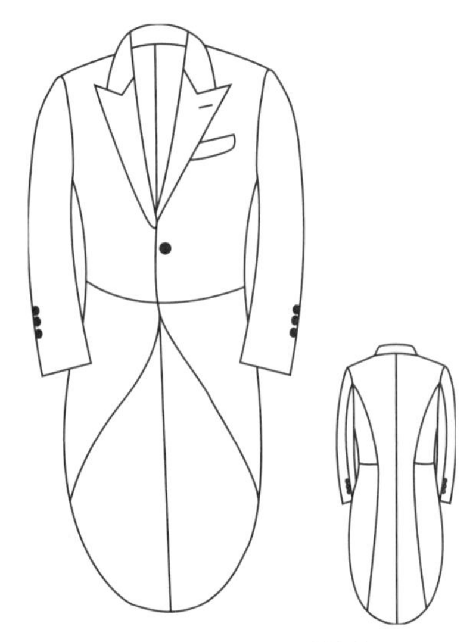

图 6–96　晨礼服款式图

制图步骤：

后片

（1）画出西服原型。

（2）确定基础背中缝：经过原型 BNP 点（后颈中点）作上平线，与原型前中心线、后中心线垂直，在原型背中线与 WL 相交点，向下延长 4B/7+3，后衣长 L 为 104，画出下平线，为基础背缝线。

（3）背缝线：在 BL 向里凹势 1，在 WL 收腰 3，作垂线垂直于下平线，上端与横背宽线点、BNP 连接。

（4）背衩：长：在背缝线 WL 处下降 2.5~3，为背衩的起点至后下脚边，宽：2.5~5，将背缝线与背衩连顺。

（5）后领窝⊙、后肩缝（△）采用原型。

（6）确定后袖窿：为使夜礼服的袖窿增大（也可不增大袖窿），将 BL 下降 1~2，作线段 BL′，参照原型袖窿连顺新袖窿。延长原型背宽线至 WL 下 20，与基础背中缝垂直，在后背宽

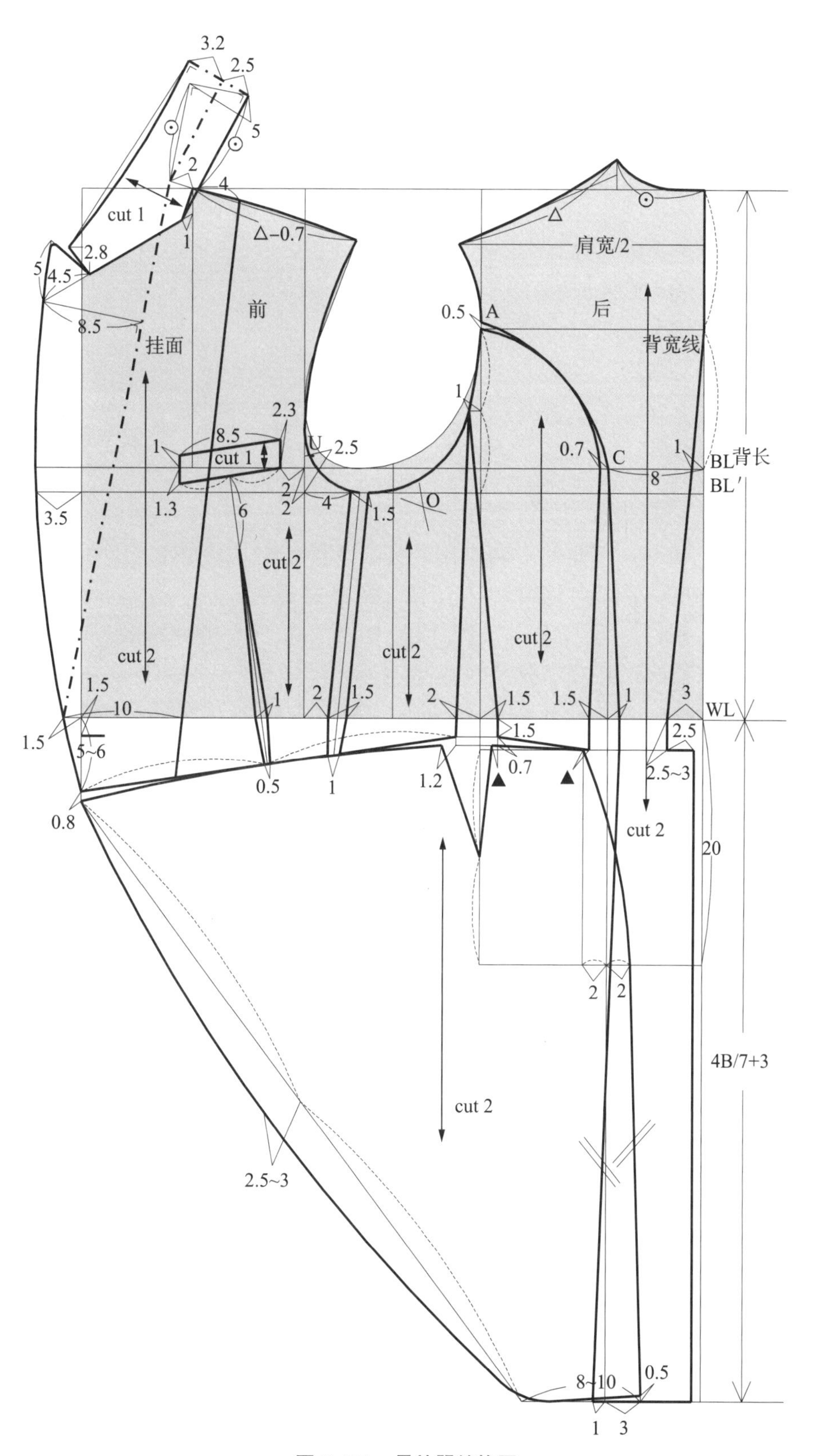
3.2
2.5
5
2
4
cut 1
2.8
5
4.5
1
△-0.7
前
8.5
挂面
2.3
8.5
cut 1
1
1.3
U
2.5
2
2
4
1.5
6
3.5
cut 2
cut 2
cut 2
1.5
10
1.5
5~6
0.8
1
2
1.5
0.5
1
2
1.2
1.5
1.5
0.7
△
肩宽/2
0.5
A
后
背宽线
1
0.7
C
1
8
BL
背长
BL′
O
cut 2
1.5
1
3
WL
2.5
2.5~3
cut 2
20
2
2
4B/7+3
cut 2
2.5~3
8~10
0.5
1
3

图 6-97　晨礼服结构图

线上平分 BL1 与背宽线，并向左平移 1，为前、后衣片袖窿处的分界点。

（7）后片侧缝线：侧缝线的起点在前、后片袖窿分界点，WL 处收腰 1.5，连接起点和 WL 收腰处，顺延至后衩长起点线的左端，起翘 0.7。

（8）弧背开刀缝：在 BL 上，从基础背中线量 8，求出 C，通过 C 作 BL 的垂线至下脚边；在横背宽线袖窿处，上测量 0.5 求出 A；分别以 A、C 为圆心以 AC 直线距离为半径画弧，相交 O；再以 O 为圆心画弧长为弧背开刀缝，在 A 收省 0.5、C 收省 0.7 和在 WL 处收 1.5，为后片（侧）的弧背开刀缝。后片（中）弧背开刀缝，在 WL 收腰 1，下脚边摆大加大 1。

（9）后片（中）下脚边线：下脚边摆大加大 1，与下脚边后衩处连接，为后片（中）的下脚边线。

前片

（1）领圈设计：横开领大与原型等大，为 1/2 前胸宽；直开领大：外侧与原型直开领等大，内侧是外侧的 1/2，并向外偏 1 与原型串口线连接，形成领圈的串口线。

（2）前肩宽：△ −0.7。

（3）翻折点、翻折线：翻折线上端点在肩线的延长线上，距 SNP2，下端点在 WL 与前中心线的相交点，向外移动 1.5，连接上、下端点，画出翻折线。

（4）驳面宽：7~8.5。

（5）驳角长：驳角长斜向 4.5，纵向 5~6。

（6）领角长：2.5~3，与串口线形成 80°~90° 夹角。

（7）前衣长：在 WL 处，延长前中心线长 5~6，为前衣长门襟止口末点。

（8）止口线：自驳角长的端点连接翻折线下端点、前衣长门襟止口末点，画顺直即可。

（9）手巾袋：距胸宽线 2，门襟止口端在 BL 处下降 1.3，另一端在 BL 上，成品规格大 8.5~9，宽 2.3。

（10）前侧缝线：在 WL 处，相距后背宽线收腰 2，前、后衣片袖窿处的分界点与 WL 收腰处连接，向下延长 1.5，与后侧缝线相等。

（11）前下脚边线：门襟止口衣长末点与侧缝线的末点连接为基础下脚边线，为前下脚边线。

（12）钮扣位确定：只设计了一粒钮扣，钮扣位设计在 WL 下 1.5。

（13）胸省：上端距手巾袋中点 6，下端在下脚边中点，WL 省大 1，下脚边中点处省大 0.5。

（14）腋下省：上端 BL′ 处，距胸宽线 4；WL 处，距胸宽线 2；BL′ 处省大 1.5，WL 处省大 1.5，下脚边处省大 1。

（15）前袖窿大：SP 与对位点弧 U 线连接，再与 BL′ 距胸宽线 4 处弧线连接，再与前、后片袖窿分界点弧线连接（可参照原型袖窿连接）。

（16）袖窿 AH：前、后袖窿弧线长的总和为 AH。

燕尾

（1）燕尾长度：与后衣片的衣长同长。

（2）燕尾侧缝：上与后片（侧）的弧背开刀缝在 WL 下 2.5~3 处相衔接，在下脚边处，在基础开刀缝的基础上，摆加大 3，起翘 0.5，为燕尾侧缝的止点。

（3）燕尾的门襟止口：将前衣片门襟止口的末点向下 0.8，与燕尾侧缝下摆止点起向左移 8~10 的点连接，并将其分成 2 等分，等分点处向外凸势 2.5~3，下端点作小圆角与下脚边起翘点连顺。

（4）燕尾侧省：燕尾侧省在衣片侧缝处，大 3~5，长 8~10。

领子

（1）从翻折线与肩线延长线的交点起，在翻折线上作后领弧线长⊙，作翻折线的垂线，垂足 5，找到后领底中点；连接后领底中点与领圈直开领内侧，找到内领口线，经过后领底中点做内领口线的垂线求出领宽线（领中线），领宽为 6（座领宽为 2.5，翻领宽为 3.5）。

（2）领角长：领角长为 2.8~3，与串口线成 80°~90° 夹角，连接领角长与领宽线，修正外领口线，使其与领宽线垂直，并与领角长连接顺直。

（3）领面：领中线为对折线，翻领部分与领座可设计为不分开与分开。分开线距翻折线 0.5~1。翻领要求纬纱，领座要求经纱。

（4）领里：翻领部分与领座不分开，选用辅料领底绒，则领中线不破开为对折线；若用西装面子面料，则领中线破开为结构线。

挂面

（1）挂面宽；肩线处 4，WL 处 10。

（2）领口、门襟止口翻折线处，挂面比衣片各大 0.5，门襟止口翻折线以下到下脚边挂面与衣片等大。

袖子：袖子结构设计制图步骤，参照原型袖的结构设计制图，见图 6–98。

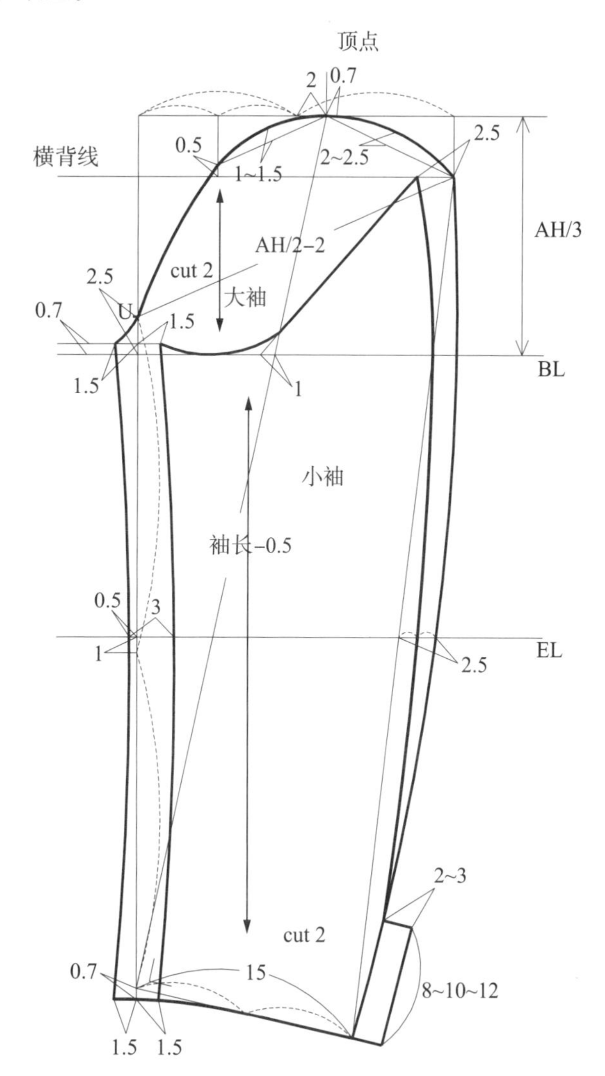

图 6–98　晨礼服袖子结构图

**2. 剑形领燕尾服（夜礼服）结构制图（图 6–100）**

〈1〉假定规格：前衣长 54，后衣长 105；肩宽 43；胸围 102，袖长 60；袖口 14。

〈2〉单位：cm。

〈3〉选用号型：170/92A。

〈4〉款式图如图 6–99，实物图参见彩图 10。

制图步骤：

后片

（1）画出西服原型。

（2）确定基础背中缝：经过原型 BNP

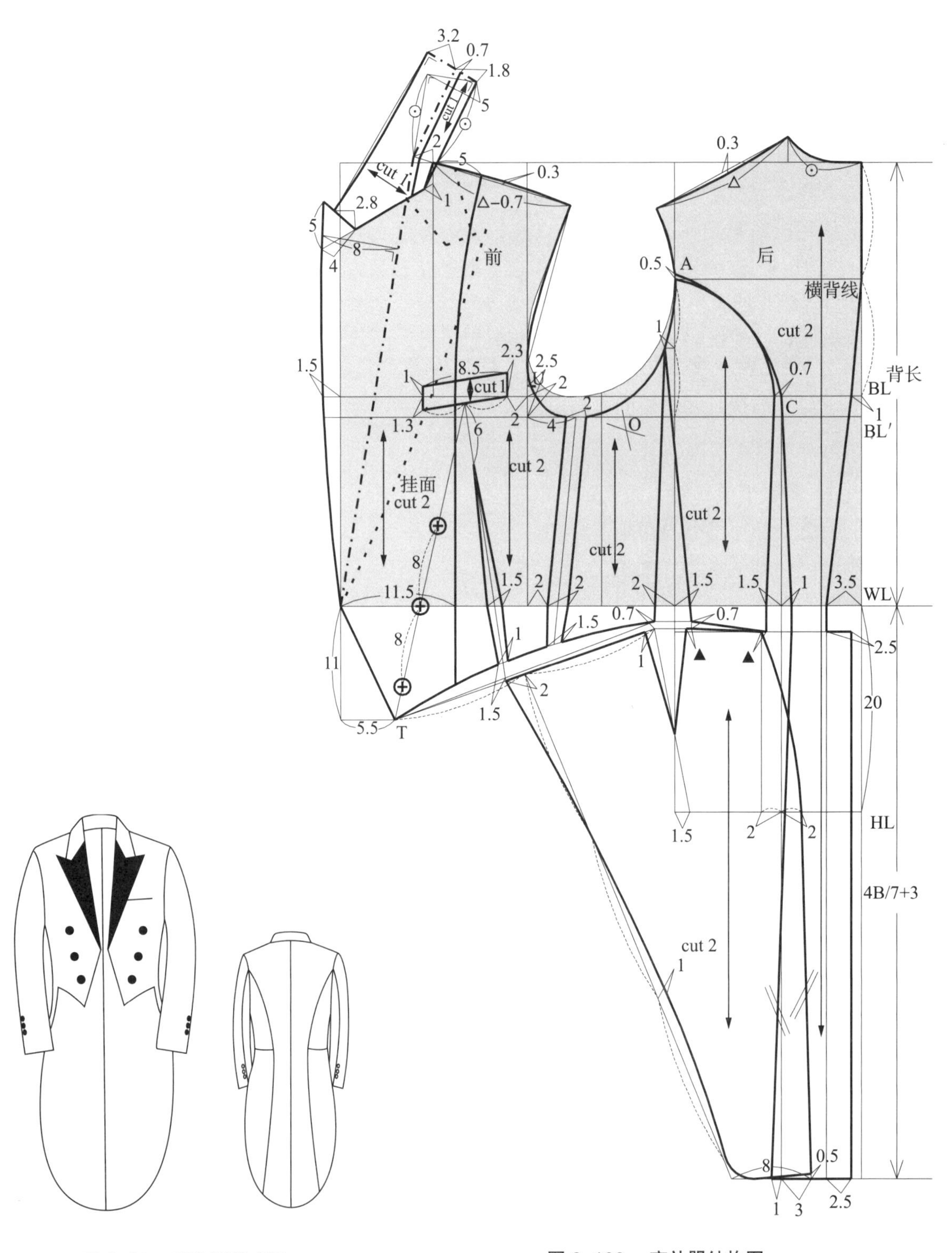


图 6-99 夜礼服款式图

图 6-100 夜礼服结构图

点（后颈中点）作上平线，与原型前中心线、后中心线垂直，在原型背中线与 WL 相交点，向下延长 4B/7+3，后衣长 L 为 105，画出下平线，为基础背缝线。

（3）背缝线：在 BL 向里凹势 1，在 WL 收腰 3.5，作垂线垂直于下平线，上端与横背宽线点、BNP 连接。

（4）背衩：长：在背缝线 WL 处下降 2.5~3，为背衩的起点至后下脚边，宽：2.5~5，将背缝线与背衩连顺。

（5）后领窝◎、后肩缝△采用原型。

（6）确定后袖窿大：为使夜礼服的袖窿增大（也可不增大袖窿）。将 BL 下降 1~2，作线段 BL′，参照原型袖窿连顺新袖窿。延长原型背宽线至 WL 下 20，与基础背中缝垂直，在后背宽线上平分 BL′ 与背宽线，并向左平移 1，为前、后衣片袖窿处的分界点。

（7）后片侧缝线：侧缝线的起点在前、后片袖窿分界点，WL 处收腰 1.5，连接起点和 WL 收腰处，顺延至后衩长起点线的左端，起翘 0.7。

（8）弧背开刀缝：在 BL 上，从基础背中线量 8，求出 C，通过 C 作 BL 的垂线至下脚边；在横背宽线袖窿处，上测量 0.5 求出 A；分别以 A、C 为圆心以 AC 直线距离为半径画弧相交于 O；再以 O 为圆心画弧长为弧背开刀缝，在 A 收省 0.5、C 收省 0.7 和在 WL 处收 1.5，为后片（侧）的弧背开刀缝。后片（中）弧背开刀缝，在 WL 收腰 1，下脚边摆大加大 1。

（9）后片（中）下脚边线：下脚边摆大加大 1，与下脚边后衩处连接，为后片（中）的下脚边线。

前片

（1）前领窝设计：横开领大与原型等大，为 1/2 前胸宽；直开领大：外侧与原型直开领等大，内侧是外侧的 1/2，并向外偏 1 与原型串口线连接，形成领圈的串口线。

（2）前肩宽：△ −0.7。

（3）翻折点、翻折线：翻折线上端点在肩线的延长线上，距 SNP 2，下端点在前中心线上 WL 处，连接上、下端点，画出翻折线。

（4）驳面宽：7~8。

（5）驳角长：驳角长斜向 4，纵向 5~6。

（6）领角长：2.5~3，与串口线形成 80°~90° 夹角。

（7）前衣长：在 WL 处，延长前中心线长 11，向右作前中心线的垂线，长 5.5，为门襟止口衣长末点。

（8）止口线：自驳角长的端点连接翻折线下端点、门襟止口的倾斜度，再在驳面中部向外凸出 1.5，画顺直即可。

（9）手巾袋：距胸宽线 2，门襟止口端在 BL 处下降 1.3，另一端在 BL 上，成品规格大 8.5~9，宽 2.3。

（10）前侧缝线：在 WL 处，相距后背宽线收腰 2，前、后衣片袖窿处的分界点与 WL 收腰处连接，向下延长 1.8，与后侧缝线相等。

（11）前下脚边线：门襟止口衣长末点与侧缝线的末点连接为基础下脚边线，将基础下脚边等分，等分点向内凹势 1.5，则为前下脚边线。

（12）钮扣位确定：手巾袋位中点与门襟止口衣长末点 T 连接，第二颗钮扣位在 WL 上，与第一、第三粒扣距为 8，左、右各三粒扣（对称的）。

（13）胸省：上端距手巾袋中点 6，下端在下脚边中点向左 2，WL 省大 1.5，下脚边中点处省大 1。

（14）腋下省：上端 BL′ 处，距胸宽线 4；WL 处，距胸宽线 2；省大 2，下脚边处省大 1.5。

（15）前袖窿大：SP 与对位点弧线连接，再与 BL′ 距胸宽线 4 处弧线连接，再与前、后片袖窿分界点弧线连接（可参照原型袖窿连接）。

（16）袖窿 AH：前、后袖窿弧线长的总和为 AH。

燕尾

（1）燕尾长度：与后衣片的后衣长同长。

（2）燕尾侧缝：上与后片（侧）的弧背开刀缝在 WL 下 2.5~3 处相衔接，下脚边处，在基础开刀缝的基础上，摆加大 3，为燕尾弧背开刀缝脚边的止点，燕尾底边大为：从弧背刀缝脚边止点起算向左 8cm。

（3）燕尾门襟止口：将前衣片下脚边的中点，与燕尾的底边连接，并将其分成 3 等分，上端点向左移 2，1/3 处向里凹势 1，下端点作小圆角与下脚边连顺。

（4）燕尾侧省：燕尾侧省与前、后衣片侧缝处，大：4~5.5，长：8~10。

领子

（1）从翻折线与肩线延长线的交点起，在翻折线上作后领弧线长⊙，作翻折线的垂线，垂足 5，找到后领底中点；连接后领底中点与领圈直开领内侧，找到内领口线，经过后领底中点做内领口线的垂线求出领宽线（领中线），领宽为 6（座领宽为 2.5，翻领宽为 3.5）。

（2）领角长：领角长为 2.8~3，与串口线成 80°~90° 夹角，连接领角长与领宽线，修正外领口线，使其与领宽线垂直，并与领角长连接顺直。

（3）领面：领中线为对折线，翻领部分与领座可设计为不分开与分开。分开线距翻折线 0.5~1。翻领要求纬纱，领座要求经纱。

（4）领里：翻领部分与领座不分开，选用辅料领底绒，则领中线不破开为对折线；若用西装面子面料，则领中线破开为结构线。

挂面

（1）挂面宽；SNP 处 5，WL 处 11.5。

（2）领口、门襟止口翻折线处，挂面比衣片各大 0.5，门襟止口翻折线以下到下脚边，挂面与衣片等大。

袖子：袖子结构设计制图参照原型袖的结构设计制图。

**3. 梅斯礼服结构制图（图 6–102）**

（1）假定规格：衣长（L）51，胸围（B）100（92），袖长（SL）59，袖口 14。

（2）单位：cm。

（3）选用号型：170/88A。

（4）款式图如图 6–101，实物图见彩图 11。

图 6-101　梅斯礼服款式图

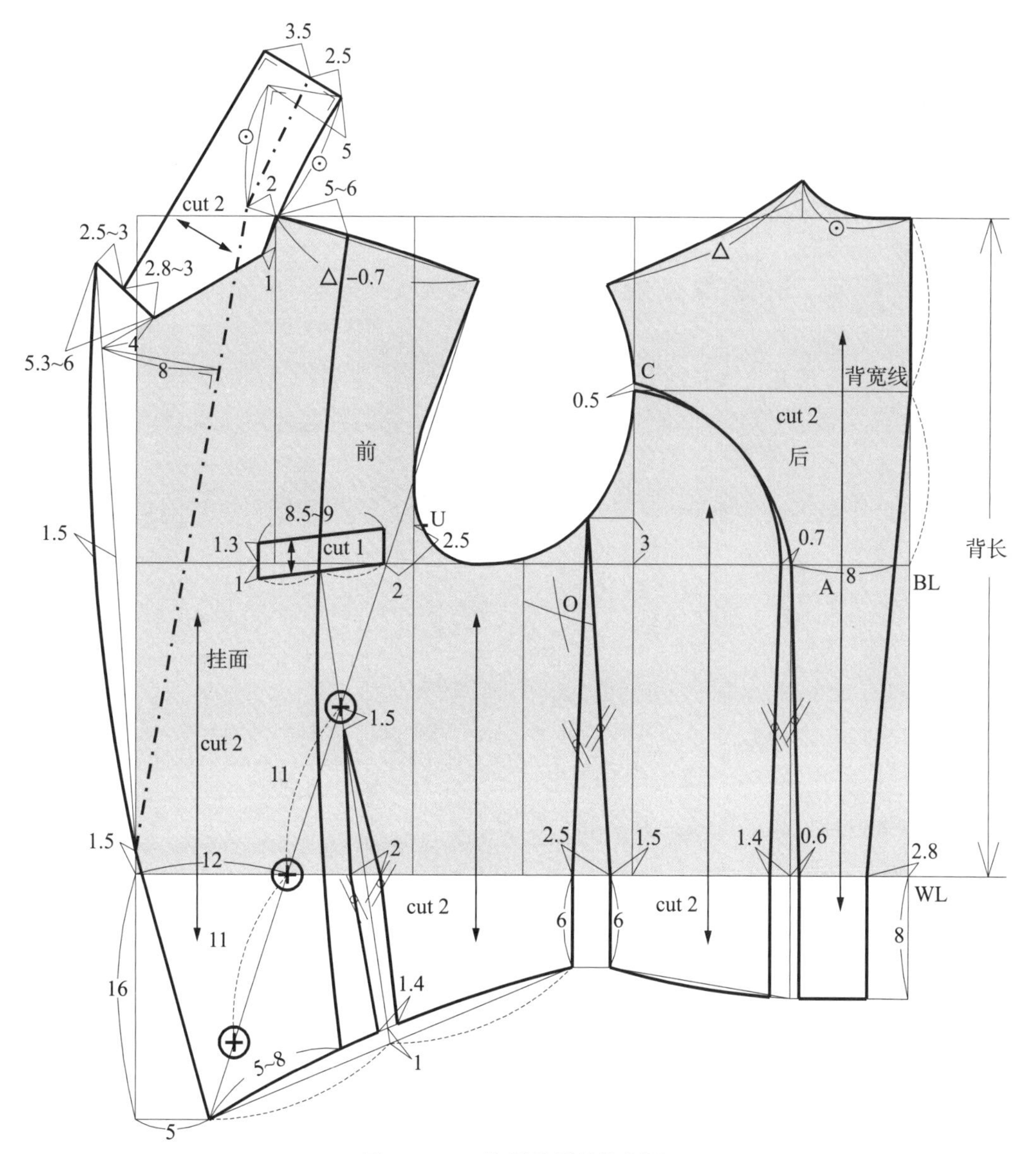


图 6-102　梅斯礼服结构制图

制图步骤：

后片

（1）画出西服原型。

（2）确定衣长：经过原型BNP点（后颈中点）作上平线，与原型前中心线、后中心线垂直，在原型背中线与WL相交点，向下延长8~10求出衣长L，画出下平线。

（3）确定新背中线：在WL收腰2.8，垂直于下平线，上端与横背宽线点、BNP连接，将新背中线连顺。

（4）后领窝、后肩缝采用原型。应用时可根据实际尺寸设计。

（5）确定后袖窿：延长原型背宽线至下平线，BL与背宽线相交点向上量3后作背宽线的垂线与袖窿相交，相交点则为前、后衣片袖窿处的分界点，连顺袖窿。

（7）后片侧缝线：侧缝线的起点在前、后片袖窿分界点，WL处由背宽线向外加放1.5；侧缝线的末点：作WL的垂线长6，连接起点、WL和末点，求出后片侧缝线。

（8）弧背开刀缝：在BL上，从基础背中线量8，求出A；在横背宽线袖窿处，上测量0.5求出C；分别以A、C为圆心以AC直线距离长为半径画弧相交于O；再以O为圆心画弧长为弧背开刀缝的上端。在C收省0.5，A收省0.7，在WL处，分别左边收1.4，右边收0.6，收省量延长至下脚边。

（9）后片下摆线、侧缝线末点与弧背开刀缝下端连接，再与背中缝下脚边连接。

前片

（1）领圈设计：横开领大与原型等大，为1/2前胸宽；直开领大：外侧与原型直开领等大，内侧是外侧的1/2，并向外偏1与原型串口线连接，形成西服领圈的串口线。

（2）前肩宽：△ −0.7。

（3）翻折点、翻折线：翻折线上端点在肩线的延长线上，距SNP2，下端点在前中心线上，距WL1.5，连接上、下端点，画出翻折线。

（4）驳面宽：8~9。

（5）驳角长：驳角长5.3~6。

（6）领角长：2.8~3，与串口线形成近80°~90°夹角。

（7）门襟止口：在WL处，延长前中心线16，向右作前中心线的垂线，长5，为门襟止口衣长末点。

（8）止口线：自驳角长的端点连接翻折线下端点、门襟止口的倾斜度，再在驳面中部向外凸出1.5，画顺直即可。

（9）手巾袋：距胸宽线2，门襟止口端在BL处下降1，另一端在BL上，成品规格大8.5~9，宽2.3。

（10）前袖窿大：与原型前袖窿等大。

（11）前侧缝线：在WL处，相距后侧缝线收腰2.5，前、后衣片袖窿处的分界点与WL收腰处连接，向下延长6为侧缝线的末点，前、后侧缝线相等。

（12）前下脚边线：门襟止口衣长末点与侧缝线的末点连接为基础下脚边线，将基础下脚边等分，等分点向内凹势1，则为前下脚边线。

（13）钮扣位确定：第二颗钮扣位在 WL 上，距止口线 12，第二颗钮扣位与第一颗钮位、第三颗钮位相距 11。

（14）胸省：上端距第一颗钮位 1.5，下端在下脚边中点上，WL 省大 2，下脚边中点处省大 1.4。

（15）袖窿 AH：前、后袖窿弧线长的总和为 AH。

领子

（1）从翻折线与肩线延长线的交点起，在翻折线上作后领弧线长⊙，作翻折线的垂线，垂足 5，找到后领底中点；连接后领底中点与领圈直开领内侧，找到内领口线，经过后领底中点做内领口线的垂线求出领宽线（领中线），领宽为 6（座领宽为 2.5，翻领宽为 3.5）。

（2）领角长：领角长为 2.8~3，与串口线成 80°~90° 夹角，连接领角长与领宽线，修正外领口线，使其与领宽线垂直，并与领角长连接顺直。

（3）领面：领中线为对折线，翻领部分与领座可分开，距翻折线 0.5~1。翻领要求纬纱，领座要求经纱。

（4）领里：翻领部分与领座不分开，选用辅料领底绒，则领中线不破开为对折线；若用西装面子面料，则领中线破开为结构线。

挂面

（1）挂面宽；SNP 处 5~6，下脚边处 5~8。

（2）领口、门襟止口翻折线处，挂面比衣片各大 0.5，门襟止口翻折线以下到下脚边与衣片等大。

袖子结构设计制图

（1）梅斯礼服袖子造型既不能太肥，也不能偏瘦，袖山头的缩缝量应适中以保证袖子缩缝量在 3 左右，如图 6–103 所示。

（2）袖山高：AH/3。

（3）袖肥：AH/2−2。

（4）大小袖相借 1.5，前袖缝处大袖比小袖大 3，偏袖线处大袖比小袖大 2~2.5。

（5）袖衩长：8~10~12。

（6）袖口装饰钮扣：3~4 粒。

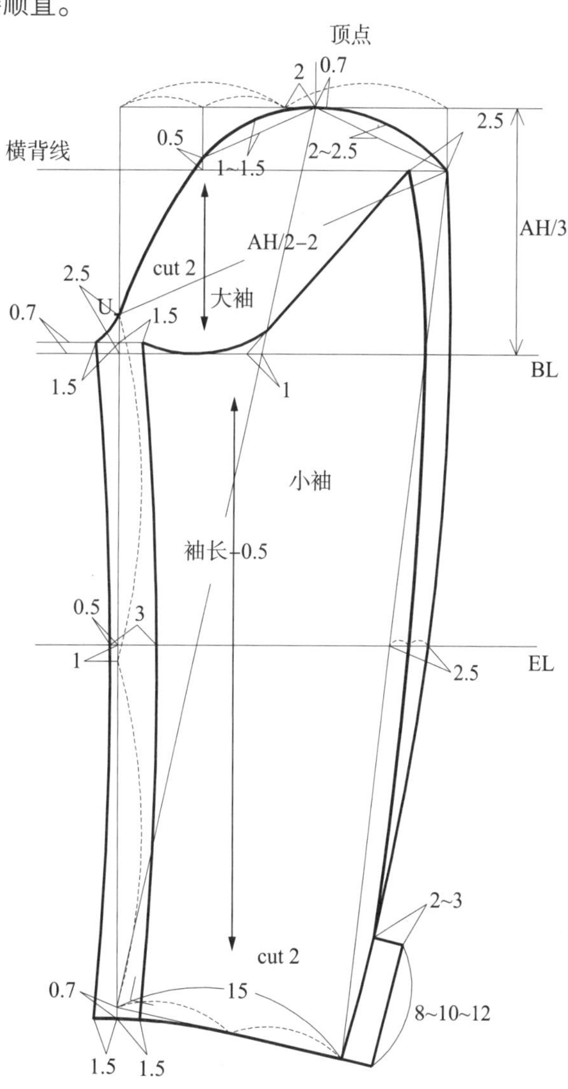


图 6–103 梅斯礼服袖子结构图

**4. 塔克多士礼服结构制图（6–105）**

（1）假定成品规格：衣长（L）74，胸围（B）106，肩宽（S）43，袖长（SL）60，袖口 15。

（2）单位：cm。

（3）选用号型：170/92A。

（4）外型款式说明：青稞领（丝瓜领）、门襟单排一粒扣、圆下摆、无衩，袖口三粒扣、真袖衩，款式如图 6–104，实物图见彩图 13。

图 6–104　塔克多士礼服款式图

（5）应用原型法进行结构制图设计。

制图步骤：

后片

（1）画出西服原型。

（2）确定衣长：经过原型 BNP 点（后颈中点）作上平线，与原型前中心线、后中心线垂直，在原型背中延长线求出衣长 L，画出下平线。

（3）确定新背中线：在背中线与下平线的交点处，内量 2.5~3.5，与横背宽线、BNP 点连接，并在 WL 处凹进 1，将新背中线连顺。

（4）后领圈、后肩缝采用原型。由于假定规格中的胸围、肩宽尺寸与原型相同，所以不动；也可做增大 1。

（5）后肩宽：▲ =1/2 肩宽。

（6）袖窿增大：BL 下降 1~2，找出 BL′。

（7）确定后片侧缝线：延长原型背宽线至下平线，横背宽线与 BL 的 1/2 处，向外量 1 为前、后衣片袖窿处的分界点，后片 WL 处收腰 1；连接分界点、WL 收腰处和背宽线与下平线的交点，求出后片侧缝线。

（8）后袖窿大：从 SP 至横背宽线及前、后衣片袖窿处的分界点，连顺后袖窿。

（9）后片下摆线：下平线处，作新背中线的垂线，与侧缝线相交。

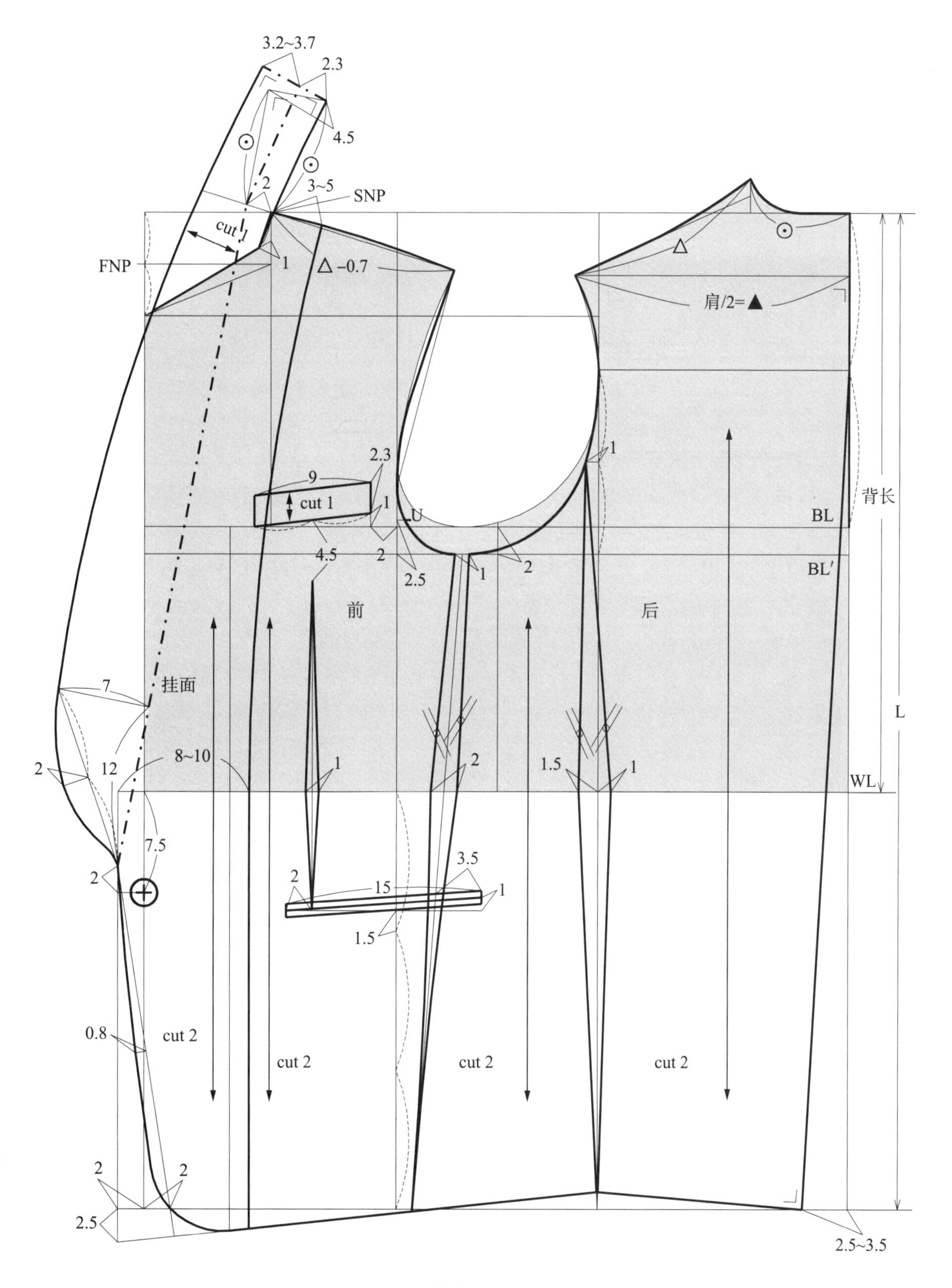


图 6-105　塔克多士礼服结构制图

前片

（1）基础止口线：距前中心线2~2.5作前中心线的平行线。从BL处与下平线连接并延长2.5。

（2）侧缝线：WL处，收腰1.5，下摆大不增加，前、后衣片袖窿处的分界点与WL处收腰后的点和下摆大连接，起翘的量要求与后片相同，前、后片的侧缝应等长。

（3）基础下脚边线：基础止口线与前片侧缝起翘点连接。

（4）领圈设计：横开领大、直开领大与原型等大，直开领内侧向外偏1，与直开领外侧连接形成串口线，形成新的领圈。

（5）前肩宽：△ −0.7。

（6）钮扣位确定：第一颗钮距WL7.5。

（7）翻折点、翻折线：上端点在肩线的延长线上，距SNP 2，下端点在止口线上距第一钮扣位2。连接上、下翻折端点，画出翻折线。

（8）驳面宽：距翻折线下端点12处，驳面宽6~7。

（9）止口线：直开领大（FNP）与驳面宽、翻折线的下端点、钮扣位和下摆前中心线劈势2为基础，画顺直，青稞领翻折线下端的圆顺程度为1~2。

（10）前袖窿大，BL下降2，画出BL′，增大袖窿，在胸宽线上自BL′重新向上取5，与SP连接，取2.5确定出对位记号U；画顺袖窿。

（11）手巾袋：距胸宽线2，靠腋下端袋位起翘1，成品规格袋口大9。

（12）胸省：上端省尖距手巾袋位中点4.5，与WL垂直，相交于大袋位线，省大1。

（13）大袋位：在胸宽线上WL与下脚线的1/3向上移1.5，画袋位线，靠侧缝端起翘1。

（14）大袋大：以胸省与袋位线交点向左2为起点计算15为袋口大，袋口嵌宽1（上、下嵌线宽各0.5）。

（15）肋下分割线：将胸宽线WL与下平线之间距离三等分，其1/3端点与袋位末端3.5处连接延长至下脚边线，袖窿BL处收省1，WL处收省2。

（16）袖窿AH：前、后袖窿弧线长的总和为AH。

领子

（1）从翻折线与肩线延长线的交点起，在翻折线上作后领弧线长⊙，作翻折线的垂线，垂足4.5，找到后领底中点；连接后领底中点与领圈直开领内侧，找到内领口线，经过后领底中点做内领口线的垂线求出领宽线（领中线），领宽为5.5~6，座领宽为2.3，翻领宽为3.2~3.7。

（2）青稞领属于连驳领，因此没有驳角长、领角长和领面。后领中点外口与FNP连接顺直。

（3）领里：翻领部分与领座不分开，领中线破开设计为结构线。

挂面

（1）挂面宽；上端与后领中线重合，SNP处3~5，WL处8~10。

（2）领口、门襟止口翻折线处，挂面比衣片各大0.5，门襟止口翻折线以下到下脚边，挂面与衣片等大。

袖子：袖子结构制图参照原型袖子制图方法。

**5. 董事套装结构制图（图 6–107）**

（1）成品规格：衣长（L）75，胸围（B）106，肩宽（S）43，袖长（SL）60，袖口 15。

（2）单位：cm。

（3）选用号型：170/92A。

（4）款式描述：双排六粒扣，平下摆，袖口真袖衩三粒装饰扣，款式如图 6–106，实物图见彩图 23。

图 6–106　董事套装款式图

制图步骤：

后片

（1）画出西服原型。

（2）确定衣长：经过原型 BNP 点（后颈中点）作上平线，与原型前中心线、后中心线垂直，在原型背中线延长线求出衣长 L，画出下平线。

（3）确定新背中线：在背中线与下平线的交点处，内量 2.5~3.5，与横背宽线、BNP 点连接，并在 WL 出凹进 1，将新背中线连顺。

（4）袖窿：根据实际需要，可在原型袖窿的基础上增大。方法是将 BL 下降 1~3，形成新的 BL′，横背宽线与 BL′ 的 1/2 处，向外量 1 为前后衣片袖窿处的分界点，连顺后袖窿。

（5）确定后片侧缝线：延长原型背宽线至下平线，后片 WL 处收腰 1.5；连接分界点、WL 收腰处和背宽线与下平线的交点，求出后片侧缝线。

（6）后片下脚边：下平线处，作新背中线的垂线，与侧缝线相交。

（7）后领窝：采用原型领窝；实际应用中，领圈横开领也可以向左增大 1，再画顺后领窝。

（8）后肩缝（▲）：由于假定规格中的胸围、肩宽尺寸与原型相同，因此采用原型肩缝。

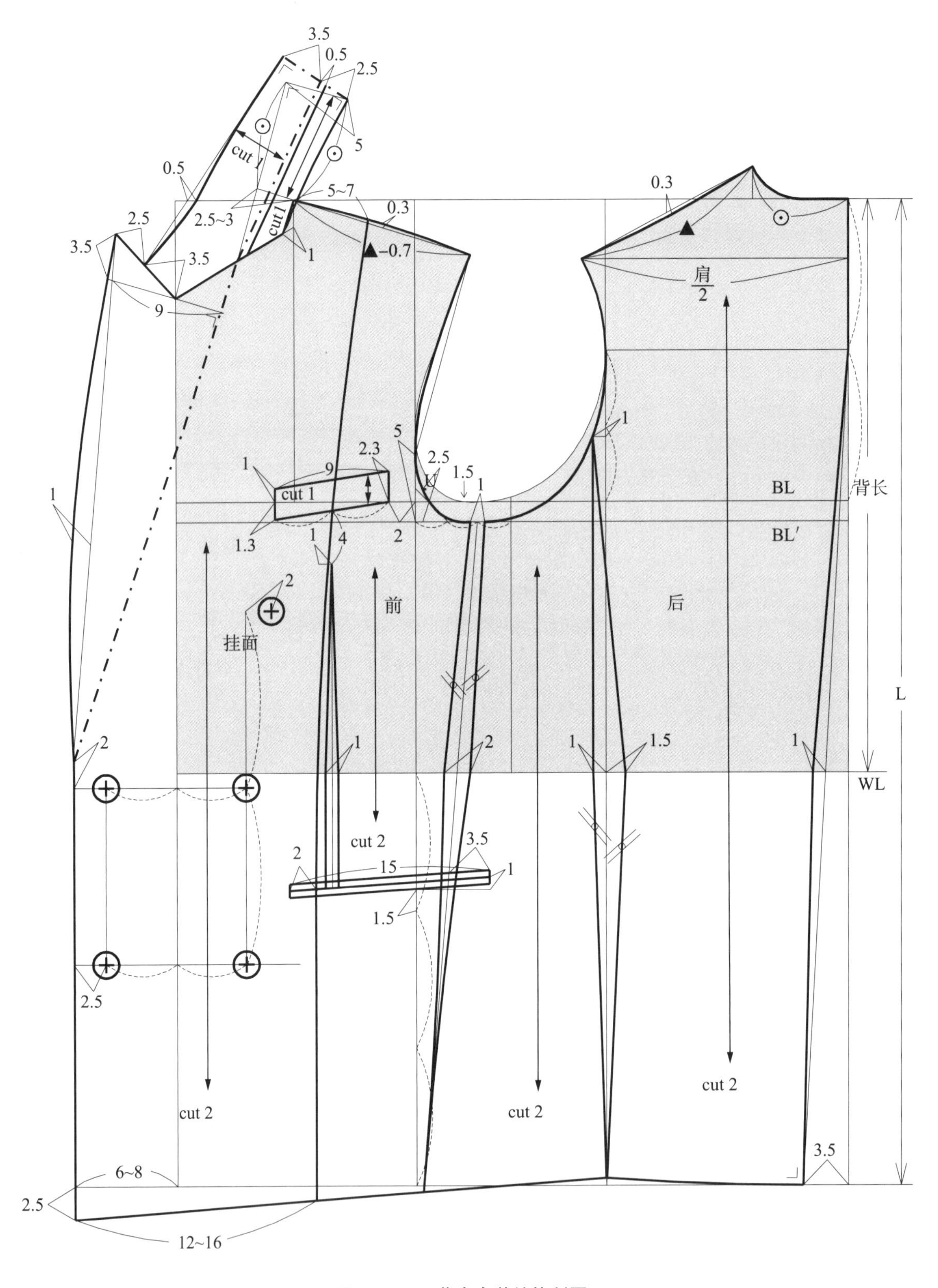


图 6–107 董事套装结构制图

肩宽也可以按人体实际肩宽设计，公式为：1/2 肩宽，后肩缝也随着肩宽增大而增大或随着肩宽减小而减小。

前片

（1）基础止口线：距前中心线 6~8 作前中心线的平行线。从 WL 处与下平线连接并延长 2.5。

（2）侧缝线：WL 处收腰 1，前、后衣片袖窿处的分界点与 WL 处收腰后的点和背宽线下摆处连接，起翘的量要求与后片相同，前、后片的侧缝等长。

（3）下脚边线：基础止口线先与前片侧缝起翘点连接。

（4）前领窝设计：可以直接采用原型，也可以另外设计。横开领大与原型等大，为 1/2 前胸宽；直开领大 10，直开领外侧与内侧的 1/2 连接形成串口线，并向外偏 1，形成新的领圈。

（5）前肩线长：▲（后肩长）−0.7。

（6）驳面宽：8~9。

（7）驳角长：驳角上翘，与串口线形成夹角 80°~90°，长 5~6。

（8）大袋位：胸宽线上，WL 与下平线之 1/3，向上提高 1.5，起翘 1。

（9）钮扣位确定：双排扣从下向上数，第一颗钮扣位距门襟止口线 2.5，与袋盖底平齐，第二排钮扣距 WL1，第三颗钮扣与第二颗钮扣和第一颗钮扣等距离，向右 2。

（10）翻折点、翻折线：上端点在肩线的延长线上，距 SNP2.5，下端点在门襟止口线上，距第二排钮扣 2，连接上、下端点，画出翻折线。

（11）止口线：连接驳角长的端点与翻折线下端点，向外凸出 1~1.5，再连接至门襟止口下脚边 2.5 处，要求画顺直。

（12）前袖窿大：根据实际需要，可在原型袖窿的基础上增大。方法是将 BL 下降 1~3，形成 BL′，袖窿将随之增大 1.5~4.5。

（13）手巾袋：距胸宽线 2，一端在 BL 向下 1.3，另一端在 BL 上，成品规格大 9~10，宽 2.3~2.5。

（14）胸省：上端距手巾袋中点 4，与 WL 垂直，相交于大袋位线，省大 1。

（15）袋盖：大袋盖大，以胸省与袋位线交点向左 2 为起点计算 15，袋盖宽 5.5。

（16）肋下分割线：将胸宽线与原型侧缝线之距离三等分，其 1/3 端点与袋位末端 3.5 处连接延长至下摆线；BL 处收省 1，WL 处收省 2。

（17）袖窿 AH：前、后袖窿弧线长的总和为 AH。

领子

（1）从翻折线与肩线延长线的交点起，在翻折线上作后领弧线长⊙，作翻折线的垂线，垂足 5，找到后领底中点；连接后领底中点与领圈直开领内侧，找到内领口线，经过后领底中点做内领口线的垂线求出领宽线（领中线），领宽为 6（座领宽为 2.5，翻领宽为 3.5）。

（2）领角长：领角长一般为 2.5~3.5，与串口线成 80°~90° 夹角，连接领角长与领宽线，修正外领口线，使其与领宽线垂直，并与领角长连接顺直。

（3）领面：领中线为对折线，翻领部分与领座分开，距翻折线 0.5~1。翻领要求纬纱，领座要求经纱。

（4）领里：翻领部分与领座不分开，选用辅料领底绒，则领中线不破开为对折线；若用西装面子面料，则领中线破开为结构线。

挂面：双排扣挂面宽原则上要求每一颗钮扣都要订在挂面上，一般上端5~7，下端为12~16。

袖子结构设计制图

（1）董事套装袖子造型，既不能太肥，也不能偏瘦，袖山头的缩缝量适中以保证袖子缩缝量在3左右，如图6–108所示。

（2）袖山高：AH/3。

（3）袖肥：AH/2−2。

（4）大小袖相借1.5，前袖缝处，大袖比小袖大3；横背宽线处，大袖比小袖大2~2.5。

（5）袖衩长：8~12。

（6）袖口装饰钮扣：3~4粒。

**6. 双排4粒扣、枪驳领西装结构设计（图6–110）**

（1）成品规格：参考双排六粒扣枪驳领西装。

（2）款式图：剑形领、双排四粒扣，平下摆、袖口真袖衩四粒装饰扣，见图6–109。

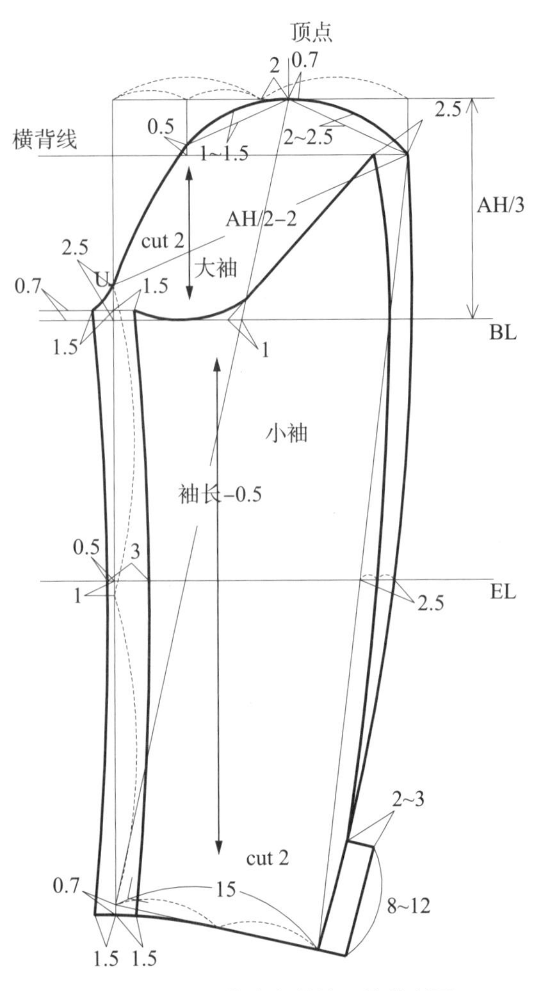

图6–108 董事套装袖子结构制图

图6–109 双排四粒枪驳领西装款式图

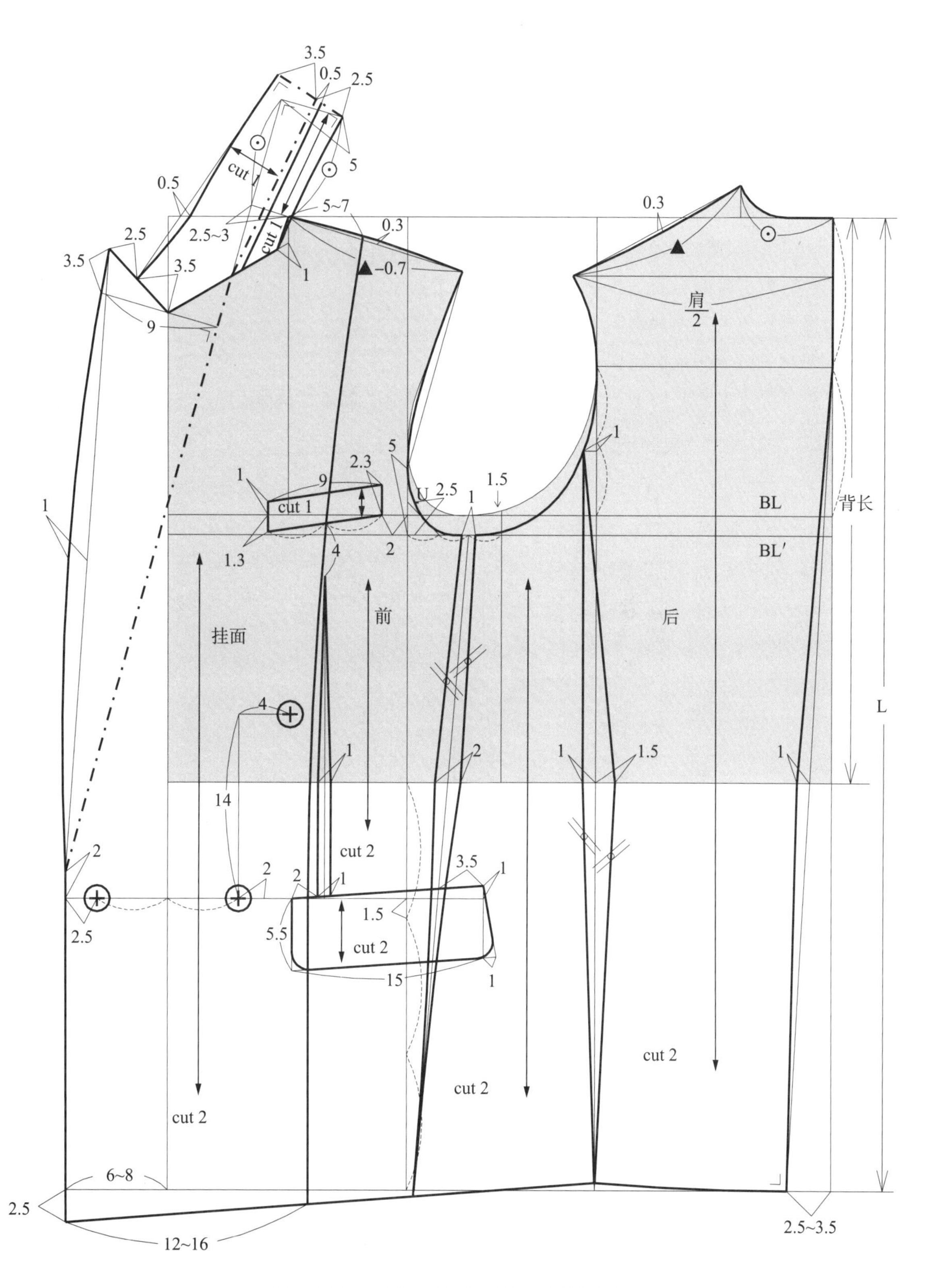


图 6-110　双排四粒扣枪驳领西装结构制图

（3）结构制图步骤：参考双排六粒扣枪驳领西装结构制图步骤。

**7. 立式剑形领西装结构制图（图 6–112、图 6–113）**

（1）成品规格：衣长（L）64，背长 37.5，胸围（B）92，肩宽（S）40，袖长（SL）58，袖口 12。

（2）单位：cm。

（3）选用号型：165/88A。

（4）款式图：立式剑形领、单排两粒扣，前衣片三次分割，圆下摆；后一片两次分割，背开衩；袖口真袖衩四粒装饰扣，款式见图 6–111 所示。

（5）实物图：实物图见彩图 24。

（6）结构制图采用比例裁剪法设计。

（7）制图顺序：后片→前片→领子→挂面→口袋→大袖片→小袖片。

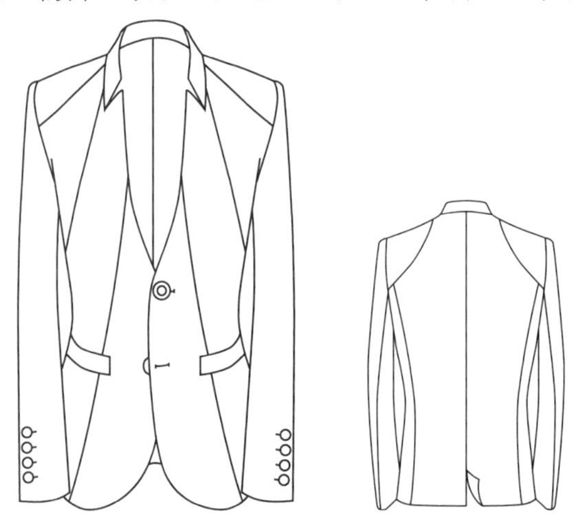

图 6–111　立式剑形领西装款式图

（8）主要计算公式和重要数据：

后片：

① 领圈：横开领 7.5~8.5，直开领：2.5~3。

② 肩斜度：15:5。

③ 后肩宽：肩宽 /2。

④ 袖窿深：25。

⑤ 背长：37.5。

⑥ 胸围大：B/4+1。

⑦ 背宽大：19.5。

⑧ 臀围线：距腰围线（WL）18。

⑨ 背中线：胸围线处凹势 1.5，腰围线处凹势 2.2，衣长线处凹势 2.8。

⑩ 开刀缝：弧线开刀缝：上端在后领圈弧线 1/2 处，下端距肩点（SP）12.5，袖窿处收省 1，中段凸势 1。竖线开刀缝：背宽线处距背中线 15.5；胸围线处距背中线 13.5，腰围线处距背中线 13；与臀围线垂直，并延长至下摆衣长线。

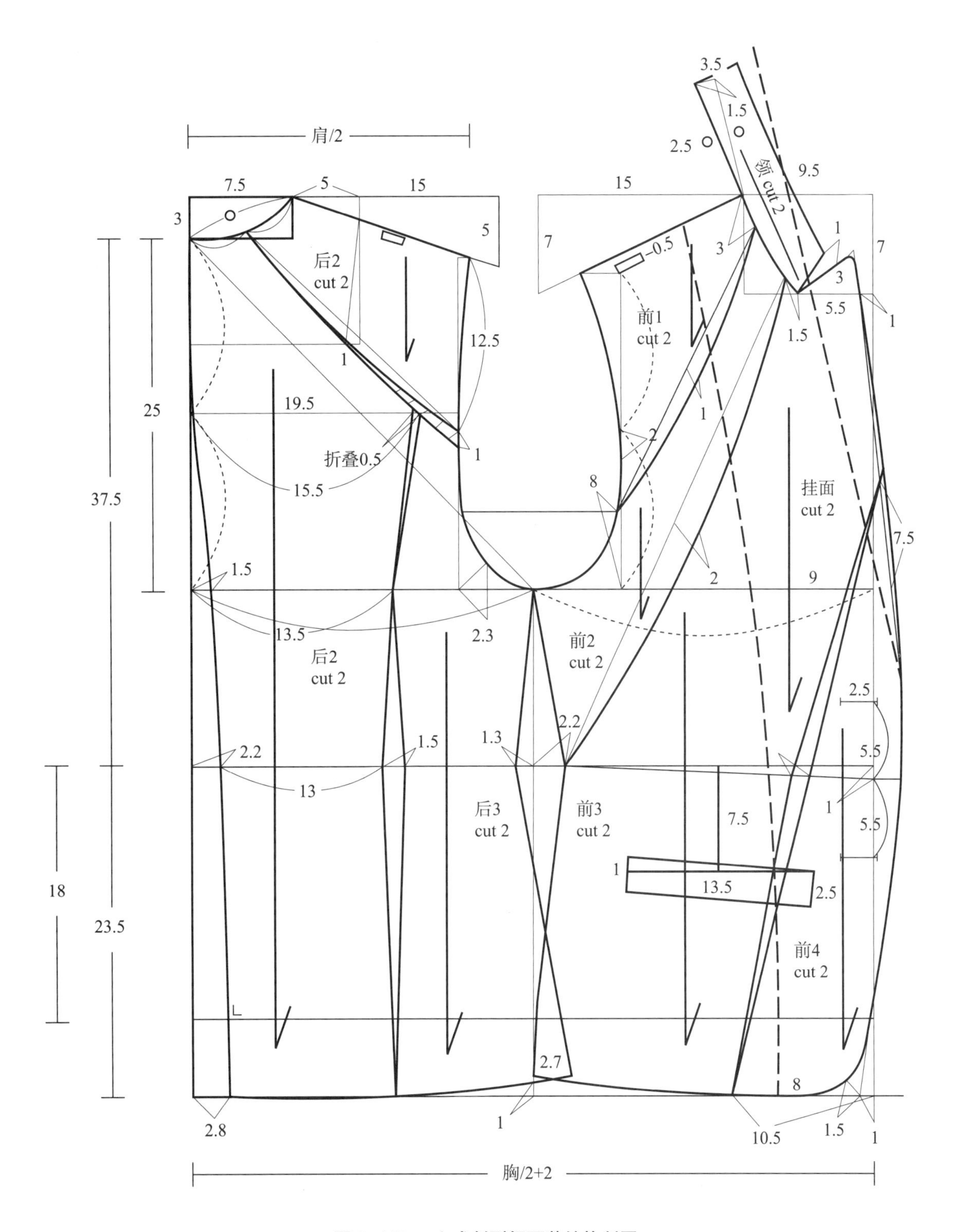


图 6-112　立式剑型领西装结构制图

前片：

① 领圈：横开领 8.5~9.5，直开领：7。

② 叠门宽：2.5。

③ 肩斜度：15:7。肩长：后肩长 −0.5。

④ 背长：37.5+1=38.5，侧缝处与后腰围线对齐。

⑤ 胸围大：B/4+1。

⑥ 胸宽大：在袖窿深的一半处，胸宽大 17.5。

⑦ 后领宽：3.5。驳角：驳角宽 5.5，驳角上翘 3，与领角间距 1。

⑧ 挂面宽：肩缝处 3~5，胸围线处 9，下脚边处 8。

⑨ 口袋：右距叠门线 5.5，上距腰围线 7.5，起翘 1；袋口大 13.5，袋口宽 2.5。

⑩ 开刀缝：第一条开刀缝，领圈处距颈侧点 3，下端在袖窿深线上，距胸围线 8，中段凸势 1。第二条开刀缝，领圈处距绱领止点 1.5，下端在腰围线上，中段凸势 2。第三条开刀缝，门襟止口线上距胸围线 7.5，下端在衣长线上，距叠门线 10.5，腰围线处收腰 1.5。

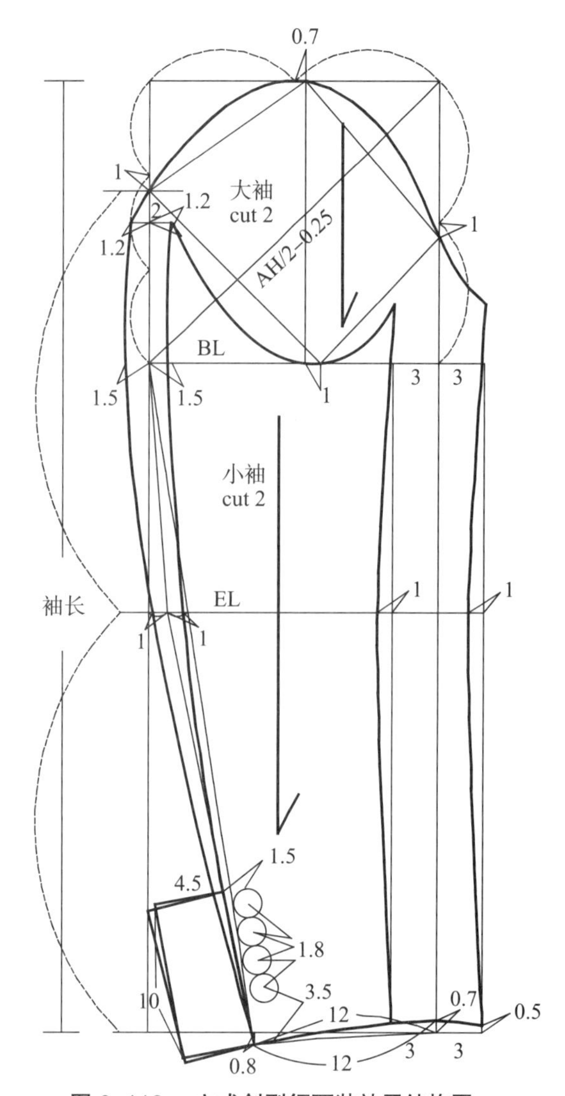

图 6−113　立式剑型领西装袖子结构图

袖子：

① 延长胸围线，作胸围线的垂线。

② 在胸围线与垂线的交点处，作袖肥大：AH/2−0.25。

③ 上平线：通过袖肥大末点作上平线，并作上平线的垂线。

④ 袖窿深：上平线与胸围线之间的垂距为袖山深。

⑤ 袖长线：从上平线算起，求出袖长，画出下平线。

⑥ 袖肘线（EL）：1/3 袖山深 −1 与袖长线的一半处，为 EL。

⑦ 袖口大：12。

⑧ 袖前缝：大袖比基础袖肥大 3，小袖比基础袖肥小 3。袖肘线处弯势 1。

⑨ 袖后缝：偏袖线处，大袖比基础袖肥大 1.2，小袖比基础袖肥小 1.2。袖肘线处大袖比基础袖肥大 1，小袖比基础袖肥小 1。

⑩ 袖衩：长 10，宽 4.5；第一粒钮扣距袖口边 3.5。

# 第五节　外套结构制图设计

外套是男装中必不可少的服装之一，分风衣和大衣。男装外套的外部廓型以“H”、“X”、“T”为主，长度以膝关节为衡量标准，膝关节以上的为短外套，膝关节以下为长外套，臀部与腰部之间长度的为超短外套，踝骨上下长度的为超长外衣；领型常采用翻立领、平驳领、枪驳领、青稞领、蟹夹领等领型；袖型采用平袖、连袖、插肩袖等，袖口可加袖襻和外翻的装饰克夫；门襟有明、暗之分，明门襟钮扣有单、双排之分，单排扣一般为 3~4 颗，双排扣在 6~8 颗，前身面子两个大袋，常采用斜插、袋贴袋、加袋盖的横向开袋。男装外套一般可分为礼仪外套、便式外套和功能外套，外套款式集锦见图 6–114、图 6–115。

图 6–114　大衣款式集锦

图 6–115 礼服大衣款式集锦

## 一、战壕式风衣（Trench coat）

战壕式风衣是经典的男士风衣款式，也叫特莱彻风衣，最早是英国陆军为战壕作战而开发的军装式样。有防风、防寒、防雨和防尘之功效。款式特点：立翻领、双排扣、插肩袖、肩章、右前胸与后背上部有叠层（披肩）、后背下部有阴裥，领部、腰部和袖口部配有带子，起收紧作用，实物图参见彩图 25；由其演变出来的短大衣款式实物图参见彩图 32。

（一）结构制图（图 6–117、图 6–118、图 6–119）

（1）成品规格：衣长 L 110，胸围 B 118，肩宽 S 50，袖长 SL 62，袖口 17。

（2）单位：cm。

（3）选用号型：170/92A。

（4）战壕式风衣款式如图 6–116 所示。

制图步骤：

**1. 后片**

（1）将原型前、后片侧缝间距 2~3（依实际成品胸围而定），画出西服原型。

（2）确定衣长：经过原型 BNP 点（后颈中点）作上平线，与原型前中心线、后中心线垂直，在原型背中延长线求出衣长 L，画出下平线。

（3）后片新背中线：在 WL 处收腰 1，作射线与下平线相交，再与 BL、横背宽线和 BNP 连接，将新背中线连顺。

（4）后衩：设计为阴裥，宽 15~16。1/2 后衩长加襻，作固定阴裥用。

图 6–116 战壕式风衣款式图

（5）后插肩袖袖窿：根据实际需要，可在原型袖窿的基础上增大。方法是将 BL 下降 $M_2$~$M_3$，取值范围 2.5~6，与原型侧缝增大量（2~3）的中点相交为 $M_3$，形成新的 BL1。后领窝处，$M_0$~$M_1$=1~2，横背宽线处 PP′=3，经过 BL 与背宽线的交点作边长为 3 的正方形，与原型袖窿相交，$K_2$ 距原型袖窿 1.5~3，为前、后插肩袖窿侧缝的交界点。连接领窝 $M_0$ 至 P，中段凸出 1.5，经 $K_2$ 弧线连接 P、袖窿 $M_3$，为后插肩袖窿。

（6）后领窝：原型领窝处，被插肩袖相借后，剩下的 $JM_0$ 弧线部分为后领窝。

（7）后侧缝：经过 $K_2$ 做 WL 的垂线，向外加大 1，并与 $K_2$ 连接延长至下平线。

（8）后片下脚边：下平线处，作新背中线的垂线，与后侧缝线相交。

（9）后片叠层：后侧缝处下降 2.5~6，后衣片背中缝、BL 相交点弧线连接，后片叠层领窝、袖窿部分与后衣片领窝、袖窿重叠。

**2. 前片**

（1）基础止口线：从上平线至下平线，距前中心线 8~9（双排扣）作前中心线的平行线，下平线处向下延长 1.5。

（2）前侧缝线：WL 处，向外加大 0.5，前、后衣片袖窿处的分界点 $K_2$ 与 WL 处加大腰后的点连接延长至下平线，起翘的量要求与后片相同，前、后片的侧缝等长。

（3）下脚边线：基础止口线与前片侧缝起翘点连接。

（4）撇胸：上平线起至 BL 撇胸 2。

（5）前领窝设计：横开领大与原型横开领等大，为 1/2 前胸宽；直开领外侧与原型等大，

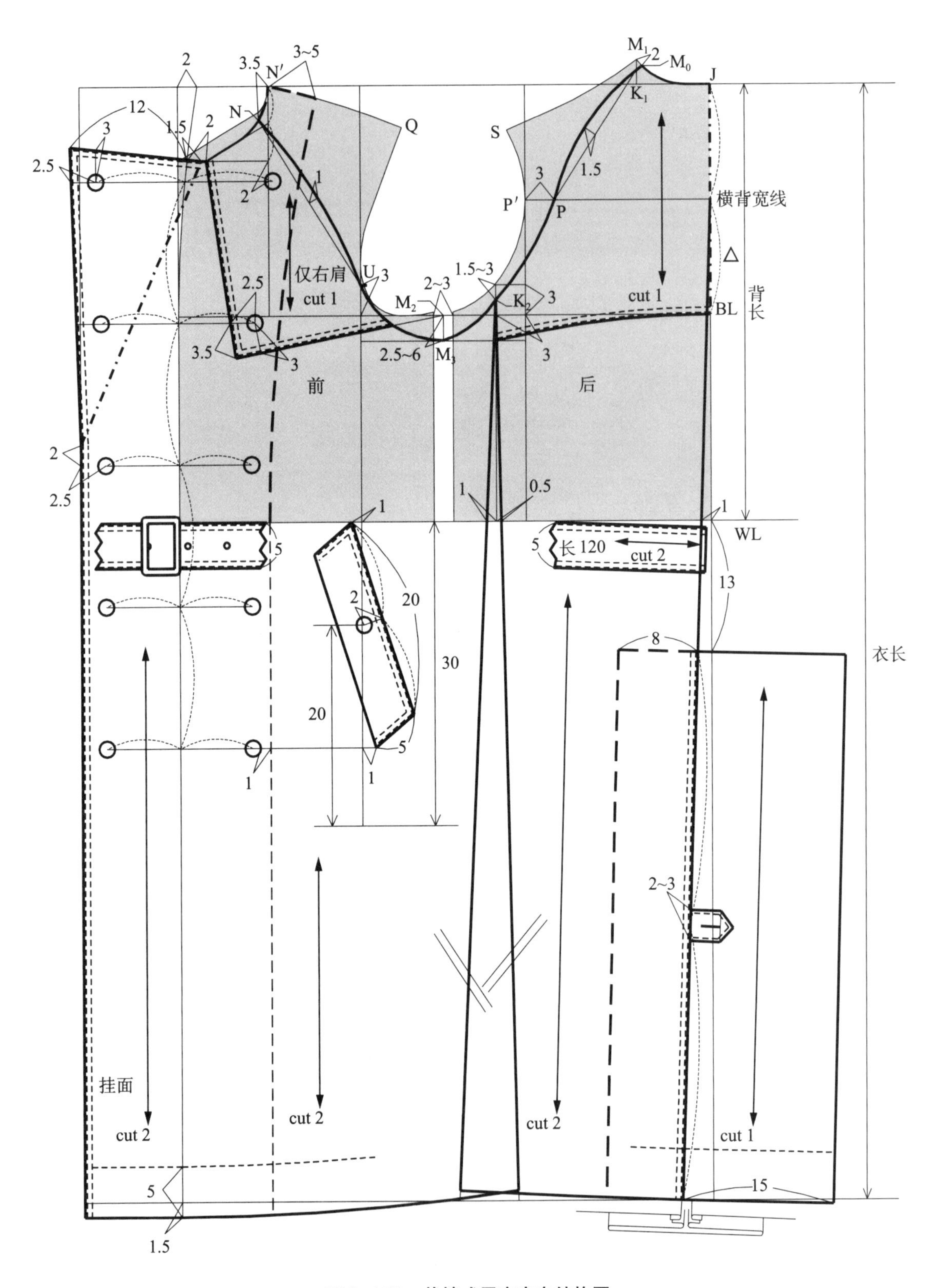


图 6-117 战壕式风衣衣身结构图

撇胸线与横开领的交点内量 1.5 为上领止点，撇胸线与横开领的交点内量 2 与直开领内侧的 1/2 连接形成串口线，弧度 1 左右，形成新的领圈。

（6）前插肩袖袖窿：在前领圈 SNP 处，设计 NN′=3.5，胸宽线上，U 距 BL 3，连接 N、U，中段凸出 1，再与袖窿 $M_3$ 连接。

（7）斜插袋：袋位距 WL 与胸宽线的交点上下端各 1，平行四边形；袋盖大 20，宽 5，钮扣位距袋盖大中点止口线 2。

（8）扣位确定：双排扣从上向下数，第一排钮扣位距上领止点 2，作水平线，第五排钮扣位与斜插袋底平齐，在前中心线上平分第一排钮扣与第五排钮扣之间距离，为其他排钮扣位。每一排钮扣距门襟止口线 2.5，关于前中心线对称。

（9）翻折点、翻折线：前领窝的绱领止点设计为翻折线的上端点，下端点在门襟止口线上距第三排扣位 2，连接上、下端点为翻折线。

（10）驳角长：驳角上翘距第一排钮扣的第一颗钮扣位 3，长 12~13。

（11）前片叠层：仅右边有。距第二排钮扣位 2.5，下降 3.5，与撇胸线和横开领的交点内量 2 处连接，为前片叠层的起始线，再与原型增大后的侧缝线（$M_3$ 的上端）连接；前片叠层领窝、袖窿部分与前衣片领窝、袖窿重叠。

（12）止口线：连接驳角长的端点与翻折线下端点，再连接至门襟止口下脚边 1.5 处，要求画顺直。

（13）腰带：长 120，宽 4~5，位于 WL 以下加襻固定。

**3. 领子结构制图**

战壕式风衣领子属立翻领（登驳领），由翻领和领座组成，领子既可以扣合，也可以翻驳开，如图 6–118 所示。

（1）N′B 是肩线 N′Q 的延长线，长为 2.5。

（2）前领座宽：距前中心线 1.5，设计为驳面翻折线的上端点 F，AF 2~3 为前领座宽。

（3）连接 A、B 延长至 C，BC=JK（后横开领）+2.5（因为，后片插肩袖领圈增大了 2.5），作 BC 的垂线，垂足 4，B 与垂足大连接，形成一个直角三角形。

（4）后领座宽：领座中线宽，作直角三角形斜边上的垂线相交于 J，延长至 D，JD=4.5，为后领座宽；弧线连接 A、J，为领座的内口线；D 与 F 弧线连接为领座的外领口线，与肩线相交于 E，与领窝等长（其中 DE 等于后领窝长）。

（5）翻领的内领口线将 JD 向左延长 3，设为 G，为翻领的后颈中点，A、G 弧线连接，为翻领的内领口线。

（6）翻领宽：作翻领的内领口线的垂线 GK=7，为翻领宽。

（7）翻领领角长：从 A 作驳角长的近似平行线，长 13.5，为翻领领角长。

（8）翻领外领口线：K 与翻领领角长弧线连接，即为翻领外领口线。

**4. 挂面：双排扣挂面宽原则上要求每一颗钮扣都要订在挂面上，一般上端 3~5，下端为 16~18。**

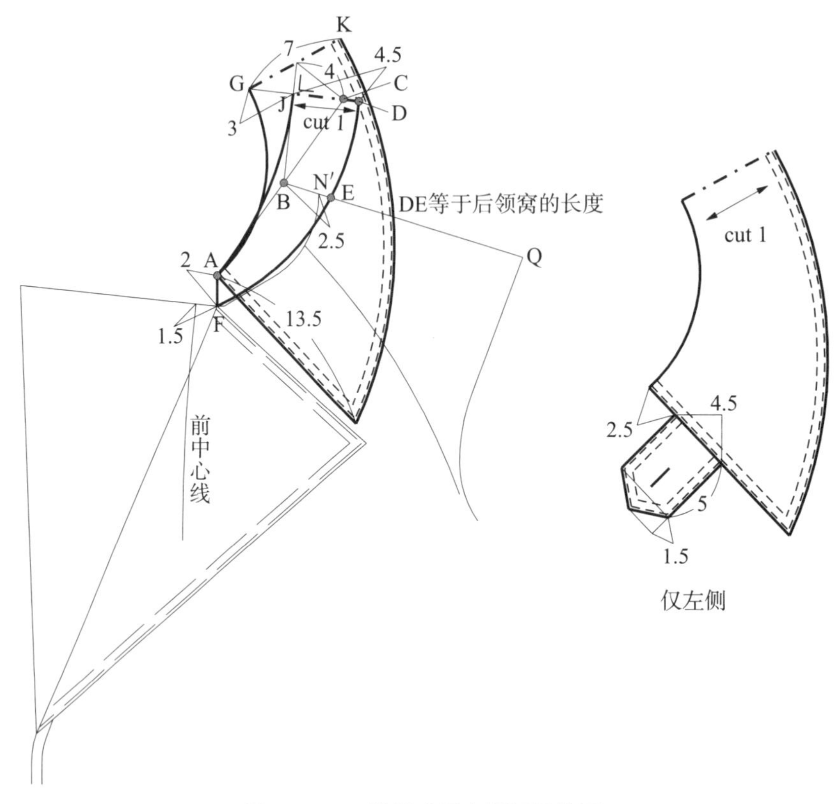


图 6–118 战壕式风衣领子结构图

**5. 袖子结构制图(图 6–119):**

袖子制图说明:

(1)战壕式风衣袖型为插肩袖，插肩袖的结构制图是与衣身结构制图分开单独设计的，采用原型袖的设计原理设计出基础袖型，再结合衣身插肩部分的数据，设计袖子插肩部分。

(2)U′ 的确定:将衣身 BL 对应画到袖子上来，作 BL 的垂线设为基础袖线，在基础袖线上 U′ 距 BL3。

(3)袖肥:U′I=AH/2，经过 I 作上平线的垂线。

(4)袖山深:BL 至上平线的垂距 =AH/3。

(5)袖长:平分袖肥内的上平线，平分点为实际袖长的起点，经过起点作实际袖长与基础袖线相交于 T。

(6)EL:将衣身 WL 对应画到袖子上来，EL 距衣身 WL1。

(7)袖口大:TG=17+1，连接 IG，基础袖型完成。

(8)确立 E:过 BL 作 IG 的垂线，E、后片插肩袖缝与 IG 和 BL 之间的等距离。

(9)R1——以 U′ 为圆心，衣身(U~N)为半径画弧。

(10)R2——以 S 为圆心，衣身(Q~N′)为半径画弧。

(11)R3——以 S 为圆心，衣身($S \sim M_1$)为半径画弧。

(12)R4——以 I 为圆心，衣身($P \sim M_0$)为半径画弧。

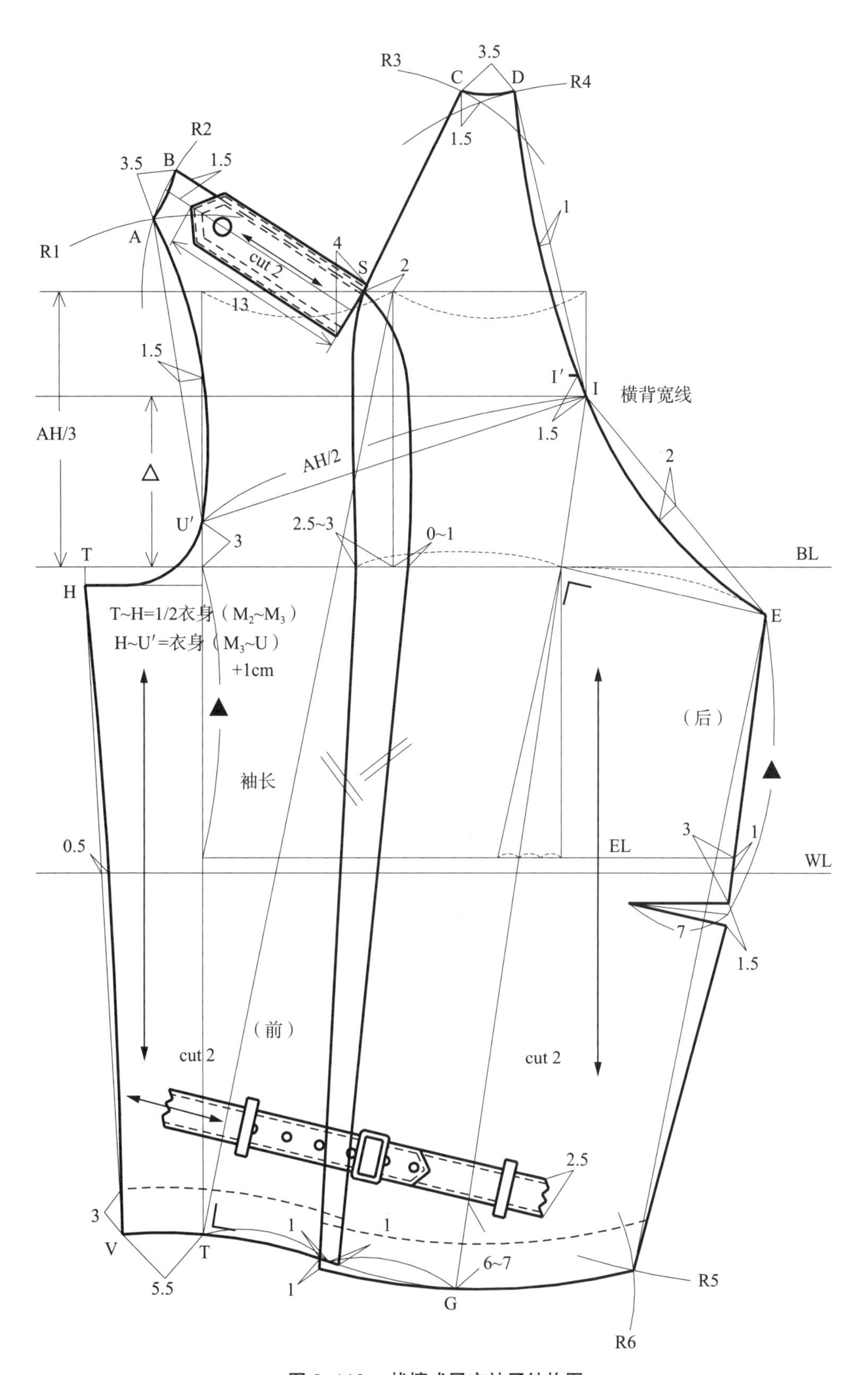


图 6–119　战壕式风衣袖子结构图

（13）R5——以 E 为圆心，（H～V）+1.4 为半径画弧。

（14）R6——以 G 为圆心，（G～T）—（V～T）为半径画弧。

（15）T～H：T～H=1/2 衣身（$M_2$～$M_3$），U′～H=1/2 衣身（$M_3$～U）+1。

（16）前插肩袖领窝弧线长：等于弧线 A～B 长，为 3.5。

（17）后插肩袖领窝弧线长：等于弧线 C～D 长，为 3.5。

（18）前插肩袖袖窿弧线：连接 A～U′，凹势 1.5，再弧线连接 U′～H。

（19）后插肩袖袖窿弧线：连接 D～I，凹势 1，再连接 I～E，凹势 1～2。

（20）肩章：肩点 S 距袖长起点 2。肩章长 13，宽 4～4.5，肩章放在插肩袖的前袖片上，与 S 平齐。

（21）V～T：V～T=B/16−1，在 EL 处凹势 1 连接 HV，为前插肩袖的袖底缝。

（22）袖肘省：在后插肩袖的袖底缝上，距 EL3，长 7，大 1.5。R5 与 R6 的交点与 E 连接为后插肩袖的袖底缝。

（23）袖襻：袖襻长等于实际袖肥大 +5，宽 2.5，距袖口边 6～7。

（24）△指 BL 与横背宽线 1/2 间的距离。

（25）I′ 与衣身 P 点重合。

（26）衣身 U 与袖子 U′ 重合。

## 二、大衣

### （一）大衣结构设计要点

大衣一般是指套在毛衣或西服外面穿的衣服，起防寒、保暖作用。大衣按其长度可分为长大衣、中长大衣和短大衣。长大衣其长度在小腿至踝骨处，中长大衣其长度到膝盖处，短大衣也叫手长大衣，指其长度与人体立正时的中指长度平齐，也可以说其长度覆盖大腿中部。礼服大衣造型分筒形和合体型，其与西服配套穿，要考虑到与西服整体服装的配合。大衣的领口线一定要高于西服的领口线，穿上大衣后不应看到西服领子。休闲风格的大衣分合体型和宽松型，合体型大衣结构设计中加放量较小、结构线条分割流畅；宽松型大衣加放量较大，通过束紧腰襻、袖襻、领扣等，起御寒和装饰作用。

**1. 大衣规格尺寸**

测量大衣的各部位的尺寸非常重要，合体型大衣最好是让顾客穿上西服来测量，宽松型的大衣比较好测量，可在毛衣外面量体。衣长可根据式样或喜好来增加长度，长大衣以坐下不露膝盖为好。以下是大衣各部位加放的参考尺寸：

| | |
|---|---|
| 身高（BL） | 170cm |
| 衣长（CL） | 3/4 总长 −（6～10cm） |
| 肩宽（SW） | 西服肩宽 +2cm |
| 后背宽（BW） | 西服后背宽 +2cm |
| 前胸宽（AC） | 西服前胸宽 +2cm |

| | |
|---|---|
| 胸围（B） | 西服胸围 +4~6cm |
| 腰围（W） | 西服腰围 +4~6cm |
| 臀围（H） | 西服臀围 +4~6cm |
| 袖长（SL） | 西服袖长 +2~4cm |
| 袖窿（AH） | 西服袖窿 +2~4cm |

**2. 大衣的叠门（搭门）**

大衣的叠门要比西服的叠门宽，主要是为了增加大衣的保暖、防尘等功能，还有一个原因就是减少前中心的厚度。由于大衣扣的位置与西服扣的位置不在一条线上，所以不会有扣的重叠而产生难看的凸起。西服前中心线至前止口线尺寸为 2.3~2.5cm，大衣止口与前中心线的距离尺寸为 2.5~3.5cm，（宽、窄依据钮扣的大小而定）。另外由于衣料厚薄的关系及前搭门重叠的厚度等原因，前胸宽可适当加宽 0.5~1cm。

**3. 大衣袋的位置**

大衣大袋的位置一般根据手臂的长度来确定，因为衣袋是为手而设的，而手臂长度是设计袖长的依据。图 6–120 是由袖长来确定的大衣大袋的位置，衣袖袖口 B 点距插袋 A 点 4~6cm，A 点与前中心线最后一个扣位置平齐。图 6–121 是大衣大袋与袖子（手）位置的关系，手臂自然垂下，袖子袖口遮住大袋盖的一半，这样大袋的位置就与手臂的长度确立了相互对应的关系。

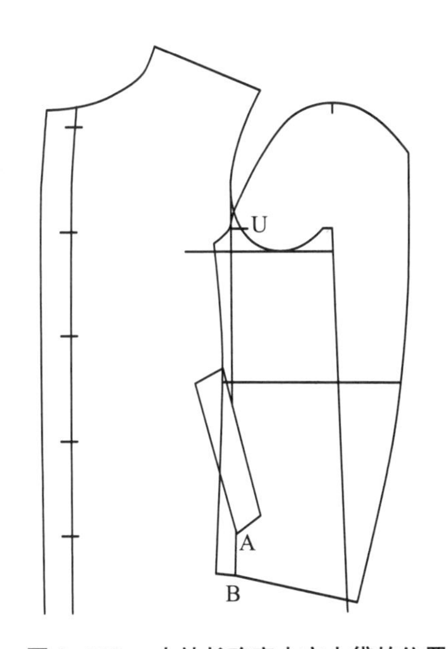


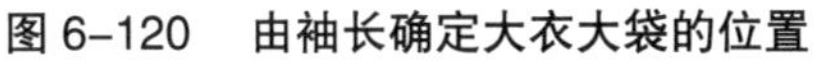
图 6–120 由袖长确定大衣大袋的位置

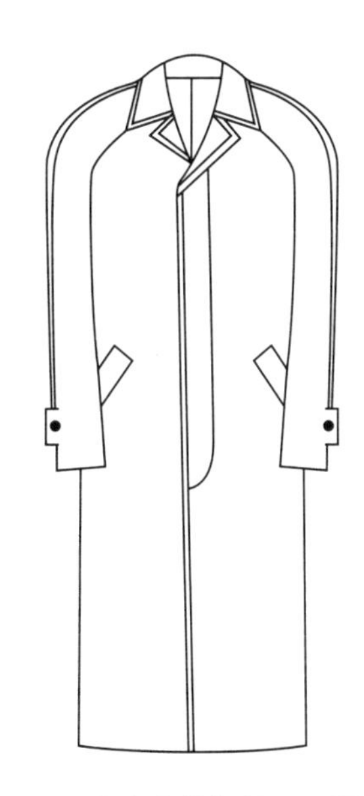

图 6–121 大衣大袋与袖子位置的关系

**4. 大衣的袖窿深设计**

大小袖大衣的袖窿深尺寸不能过大，否则，会使小袖袖长的尺寸缩短而出现很多毛病。一般大衣的袖窿深尺寸至少要比西服袖窿深尺寸大 2cm，刚好在西服袖底制成线下，插肩袖则在西服袖底制成线下 4~6cm，才不会影响穿着效果。

**5. 大衣的肩部设计**

肩斜线是承受衣服重量最多的部位，如果肩斜度小了，衣服的重量会集中在颈部周围，穿着不舒服，还要影响肩部造型，肩点周围会出现斜褶。肩斜度如果偏大，衣服的重量会集中在两边肩点，肩头有压迫感，同时后背还会出现水波纹皱褶，标准体的肩斜度为 20°。大衣是套在厚毛衣或西服外面穿的，所以要考虑大衣的肩部垫肩的问题。插肩大衣一般用瓢形垫肩，还可将胸衬延伸到后肩上。大小袖与一片袖加的垫肩不能过厚，一般不大于 2cm。因为西装与大衣两层垫肩的厚度会合，会使袖山加高，肩部显得不自然、呆板。图 6–122 为肩斜度增加量，袖山 TS~TS′ 为垫肩厚度，S~M 与 T~N 为西服肩斜线，S′~M 与 T′~N 为加装垫肩后的肩斜线，所以，肩斜度要依据袖山增高而加长的袖山线而确定。

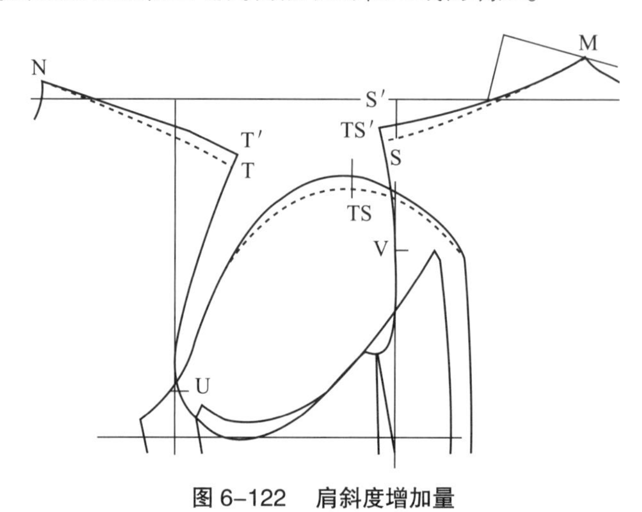

图 6–122 肩斜度增加量

## （二）大衣结构设计

**1. 柴斯特外套（Chesterfield coat）（图 6–123）**

柴斯特外套是 19 世纪 40 年代以英国名绅柴斯特弗尔德伯爵命名的外套。现代绅士规制是

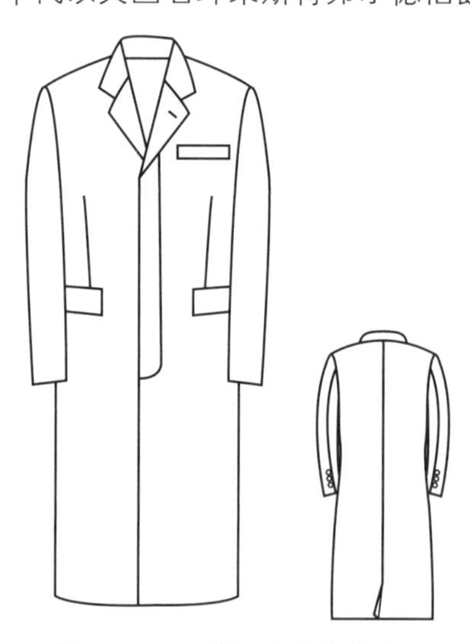
图 6–123 柴斯特外套款式图

从他开始的；他写给他儿子们的第一部"如何做绅士"的专著，后来成为英国上流社会的教科书。柴斯特外套也是西方政界首脑首选的正装之一。如：1944 年第二次世界大战时期，英国首相丘吉尔着"Burberry"的柴斯特外套。1972 年尼克松访华也着柴斯特外套。2002 年美国前总统布什和夫人访华，游览长城时也选择了着柴斯特外套。2009 年 1 月 20 日，美第 44 届首任黑人总统奥巴马就职典礼上，选择了"Hart Schffner Marx"（浩狮迈）的 chesterfild（柴斯特弗尔德外套）。

柴斯特外套款式特点：枪驳领或平驳领，暗门襟单排扣，左胸前手巾袋，前衣身左右各有一只对称的加袋盖的暗袋；合体衣身，破背；合体大小袖，袖口各装饰 3~4 粒扣；属中长型大衣。常采用深蓝色或黑色中厚型面料，天鹅绒配领是其常采用的元素。

〈1〉结构设计制图（图 6–124）

（1）成品规格：衣长 110，胸围 106，袖长 62，袖口 17.5。

（2）单位：cm。

（3）选用号型：170/92A。

〈2〉制图步骤：

后片

（1）画出西服原型。

（2）衣长：经过原型 BNP 点（后颈中点）作上平线，与原型前中心线、后中心线垂直，延长原型背中线、前中心线求出衣长 L，画出下平线。

（3）新背中线：在背中线与 WL 的交点处，内量 1.5，与横背宽线、BNP 点连接，并在 WL 处凹进 1，延长至下平线，将其连顺新背中线。

（4）HL：距 WL20。

（5）后衩长：一般在 HL 以下 5~10，宽 5。

（6）后领圈、后横开领增大 1。

（7）后肩斜度：上平线至下平线的 1/4 向上移 1，与 SNP 连接为后肩线。

（8）后肩宽：△ =1/2 肩宽，与后肩线相交为 SP。

（9）后袖窿大：为使大衣的袖窿增大，将 BL 下降 2~3，画出 BL′ 与前中心线、背中线垂直。延长原型背宽线至下平线，横背宽线与 BL′ 的 1/2 处，向外量 1 为后袖窿末点，也是前、后衣片袖窿处的分界点，从 SP 至横背宽线至后袖窿末点，连顺后袖窿。

（10）后片侧缝线：后片 WL 处收腰 1；连接前、后衣片袖窿处的分界点、WL 收腰处和背宽线与下平线的交点，求出后片侧缝线。

（11）后片下摆线：下平线处，作新背中线的垂线，后下脚边大：横背宽大 +1.5。

前片

（1）基础止口线：距前中心线 3.5 作前中心线的平行线。从 BL 处与下平线连接并延长 1.5~2。

（2）下摆大：前胸围大（前中心线与背宽线之间的距离）+3。

（3）侧缝线：WL 处，收腰 2，前、后衣片袖窿处的分界点与 WL 处收腰后的点和下摆大

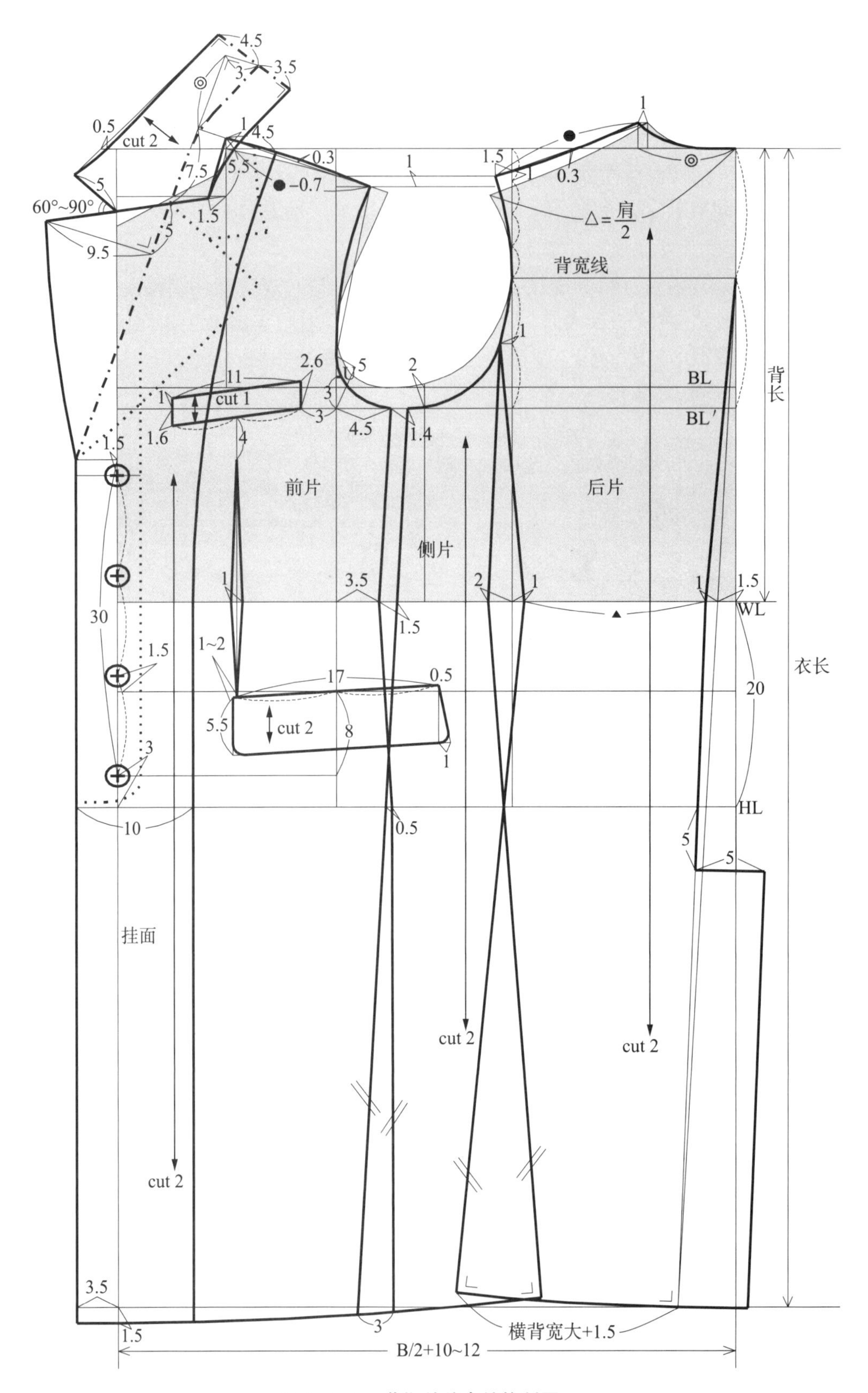


图 6-124 柴斯特外套结构制图

连接，起翘的量要求与后片相同，前、后片的侧缝应等长。

（4）领圈设计：横开领大与原型等大，为1/2前胸宽；直开领大：直开领外侧7，直开领内侧5.5，连接直开领的内、外侧形成串口线，并向外偏1.5，形成西服领圈。

（5）前肩宽：● −0.7。

（6）钮扣位确定：从下往上数，第一颗钮扣距HL3，第四颗钮扣距第一颗钮扣30，等分30，分别求出其他两粒扣位。

（7）翻折点、翻折线：上端点在肩线的延长线上，距SNP2.5，下端点在止口线上第四钮扣位下1.5。连接上、下翻折端点，画出翻折线。

（8）驳面宽：从翻折线的上端点起，往下量12.5（串口线的上端7.5，串口线的下端5），作翻折线的垂线长9.5～11，为驳面宽。

（9）驳角长：串口线与驳面宽连接，为驳角长。

（10）止口线：驳角长的端点与驳面下端点连接，再与基础止口线连接。

（11）暗门襟：宽：5～6，长：下端距第一颗钮扣位3～5，上端距第四颗钮扣位12。

（12）前袖窿大，在胸宽线上自BL′重新向上取5，与SP连接，取2.5确定出对位记号U；与后袖窿末点连接，画顺袖窿。

（13）手巾袋：BL′上距胸宽线3，起翘1.5，袋口大11，宽2.5。

（14）胸省：上端省尖距手巾袋位，与WL垂直，相交于大袋位线，省大1。

（15）大袋：大袋位：与第二颗钮扣位下降1.5平齐，靠门襟止口端下降0.5，靠侧缝端上升0.5；大袋盖大：以胸省与袋位线交点向左1～2为起点计算，袋口大为17，袋盖底大18，两端小圆角。

（16）肋下分割线：上端BL′处，距胸宽线4.5，省大1.4，下端WL处，距胸宽线3.5，收省1.5；肋下片缝：BL收省处与WL收省处连接延长至下摆线2；前片肋下缝：上端BL′处距胸宽线4.5与下端WL处距胸宽线3.5连接，再与下脚边处摆大加3连接，与肋下片缝相等。

（17）袖窿AH：前、后袖窿大的总和为AH。

领子

（1）从翻折线与肩线延长线的交点起，在翻折线上作后领长⊙，作翻折线的垂线，垂足3，找到后领底中点；连接后领底中点与领圈直开领内侧，找到内领口线，经过后领底中点做内领口线的垂线求出领宽线（领中线），领宽为8（座领宽为3.5，翻领宽为4.5）。

（2）领角长：领角长一般为4.5～5，与驳角长成60°～90°夹角，连接领角长与领宽线，修正外领口线，使其与领宽线垂直，并与领角长连接顺直。

（3）领面：领中线为对折线，翻领部分与领座不分开。也可以设计翻领部分与领座分开，距翻折线1～1.5；翻领要求纬纱，领座要求经纱。

（4）领里：翻领部分与领座不分开，领中线破开设计为结构线。

挂面：挂面一般上端4.5，下端HL处为10。

袖子结构制图（图 6–125）。

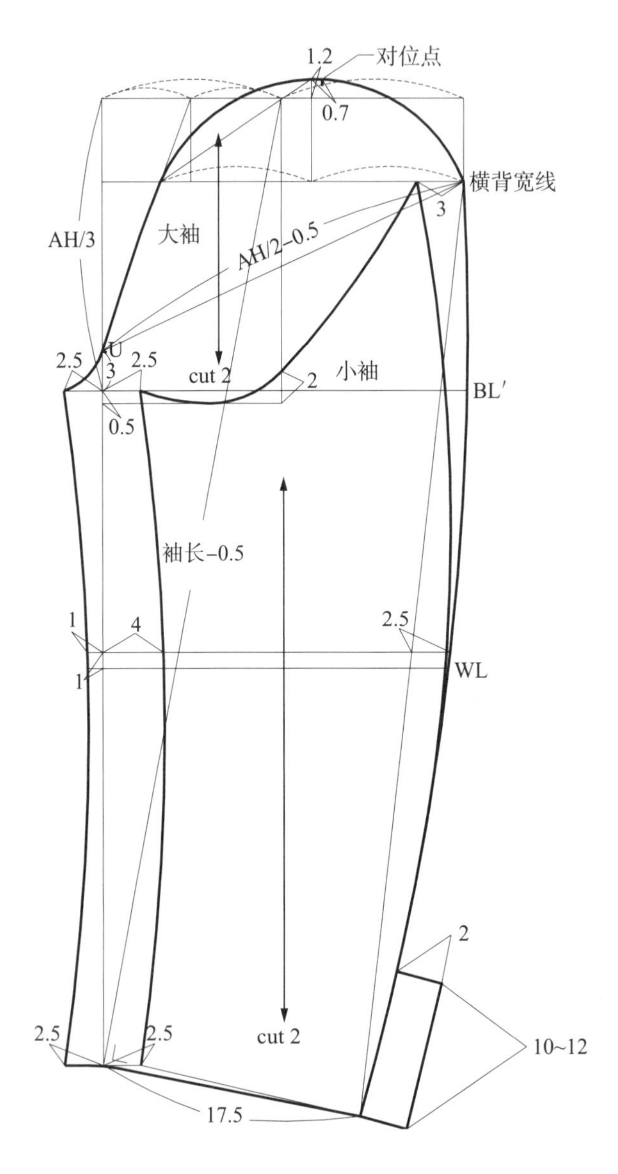


图 6–125　柴斯特外套袖子结构制图

制图要点：

（1）在衣身结构图的基础上，分别延长衣身的 BL′ 和横背宽线作为袖子的制图基准线。

（2）基础袖肥线：作 BL′ 的垂线为基础袖肥线。

（3）袖山深：在基础袖肥线上，求出 AH/3，画出上平线，与基础袖肥线垂直。

（4）U 的确立：在基础袖肥线上，U 距 BL3。

（5）袖肥：AH/2−0.5，由 U 与横背宽线相交，经过交点作 BL′ 和上平线的垂线，为实际袖肥大。

（6）袖长：在上平线上，平分实际袖肥，平分点为袖长的起点，从袖长起点作线段长：袖长 −0.5，与基础袖肥线相交，为袖长。

（7）袖口大：作袖长线的垂线长 17.5，为袖口大。

（8）基础袖后缝：袖肥大和横背宽线的交点与袖口大连接，为基础袖后缝。

（9）EL 的确定：在基础袖肥线上，袖口线与袖长线的交点与 U 的距离的一半，再上移 1，为 EL。

（10）袖前缝：大袖片袖前缝：在基础袖肥线上，BL′ 处大袖片大出 2.5，EL 处大袖片大出 1，袖口处大袖片大出 2.5；小袖片袖前缝：在基础袖肥线上，BL′ 处小袖片小 2.5，EL 处小袖片小 4，袖口处小袖片小 2.5；分别连接，得到大袖片的袖前缝和小袖片的袖前缝。

（11）袖后缝：大袖片袖后缝：在基础袖后缝的基础上，EL 处加大 2.5，上与袖肥（横背宽线处）连接，下与袖口大连接；小袖片袖后缝：在基础袖后缝的基础上，EL 处加大 2.5，上与袖肥（横背宽线处）向左 3 连接，下与袖口大连接。

（12）大袖片 AH：U 与实际袖肥大的 1/4 连接，在横背宽线上切得的线段分成 2 等分，通过等分点作垂线垂直于上平线，向上延长 1.2；与 U、袖肥大（横背宽线）弧线连接，前凸势为 2～2.5，后凸势为 1～1.8。

（13）小袖片 AH：BL′ 下降 0.5，在上平线处，通过实际袖肥大中的点作垂线与 BL′ 下降的 0.5 垂直，过垂足线上移 2，是小袖窿弧线经过的地方，上端与横背宽线 3 的地方弧线连接下端与 BL′ 弧线连接，经过下降的 0.5。

（14）袖子 AH：袖子 AH= 大袖片 AH+ 小袖片 AH。

（15）袖子 AH 与袖窿 AH 的关系：袖子 AH− 袖窿 AH≈3～8（为袖子的缩缝量，由面料的厚薄而定，一般薄面料要求缩缝量少，厚面料的缩缝量大）。

（16）袖衩：长 10~12，宽 2。

**2. 平驳领大衣结构制图（图 6–127）**

（1）成品规格：衣长 90，成品胸围（B′）110，净体胸围（B）92，肩宽 43.5，袖长 62，袖口 17。

（2）单位：cm。

（3）选用号型：170/92A。

（4）款式图见图 6–127，实物图参见彩图 26。

（5）结构制图步骤

后片

（1）确定衣长：作上平线、下平线与长衣长 L 垂直，作衣长的平行线与上平线、下平垂直为基础背中线。

（2）BL：按 B/6+9 计算，作上平线的平行线。

（3）WL：距离 BL20～23。

（4）横背宽线：上平线与 BL 的 1/2 处，与背宽线相较于 V。

（5）确定新背中线：在上平线与基础背中线相交点向里收 0.5，确立为后颈中点（BNP），在 WL 处收腰 2。BNP 与横背宽线、WL 收腰处连接，顺延至下平线，为新背中线连顺。

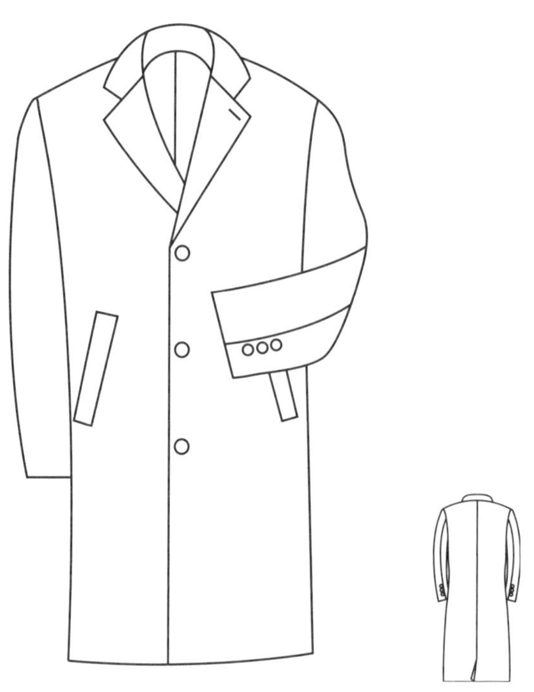

图 6–126 平驳领大衣款式图

（6）背宽大：从 A 开始，按 B/6+5 计算，相交 BL 与 E。

（7）后领窝：以 BNP 为起点，上平线为直角三角形的斜边，直角边的比值为 5∶15，经长直角边作斜边的垂线长为 2.5，为后直开领大，在斜边上截得的距离为后横开领大，后将横开领大 3 等分，求出后领窝弧线。

（8）后肩斜度：在背宽线上，将上平线与横背宽线之距离平分成 4 等分，第一等分点上升 1，与直开领颈侧点连接为后肩线。

（9）后肩宽：按 1/2 肩宽计算，恰好是后肩线向外延长 1.5，设为 S′；后肩长：颈侧点至 S′之距离。

（10）后袖窿大：经 E 做一个边长为 3.5 的正方形，E 的对角点为后袖窿末点（前后袖窿的交界点）；弧线连接 S′、V 和后袖窿末点，为后袖窿。

（11）后片侧缝线、后下脚边：经过后袖窿末点，作 BL、WL 的垂线，延长至下平线，与 BL 相交于 E′，EL 处收腰 1.5。在背中缝下平线处，做背中缝的垂线，长等于 AE′+2，为后下脚边大。后袖窿末点与 WL 收腰点连接，再与后下脚边大连接，为后侧缝线。

横背宽线与 BL 的 1/2 处，向外量 1 为前后衣片袖窿处的分界点，后片 WL 处收腰 1；连接分界点、WL 收腰处和背宽线与下平线的交点，求出后片侧缝线。

前片

（1）袖窿门宽：经 E，作 B/6+1 为袖窿门大，经袖窿门大，作 BL 的垂线，上至上平线，下至下平线，为胸宽线。

（2）叠门线（前中心线）：至胸宽线作 B/6+5.5，为胸宽大，与 BL 相交于 F；经胸宽大，作 BL 的垂线，上至上平线，下至下平线，为叠门线。

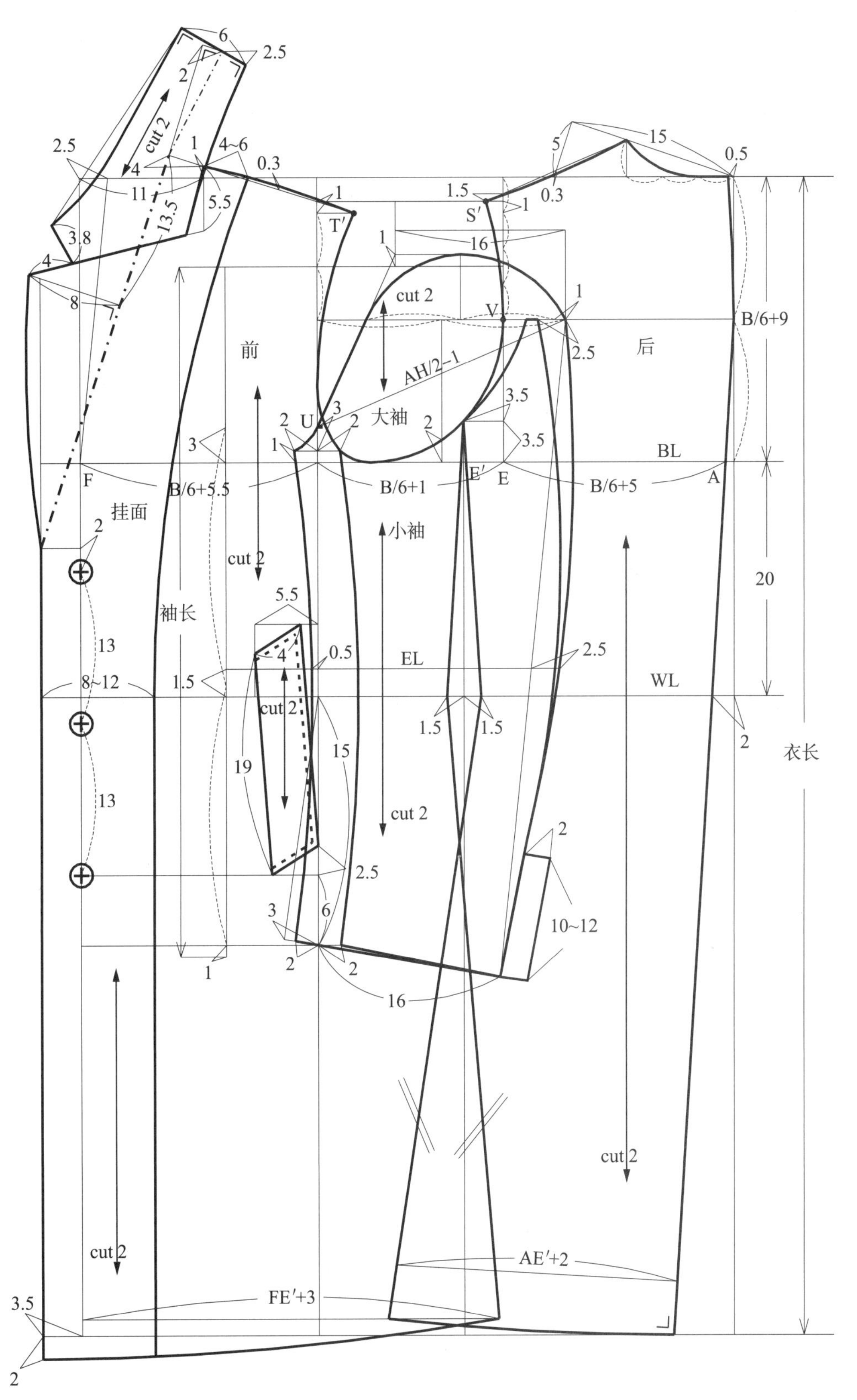


图 6–127　平驳领大衣结构制图

（3）基础止口线：距叠门线 3.5 作前叠门线的平行线，下平线向下延长 2。

（4）侧缝线：WL 处收腰 1.5，摆大按 FE′+3 计算，前后衣片袖窿处的分界点与 WL 处收腰后的点和增加的摆大连接，起翘的量要求与后片相同，前、后片的侧缝应等长。

（5）前下脚边：基础止口线末点，与前片侧缝起翘点连接。

（6）前领圈设计：横开领大 11，撇门 2；直开领大：外侧 8，内侧 5.5；直开领外侧与内侧连接形成串口线，并向外偏 1，形成西服领圈。

（7）前肩斜度：将后肩斜度（第一等分点上升 1）延长，与前胸宽线相交下降 1，再与颈侧点连接。

（8）前肩长：后肩长 −0.7，设为 T′。

（9）前袖窿大：在胸宽线上，距 BL3，作出对位记号 U，弧线连接 T′、U 和袖窿末点，可参照原型袖窿连接。前、后袖窿大的总和为 AH。

（10）翻折点、翻折线：上端点在前肩线的延长线上，距 SNP2.5，下端点在门襟止口线上，距 BL6~8，连接上、下端点，画出翻折线。

（11）驳面宽：自上翻折点至下 13.5，做翻折线的垂线 7~8 为驳面宽。

（12）止口线：串口线与基础止口线的交点，与驳面下端点连接。再与门襟止口下脚边连接。

（13）驳角长：串口线与基础止口线的交点内量 4~5，为驳角长。

（14）钮扣位确定：第一颗钮扣位距翻折线下端点 2，钮扣间距 10~13，共三颗钮扣。

（15）斜插袋：胸宽线上，袋口底与第三颗钮扣平齐，袋位倾斜度 1~2；袋口大 19，宽 40。

挂面

（1）挂面宽；SNP 处 4~6，WL 处 8~12。

（2）领口、门襟止口翻折线处，挂面比衣片各大 0.5，翻折线以下到下脚边与衣片等大。

领子

（1）从翻折线与肩线延长线的交点起，在翻折线上作后领弧线长，作翻折线的垂线，垂足 4.5，找到后领底中点；连接后领底中点与领圈直开领内侧，找到内领口线，经过后领底中点做内领口线的垂线求出领宽线（领中线），领宽为 6（座领宽为 2.5，翻领宽为 3.5）。

（2）领角长：领角长一般为 3.5~3.8，与驳角长成 80°~90° 夹角，连接领角长与领宽线，修正外领口线，使其与领宽线垂直，并与领角长连接顺直。

（3）领面：领中线为对折线，翻领部分可与领座分开，也可以不分开。若分开，分开线距翻折线 0.5~1，翻领要求纬纱，领座要求经纱。

（4）领里：翻领部分与领座不分开，选用辅料领底绒，则领中线不破开为对折线；若用西装面子面料，则领中线破开为结构线。

袖子结构制图

此款大衣既可以设计为大小袖，也可以设计为两片袖、三片袖。

〈1〉大小袖结构图设计（图 6–127）

大衣袖子结构图是放在衣片结构图里设计完成的，相对较难，但能直观看出袖子 AH 与袖窿 AH 各段的关系，即缩缝量的大小；还能直观看出袖子与斜插袋的关系。前胸宽线是袖子与衣身的切入点，无论是袖子长度的起点、大小袖相借的“量”、还是大小袖的弯度和袖口大的起点等，都是在胸宽线上完成的。找到这层关系，在衣身结构图里画袖子就不难了。

（1）袖长：延长横背宽线与胸宽线相交，经肩点 T 作胸宽线的垂线，将其切的长度分成两等分，经过等分点作胸宽线的垂线为袖长的上平线，作上平线的垂线，垂线长等于袖长，为袖长线，作下平线与袖长线垂直。

（2）袖肘线 EL：BL 与袖长线相交点，向上量 3 为对位记号 U；将对位记号点与袖子下平线之距离平分，从平分点上移 1.5 为 EL。

（3）袖山深：袖子上平线与 BL 的垂距。

（4）袖肥：AH/2−1，从对位记号 U 计算，与横背宽线相交。

（5）袖山顶点：袖肥末点向左 16，作袖子上平线的垂线，垂足上移 1 为实际袖大线，与 U 连接，切得的（袖子横背宽线与袖肥末点之间）线段分为两等分，经等分点作上平线的垂线，与袖长线实际的相交，交点则为袖山顶点。

（6）袖口起翘度：袖口处，以胸宽线为直角三角形的斜边，两条直角边的比值为 15∶3，短直角边为袖口的起翘度。

（7）袖前缝：大、小袖相借，在胸宽线上，BL 上 1，大袖向外加大 2，小袖向里减小 2；在 EL 处，袖子弯度为 1.5，大袖向外加大 0.5，小袖向里减小 2.5；袖口处，在袖口的起翘度线上，大袖向外加大 2，小袖向里减小 2。分别连接大、小袖的各点，为大小袖的袖前缝。

（8）袖口大：从胸宽线袖口处起计算，袖口大 16。

（9）大袖袖窿弧线：大袖袖前缝上端的末点与 U、横背宽线上的切点、袖山顶点弧线连接，袖山顶点再与袖肥末点（偏袖线）弧线连接（可参照圆形袖子的袖山头设计）。

（10）袖后缝：袖肥末点（偏袖线）与袖口大连接，在 EL 处向外加大 2.5，再弧线连接为大袖的袖后缝；在袖肥末点（偏袖线）內量 2.5，为小袖袖后缝起点，也是小袖袖窿大的末点，与 EL 处凸出 2.3 左右弧线连接，再与袖口弧线连接为小袖袖后缝。

（11）小袖袖窿弧线：在横背宽线上，将胸宽线与袖肥末点（偏袖线）之间的距离平分，经过等分端点作垂线与 BL 相交，相交点上移 2，为小袖袖窿弧线的弧度。小袖袖前缝起点经过小袖袖窿弧线的弧度、袖窿处前后袖窿的交界点与小袖袖窿末点弧线连接，则为小袖袖窿弧线。

（12）袖衩：长 10~12，宽 2。

注：门襟钮扣的确定，可以依据袖长线来计算。从上往下数，第三颗钮扣位距袖长线 7（6+1）。钮扣间距为 13 左右。第三颗钮扣位与斜插袋的袋底平齐。第一颗钮扣距下翻折点 2。

〈2〉三片袖结构制图（图 6–128）

制图说明：L 为袖长线，作上平线和下平线分别与 L 垂直；U 点的水平线为 BL 线，U 距 BL′3；U 至下平线的垂线的 1/2 上移 1.5 为 EL。袖肥：AH/2−1，经过 U 至横背宽线；袖山高：AH/3+1，上平线至 BL′。

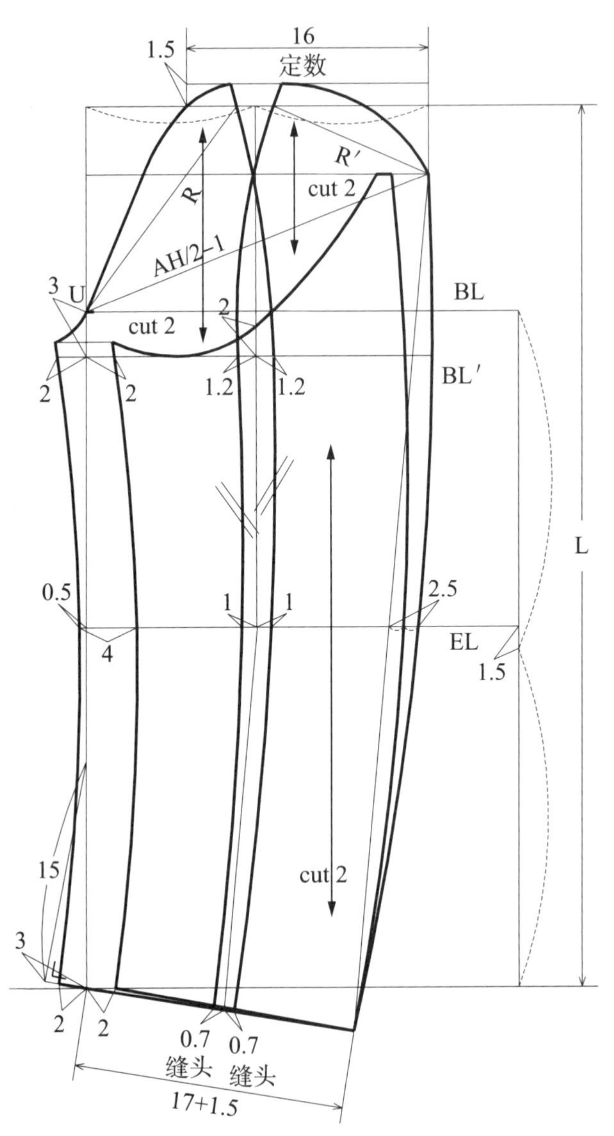


图 6–128　平驳领大衣袖子结构图（三片袖）

〈3〉两片袖结构制图见图 6–129。

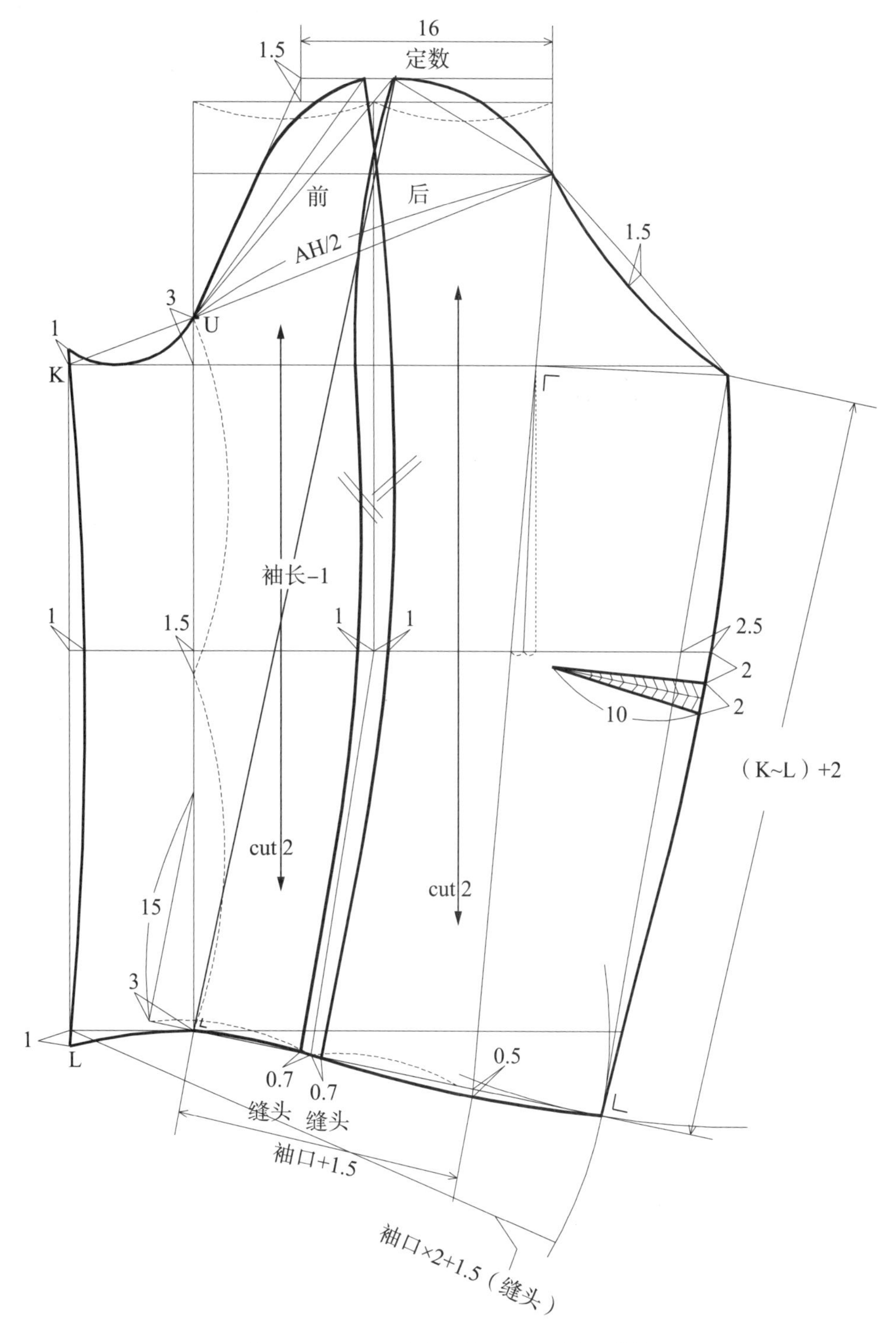


图 6–129　平驳领大衣袖子结构图（两片袖）

（注：此款袖子结构设计也可用于休闲茄克。）

**3. 两用领大衣结构制图（图 6–131）**

（1）成品规格：衣长 90，胸围 110，净胸围 92，肩宽 43.5，袖长 62，袖口 17。

（2）单位：cm。

（3）选用号型：170/92A。

（4）款式如图 6–130 所示，实物图见彩图 27。

（5）制图说明：

两用领顾名思义就是具备两种功能，穿着时既可以像关门领将门襟止口第一颗钮扣扣上，也可以像驳领一样敞开。

（1）两用领领圈：前横开领大在原型的基础上增大 1.5，后横开领大在原型的基础上增大 1.5。

（2）翻折线：翻折线上端点距 SNP 点 1.5，下端点与第一颗钮扣平齐。

（3）两用领宽：翻领宽 5～6，领座宽：3～3.5；领尖长 6.5～7.5。

（4）领子与领台（驳面）间距：在门襟止口线上，领子与领台（驳面）间距 3。

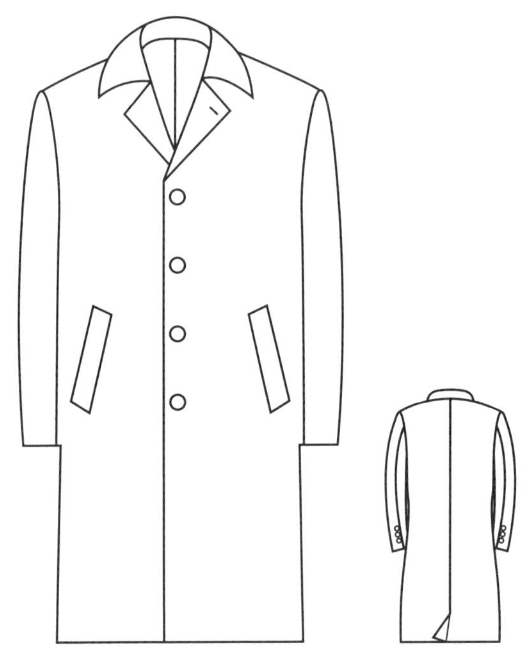

**图 6–130　两用领大衣款式图**

（5）袖子：袖子制图方法与原型袖子方法基本相同。

说明：BL′ 距对位记号 U3；对位记号 U 至下平线的垂线的 1/2 上移 1 为 EL；袖肥 AH/2，经过对位记号 U 至横背宽线；袖山高 AH/3+0.7，上平线至 BL′。

袖中线：袖中线为结构线，将大袖破开，上端点在上平线袖肥水平宽的一半，下端点在袖口大的一半。

袖襻：在袖口处袖中线上 6，长 7.5，宽 3.5。

虚线：两片虚线为粘衬的止点线。

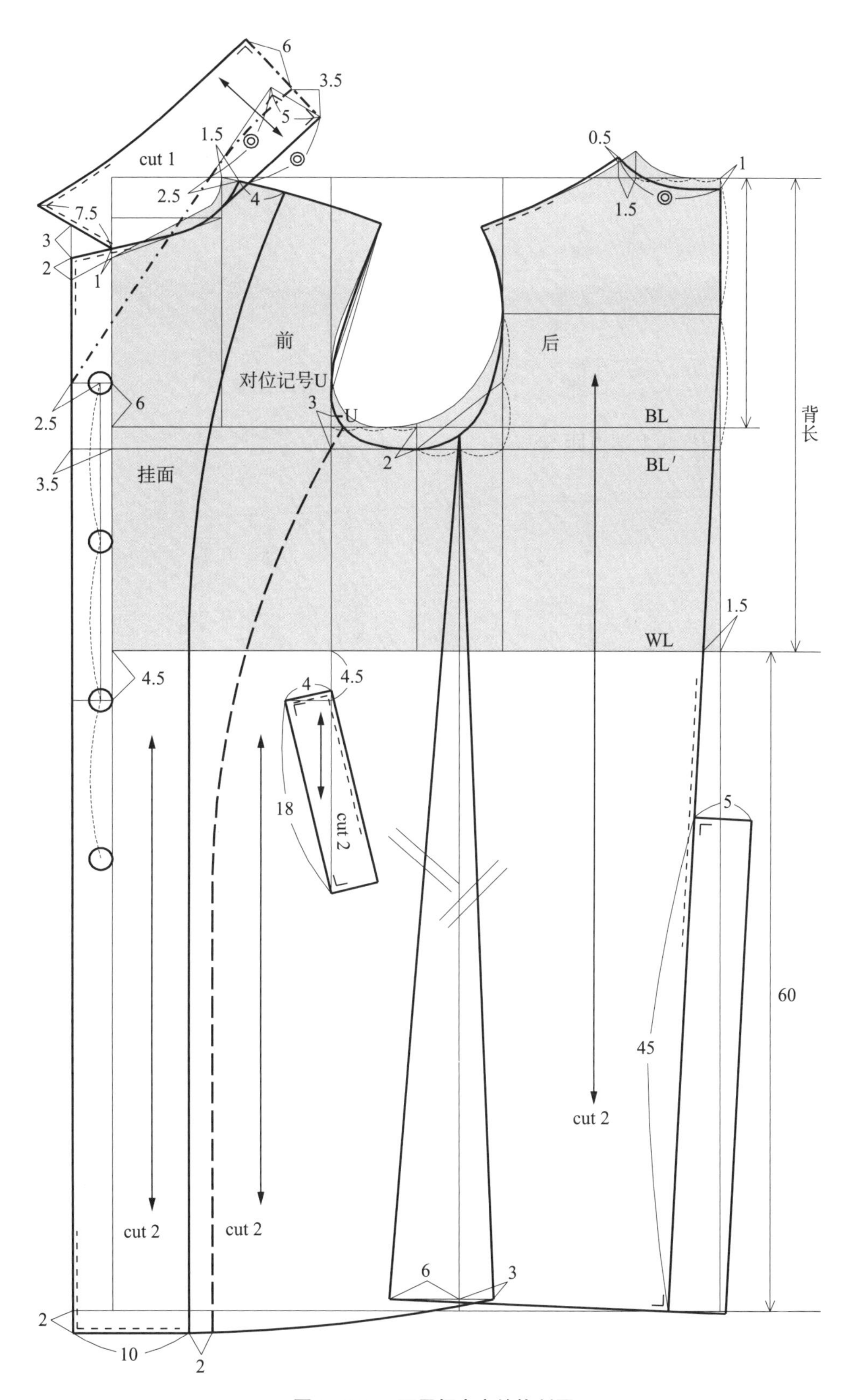


图 6–131　两用领大衣结构制图

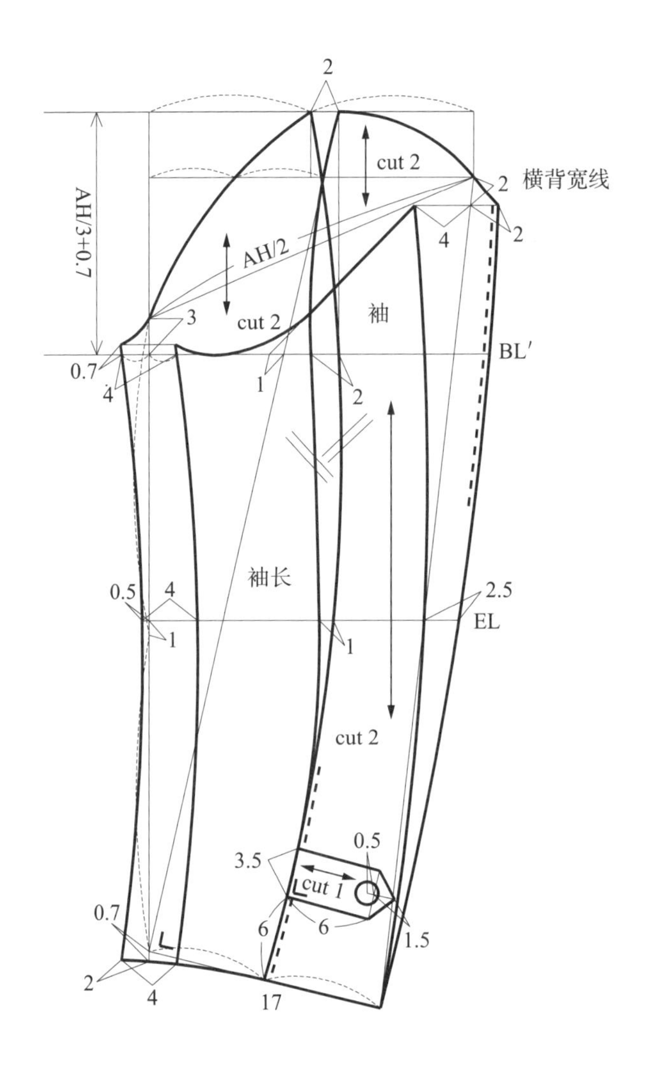


图 6–132　两用领大衣袖子结构图

**4. 巴尔玛大衣（插肩袖大衣）**

巴尔玛坎（Balmacaan）是苏格兰尹弗内斯附近的一个地名，19 世纪 50 年代，因当地人穿着的两用领（第一颗钮可扣可不扣）、宽松的插肩袖、衣长及膝盖、下摆微展开式样的外套而命名。

在日常生活中，巴尔玛大衣对年龄、场合、职业没有什么限制，其造型简洁、大方，应用最为广泛。

（1）成品规格：衣长 100，胸围 110，净胸围 88，肩宽 43.5，袖长 62，袖口 17。

（2）单位：cm。

（3）选用号型：170/88A。

（4）款式图见图 6–133。

（1）领座结构制图如图 6–134 所示。

此款大衣领子结构设计，领座与翻领是分开的，领座是单独在领圈上进行设计的。

图 6-133　巴尔玛大衣款式图

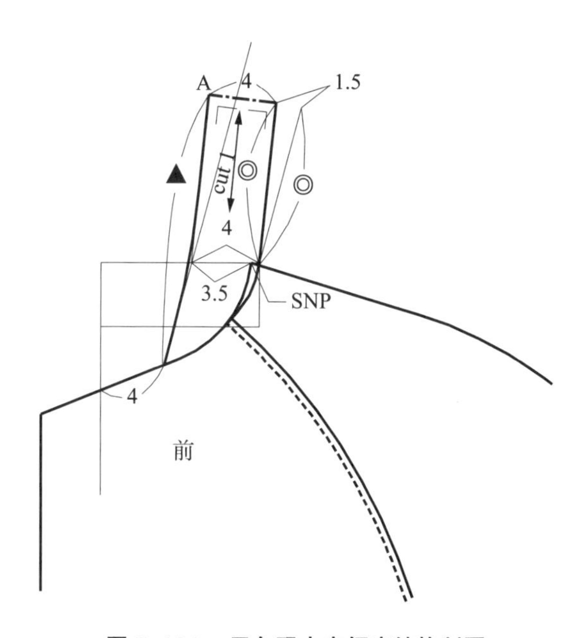


图 6-134　巴尔玛大衣领座结构制图

制图要点：

领座翻折线：在串口线上，连接距前中心 4 与距 SNP3.5，并向外延长。

领座后颈中点：在上平线上，距翻折线 4 作翻折线的平行线，在平行线上取衣片后横开领长◎，距平行线长 1.5 为领座中线的起点，领座中线宽 4。

（2）后片结构制图（图 6–135）。

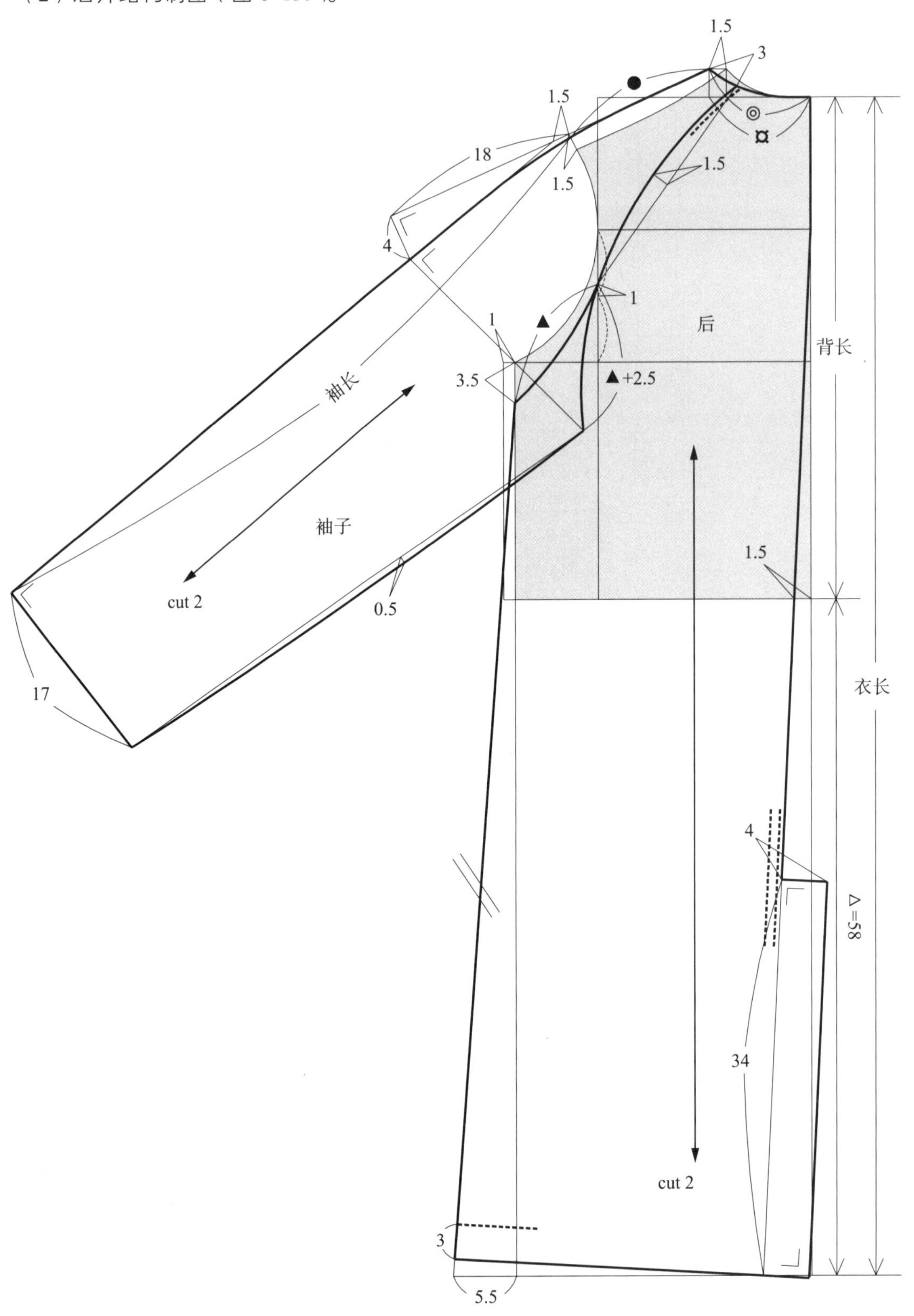


图 6–135 巴尔玛大衣后片结构制图

（3）前片结构制图如图 6–136 所示。

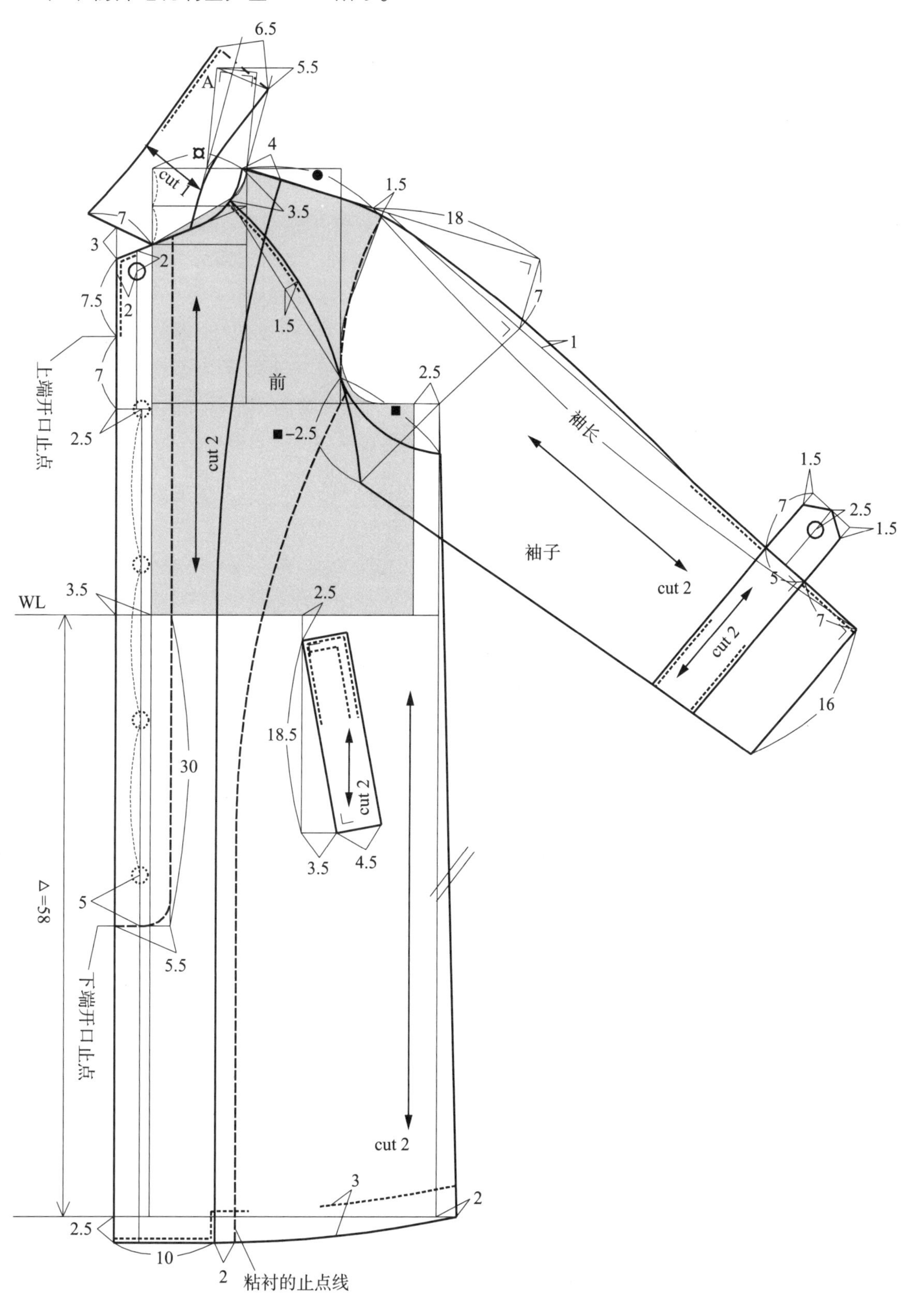


图 6–136　巴尔玛大衣前片结构制图

（4）翻领：翻领结构设计需结合领座，距领座A5.5，为翻领的后颈中点，翻折线与后颈中点连接，构成翻领的内领口线，翻领的内领口线＝领座的外领口线＝▲，翻领中线宽6.5，翻领尖长7；在门襟止口线上，领子与领台（驳面）间距3。

（5）暗门襟宽：5.5，长：FNP至WL下30，暗门襟上端开口止点距FNP7.5~8。（注：此款大衣前门襟既可以设计为明门襟，也可以设计成暗门襟；袖口也可以不设计袖襻。）

（6）大衣插肩袖倾斜度：在肩线的延长线上，后片18:4，前片18:7。

**5. 达夫尔外套**

在英国近郊达夫尔（Duffe）地带，出产一种粗纺呢面料，18世纪前后，出口至欧洲各国，于是根据产地将其命名为达夫尔，达夫尔面料做的防寒外套称为达夫尔外套。

达夫尔外套最初用于劳动者的防寒工作外套，其设计造型突出功能性的同时，强调装饰性。二战期间，英国海军为北海勤务士兵的军装设计，采用了达夫尔外套造型设计之后，使得这种款式在社会上广为流传，直至演变成了今天日常休闲运动型外套的一种流行款式。

A. 直门襟达夫尔外套

（1）成衣规格：衣长 80，肩宽 46，成品胸围 115，袖长 62，袖口 15。

（2）单位：cm。

（3）适用号型：170/92A。

（4）款式图如图6–137所示，实物图见彩图28。

（5）帽子结构设计制图如图6–138，衣身结构设计制图如图6–139所示，袖子结构设计制图如图6–140所示。

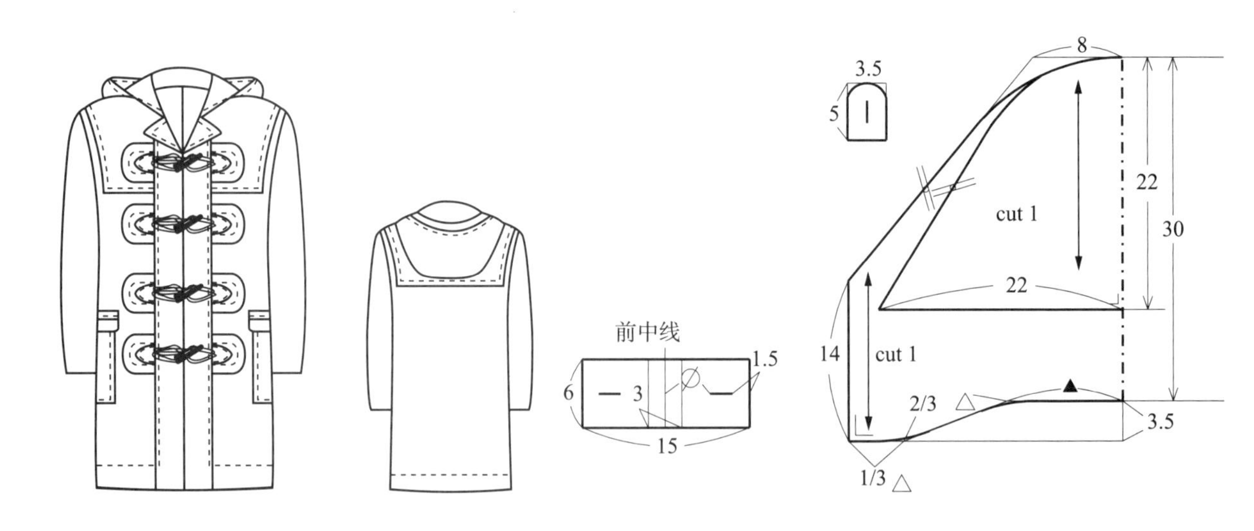


图6–137 达夫尔外套款式图　　图6–138 达夫尔外套帽子结构制图

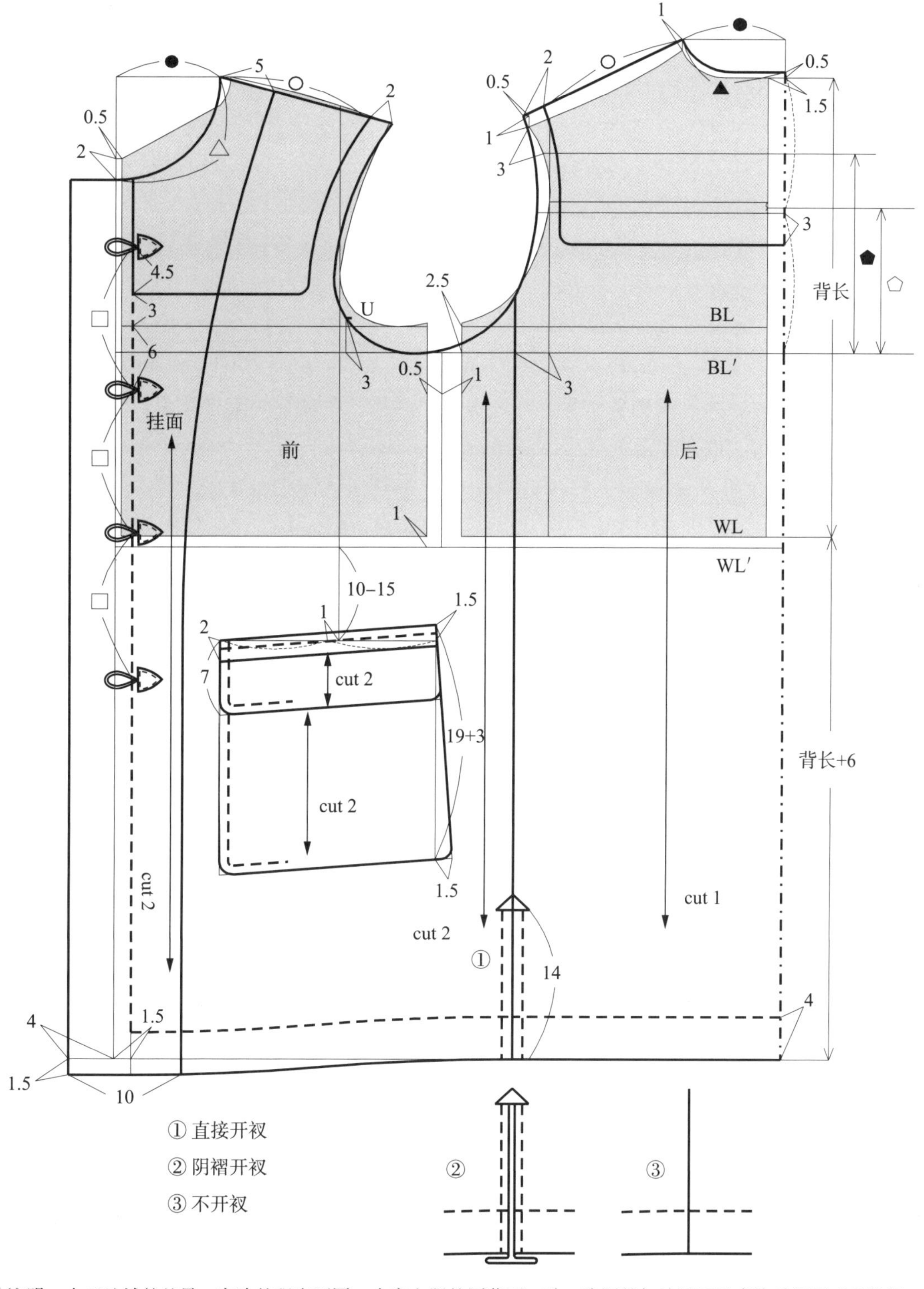


（注明：由于地域的差异，寒冷的程度不同，内穿衣服的厚薄不一致，胸围的加放量可以直接采用原型的数据。即前、后片原型放置时，侧缝不需要间隔 1.5cm（前 0.5，后 1），甚至原型侧缝还可以重叠。达夫尔外套的加放量就减小了。背中缝处，无需放大，直接采用原型背中缝。）

图 6-139　达夫尔外套衣身结构图

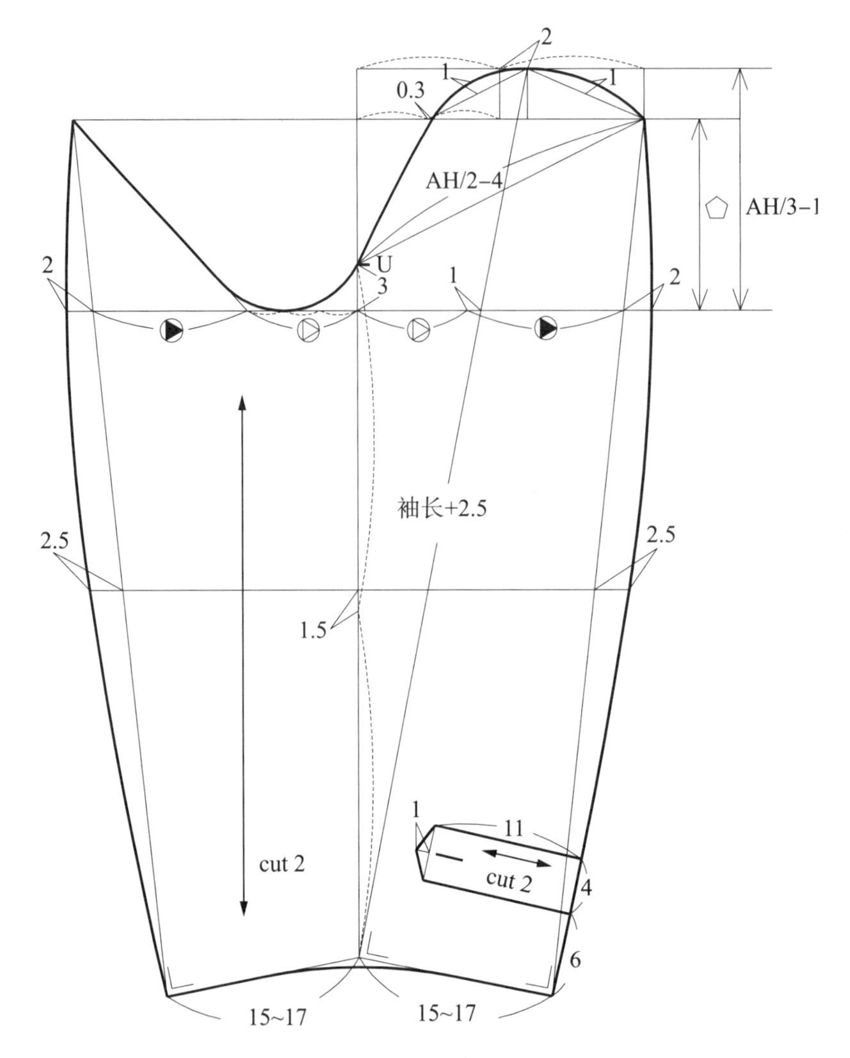


图 6-140　达夫尔外套袖子结构制图

注：袖口可不按袖肥推算，直接按实际袖口大设计。袖子也可以设计为大、小袖，更为合体一点。

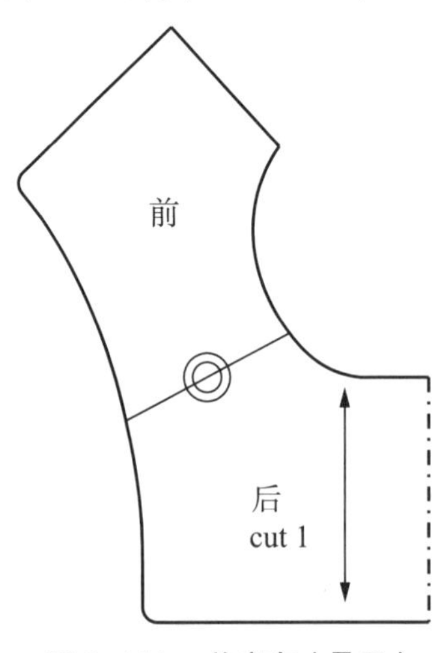


图 6-141　盖肩布（叠层）

B. 斜门襟达夫尔外套

斜门襟达夫尔外套的结构设计是在达夫尔外套的基础上，将门襟、口袋和后片叠层加以变化而得，款式实物图见彩图 29。

衣身结构设计制图如图 6–142 所示，袖子结构设计如图 6–143 所示。

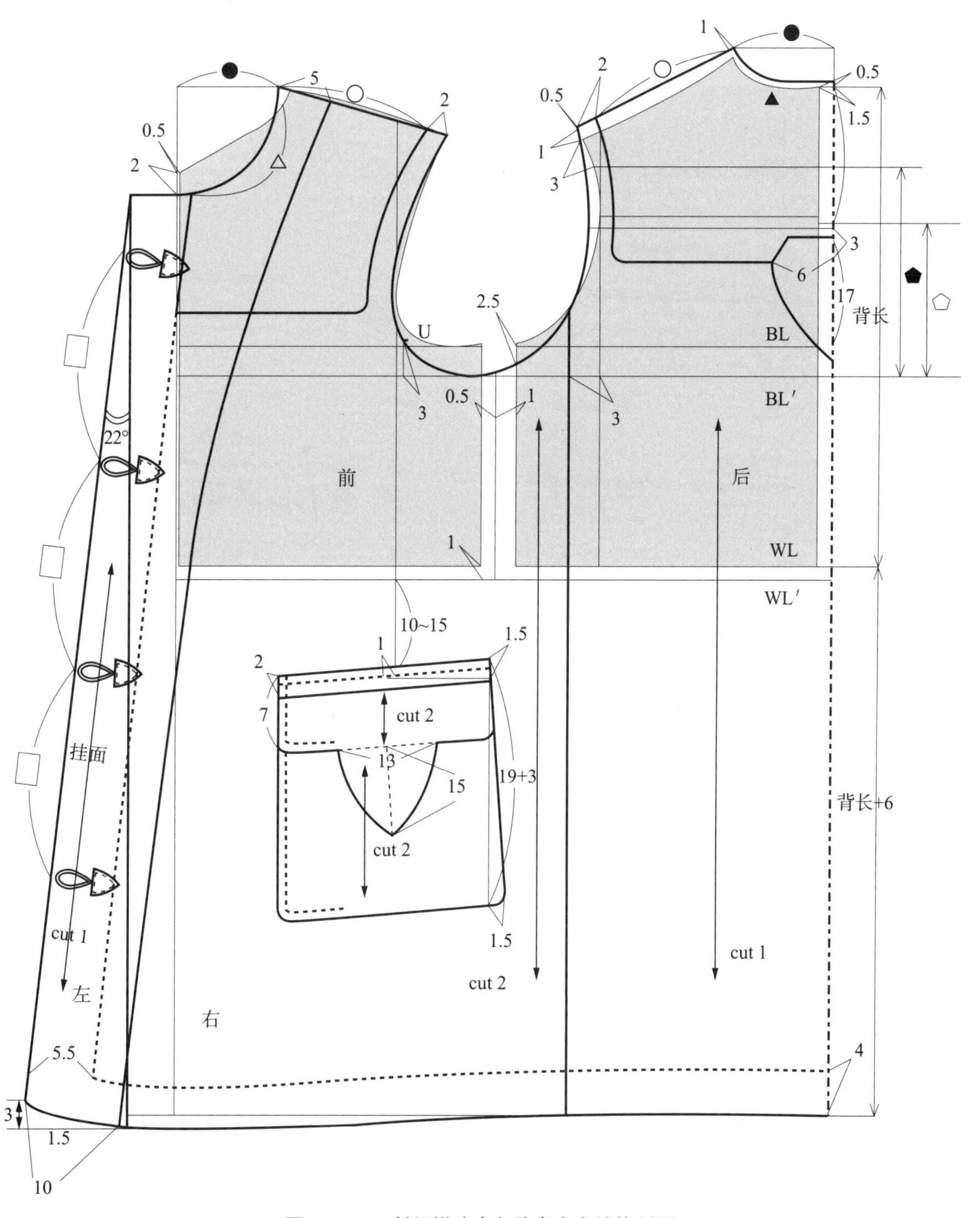


图 6–142 斜门襟达夫尔外套衣身结构制图

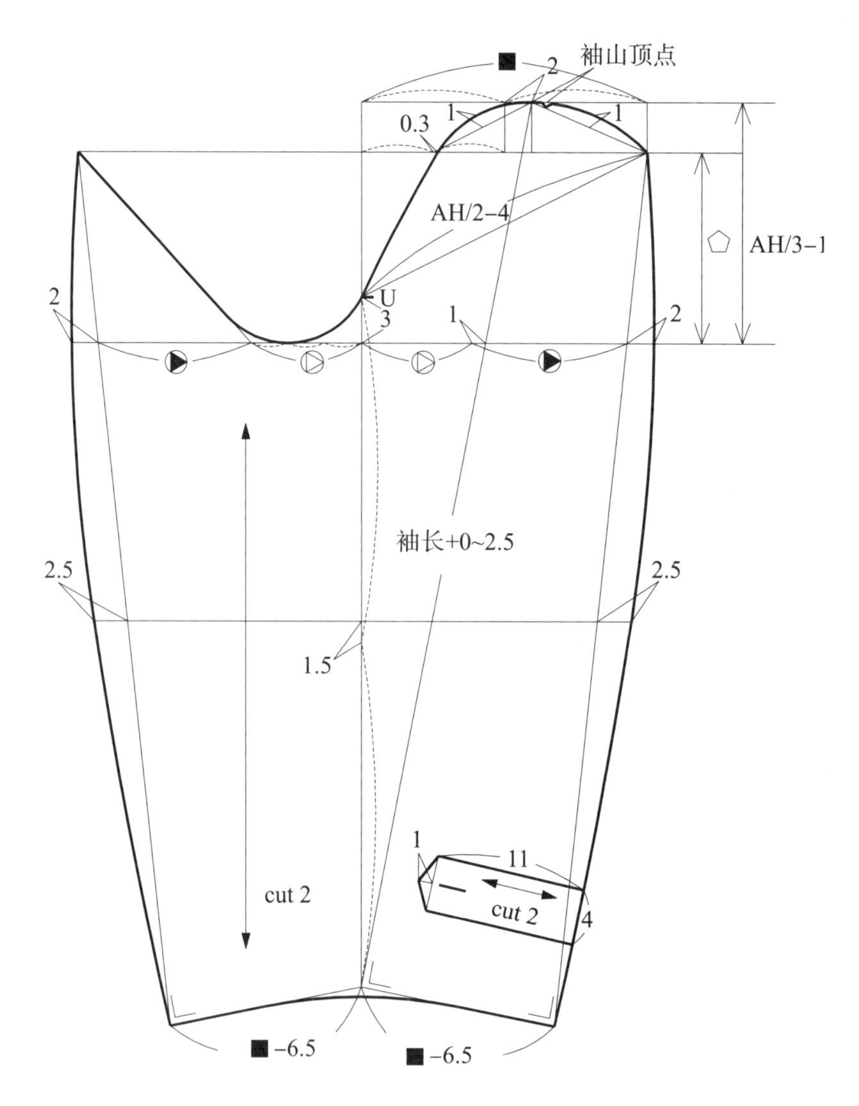


图 6-143　斜门襟达夫尔外套袖子结构制图

**6. 短大衣结构设计**

〈1〉立翻领双排扣短大衣

（1）成衣规格：衣长 80，肩宽 46，成品胸围 114，袖长 62，袖口 15。

（2）单位：cm。

（3）适用号型：170/88A。

（4）款式图如图 6-144 所示。

（5）结构设计制图如入 6-145 所示。

（6）实物图见彩图 30。

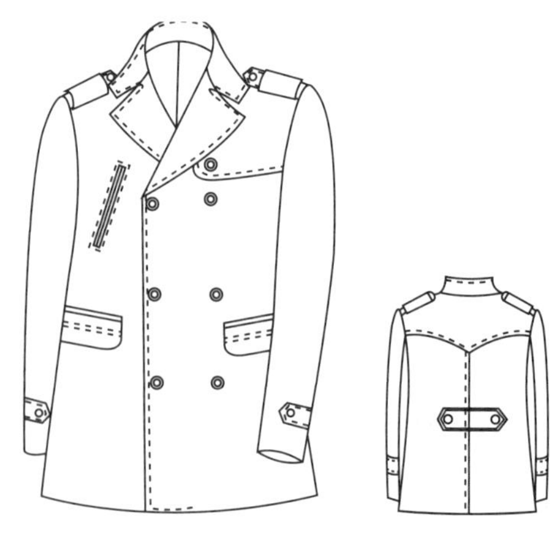

图 6-144　立翻领双排扣短大衣款式图

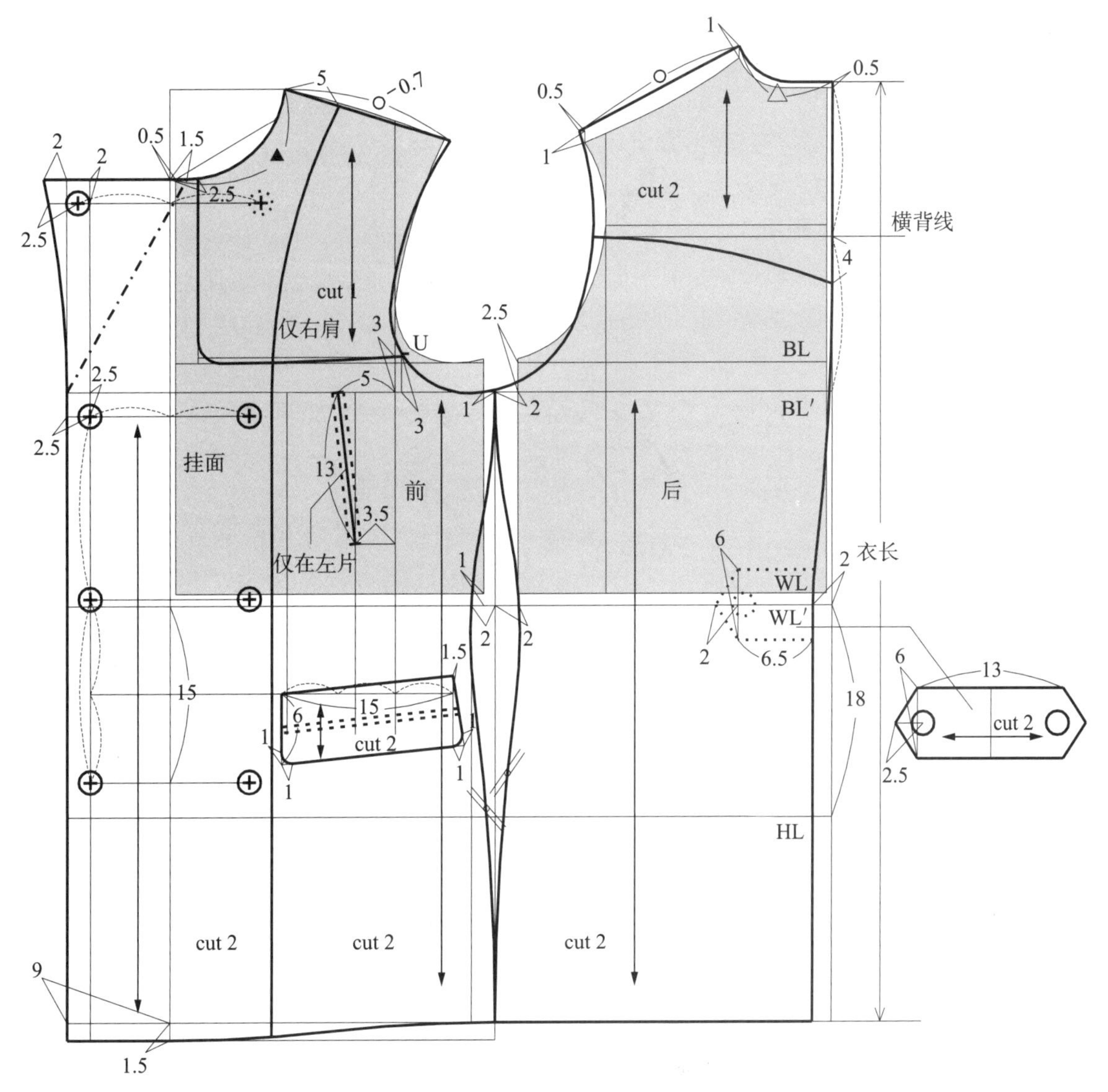


（注明：由于地域的差异，寒冷程度不一致，内套的衣服多少；厚薄不一致，胸围的加放量可以直接采用原型的数据，即厚型板放置时，侧缝并拢，无需间隔。）

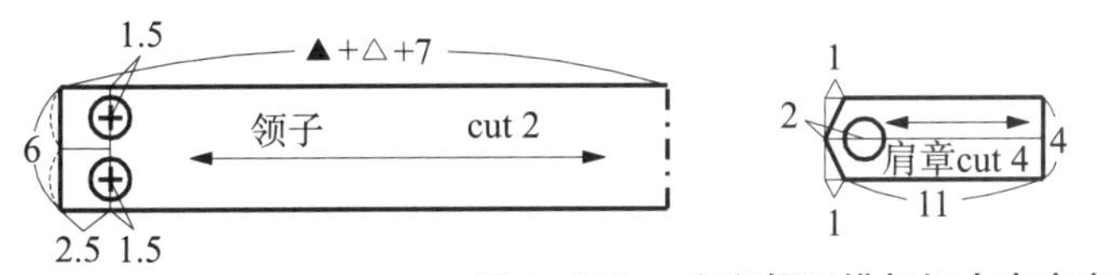


**图 6–145 立翻领双排扣短大衣衣身结构制图**

〈2〉登驳领双排扣短大衣

袖子结构见图 6–146，衣身结构见图 6–147。

此款与立翻领双排扣短大衣的异同点：

（1）钮扣位不同，此款短大衣第一排钮扣在 BL 以下 2~2.5。

（2）口袋不同，上一款短大衣，有条形袋盖的大袋，袋位接近水平，左胸部还有加嵌线的拉链斜插袋；而此款短大衣，大袋为斜插袋，加的稍尖的袋盖。

（3）此款短大衣有背衩，距腰带下端 4，宽 5。

（4）腰带：腰带长 30，宽 5~6。

（5）领子参照战壕式风衣的登驳领设计。

（6）其他参照上款短大衣设计。

（7）款式实物图参见彩图 32。

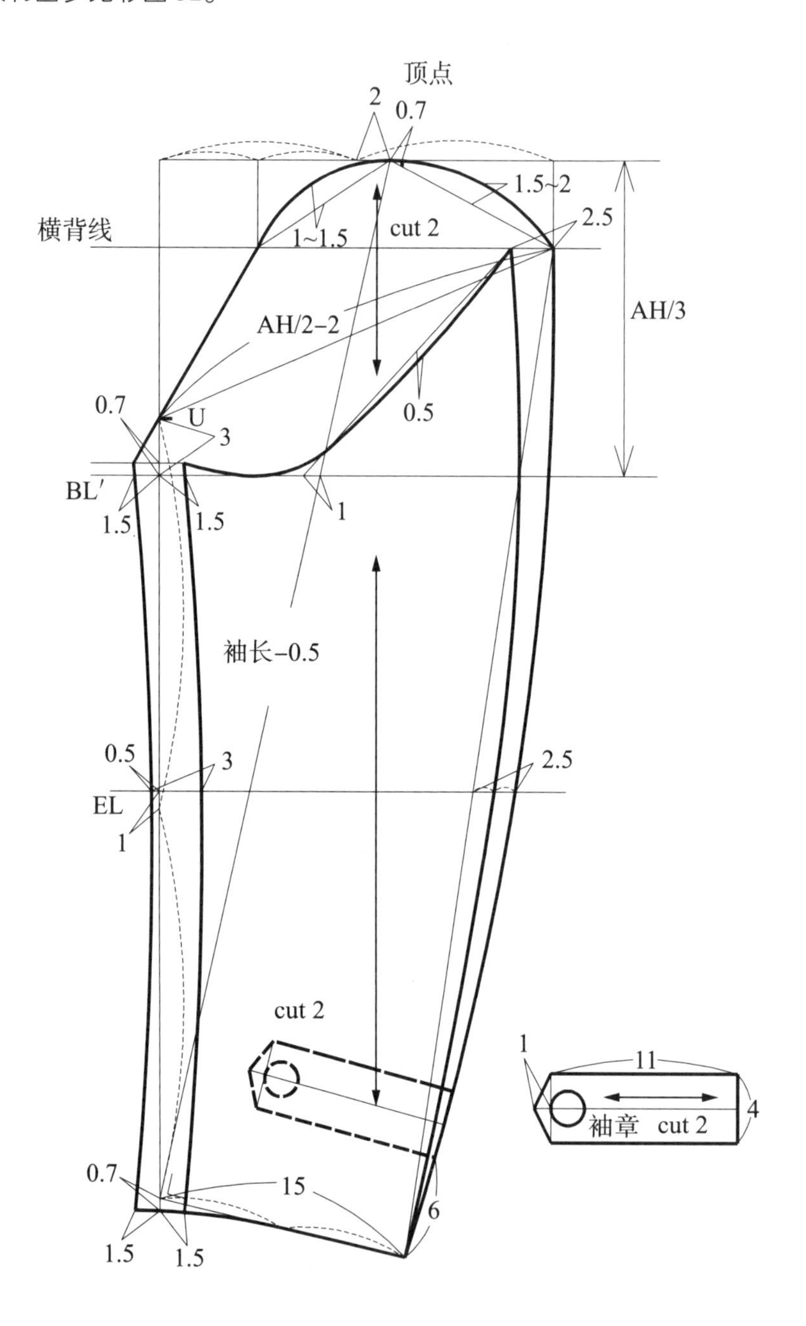


图 6-146 短大衣袖子结构制图

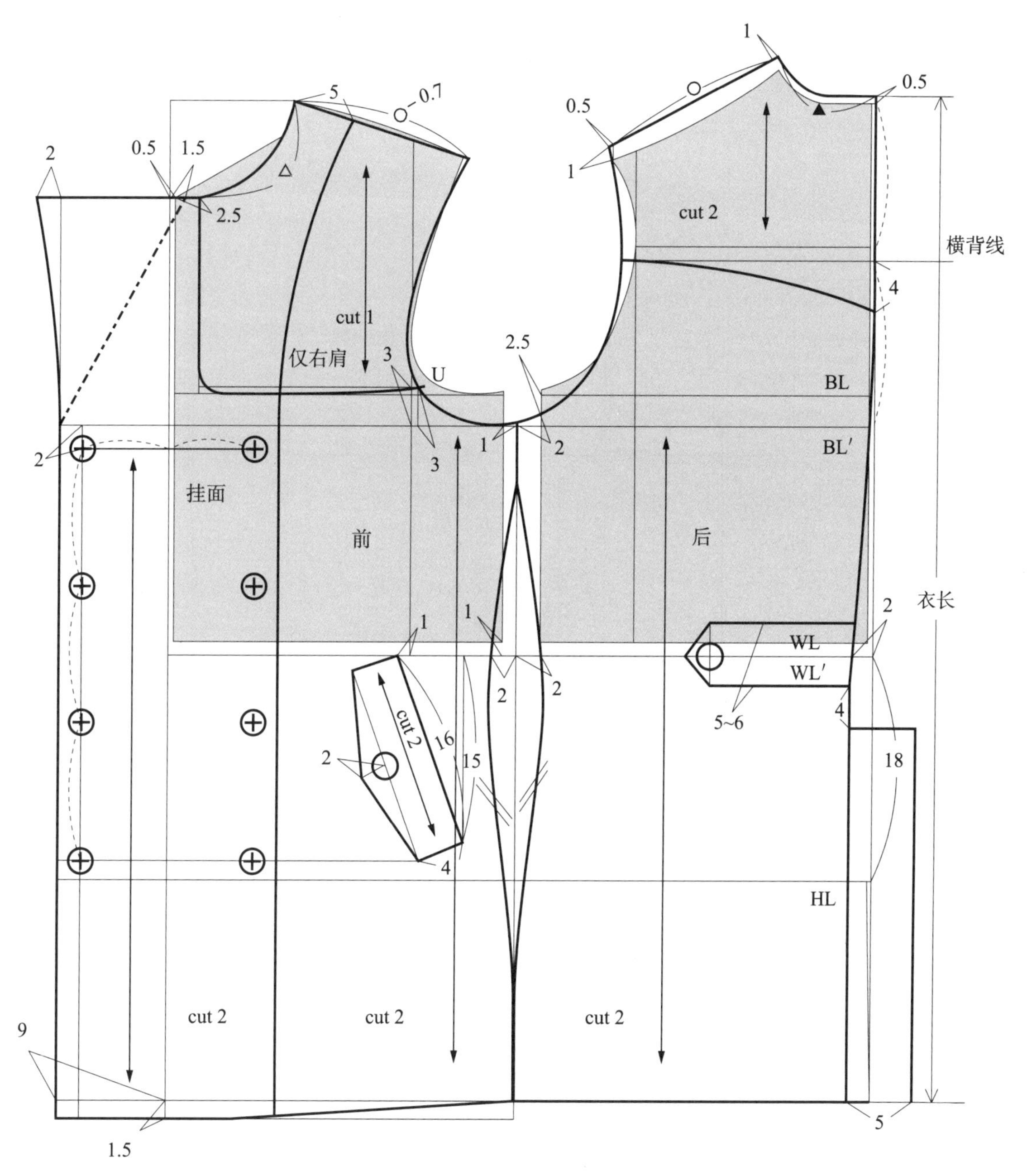


（注明：由于地域的差异，胸围的加放量可以直接采用原型的数据。）

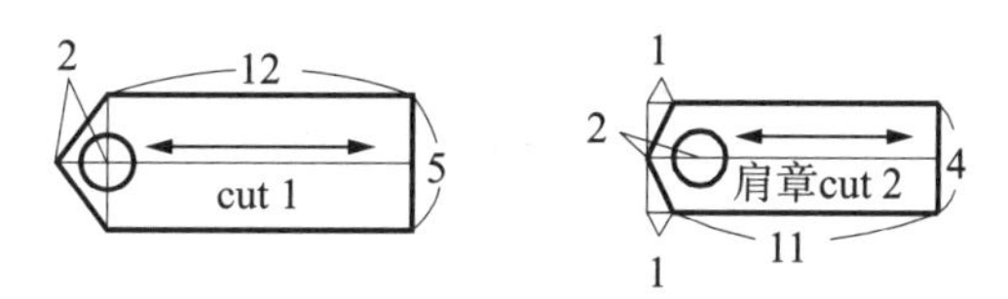


图 6–147　登驳领双排扣短大衣衣身结构制图

〈3〉双排扣无衩短大衣。

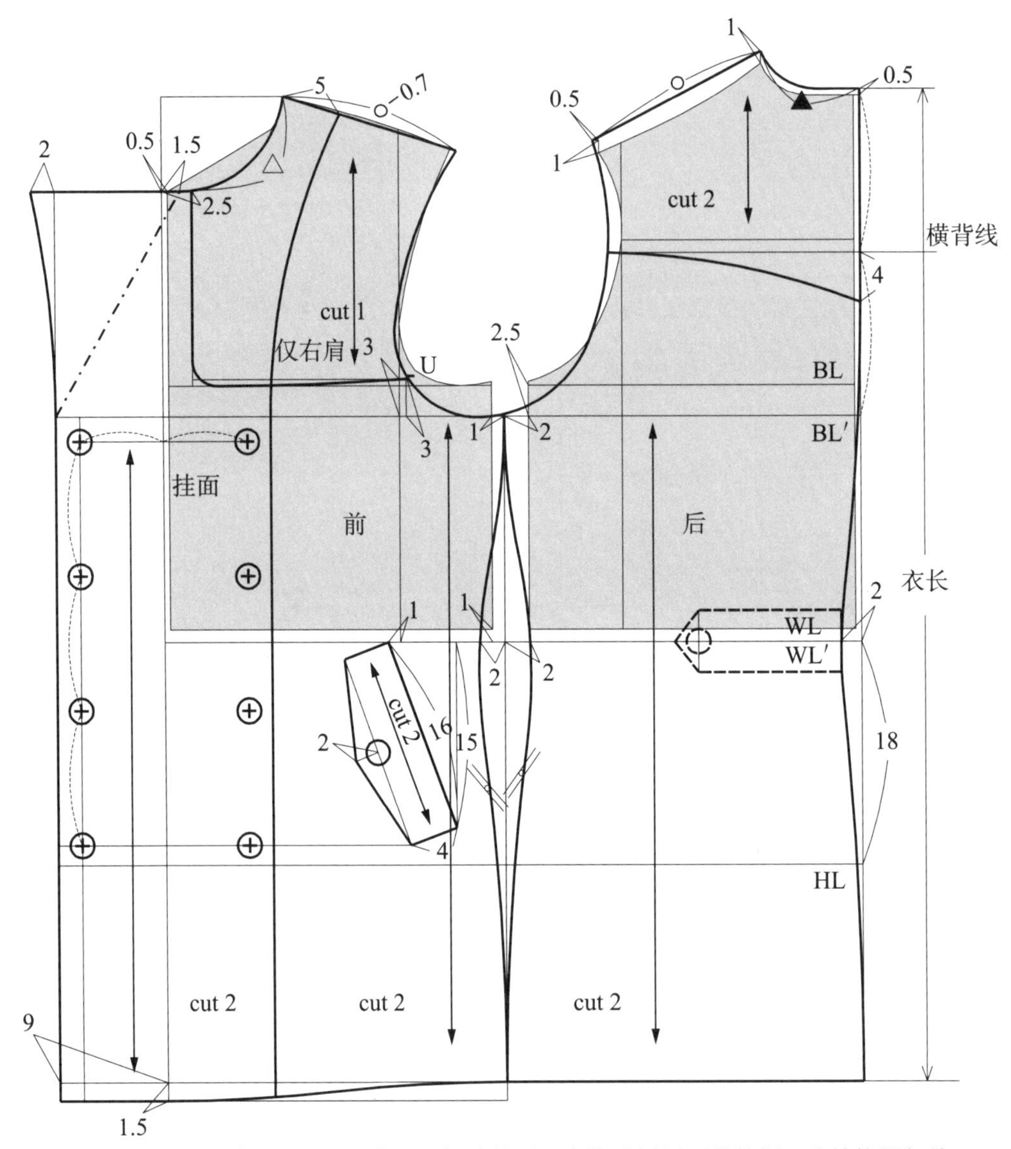


（注明：由于地域的差异，开胸围的加放量可以直接采用原型的数据，此结构图与前6-147 图比较，后衣片不作开叉设计，背中缝WL处作收腰处理，其余可参照图6-147 设计。）

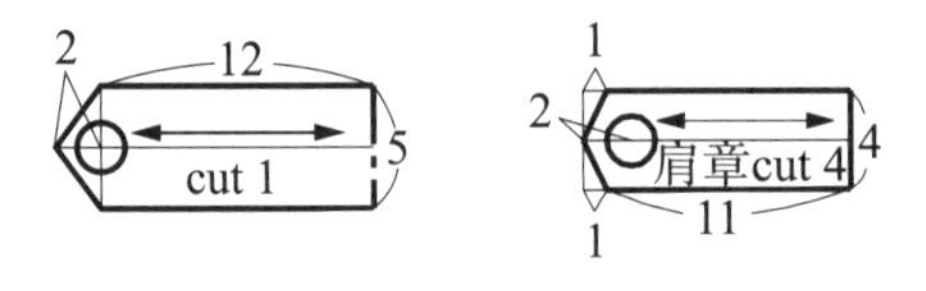


图 6-148　双排扣无衩短大衣衣身结构制图

# 第六节　户外运动装结构制图设计

茄克衫亦称卡克、夹克，一种男女都可以穿的短上衣的总称。分拉链式、揿扣式和普通对襟搭门三种，其结构主要特点是衣摆和袖口收紧、衣长至腰部或臀部，口袋造型夸张、明缉线装饰较多等。着装后，给人以利索、便捷并使着装者青春焕发，充满活力的感觉。常见的茄克款试图如图 6–149 所示。

图 6–149　茄克款式集锦图

## 一、立领茄克衫结构制图设计

（1）成品规格：衣长 64，肩宽 45，胸围 114，袖长 60。

（2）单位：cm。

（3）选用号型：170/88A。

（4）款式图如图 6–150。

（5）衣身结构制图设计如图 6–151 所示。

（6）领子、下摆、肩章结构制图设计如图 6–152 所示。

（7）袖子结构制图设计如图 6–153 所示。

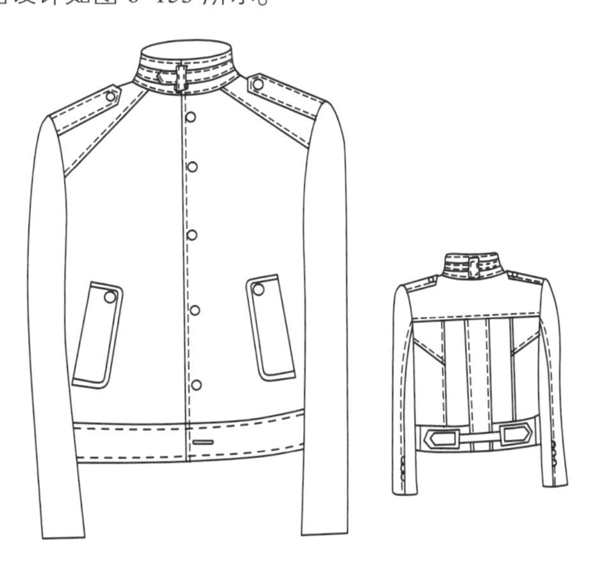

图 6–150　立领茄克衫款式图

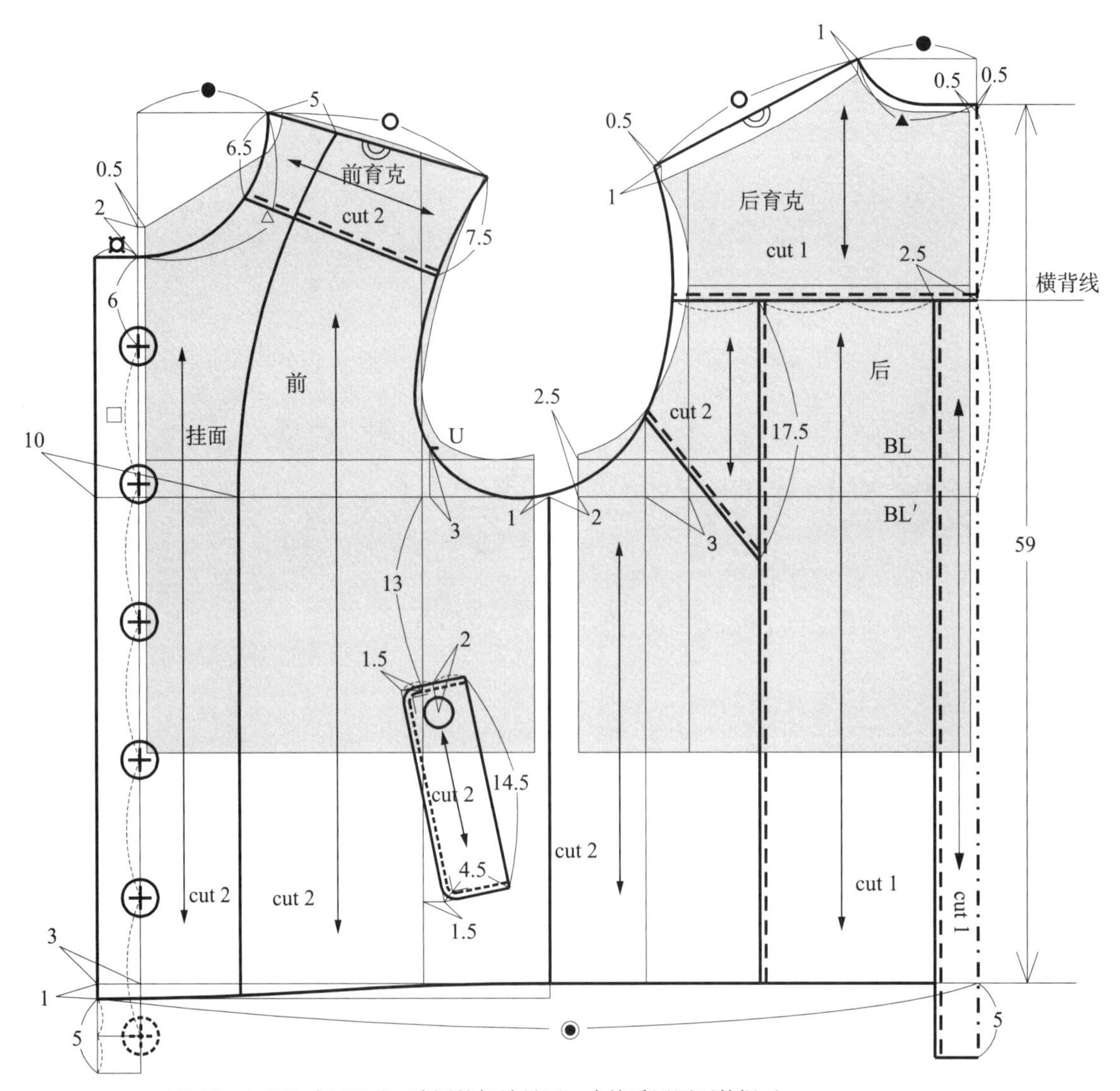


（注明：由于地域的差异，胸围的加放量可以直接采用原型数据。）

图 6-151 茄克衫衣身结构制图

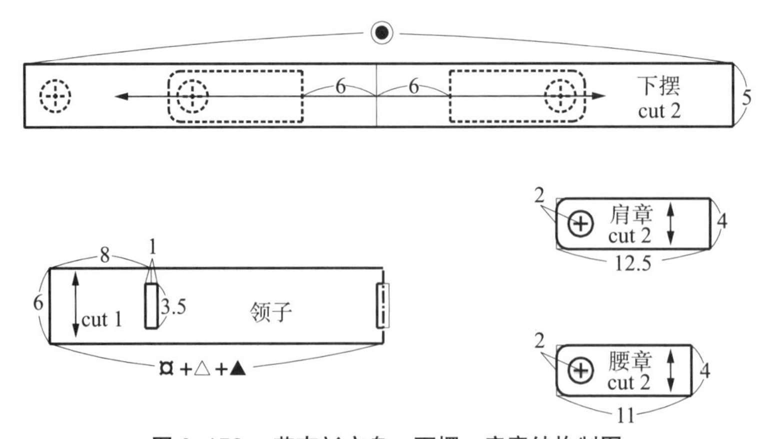


图 6-152 茄克衫衣身、下摆、肩章结构制图

（说明：前肩长等于后肩长减 0.5。）

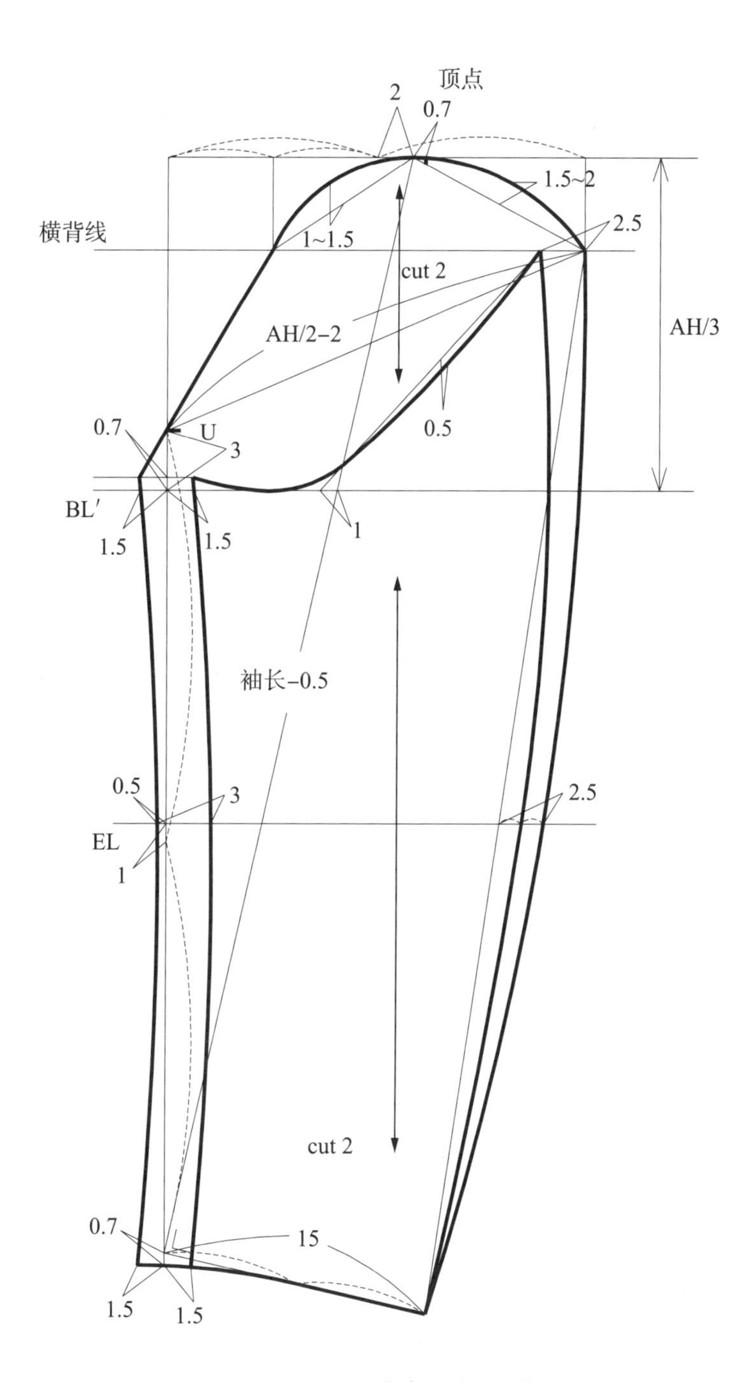


图 6-153　茄克衫袖子结构制图

## 二、牛仔茄克结构制图设计

（1）成品规格：衣长 60，胸围 113，肩宽 46，袖长 60。

（2）单位：cm。

（3）选用号型：170/88A。

（4）款式图见图 6–154 所示。

图 6–154　牛仔茄克款式图

牛仔茄克袖子结构制图见图 6–155，衣身结构制图见图 6–156。

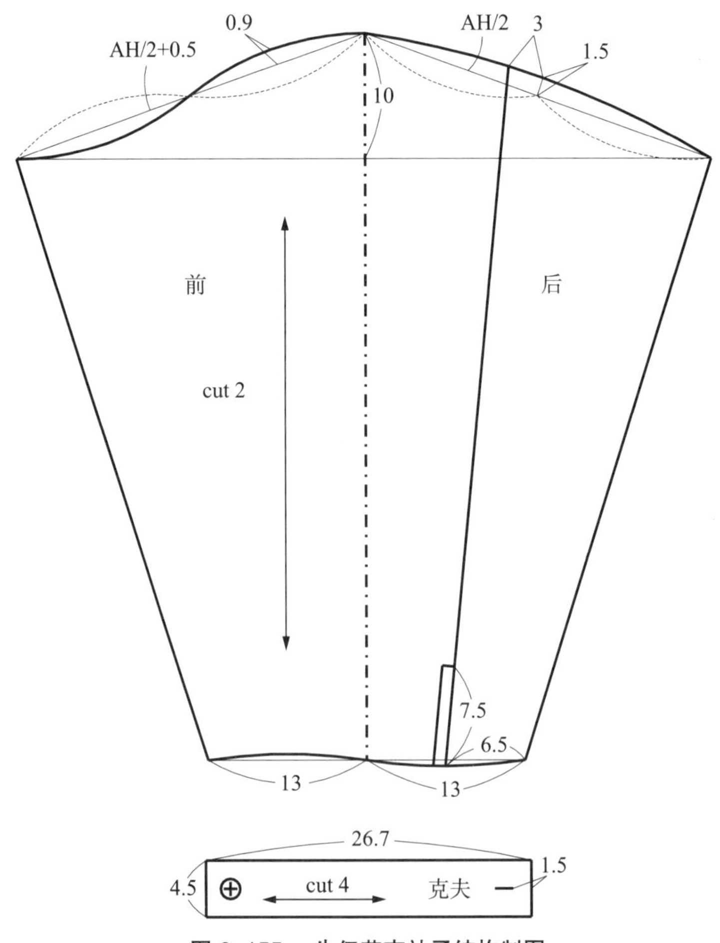


图 6–155　牛仔茄克袖子结构制图

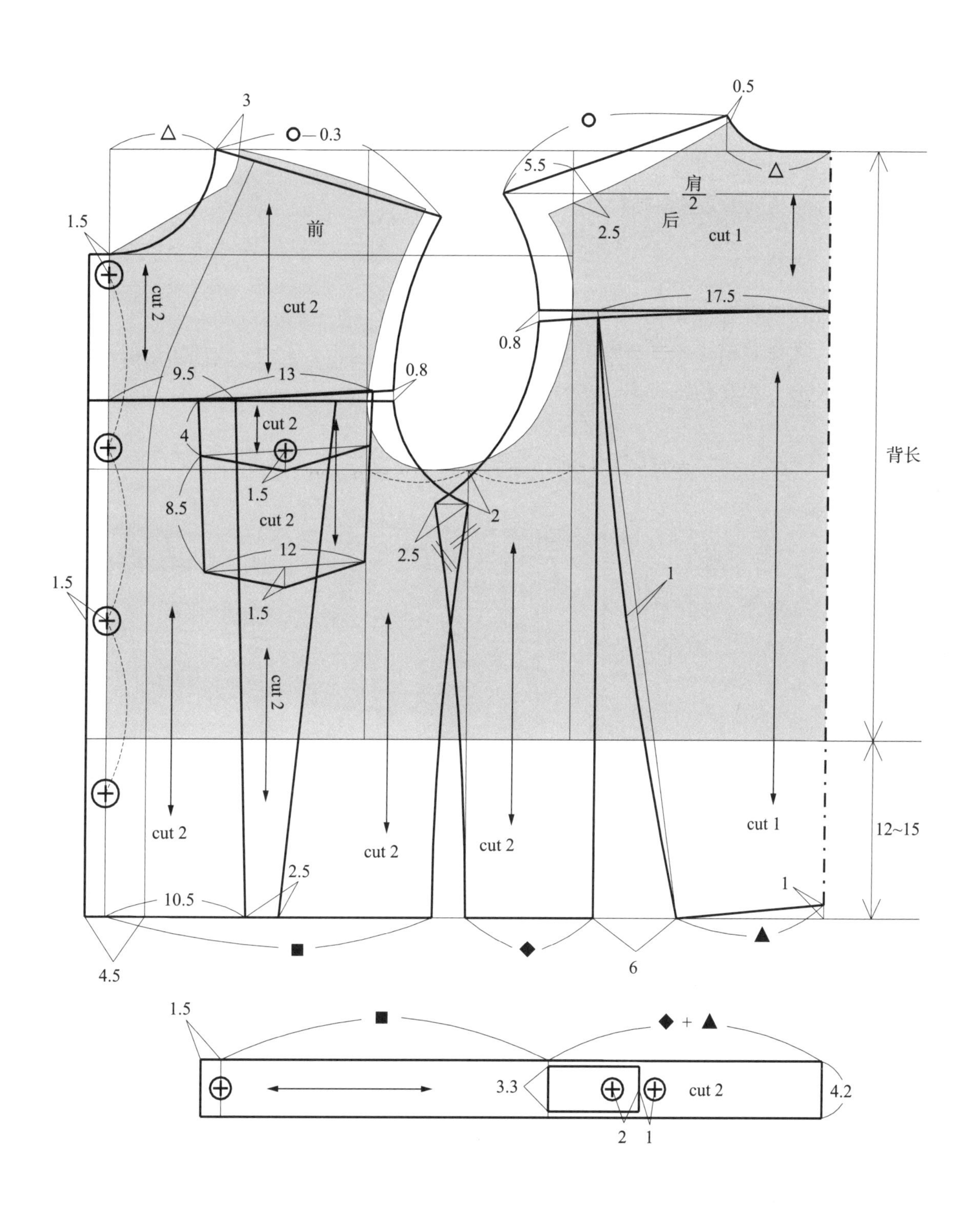


图 6–156　牛仔茄克衣身结构制图

## 三、骑马装结构制图设计

（1）成品规格：衣长 83，肩宽 43，胸围 106，腰围 84，袖长 60，袖口 14。

（2）单位：cm。

（3）选用号型：170/92A。

（4）款式图如图 6–157。

（5）衣身结构制图见图 6–158。

制图步骤：

后片

（1）画出西服原型。

（2）确定基础背中缝：经过原型 BNP 点（后颈中点）作上平线，与原型前中心线、后中心线垂直，后衣长 L 为 105，画出下平线，为基础背缝线。

图 6–157　骑马装款式图

（3）HL 距 WL20。

（4）背缝线：在 BL 处向里凹势 1，在 WL 收腰 3，作垂线垂直于下平线，上端与横背宽线点、BNP 连接。

（5）背衩：背衩长：背缝线 WL 处下降 2，为背衩的起点至后下脚边；背衩宽 2~4，将背缝线与背衩连顺。

（6）后领窝⊙、后肩缝△采用原型。

（7）后袖窿：将背宽线延长至下平线，在背宽线上平分 BL 与背宽线，并向左平移 1，为前、后衣片袖窿处的分界点。

（8）后片侧缝线：背宽线 WL 处收腰 1，起翘 1，摆大加大 2，前、后片袖窿分界点与 WL 收腰处连接，顺延至后衩长起点线的左端，WL 收腰处再与加大的摆连接，交于下平线。

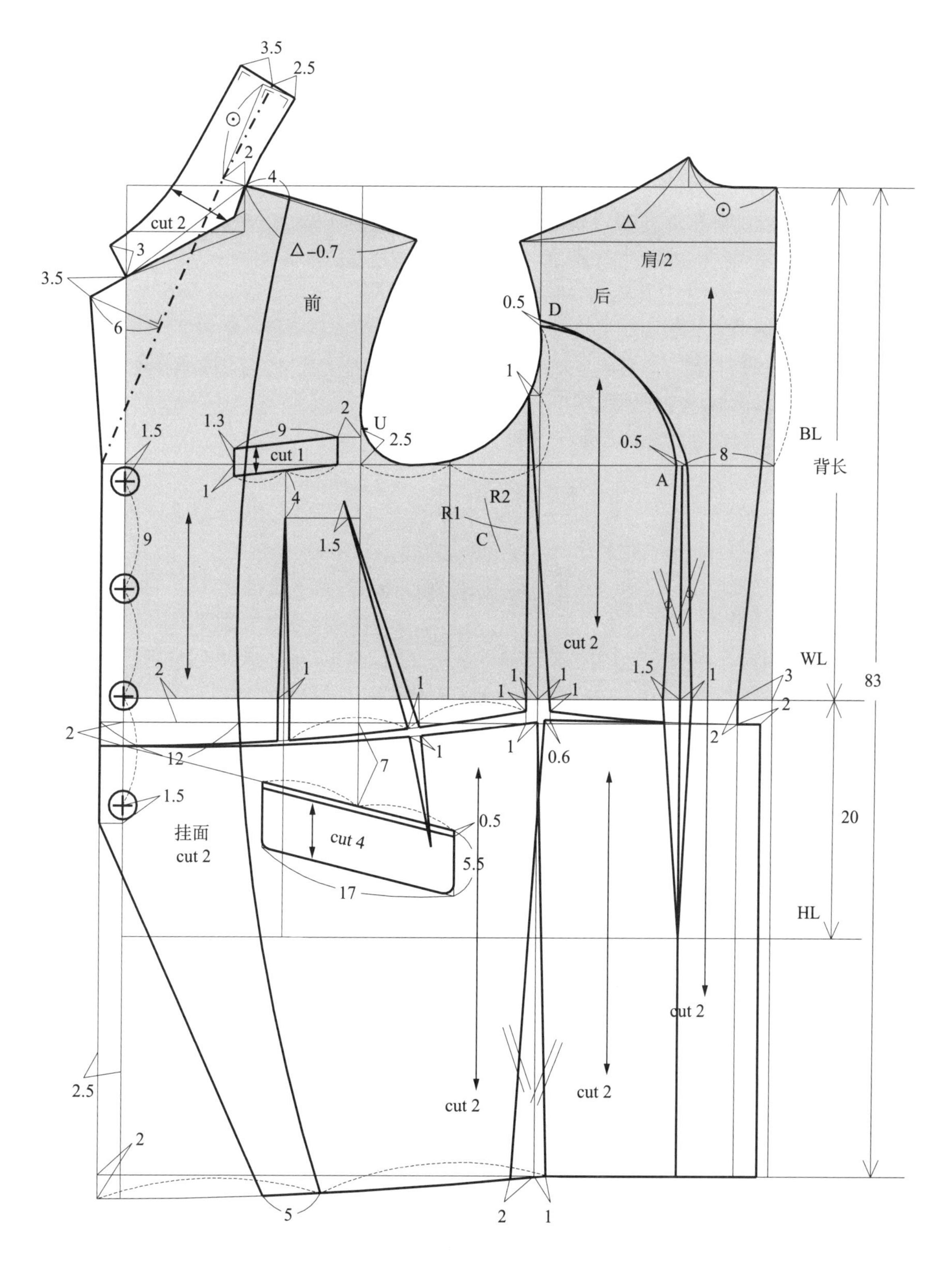


图 6-158　骑马装衣身结构制图

（9）弧背开刀缝：在 BL 上，从基础背中线量 8，求出 A，通过 A 作 BL 的垂线至下脚边；在横背宽线袖窿处，上测量 0.5 求出 D；分别以 A、D 为圆心 AD 直线距离为半径画弧，相交 C；再以 C 为圆心画弧长为弧背开刀缝，在 A、D 两点分别收省 0.5、在 WL 处收 1.5，为后片（侧）的弧背开刀缝。后片（中）弧背开刀缝，在 WL 收腰 1，收至 HL。

（10）后片下脚边线：加大的摆大与下脚边后衩处连接，为后片（中）的下脚边线。

前片

（1）领圈设计：横开领大与原型等大，为 1/2 前胸宽；直开领大：外侧与原型直开领等大，内侧是外侧的 1/2，并向外偏 1 与原型串口线连接，形成领圈的串口线。

（2）前肩宽：△ −0.7。

（3）叠门（搭门宽）：2.5。

（4）翻折点、翻折线：翻折线上端点在肩线的延长线上，距 SNP 2，下端点在 BL 上，连接上、下端点，画出翻折线。

（5）驳面宽：驳面宽 6。

（6）驳角长：驳角长 3.5。

（7）领角长：领角长 3，与串口线形成 80°~90° 夹角。

（8）前衣长：在 WL 处，延长前中心线长 2，为前衣长门襟止口末点。

（9）手巾袋：距胸宽线 2，门襟止口端在 BL 处下降 1，另一端在 BL 上，成品规格大 9，宽 2.3。

（10）前侧缝线：在 WL 处，相距后背宽线收腰 1、起翘 1，前、后衣片袖窿处的分界点与 WL 收腰处连接，WL 收腰处再与下平线摆加大 1 的点连接，与后侧缝线相等。

（11）钮扣位确定：设计了四粒钮扣，第一粒距 BL1.5，钮扣间距 9。

（12）前下脚边线：基础下脚边线门襟止口衣长末点与侧缝线的末点连接、平分，向左移 5，为前下脚边的起点，前下脚边线末点在侧缝线的末点上。

（13）止口线：自驳角长的端点连接翻折线下端点、前衣长门襟止口第四粒钮扣下 1.5 再与前下脚边的起点连接，画顺直即可。

（14）胸省：过手巾袋中点作 HL 垂线，胸省上端距手巾袋中点 4，在上衣下脚边处省大 1。

（15）腋下省：腋下省上端与胸省尖平齐，再向上延长 1.5；下端在胸省下端与侧缝一半的地方，下脚边处省大 1。

（16）前袖窿大：与原型前袖窿等大。

（17）AH：前、后袖窿弧线长的总和为 AH。

领子

（1）从翻折线与肩线延长线的交点起，在翻折线上作后领弧线长⊙，作翻折线的垂线，垂足 5，找到后领底中点；连接后领底中点与领圈直开领内侧，找到内领口线，经过后领底中点做内领口线的垂线求出领宽线（领中线），领宽为 6（座领宽为 2.5，翻领宽为 3.5）。

（2）领角长：领角长为 3~4，与串口线成 80°~90° 夹角，连接领角长与领宽线，修正外领口线，使其与领宽线垂直，并与领角长连接顺直。

（3）领面：领中线为对折线，翻领部分与领座可设计为不分开与分开。分开线距翻折线 0.5~1。翻领要求纬纱，领座要求经纱。

（4）领里：翻领部分与领座不分开，选用辅料领底绒，则领中线不破开为对折线；若用西装面子面料，则领中线破开为结构线。

挂面

（1）挂面宽：肩线处 4，WL 处 12，下脚边处 5。

（2）领口、门襟止口翻折线处，挂面比衣片各大 0.5，门襟止口翻折线以下到下脚边与衣片等大。

袖子：袖子结构设计制图参照原型袖的结构设计制图。

## 四、商务休闲外套结构制图设计

商务休闲外套的设计，应满足简洁、大方和得体等要素，可以设计修身款式，如图 6–159 所示。也可以设计稍宽松一些的款式，领子可设计为不对称领，肩部去掉叠层，后片不破背、去掉腰带，袖口加袖襻，款式参见彩图 31。

图 6–159　商务休闲外套款式图

（1）成品规格：衣长 80，肩宽 46，胸围 106，腰围 84，袖长 60，袖口 14。

（2）单位：cm。

（3）选用号型；170A/92。

（4）采用休闲面料，领面、肩部叠层、大袋、袋盖、后片腰带可采用与衣身色彩接近的纯色面料。

（5）衣身结构制图如图 6–160 所示。

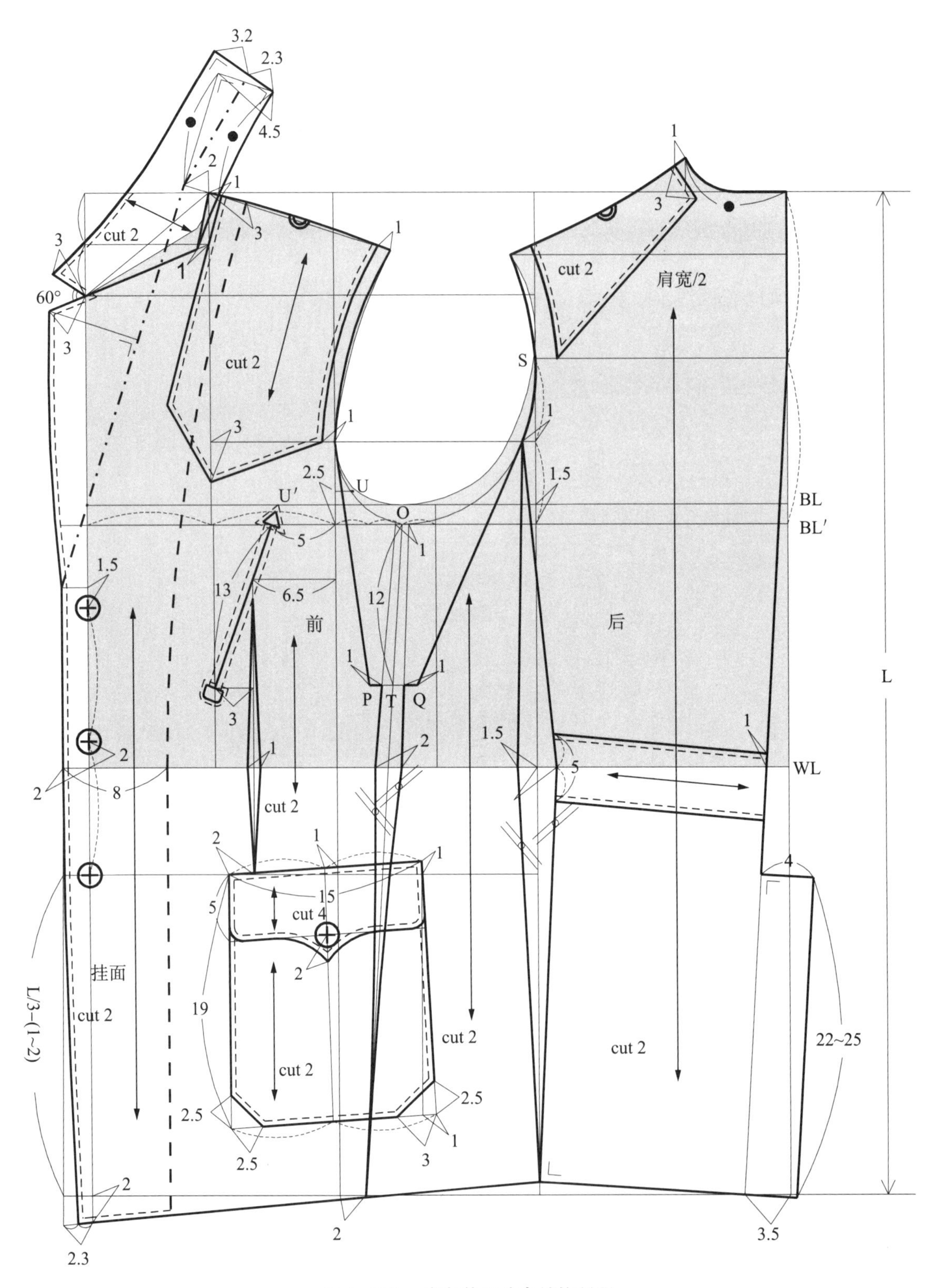

图 6-160 商务休闲外套结构制图

（6）袖子结构制图如图 6–161。

此袖基础袖型的结构设计与原型袖结构设计相似，袖子相借部分是依据衣身借出部分为依据设计的。

① 袖肥：AH/2−1.5。

② 袖山深：AH/3。

③ 横背宽线：距 BL 按公式 AH/4 计算。

④ 大、小袖在袖前缝处相借 5。

⑤ 以 A 为圆心，衣身腋下省中心线长（借给袖子部分长度 Q~T）为半径画弧，求出 R1。

⑥ 以袖子 U 为圆心，衣身 U 至腋下省左侧实线长（借给袖子部分长度 P~U′）为半径画弧，求出 R2。

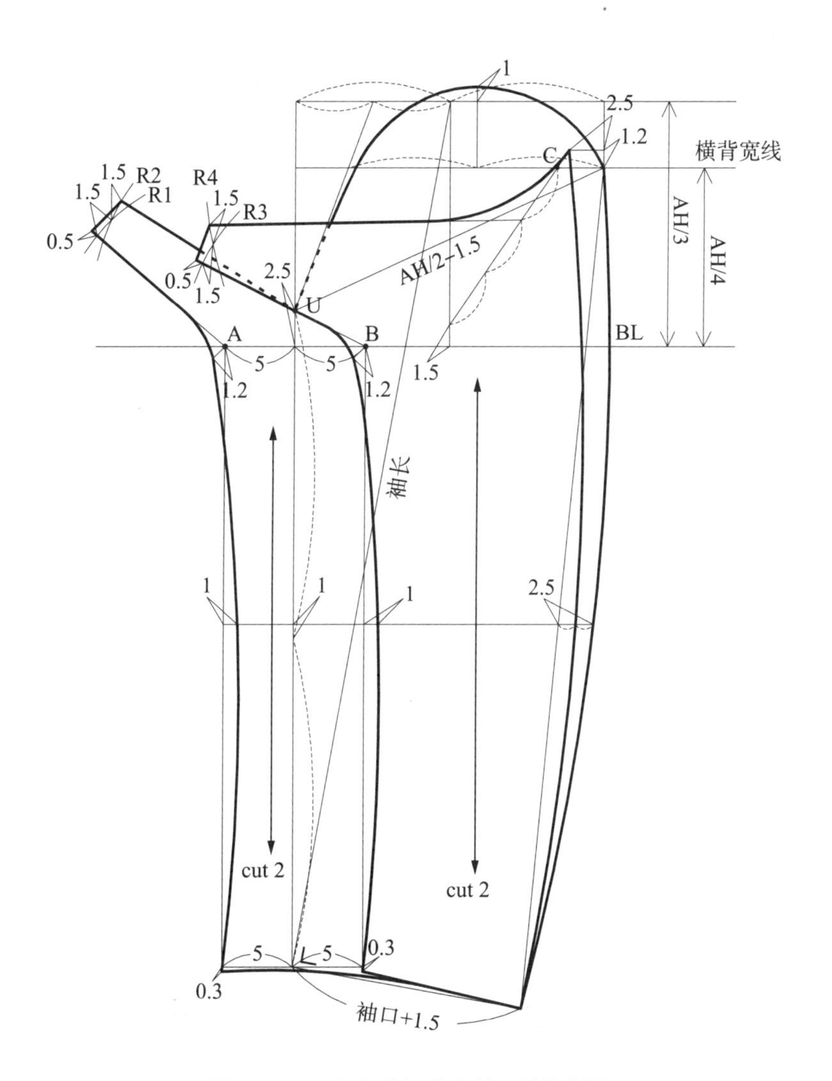


图 6–161　商务休闲外套袖子结构制图

⑦ R1、R2 相交，相交点左、右各加 1.5，求出大袖相借衣身的部分。

⑧ 以 B 为圆心，衣身腋下省中心线长（借给袖子部分长度 Q~T）为半径画弧，求出 R3。

⑨ 以 C 圆心，衣身 V 至腋下省右侧实线长（借给袖子部分长度 Q~S）为半径画弧，求出 R4，C 为小袖片在横背宽线上的交点。

⑩ R3、R4 相交，相交点左、右各加 1.5，求出小袖相借衣身的部分。

## 第七节　家居服结构制图设计

本章节家居服主要讲解室内衣（图 6–162）。室内衣分睡衣和晨衣。晨衣是指在家里穿用的长袍式服装，时间在晚上临睡前或早上起床到换衣服上班的这段时间内穿着；也可用来会见临时到来的客人以及非常亲近的朋友。其款式多为青稞领或无领的对襟、无扣、系带式长袍，青稞领面、袖口用缎子或丝绒装饰，可直接穿在内衣上，也可套在睡衣外面穿。睡衣是指睡觉前后在室内穿用的一种便装，分长袍式和上衣、裤子配套穿的两种形式，见图 6–163 所示。

图 6–162　内衣

图 6–163　睡衣

## 一、短睡衣结构制图设计

（一）短睡衣结构制图（图 6–165、图 6–166）

（1）成品规格：衣长 75，袖长 58，肩宽 48，胸围 108。

（2）单位：cm。

（3）选用号型：170/88A。

（4）款式见图 6–164。

（5）结构制图见图 6–166。

图 6–164　短睡衣款式图

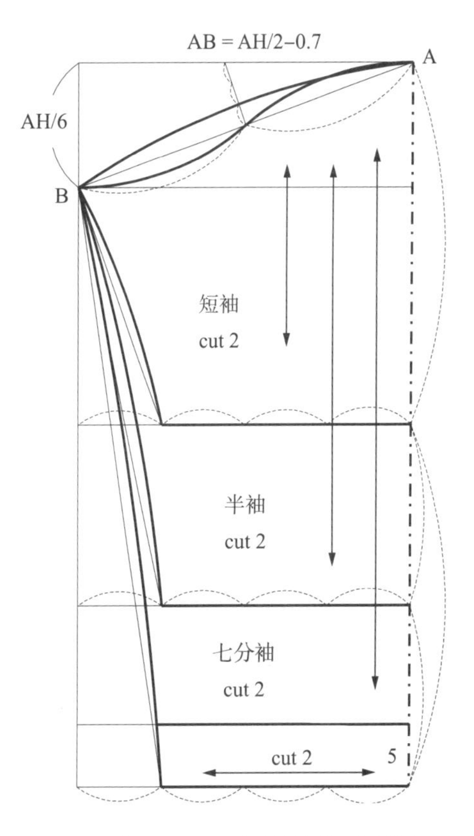


图 6–165　短睡衣袖子结构制图

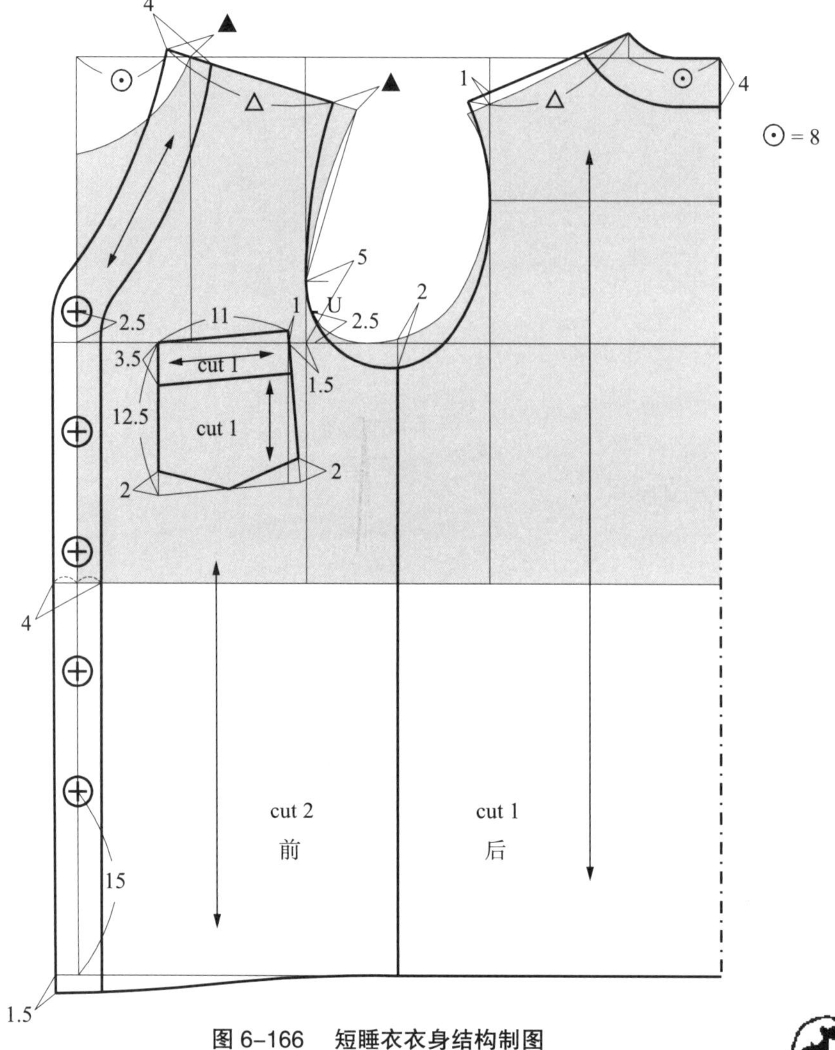


图 6–166 短睡衣衣身结构制图

## 二、长睡衣结构制图（图6–168）

（1）成品规格：衣长 108，袖长 58，肩宽 48，胸围 112，袖长：60。

（2）单位：cm。

（3）长睡衣款式图见图 6–167。

（4）选用号型 170/92A。

（5）制图说明：袖子结构图参照短睡衣袖子结构制图。

图 6–167 长睡衣款式图

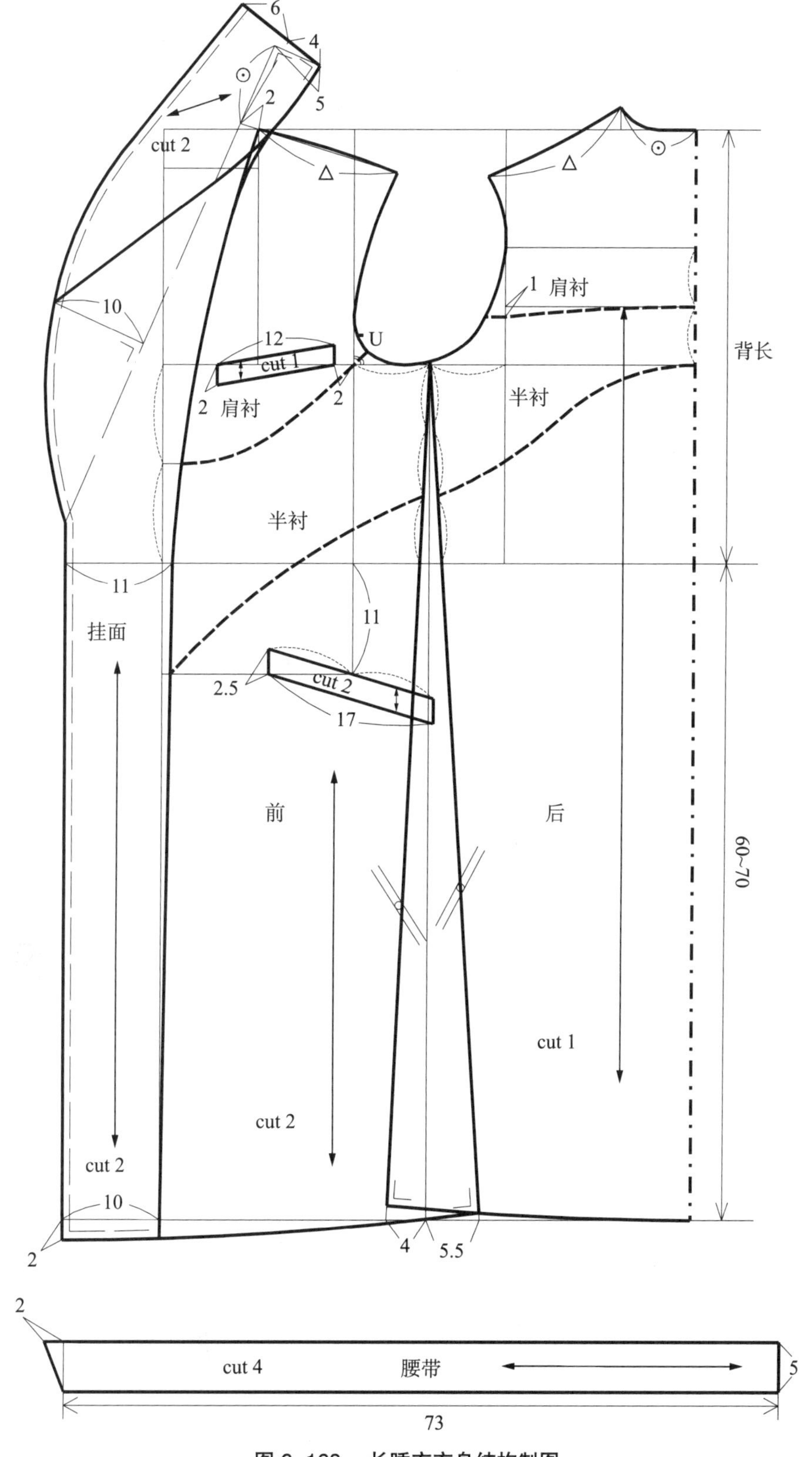


图 6-168　长睡衣衣身结构制图

注：睡裤结构制图见裤子部分。

# 第七章　男装板型修正

## 第一节　假缝与试穿

### 一、假缝、试穿和板型修正的定义及关系

**1. 假缝**

服装制作，特别是高级成衣定制，一般都要经历假缝、试穿和板型修正等重要环节。假缝是指为了试穿而将衣服用手工针或缝纫机将针距调到较长，暂时将服装缝起来的一道工序。假缝好试穿后，如果达到预期效果不需要修正，则可以进行正式缝合；如果不合体，需作出记号，找出原因，拟定修正方案，然后将假缝拆掉，对裁片进行修正后，再进行正式缝合。假缝是一种特殊的缝制工艺，包括合缝、上领、上袖等。国外专门有人从事这项工作。而国内一些业内人士、还有一些初学者，往往不重视或忽略假缝，觉得假缝工作效率低，采用“一气呵成”，这样做，工作效率是较高，但很难保证成衣的合体度，直接导致高级成衣定制业发展缓慢。

**2. 试穿**

试穿是让顾客穿着假缝的成衣，看是否合体、是否达到理想效果，是对前几道工序（款式设计、面辅料选购、结构图设计、排料、裁剪、熨衬和假缝工序）的检验，也是成衣整体效果完美所需要的一个重要环节。成衣缝制中的每一道工序都要为以后的工作打好基础，前一道工序出现问题会影响下一道工序正常进行。如果某一环节隐藏了问题，会导致直接影响整体效果。所以量体、裁剪不论做得多么好，如果不经过假缝与试穿，而在实缝后才发现问题，那返功的工作量就大了，工作效率就低了。当然也不能因为有假缝与试穿，量体与裁剪就不那么认真了。精确的量体与裁剪是为了在试穿中做尽量少的补正，使其更接近于理想的穿着效果，所以，认真对待每一道工序，才是最后成功的保障。图 7–1 为精做西装的覆衬、纳驳头、假缝实物图。

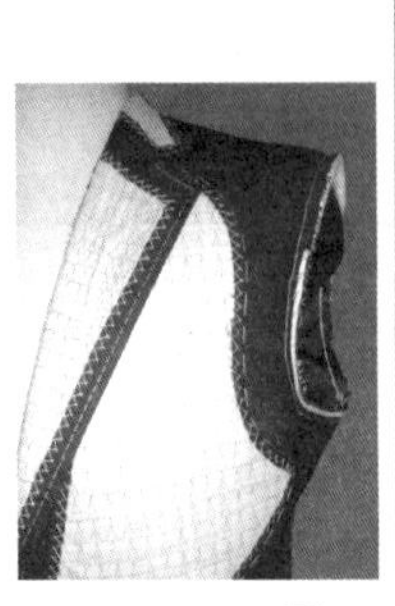

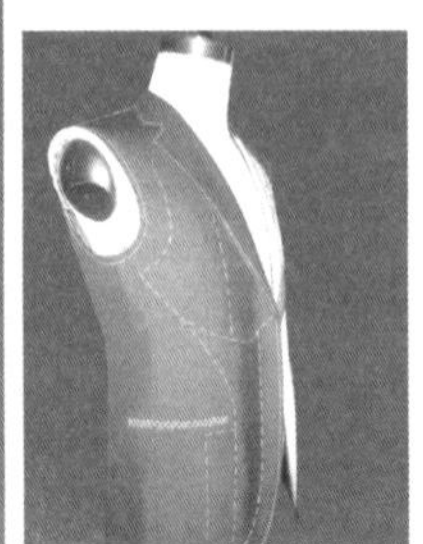

图 7–1　精做西装的覆衬、纳驳头、假缝实物图

图 7–2 是西服缝制好后的外形图，衣身上的白线是覆衬时暂时固定衬头的假缝线，衣身衬头已分别与衣身驳面、门襟止口、肩缝、袖窿等处缝合固定，因此，穿着时可将白线直接拆掉。图 7–3 是袖子假缝图。

图 7–2　西服固定缝头的假缝图

7–3　袖子假缝图

**3. 板型修正**

板型修正也称纸样补正，是将前期在量体裁衣过程中，将肉眼观察的误差进行弥补和完善，从而消除和减少损失。

## 二、试穿的注意事项

服装的结构设计合理性对穿着者的心理有一定的影响。例如，裤子前后各两条烫迹线即中挺逢线，其位置正确与否直接影响裤子的造型。歪斜的中挺缝，好像裤腿缠在腿上一样，穿着不舒服。同样如此，如果西服、衬衫的领子过大或过小，也影响穿着者的心情，觉得别扭、不舒服。服装通过试穿就能及时发现问题，加以修正，以满足穿着者的需求。

试穿不光是看一下长度、宽度及围度，更要观察衣服的平衡性、对称性及部分与整体的协调，其目的是要做成合体、舒适的衣服。舒适并不等于肥大，肥大并不一定舒适，所以说舒适的衣服应该是合体的衣服，是整体效果完美的衣服。以下介绍试穿中应注意的一些问题。

**1. 西裤**

参考顾客的意见，看一看裤腰的位置及腰围的大小。前后裆线的弯度是否合适，上裆是否适合于臀部，前后裆线是否有勒紧或余赘感，中挺缝线是否歪斜。还可以让顾客抬起一条腿感觉一下，如腿部有压迫感，说明裆部或松量有问题。

**2. 马甲**

马甲穿着要求贴体，有适当的松份，一般为 10cm 左右。松份要均匀地分布在人体与衣服的空隙中。后衣片长以盖过腰带以下 5~10cm，不要太长，前衣片衣长依款式造型而定。再观察一下前后衣片的平衡性，不系扣时的状态是否稳定，系上扣时是否有皱褶。还有后领窝是否出现水波纹、不贴体等问题。

**3. 西服**

将假缝好的西服套在衬衣外面。首先看一看领子是否贴体，然后看袖子是否前圆后登、是否有死褶、是否贴袖窿、是否遮住大袋盖的一半，长度是否合适；检查袖窿深是否适当，活动一下胳膊，是否有不舒适感，还要看袖窿有没反吃现象；胸部与肩的造型是否完美。假缝与试穿的目的是找出裁剪与设计上的毛病，为补正提供依据。

## 第二节　西裤板型修正

板型修正也称纸样补正。在服装生产过程中，无论是高级成衣定做还是企业批量生产，都要对服装进行结构设计。服装的结构设计包括平面裁剪（又称平面结构设计）和立体裁剪（又称立体结构设计）。纸样补正在服装结构设计中，无论是平面裁剪还是立体裁剪，都离不开它，是一个相当重要的环节。通过它能在前期弥补和完善在量体裁衣过程中肉眼观察的误差，让服装尽量达到合体的效果，消除和减少生产者的损失。板型修正对树立良好的企业形象和与消费者建立友好、和谐的关系起着及其重要的作用。由于中式服装讲究宽松，修正的情况较少，而西式服装要求合体，修正的情况较多。因此，以下是以西装为例，讲解板型修正的原理和方法。

### 一、西裤的板型修正

西裤的裤片结构设计，主要是通过收腰、装拉链，满足腰、臀落差，通过裤片的前裆、后裆设计，满足臀沟。但男体下身部分是大幅度的曲面，很难观察准确。所以宽松西裤问题比较少，贴身的西裤出现的问题要多些。西裤容易出问题的部位是裆部和臀部，补正前要正确判定问题的根源，拟定正确的补正方法。

#### （一）中挺缝偏斜的修正

中挺逢线的正确位置可以这样来确定，人体保持立正姿势，取两个砝码，从腰部垂到脚拇指与食趾中间两条垂线就是中挺缝线的位置，如图 7–4（1）、图 7–4（2）所示。图 7–4（3）的中挺逢线位置不正确（裤脚虚线才是正确的中挺缝），向外偏斜，这是最常见的偏斜，走路时会更加严重。

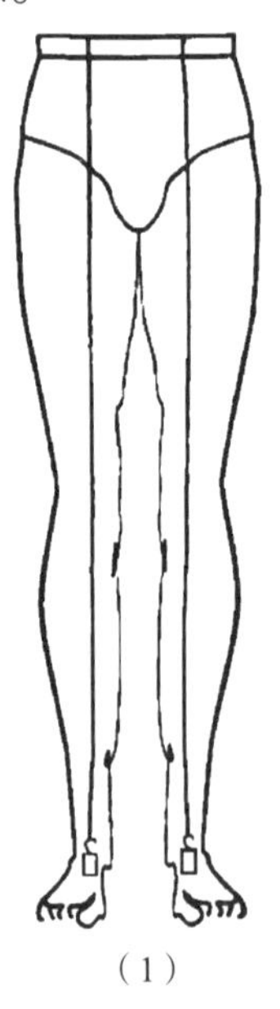
（1）

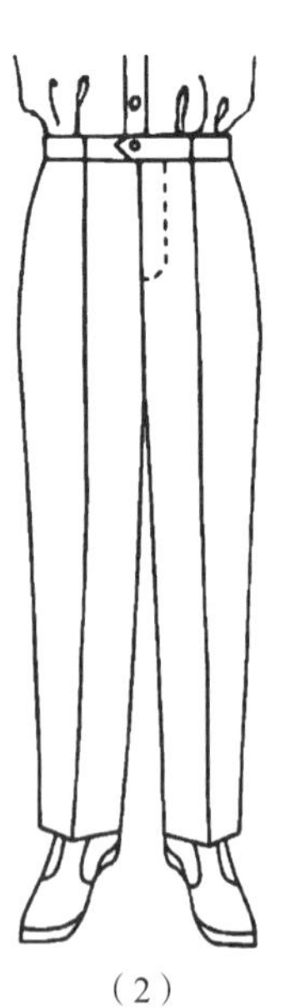
（2）

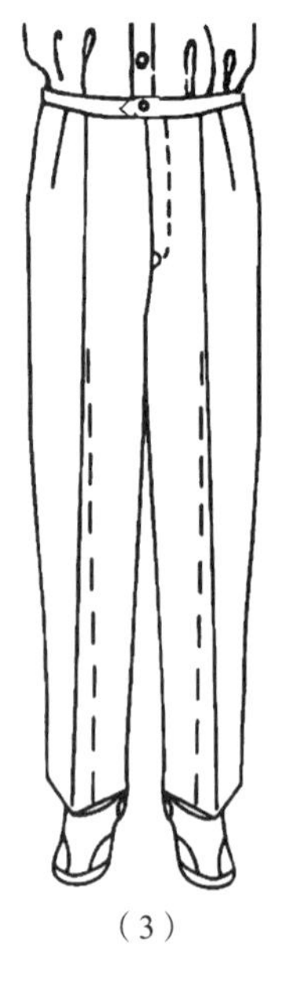
（3）

图 7–4　中挺缝偏斜确定

**1. 前裤片中挺缝歪斜修正方法**

图 7–5（1）是中挺逢线正确位置的前裤片，A~D 为前中挺逢线，B、C、D 点的两侧均等。补正中挺逢线向外偏斜的方法如下：

（1）脚口中挺缝内移

图 7–5（2）为前裤片偏斜的补正图，将脚口 D 点移到 D′，D′~D 为补正的量。然后重新确定中挺缝线为 A~B~C′~D′，C′ 点与 D′ 点两侧线要均等，这样补正会改变布纹方向。

（2）剪开补正方法

图 7–5（3）是将横裆线 I 点剪开，移到 I′ 点，I′~I 为补正的量，A′ 点为 D~C~B 延长线，也是重新补正的点，A′~B~C~D 为修正后的中挺缝。

（3）平移补正法

图 7–5（4），由 A~B~C~D 平移至 A′~B′~C′~D′，同时 C 点与 D 点的两侧线的中心线也平移到 C′ 点与 D′ 点。平移后裤子的纱向不变，横裆线、脚口都没有增大。

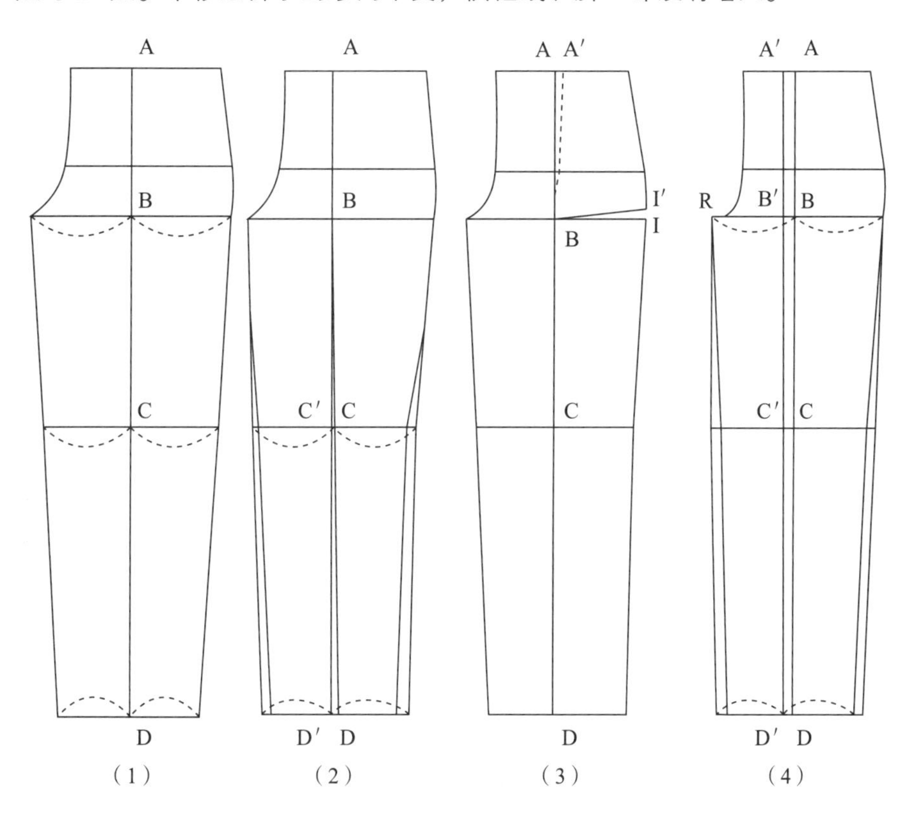


图 7–5　中挺缝偏斜的补正

**2. 前、后裤片中挺缝歪斜的修正方法**

中挺逢线向外偏斜的补正方法：补正中挺逢线的偏斜可在前片或后片补正，也可以前、后两片同时补正，看具体情况而定。图 7–6 为前、后片同时补正的示意图，前后裤片的补正方法相反，前裤片向外偏斜，那么后裤片一定向内偏斜，图 7–6 中 E′ G′ L′ 为补正后的后中挺缝。如果后片按图 7–6 中相反的方向补正，那就将前片的补正抵消了，达不到补正的目的，只能使裤腿向内弯曲（O 型腿可用此方法补正）。补正后的前后裤片侧缝线的长度会有变化，可在腰口线上订正。中挺逢线的内偏斜的补正方法与其相反。

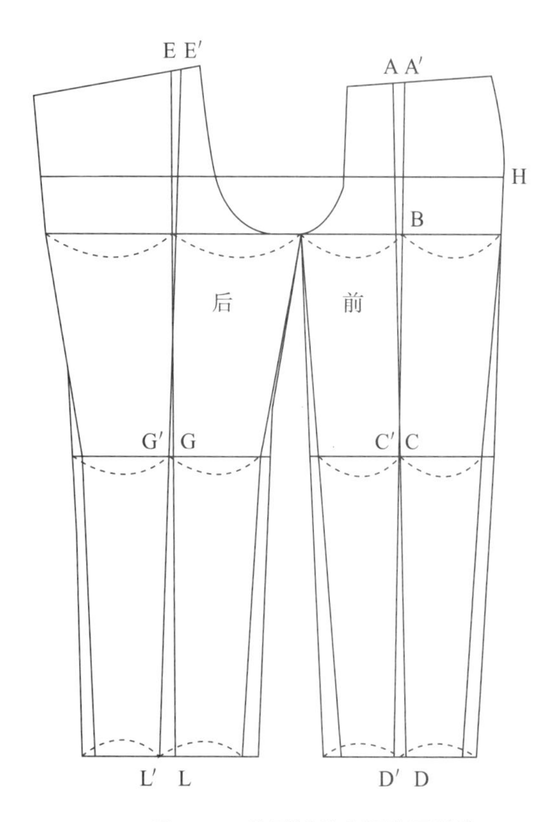


图 7–6　前后裤片中挺缝歪斜补正

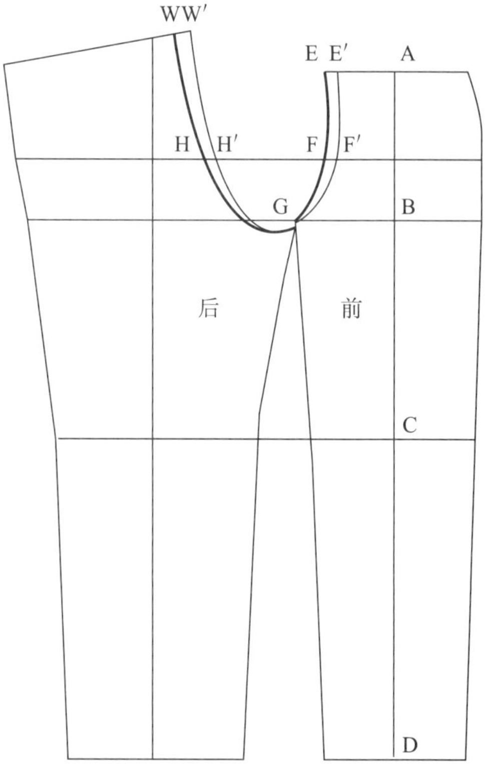

图 7–7　移动前后裆围线补正裤中挺缝歪斜

**3. 移动前、后裆围线，裤片中挺缝歪斜的修正方法**

增大小裆：图 7–7 的方法是将前裆线 E 点移到 E′ 点，F 点移到 F′，G 点不动。小裆宽加大了，中挺逢线与前档线的距离减少了，然后将前片裆围线减去的量加到后片裆围线上，W′~W、H′~H 为增加的量。裆围线整体向 A 点移动，从而补正了中挺缝向外偏斜的毛病。这种方法比较简单，补正的部位也比较少，并且可直接在裤片上进行。即使是已裁好的裤子，也能有补正的余量，因为裤片的后裆缝改了 2~2.5cm 的保险缝，整体布纹也不会有变化。

在西裤的裁剪中，一定要注意西裤的中挺缝应与经纱重叠或平行，否者，中挺逢线偏斜的毛病就会显露出来。西裤的缝制工艺不正确，也会引起中挺逢线偏斜。在缝制过程中侧缝线或裆线对位点不正确会引起一条裤腿偏斜或一条裤腿向外、一条裤腿向内偏斜。还有在前裆装拉链时对位不准等原因都会出现裤线偏斜的毛病。

**（二）裤子臀部的修正**

**1. 凸臀与平臀的修正**

凸臀与平臀是指人体立正姿势时臀部向外突起的程度。一般挺身体的人同时也是凸臀体型，屈身体型的人也是平臀体型。凸臀趋向圆形，平臀趋向扁形，图 7–8 中粗实线为凸臀，细实线为平臀的示意图。这里

图 7–8　凸臀、平臀示意图

臀围的尺寸没有变，形状起了变化。

〈1〉凸臀体型修正方法

（1）增加后片起翘的量

图 7–9 的上图细实线为补正后的线，增加了起翘的量使后裆围线加长了，满足凸臀。

（2）增加大裆的凹势

图 7–9 的下图前裆缝细实线为补正线；后片细实线为补正线，粗实线增大了大裆的凹势，为整形后的线。经过整形后裆围线缩短了，同时 S 点下落到 S′ 点，下落的量被推向凸臀处，另外前裆围线上部左移。

〈2〉平臀体型修正方法

图 7–10 是平臀体型的补正方法，与图 7–9 刚好相反。图 7–10 上图细实线为补正后的线，使后裆围线减少；下图裤片细实线为补正线，粗实线为整形后的线。后裆围线被拉伸，S 点上移至 S′ 点，裤片呈宽平形状，前裆围线上部右移。

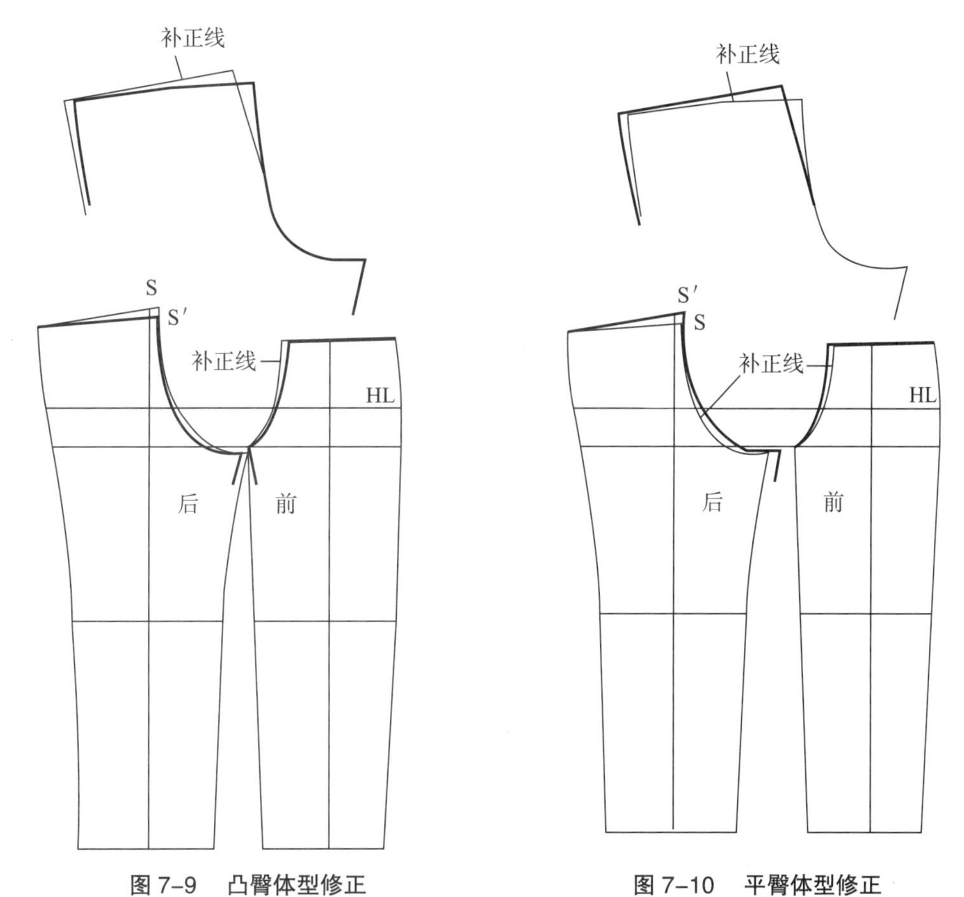


图 7–9 凸臀体型修正　　图 7–10 平臀体型修正

**2. 前裤片臀围堆积、后裤片臀围绷紧的裤片修正**

图 7–11 是由于前裆围线长、后裆围线短而引起的毛病。穿着时臀后部绷紧，走路时迈步困难。补正方法，将前片 H 点处剪开，然后重叠补正的量。后片在 h 点处剪开，然后放开补正的量，粗线为补正后的图形，重叠、展开的量，根据裤子堆积、绷紧的程度而定，如图 7–12 所示。

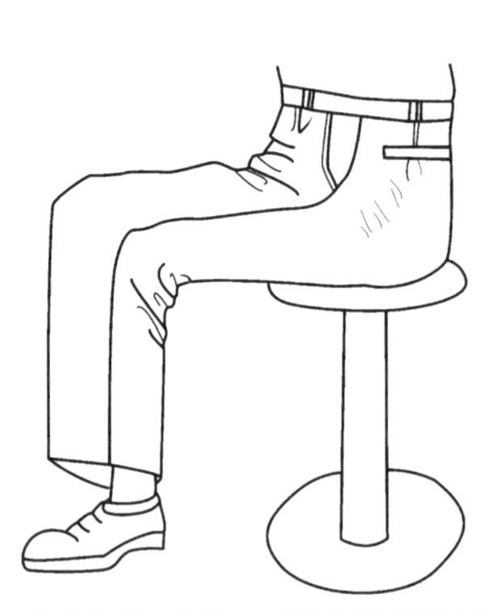

图 7-11 前裤片臀围堆积，后裤片臀围绷紧示意图

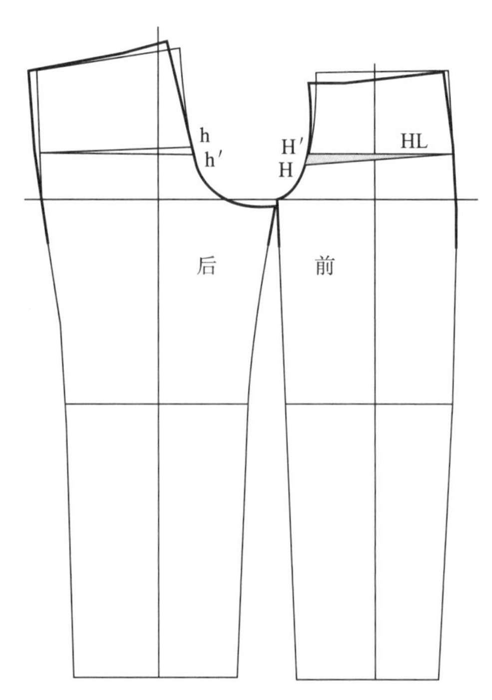


图 7-12 前裤片臀围堆积后裤片臀围绷紧的裤片修正

**3. 后裤片臀部松弛、前裤片吊起的裤片修正**

如图 7–13 所示，是由前裆围线短、后裆围线长而引起的，与上一个问题相反的毛病。将前片 H 点处剪开，然后展开补正的量。后片在 h 点处剪开，然后重叠补正的量，细线为补正后的图形，如图 7–14 所示。重叠、展开的量，根据裤子堆积、绷紧的程度而定。

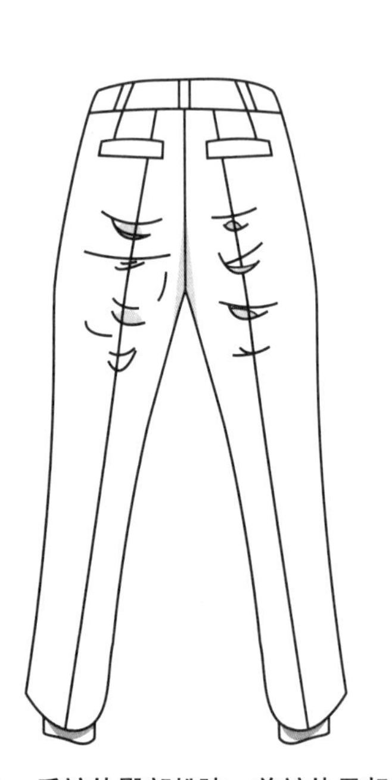

图 7-13 后裤片臀部松弛，前裤片吊起示意图

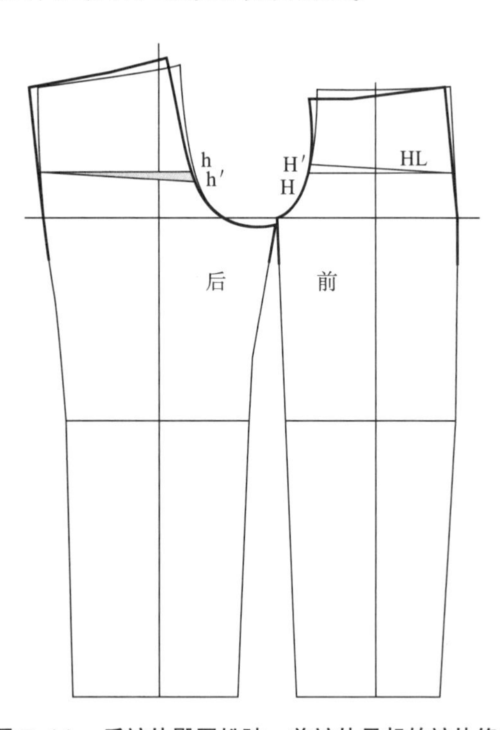


图 7-14 后裤片臀围松弛，前裤片吊起的裤片修正

**4. 后臀下端放射状斜褶的裤片的修正**

臀沟呈放射状斜褶是由于裆宽不足以及后裆围弯线过短而引起的，如图 7–15 所示。增加裤片前后窿门 h~H 的宽度，增加的量加到后裆围线上或同时加到前后裆围线上，增加后窿门（大裆）的弯度，使其符合体型，细实线为修正后的图形，如图 7–16 所示。

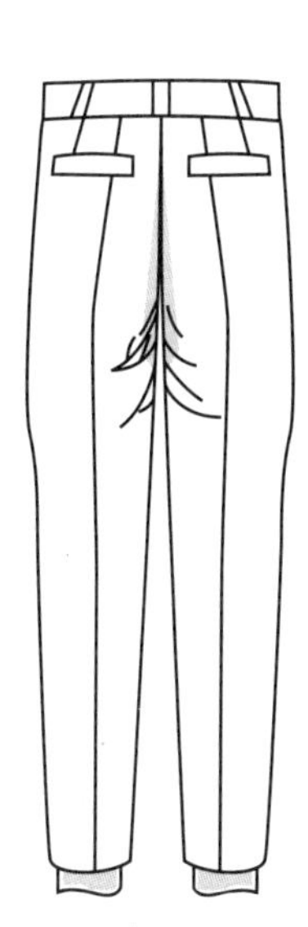

图 7–15　后臀下端放射状斜褶示意图

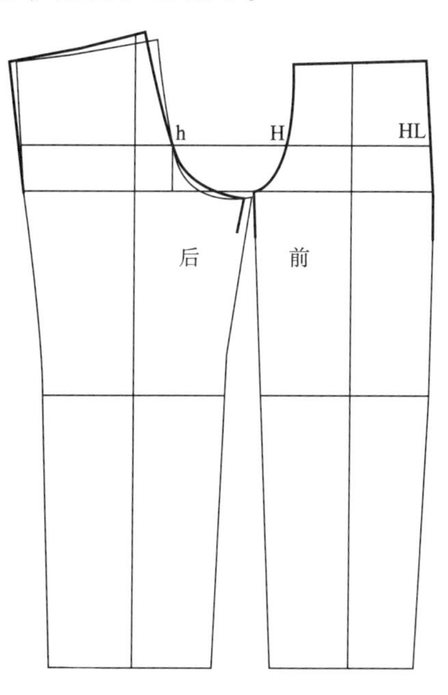


图 7–16　后臀下端放射状斜褶裤片修正

**5. 后裆下坠而引起后裤片斜褶的修正**

图 7–17 是由于腰部的侧缝尺寸不足及后裆围线过长而引起的斜褶。补正方法：增加侧缝线长度，缩短后裆线。侧缝从 A 点提到 A′ 点，后裆围线从 B 点降至 B′ 点，重新画好腰口线，细实线为修正后的腰口线，如图 7–18 所示。

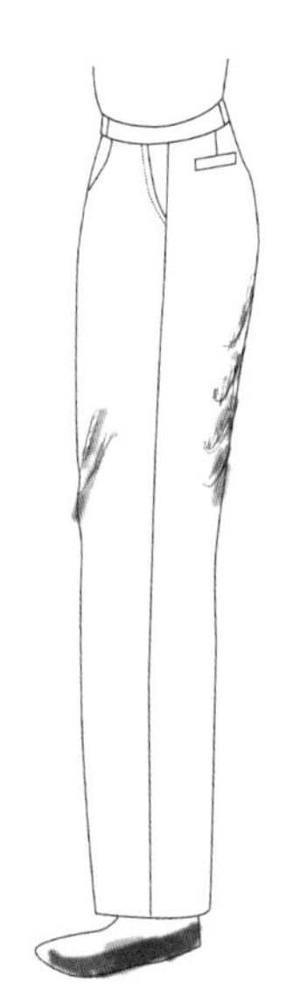

图 7–17　后裆下坠引起后裤片斜褶示意图

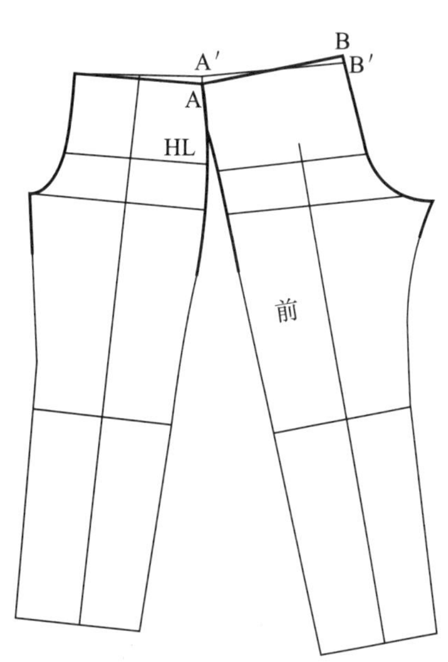


图 7–18　后裆下坠引起后裤片斜褶裤片修正

# 第三节　背心板型修正

马甲的结构比较简单，补正的部位要少些，难度较小一些。马甲是紧帖身体的衣服，领圈是否贴体、是否有褶皱、侧缝是否有斜褶、口袋与扣的位置是否与整体协调，前后衣片是否均衡稳定等一些细微的毛病容易显露出来。马甲各部位的补正一般要与上衣、裤子共同协调来处理。

## 一、后领窝的修正

### 1. 领窝 SNP 处小水纹褶的修正

图 7–19 马甲的毛病引起的原因有三：一是后片直开领过深；二是领窝线在缝制时被拉伸变形；三是前后肩线的不吻合。补正方法如图 7– 20 所示，将 O 点提高到 O′ 点，使后领窝与前领窝的衔接自然顺畅。

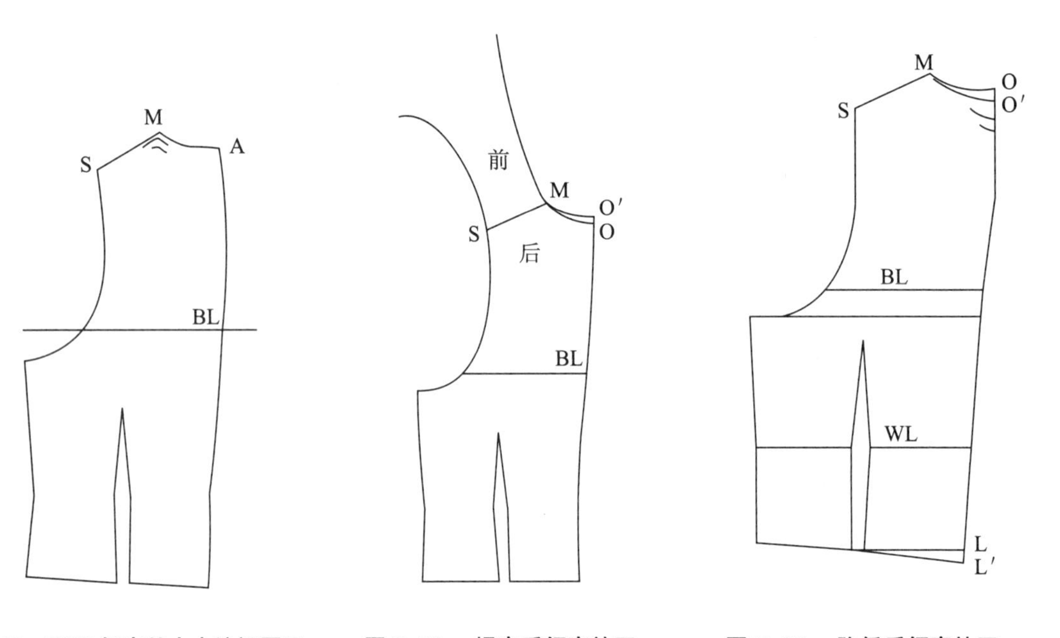


图 7–19　SNP 领窝处小水纹褶图示　　图 7–20　提高后领窝补正　　图 7–21　降低后领窝补正

### 2. 后领窝水纹褶的修正

后领窝水纹褶一般是由后直开领过浅或挺身体型引起的。补正的方法是将后领窝挖深一些，如图 7–21 所示 ，O~O′ 为挖去的量。另外根据具体情况可将后背线 O~L 整体下移，如图 O~L 移至 O′~L′。

## 二、前后衣片不均衡的修正

假缝试穿西背时，如发现前片松弛，而后片拉紧；或前片起吊而后片堆积等现象，这都是由于前后衣片不均衡引起的。

**1. 前片衣身不均衡的修正**

从图 7–22（1）中可以看出前衣片松弛而后衣片拉紧的毛病，一般屈身体型容易出现这种现象。补正方法如图 7–22（2）所示，减少前衣片长度及增加后衣片长度，将前袖窿 R 点折叠，折线要与袖窿线垂直，阴影部分为折叠的量，肩线 T~N 下移至 T′~N′。后衣片肋缝线整体下移，E~E′ 为下移的量，与前片折叠的量相等，然后订正对位点 F、E′ 与 X、W′。颈围尺寸大的体型也会出现上述毛病，补正时只需加长后背缝线 O~L 至 O~L′ 即可，然后订正对位点，前片可以不动。

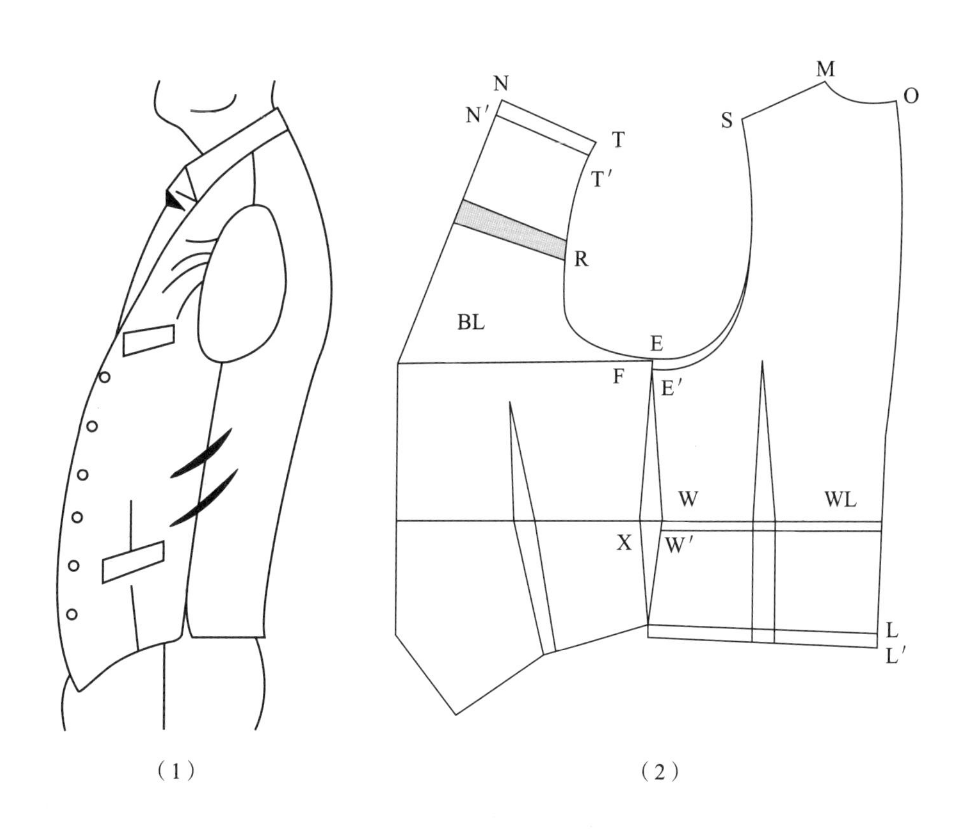


图 7–22 前片松弛、后片拉紧图示及补正图

**2. 后片衣身不均衡的修正**

图 7–23（1）后袖窿以上衣身不贴体，是挺身体容易出现的毛病。补正方法与上图相反，如图 7–23（2）所示。

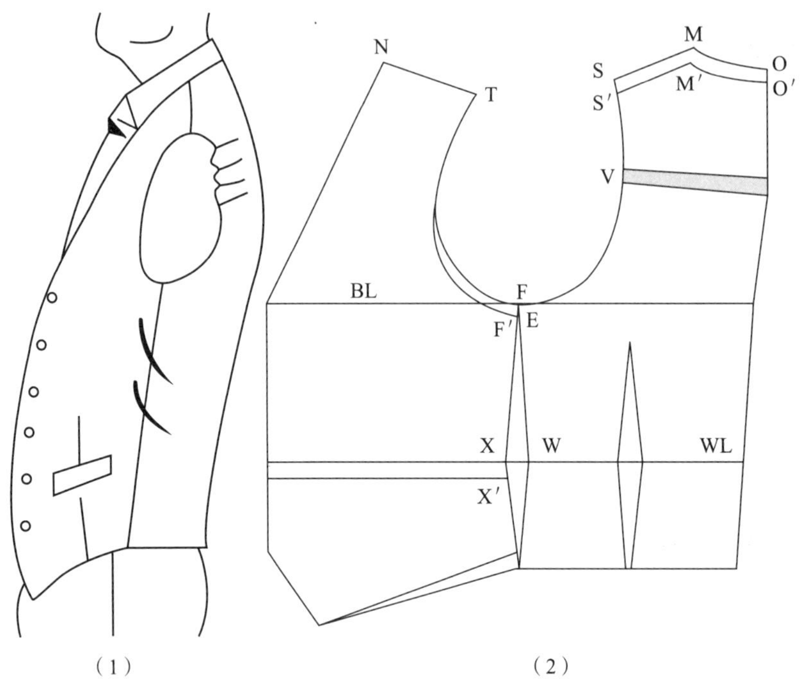


（1）（2）

图 7–23　后片衣身不贴体图示及补正图

## 三、前领窝不贴体的修正

不系扣时西背马甲的下摆向两边分开，系上扣时前领止口出现浮褶，如图 7–24（1）。这是由于横开领开大了引起的，屈身体型容易出现这种现象。补正方法：从 R 点剪到胸宽线与 BL 的交点，然后重叠浮褶的量，使其 N 点移至 N′ 点，T 点移至 T′，然后订正前领止口线，如图 7–24（2）所示。

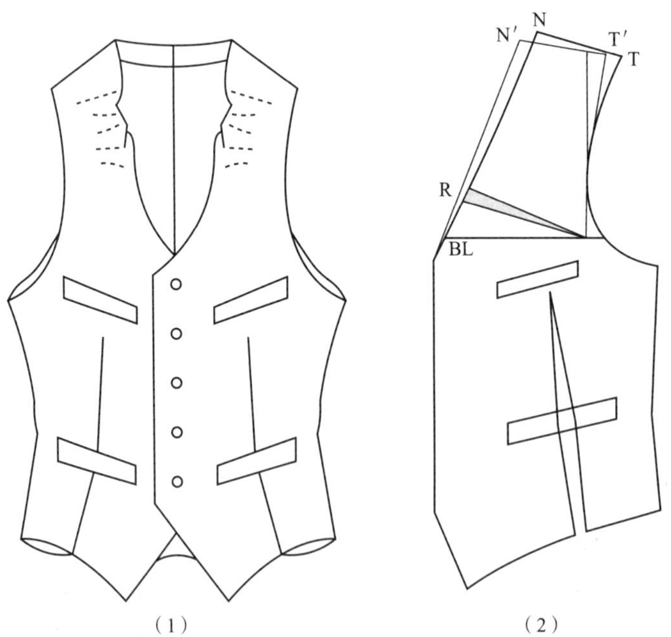


（1）（2）

图 7–24　前领窝不贴体图示及补正

## 四、前袖窿不贴体的修正

这是挺身体容易出现的毛病，如图 7–25（1）所示。补正方法：从 R 点向 BL 横线与前领止口线的交点方向剪开，然后重叠，阴影部分为重叠的量。N 点移至 N′ 点，T 点移至 T′ 点，细实线为补正后的图形，然后画顺袖窿线，如图 7–25（2）所示。

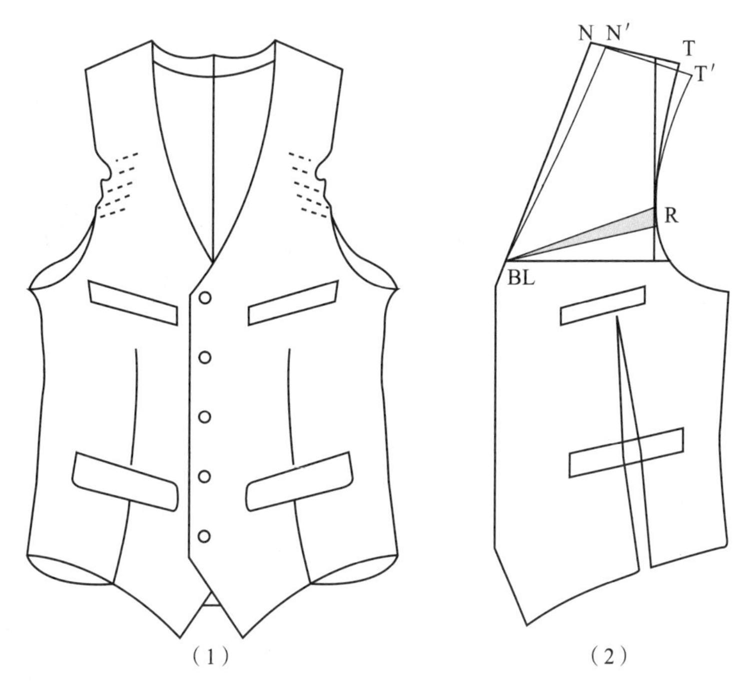


图 7–25　前袖窿不贴体图示及补正

# 第四节　西装板型修正

西服原型无论选用那个号型为例（本书是选用 170/92A、170/88A 为例），其围度、宽度是以胸围（B）为基数进行推算的，只实用于标准体型。但事实上无论是标准体型还是特殊体形，人体体型总是存在着差异的，很难做到用同一款式的不同型号的板型能覆盖所有人的体型。因此，因人而异，需对西服纸样领围、肩宽、胸宽、背寛、袖窿等处作板型修正，使修正后的纸样尽可能的符合人体体型。当然也可以按人体实际尺寸，直接在原型上追加。以下介绍西装常用的补正方法。

## 一、领口皱褶修正

**1. 后领窝衣纹褶的修正**

后背领窝处出现的衣纹褶基本有两种，一种是后肩线上的 SNP(M) 点与前肩线上的 SNP(N) 点及 BNP(O) 点位置不当而引起的，如图 7–26 所示。另一种是由于肩斜度过大，肩头抬起来而出现的衣纹褶，如图 7–27 所示。除此之外，还有肩斜度过于大、袖窿深偏浅，出现后领窝水纹褶以及归拔不到位，衣身与肩部的形状不相符，后领窝出现水纹褶。

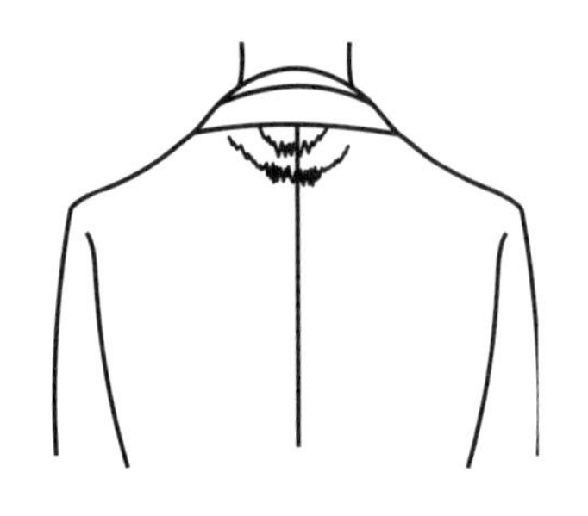

图 7–26 后领口皱褶图示

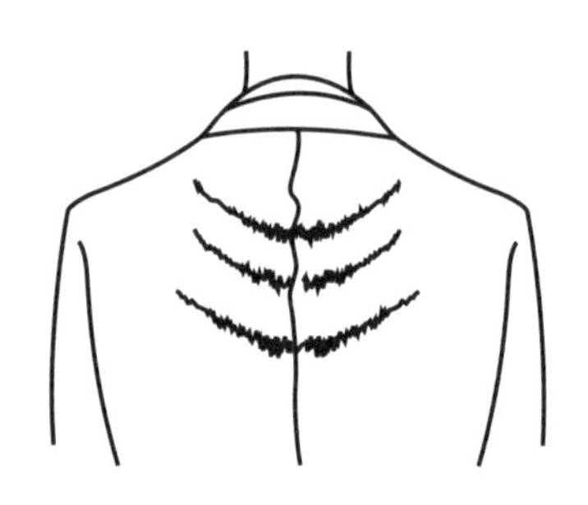

图 7–27 衣纹褶图示

（1）后领窝偏浅出现的水纹褶补正方法

补正方法一是通过降低后颈中点，如图 7–28 所示，将后领窝 O 点挖深至 O′ 点，加深后直开领。另一种补正方法是通过提高 SNP (M) 来增加直开领深，如图 7–29 所示，将后衣片 SNP(M) 点提高到 M′ 点。S 点是否提高可依体型而定，然后连接 O~M′~G。这种补正方法由于增长了后片衣长，适用于曲身体后领窝补正。

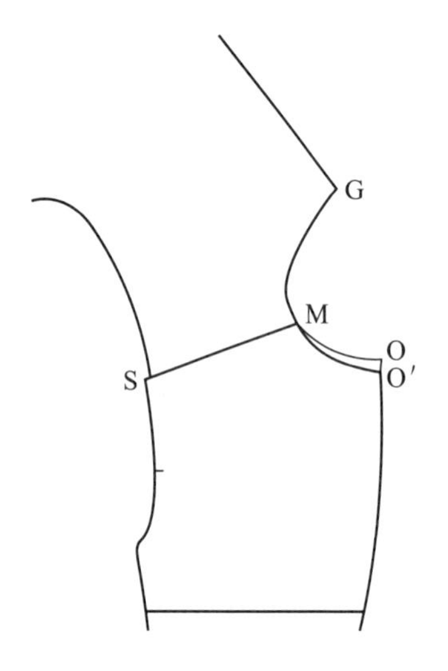


图 7–28 后领窝偏浅出现水纹褶的补正（1）

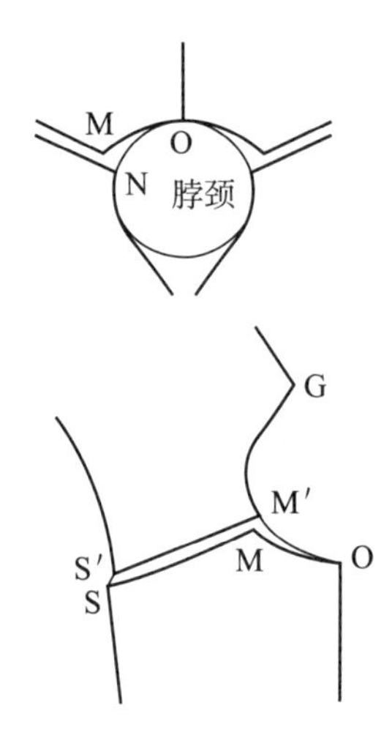


图 7–29 后领窝偏浅出现水纹褶的补正（2）

（2）前片横开领偏小，后领窝出现水纹褶补正方法

补正方法有两种：①加深后直开领、增大前横开领。将后领窝挖深至 O′, 连接 O′~N′~G 点，或将 N 点移到 N′ 点，如图 7–30。②增加前片撇门、增大前横开领。如图 7–31 所示，将 N 点向上移至 N′ 点，以增加前衣片长度，使衣片平衡得到改善。

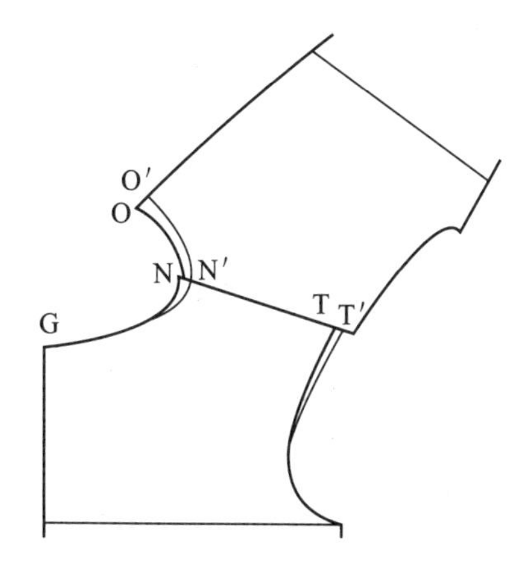


图 7–30　前片横开领偏小，后领窝出现水纹褶补正（1）

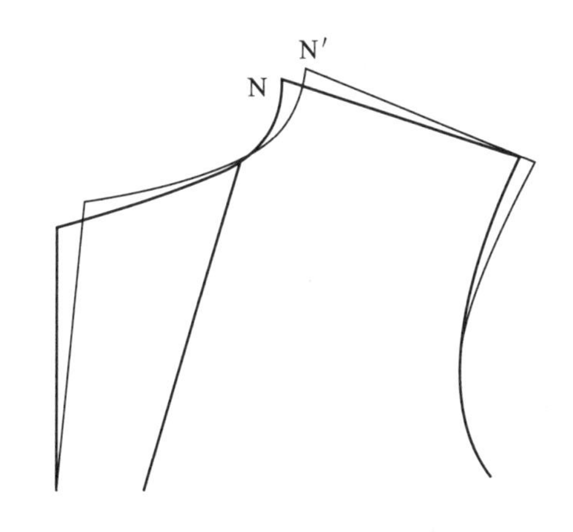


图 7–31　前片横开领偏小，后领窝出现水纹褶补正（2）

（3）肩斜度过大、袖窿深偏浅，出现后领窝水纹褶的补正方法

由于肩斜度过大、袖窿深偏浅后领窝出现水纹褶补正方法是将 P~A 尺寸增加到 P′~A，M′~M 提高比 P′~P 稍少一些，S′~S 提高比 P′~P 稍大一些，如图 7–32 所示，根据情况也可以在前衣片加大袖窿深 P′~P( 图 7–33)。

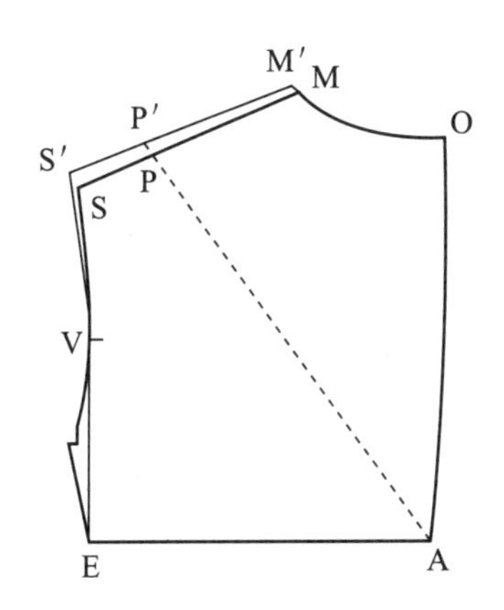


图 7–32　肩斜度过大，袖窿深偏浅后领窝水纹褶补正（1）

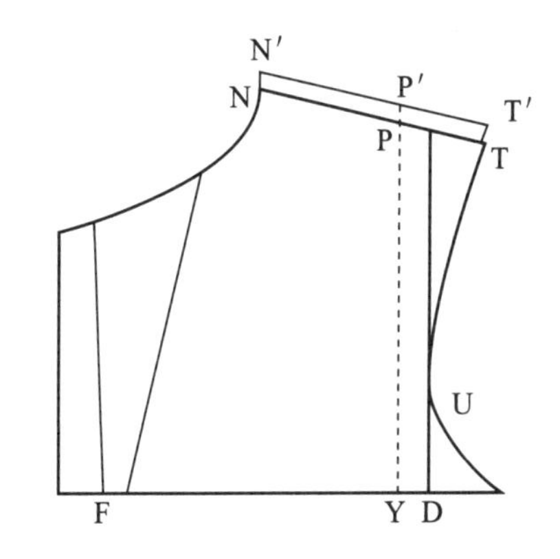


图 7–33　肩斜度过大，袖窿深偏浅后领窝水纹褶补正（2）

（4）肩斜度过大出现的后领窝衣纹褶，其补正方法可直接加大肩斜度即 T 提高到 T′，如图 7–34 所示。

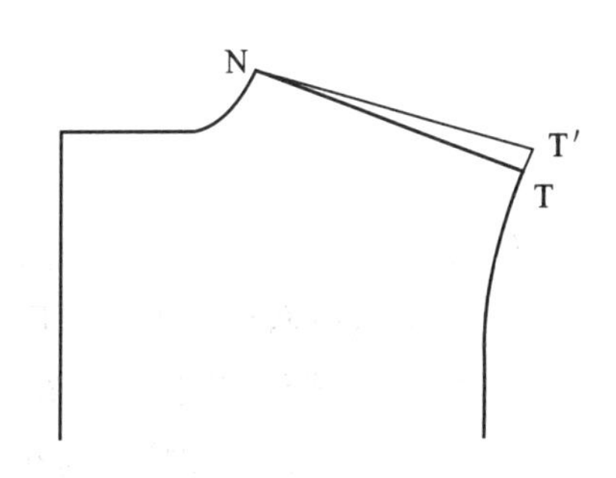


图 7–34　肩斜度过大后领窝衣纹褶补正

**2. 后衣身 SNP 点衣纹褶的补正**

后领窝过深，SNP 点即 M 点附近的布纹容易扭曲，易出现衣纹褶如图 7–35。补正方法：降低直开领深，即将 M 点移至 M′ 点，如图 7–36。此外后领窝在缝制中容易拉伸，也会出现衣纹褶，缝制时应先将领窝线敷上牵条，以防拉伸。

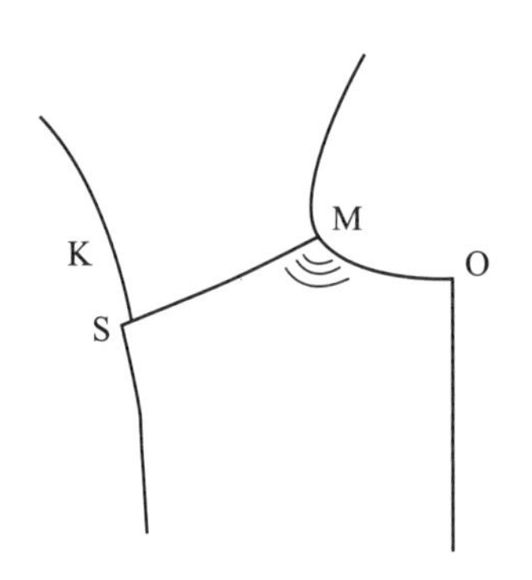


图 7-35　后衣身 SNP 占衣纹褶图示

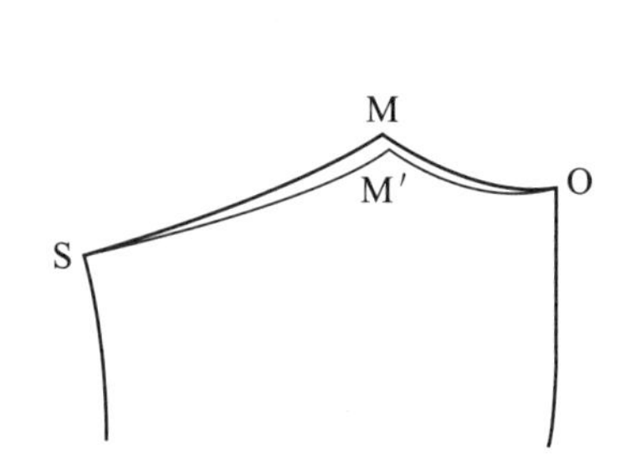


图 7-36　后衣身 SNP 点衣纹褶补正

**3. 前 SNP 点斜褶的补正**

前肩颈斜褶即由 SNP 点向袖窿方向呈放射状的褶皱（图 7-37）。主要原因有纸样不符合体型、SNP 点周围尺寸不足及缝制中处理不当等原因造成。

〈1〉肩斜度过小而出现颈斜褶的补正：当纸样的肩斜度比实际肩斜度小时，肩头 T 点会回到 T′ 点（图 7-38），从而出现颈斜褶。T~T′ 为多余的量，所以要将纸样 T 点补正到 T′ 点，如图 7-39（1）。如果肩斜度过大，后背会出现衣纹褶，如图 7-39（2），可参考后领窝衣纹褶的补正。一般情况下颈斜褶与衣纹褶不会同时出现，如两种情况同时出现，那就是纸样与体型严重不相符。

图 7-37　前 SNP 点斜褶图示

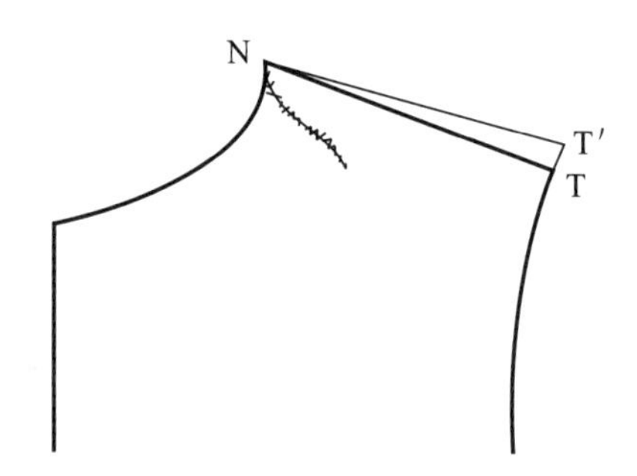


图 7-38　肩斜度过小出现颈斜褶图示

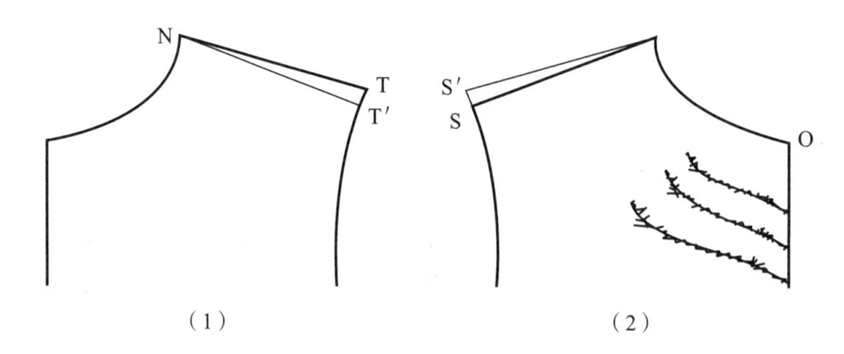


图 7-39　肩斜度大小不正确引起衣纹褶补正

〈2〉后领窝过小出现颈斜褶的补正：后领窝小于人体的脖颈而出现的颈斜褶是由 M 点挤到 M′ 点而引起的，一般肥胖体容易出现这种情况。补正方法：将后领窝宽加大，M 点移至 M′ 点，如图 7–40 所示。

〈3〉颈侧点向后移动而出现颈斜褶的补正：将 N 点向前移至 N′ 点，T 点也随之移至 T′ 点，如图 7–41 所示，斜褶就会消失。

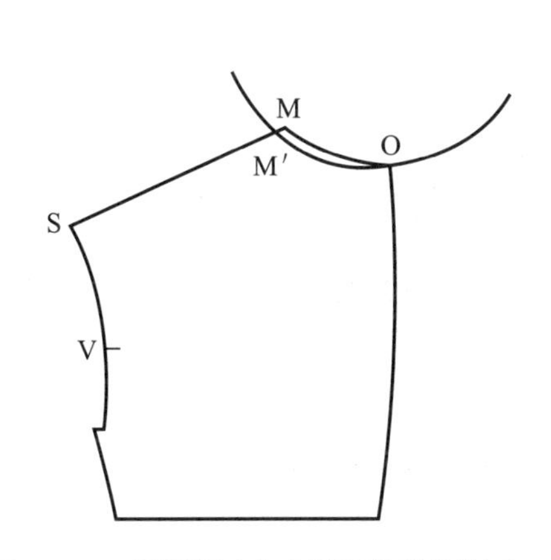

图 7–40　后领窝过小出现颈斜褶的补正

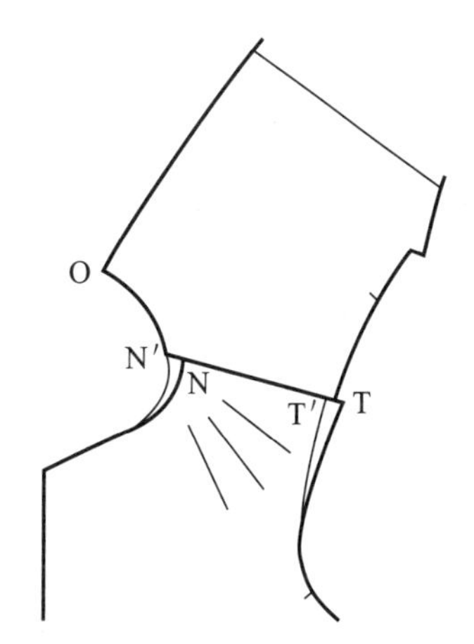

图 7–41　颈侧点向后移动而出现颈斜褶补正

〈4〉前肩尺寸偏短出现颈斜褶的补正：前肩尺寸不足而拉紧，使 N 点移向 N′ 点，胸宽线腋窝处绷紧而出现了颈斜褶（图 7–42）。严重者，后领窝还会出现衣纹褶。补正方法：（1）N 点向前移动，与图 7–41 的方法相同，如果不符合体型的，还是解决不了问题。（2）增加袖窿深，如图 7–43 所示，M~N 与 S~T 为袖窿增加后，前肩增加的高度，N~M 与 T~S 为后肩增加的高度。

〈5〉肩骨点归拔不到位出现的颈斜褶的补正：图 7–44 K 点为肩骨（肱骨头）点，要让 K 点有适合于肩头的松份，就要用整形工艺来处理。用熨斗将 X 点归进，领窝或前肩线处拔开，这样 K 点的松份就出来了，适合了前肩形状，颈斜褶自然就消失了。

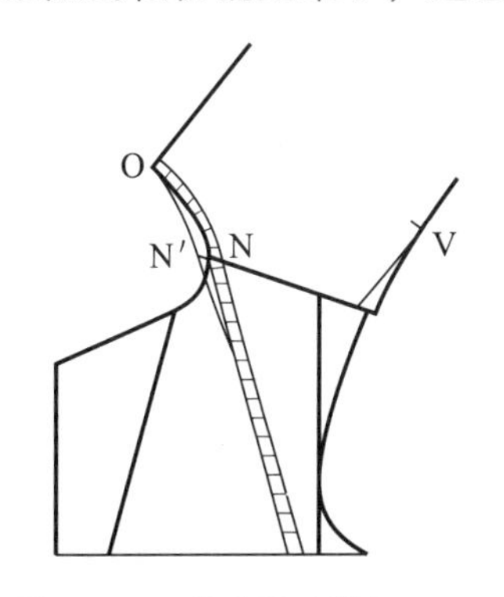

图 7–42　前肩尺寸偏短出现颈斜褶

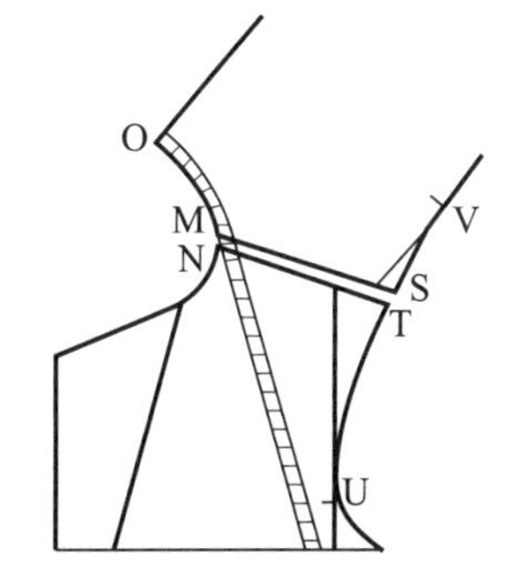

图 7–43　前肩尺寸偏短出现颈斜褶的补正

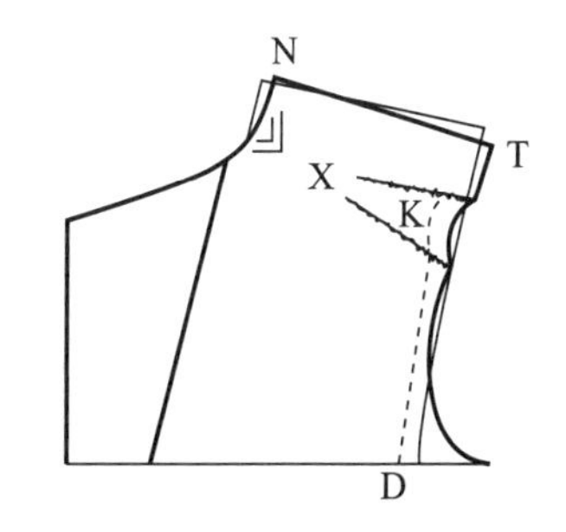

图 7–44　肩骨点归拔不到位出现颈斜褶的补正

**4. 前肩颈侧点 (SNP) 经向布纹弯曲的补正**

所谓弯曲是指颈侧点经向布纹向前中心线弯曲。布纹的弯曲对于肩部的造型有很大的影响，这是裁剪与缝制中都要注意的问题，图 7–45（1）是理想的布纹状态，图 7–45（2）是错误的布纹状态。

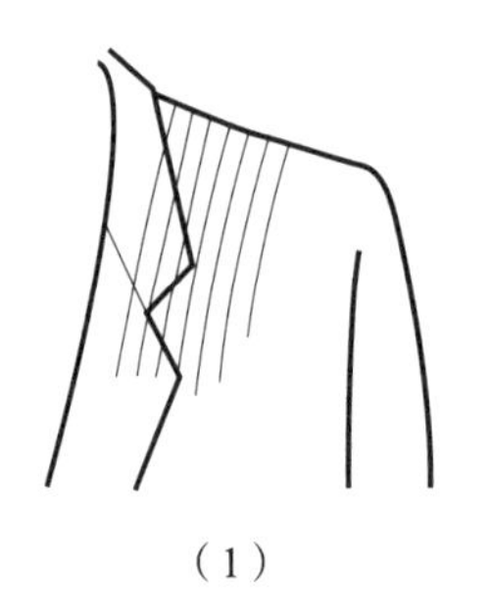
（1）

（2）

图 7–45 前肩颈侧点布纹状态

〈1〉移动前肩线修正法：前肩线前后移动影响布纹的形状，如图 7–46。M~S 为前肩线时，前肩布纹看起来就弯曲多了，取 N~T 为前肩线，前肩布纹的弯曲就小得多，所以前肩线的移动可以在一定程度上防止布纹弯曲。但这种方法要慎用，肩线前后移动布纹丝缕正了，但衣长会缩短或加长。

〈2〉移动颈侧点 (SNP) 修正法：颈侧点前移可改变布纹弯曲的形状（图 7–47）。由于 N 点不在正确位置，从而拉向 M 点，而产生布纹弯曲。补正方法：将后颈窝加宽，使 M 点与 N 点重合，或前移 N 点，使 N 点与 M 点重合。

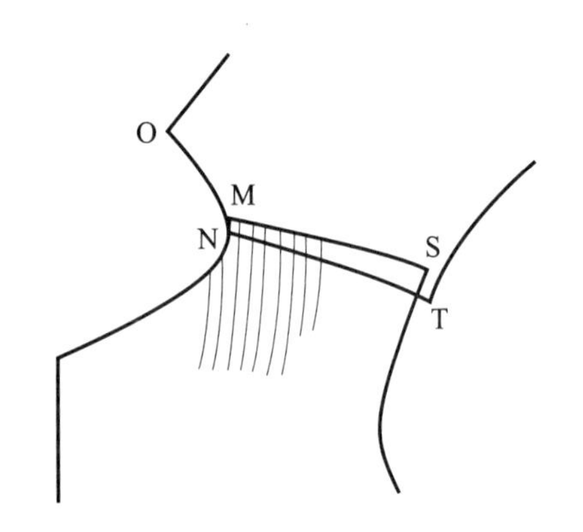

图 7–46 移动前肩线补正

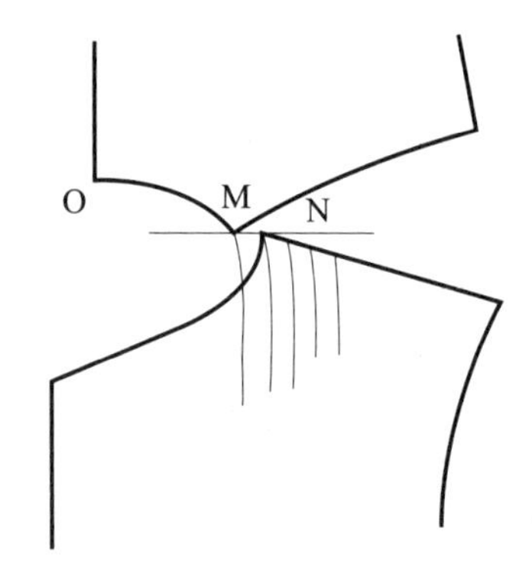

图 7–47 移动颈侧点补正

〈3〉前颈窝形状修正法：图 7–48 中 N 点是正常制图中所定的点，为了防止布纹弯曲，将 N 点移到 N′ 点，T 点移到 T′ 点。缝制时用熨斗再将 N′ 点推向 N 点，同时肩骨的松份也出来了。

〈4〉肩斜度减小修正法：前肩线过于倾斜（图 7–49），T~N 为标准体，T′~N 为溜肩体，这也是产生布纹弯曲的原因之一。补正方法：改变肩线的形状，将 N 点移到 N′ 点，后领口 O 点随之抬高，使领窝尺寸不变（图 7–50）。还有前肩线凹、凸的量太大或不设计凹凸，也可使布纹弯曲。前肩线凸出 0.3，后肩线凹进 0.3，可防止布纹弯曲，见图 7–51。

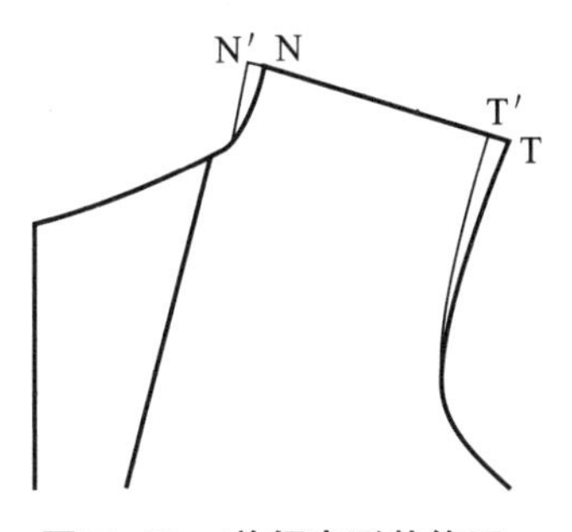

图 7-48　前领窝形状修正

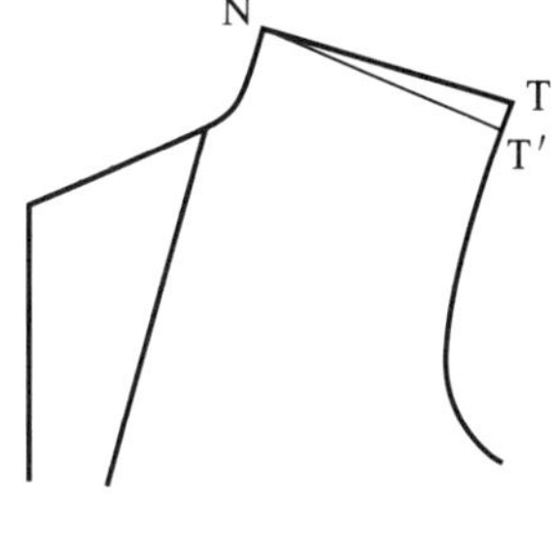

图 7-49　肩斜度减小修正

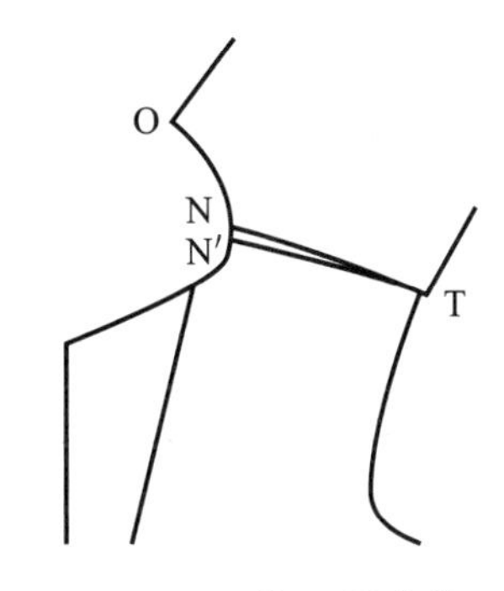

图 7-50　后领口抬高修正

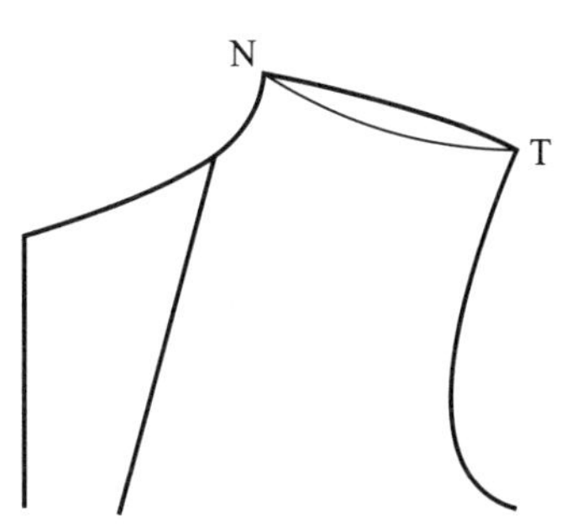

图 7-51　前肩线凹、凸量修正

**5. 领口不贴体的修正**

由于体型及结构图设计不当等原因而出现领口不贴服脖颈的现象。即 O 点与颈后中点 (BNP) 不在同一位置。

〈1〉领子与颈后中点 (BNP) 点离开的修正：西服的后中心 O 点远离 BNP 点位置如图 7-52，使中间产生空隙，一般出现在屈身、肩胛骨突出及脖往前探等体型。补正方法如图 7-53，将 C 点剪开至 V 点，然后将 C 点移至 C′ 点；前片 F 点剪开至 K 点然后重叠 F~F′ 点，量与 C~C′ 相等。阴影部分为重叠的量，重新画好袖窿线及前驳领止口线。

图 7-52　领口不贴体

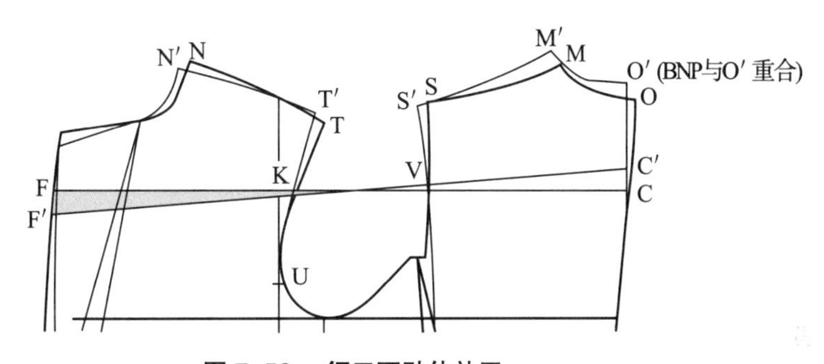

图 7-53　领口不贴体补正

〈2〉领子挤压颈后中点的修正。由于后衣片长，O 点靠前而引起的，挺身体容易出现这种现象 ( 图 7-54)。将 F 点剪开至 K 点，然后将 F 点移至 F′ 点，后片 C 点剪开至 V 点，然后重叠 C~C′ 点，量与 F~F′ 相等，阴影部分为重叠的量，重新画好袖窿线及前驳领止口线即可，如图 7–55 所示。

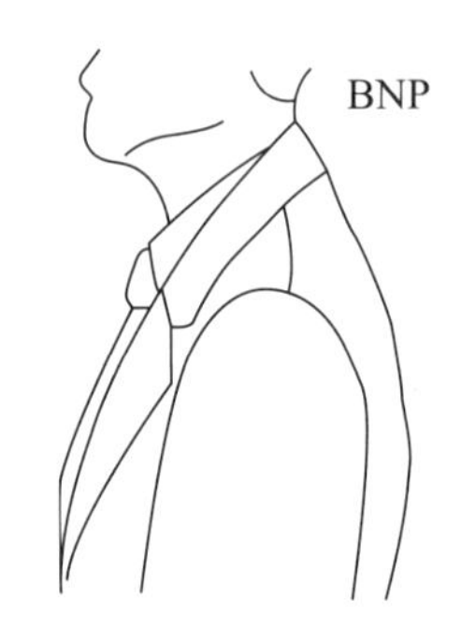


图 7–54 领子挤压颈后中点

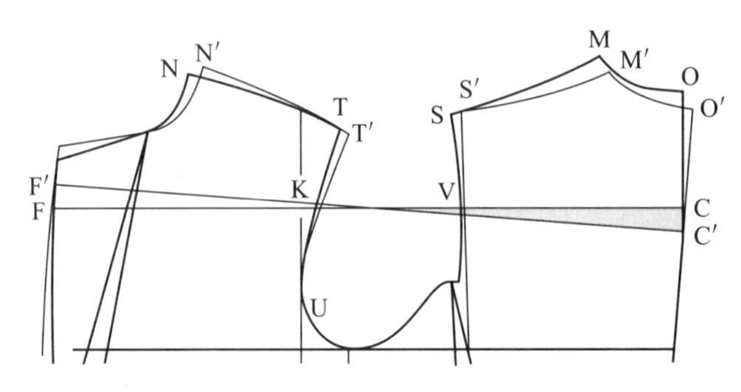


图 7–55 领子挤压颈后中点的补正

〈3〉西服领子在颈后中点让衬衣领露出太多的修正：O 点下落，衬衣领露出太多（图 7–56），这是由于着装者脖子长及严重溜肩引起的。补正方法：胸围线以上，增加后片衣长，使 O 点提高至 O′ 点，随之 M 点提高至 M′ 点，前片 N 点前移至 N′ 点，N′~N 的量等于 M′~S 减去 M~S 的量（图 7–57)。

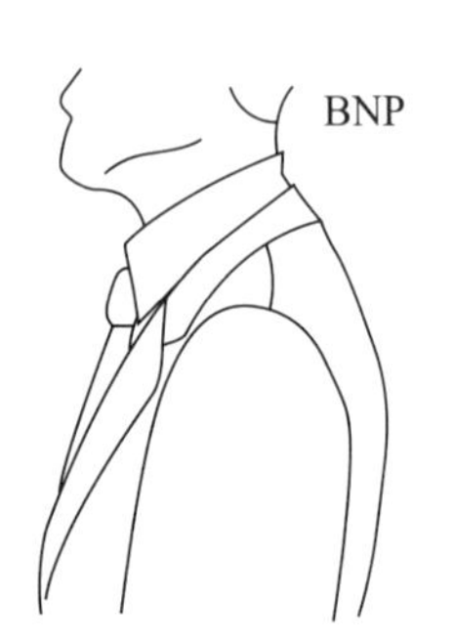


图 7–56 后颈点衬衣领露出太多

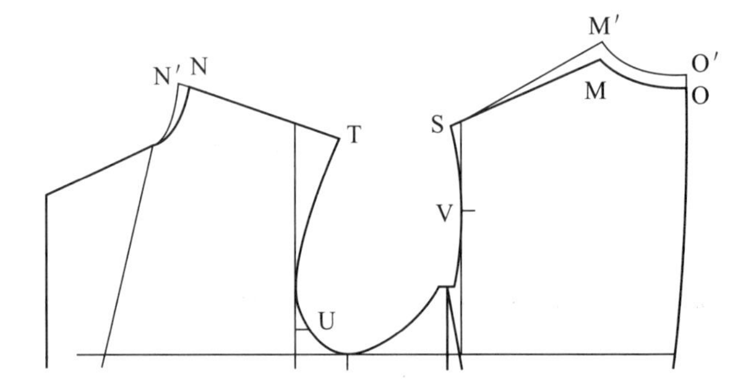


图 7–57 后颈点衬衣领露出太多的补正

## 二、袖窿、肩宽的修正

### 1. 袖窿增大修正图

当袖窿 AH 小于 53（成品半胸围 B / 2=53）时，BL 可向下平移 1.5~2~3cm，求出新的袖窿 AH，为了使袖子 AH 与新的袖窿 AH 吻合，U 也要下降。大、小袖偏袖线处，分别追加 0.5~1，如图 7–58 所示。

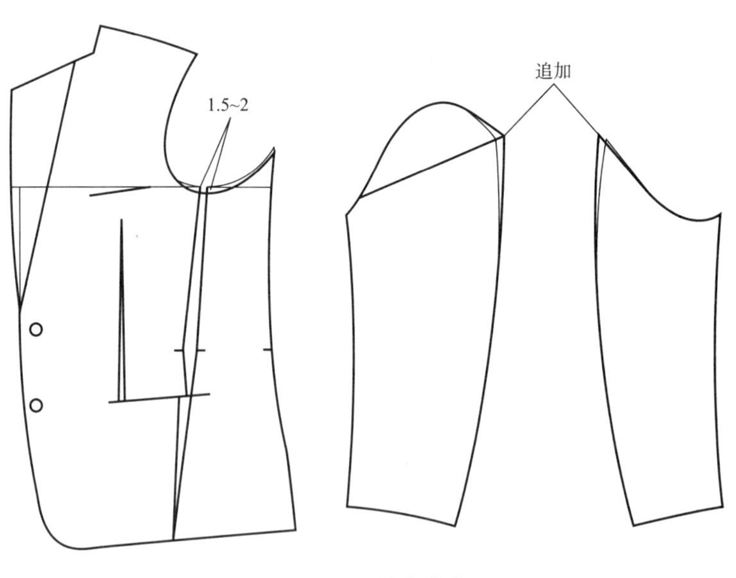


图 7–58 袖窿增大

**2. 减小肩宽修正图**

当人体实际肩宽比原型肩宽小时，则在肩部直接折叠，折叠的量是在满足实际肩宽的前提下，并将袖窿补正圆顺，使其 AH 值不变，但胸宽和背宽也相应减小，如图 7–59 所示。

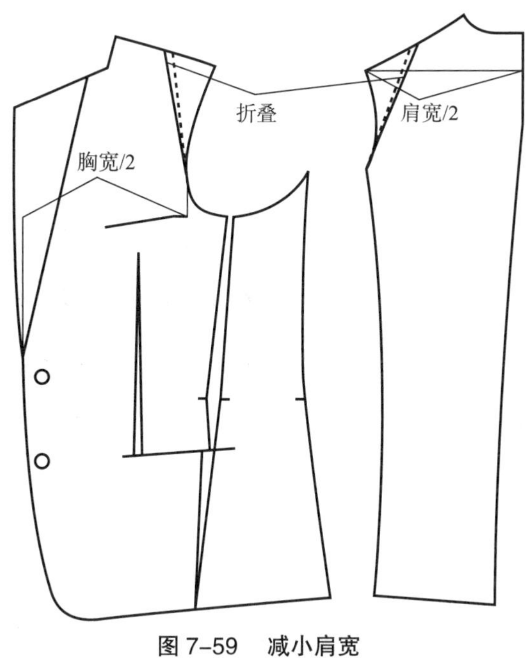


图 7–59　减小肩宽

**3. 增加肩宽修正图**

当人体实际肩宽比原型肩宽大时，则在肩部直接按 1/2 肩展开，展开的量是在满足实际肩宽的前提下，并将袖窿补正圆顺，使其 AH 值不变，但胸宽和背宽也相应增大，如图 7–60 所示。

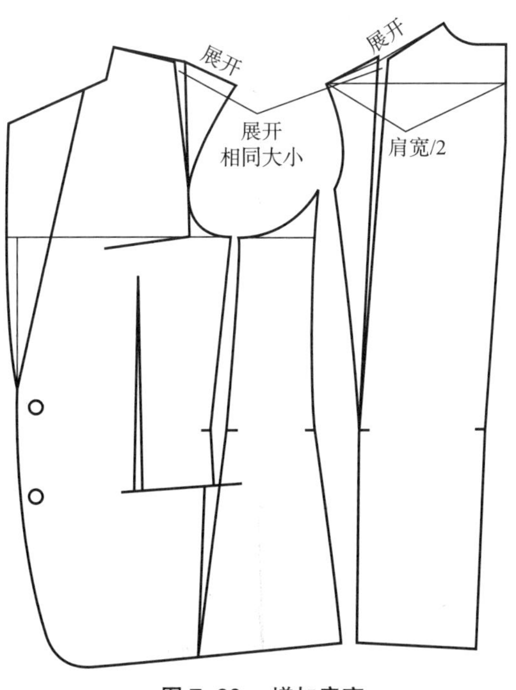


图 7–60　增加肩宽

**4. 两肩不平衡的补正**

在日常生活中，由于两肩长期受力不均匀而出现一肩高、一肩低的现象，后背中缝随之偏斜，各条纬纱线随肩下移，影响了整体平衡（图 7–61）。补正方法：由于身体两侧不对称，所以左右衣片要分开来裁，方法相对麻烦。图中实线为一片的补正线，S′~S、T′~T、与 C′~C 的量均相等，对位点 V′~V、U′~U 的移动量与补正量相等，整个袖窿下段部分两肩相差的量如图 7–62 所示。对于比较严重的两肩不平衡的补正，可以考虑在图 7–62 补正的基础上，移动前后衣片的肩部，即移动 SP 和 SNP，使其 N、M 点及 S、T 点回到正确的位置 N′、M′ 点及 S′、T′ 点上（图 7–63 细实线为补正线）。

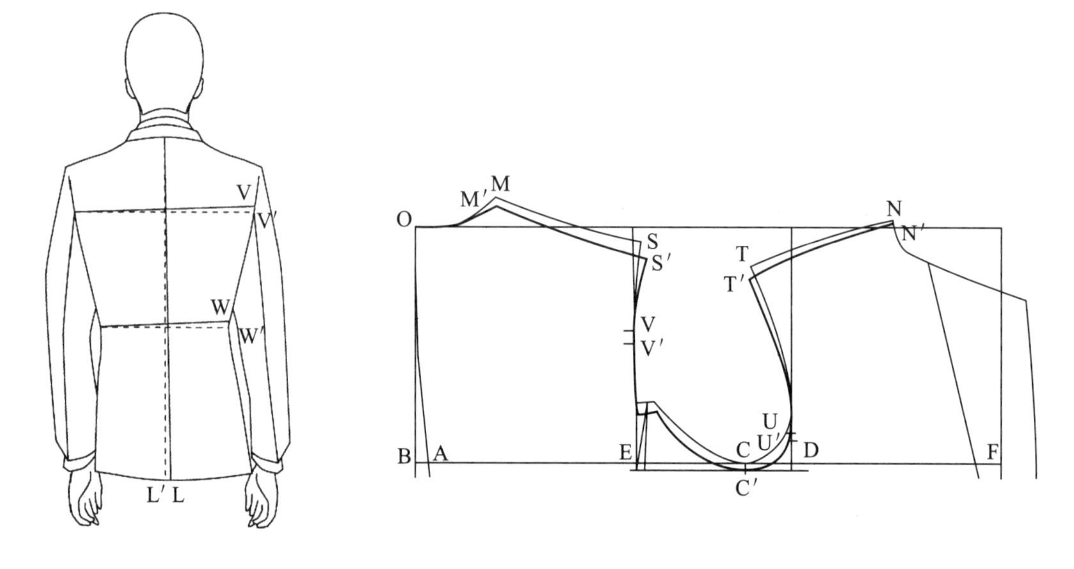


图 7–61　两肩不平衡图

图 7–62　两肩不平衡补正（1）

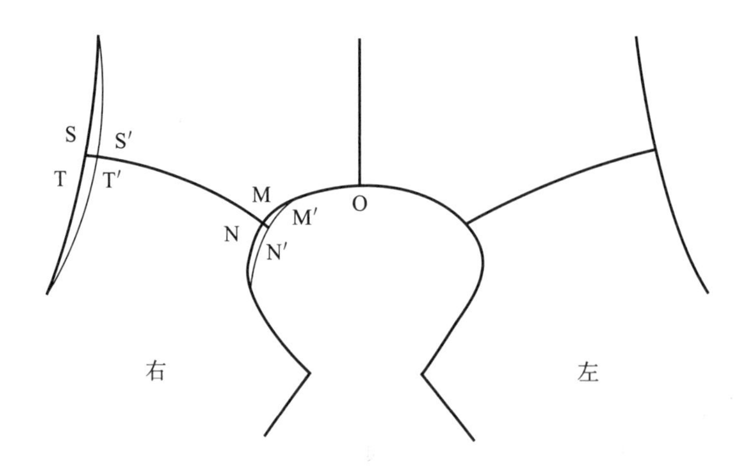


图 7–63　两肩不平衡补正（2）

## 三、耸肩和溜肩体型的修正

耸肩体与溜肩体也是常见的特殊体型，标准体型的肩斜度是 20°，大于 20° 为溜肩体，小于 20° 为耸肩体。补正方法比较简单，可以理解为袖窿的上下移动。

**1. 耸肩体修正图**

耸肩体前片以直开领内侧为基点，后片以领窝弧线为基点，剪切袖窿，分别展开提高 SP（肩点），展开的量因人而异。为了使袖窿 AH 不变，袖窿深提高，U 也要提高，如图 7–64 所示。

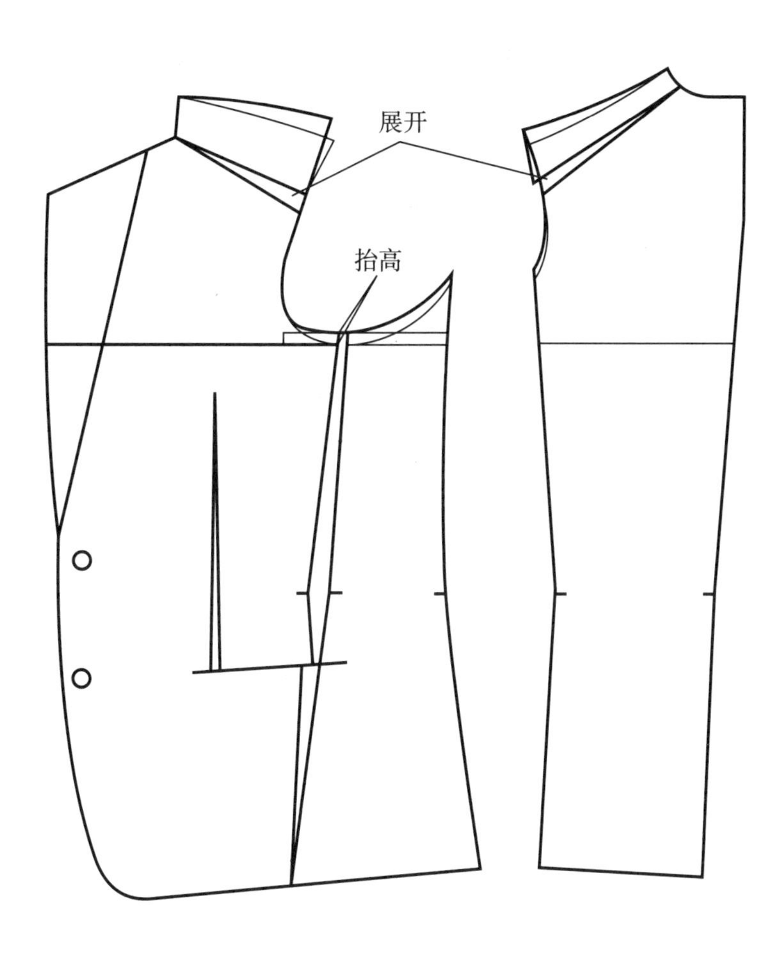


图 7–64　耸肩体修正图

**2. 溜肩体修正图**

溜肩体前片以直开领内侧为基点，后片以领窝弧线为基点，折叠袖窿，分别折叠，降低 SP（肩点），折叠的量因人而异。为了使袖窿 AH 不变，袖窿深下降，U 也要下降，如图 7–65 所示。

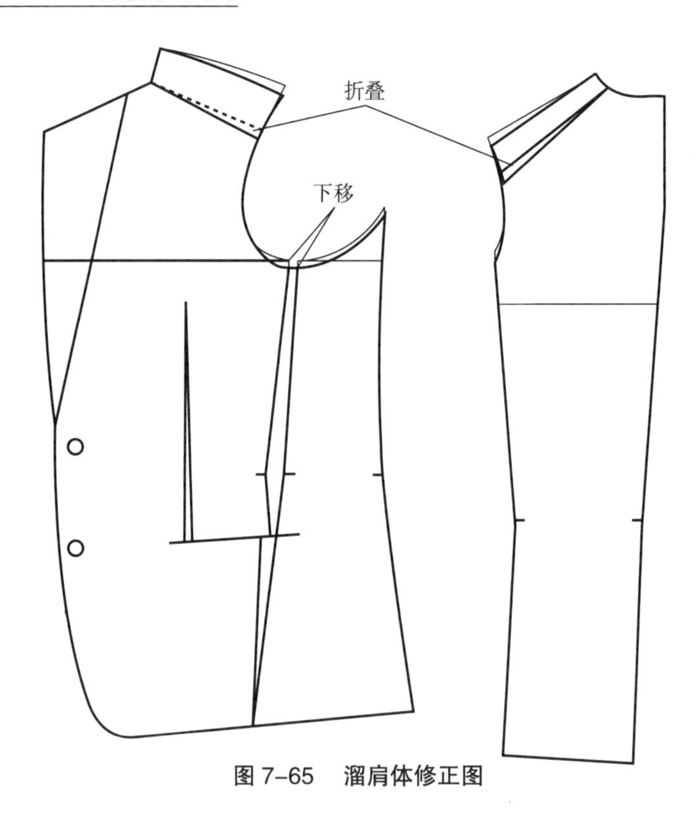


图 7–65　溜肩体修正图

## 四、胸宽、背宽的修正

### 1. 增加背宽，减小胸宽修正图

如图 7–66 所示，分别按人体实际胸宽、肩宽和背宽，展开后片，折叠前片，再修正纸样，袖窿大没有变动。

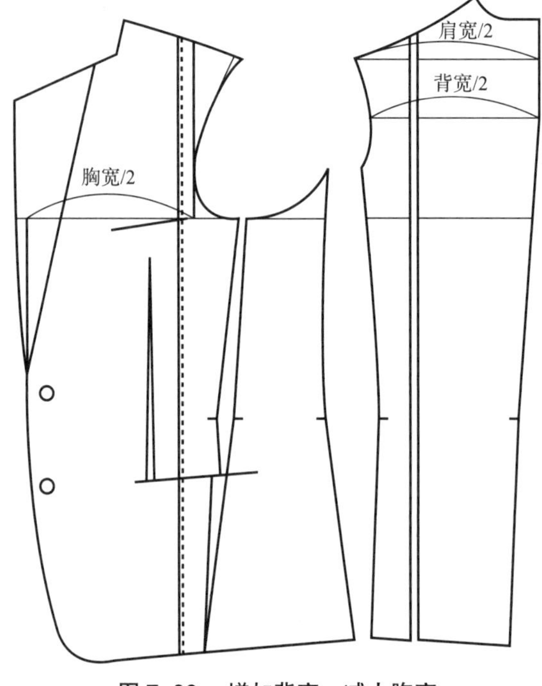


图 7–66　增加背宽，减小胸宽

**2. 增加胸宽，减小背宽修正图**

如图 7–67 所示，分别按人体实际胸宽、肩宽和背宽，展开前片，折叠后片，修正纸样，袖窿大没有变动。

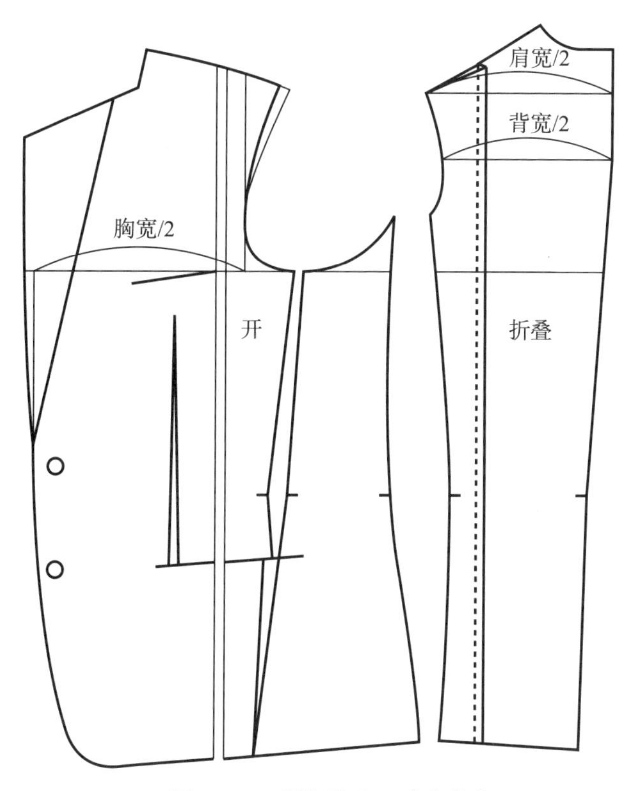


图 7–67　增加胸宽，减小背宽

## 五、挺身体与屈身体的修正

挺身体与屈身体是特殊体型中最常见的体型，很多特殊体型最后都可以归纳为具有挺身体特征的体型。以下是挺身体与屈身体的体型特点。

挺身体：背部扁平，臀部较突出，前胸宽，后背窄，袖窿后移，SNP 点升高后移，肩缝靠后，肩头 (SP) 点偏后，前领窝小，后领窝大，后领窝容易出现水纹褶。

屈身体：背部突出，臀部较扁平，前胸窄，后背宽，袖窿前移，SNP 点降低前移，肩缝靠前，肩头 (SP) 点前探，前领窝大，后领窝小，前领窝容易出现水纹褶。

**1. 挺身体修正图**

挺身体体型特征是身体向后仰。要使纸样符合体形，需作这些修正：（1）增大胸宽，减小背宽。（2）前片剪开 BL，向上展开 1~2 增长前门襟止口线。（3）后片背中线 BL 处折叠 1~2，并修正肩缝、袖窿。（4）在袖子袖肥线处，大、小袖片各折叠 0.5，以防袖子前倾，如图 7–68 所示。

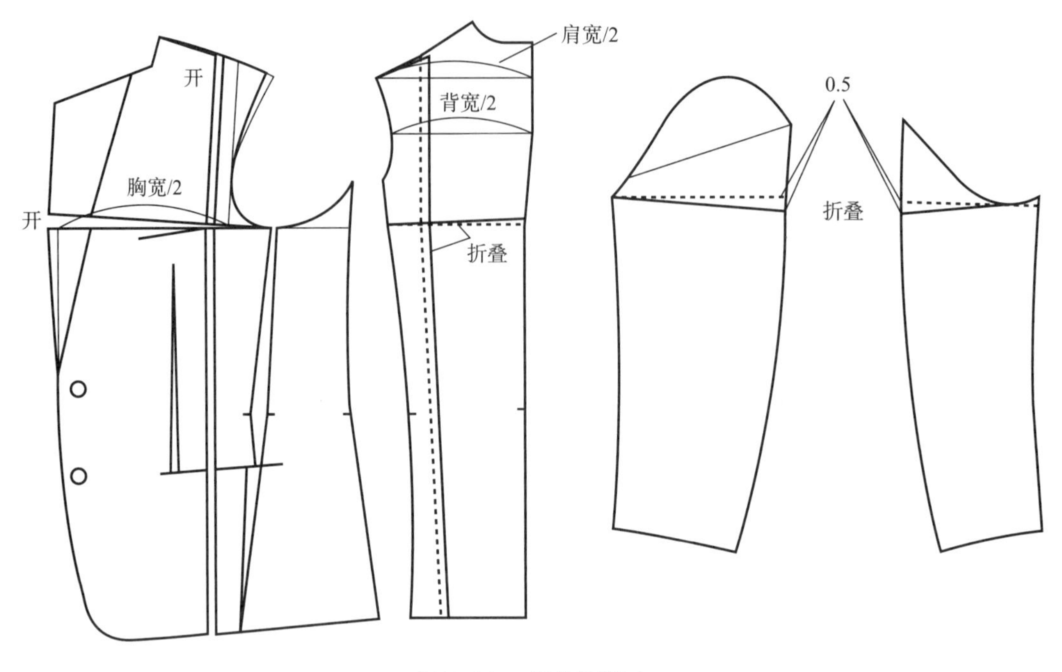


图 7-68 挺身体修正

**2. 曲身体修正图**

曲身体体型特征是身体向前倾，与挺身体型的处理方法相反。要使纸样符合体形，需作以下修正:（1）减小胸宽，增大背宽;（2）前片止口线与 BL 相交处折叠 1~1.5;（3）后片背中线 BL 处剪开，向上展开 1~1.5，增长背中线; 并将肩缝、袖窿修正;（4）在袖子袖肥线处，大、小袖片各展开 0.5，以防袖子后仰。因为屈身体体型的弯曲使小腹突起而做的补正，后领口前移上升，使后衣片加长，如图 7-69 所示。

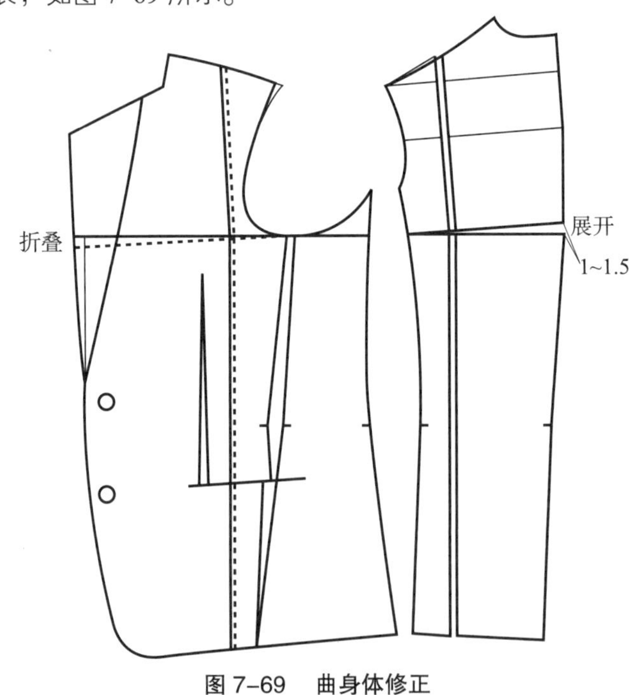


图 7-69 曲身体修正

## 六、驼背体与平背体修正

驼背体：驼背体俗称罗锅体，分为三种情况：一种是：驼背在背正中，另一种是驼背在背的左侧。还有一种是驼背在背的右侧，是屈身体弯得最严重的一种。

平背体：顾名思义就是背部平整，肩胛骨不突出。

### 1. 驼背体修正图

驼背体是屈身体弯得最严重的一种，根据驼背的程度，从横背宽线剪开，袖窿处增大△ =1～1.5，背中线处增大☆ =3～5，如图 7–70 所示。如果驼背体凸出的部分分布在一侧（即左侧或右侧），则其袖窿部分的增大量，大于背中缝增大的量，袖子弧线长 AH 也要增大。

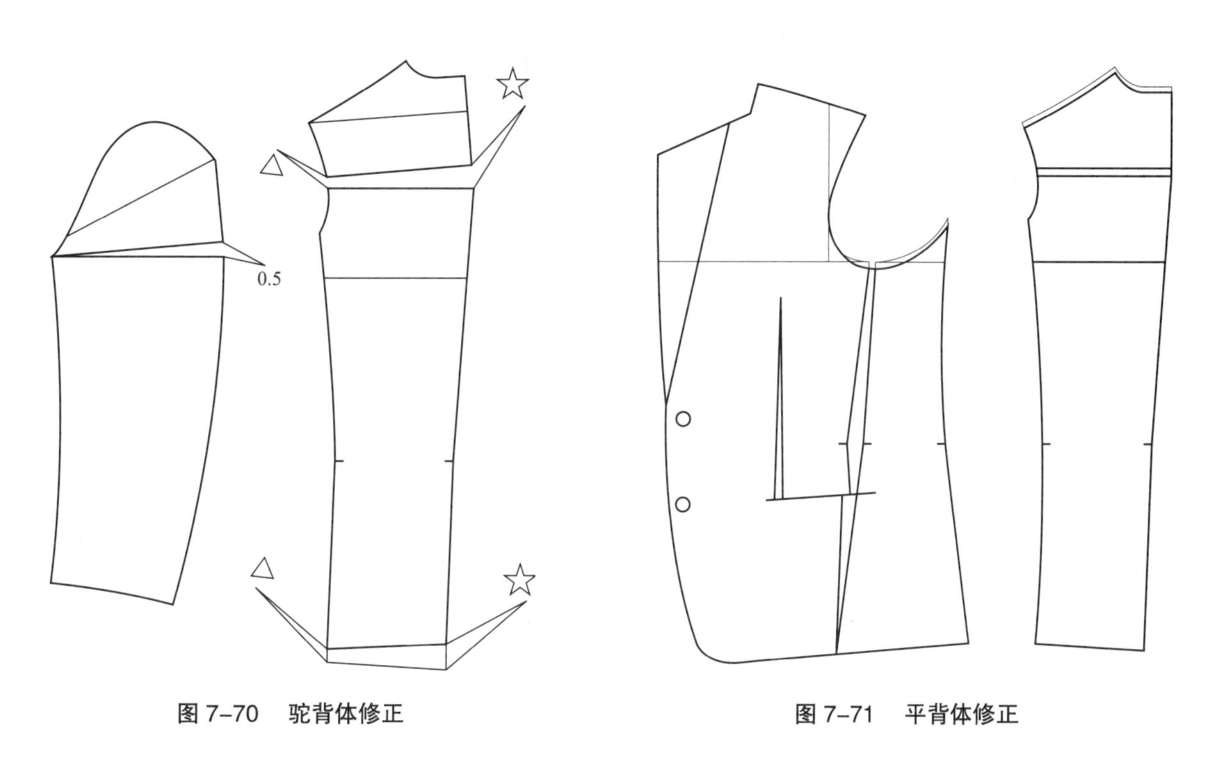


图 7–70　驼背体修正　　图 7–71　平背体修正

### 2. 平背体修正图

如图 7–71，平背体在横背宽线处折叠，袖窿会变小，因此，前片袖窿向下挖深，使其 AH 值不变。

## 七、袖子的修正

### 1. 绱袖工艺的补正

袖子是与衣身袖窿相互对应的，袖子工艺做得好，袖窿工艺做不好不行，袖窿工艺做得好，袖子工艺做不好也不行，其是相互制约的对应关系，只有做全面的协调处理，才能达到理想的效果。实践证明，袖子是否美观的问题总是出在袖山上部分，如看袖子是否前圆后登、是否有死褶、袖子是否贴衣身、还要看袖窿有没反吃现象等。袖子是否舒适的问题总是出在袖山下部分：如袖子是否遮住大袋盖的一半、长度是否合适、袖窿深浅是否适当、活动一下胳膊是否有不舒适感等。

在衣片经过熨衬、归拔热处理后袖窿有了很大的变化，前肩的拔开、后肩的归缩等，使袖窿的高点移到肩骨点。袖子做成后，袖孔的形状与袖窿有些不一样，即高点不在肩骨上。但袖山在肩骨点处的归缩量最多，所以装袖后高点自然会移到肩点上来。绱袖前，袖窿的高度与袖山的高度必须一样，否则会出现较多问题。

（1）前肩 SP 点移动与袖子的补正

前肩 SP 点向后移动，导致袖山也要随之移动（图 7–72)。T 点移至 T′ 点，使 S~T 的中心 C 点移至 C′ 点，袖山也移到 V′ 点（见细实线），移动的量为 C′~C 的 1/2，是为了减少问题而做的袖子的补正。

图 7–73 中 T 点的移动与图 7–72 相反，即向前移动。这样袖窿就立起来了，试穿时 U 点部分有压抑感。同时袖山的归缩量也会增多，容易产生小碎褶。所以袖窿线要向内挖一些，增大袖窿，使 U 点移到 U′ 点，袖子的效果才会较好。由于肋宽加宽了，小袖也要加大，即 H 点也要移至 H′ 点。

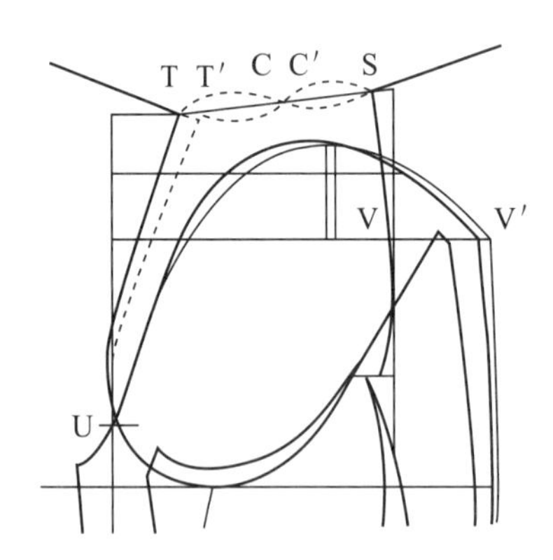


图 7–72　前肩 SP 点移动与袖子的补正（1）

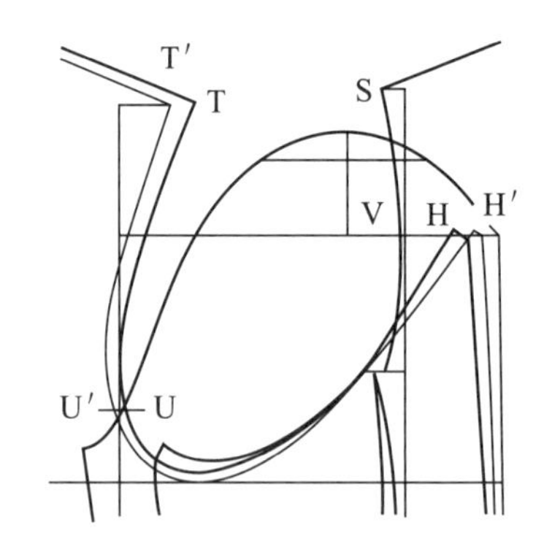


图 7–73　前肩 SP 点移动与袖子的补正（2）

**2. 前袖山头小碎褶的修正**

前袖山头出现小碎褶（图 7–74），这是装袖中经常出现的问题，原因有以下三方面：

（1）袖肥较小，袖山过高。

（2）袖山头的归缩量过多。

（3）收缩不均匀或热处理不够。

补正方法：

（1）降低袖山高度，使收缩量减少，如图 7–75（1）。

（2）袖肥减少，袖山中线前移，即 TS 移至 TS′，收缩量减少，如图 7–75（2）。

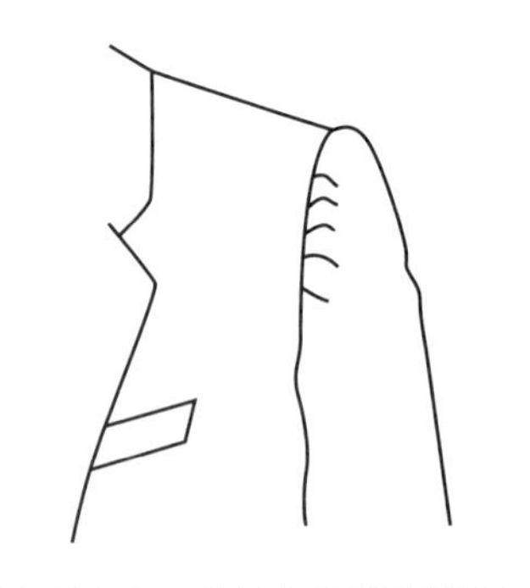

图 7–74　前袖山头碎褶图示

（3）收缩量要分配合理，袖山头收褶较多，收缩的小褶，用熨斗烫平，做成漂亮圆润的袖形，如图 7–75（3）。

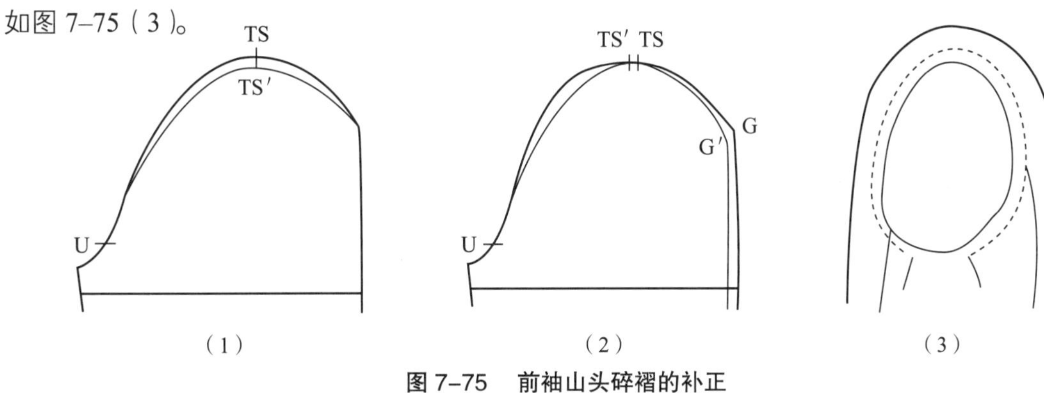


图 7–75　前袖山头碎褶的补正

**3. 对位点 U 附近褶皱的补正**

绱袖后 U 点经常会出现小褶（图 7–76），袖山下部分 U~BL 处不收缩或少量收缩，也不能抻长，否则会出现鼓起或塌坑的毛病。主要原因有：

（1）U 点附近衣身或袖子有不合理的收缩或抻长，使布纹变形。

（2）袖子弧线不圆顺，与袖窿不符。

补正方法：

（1）熨烫整理好 U 点附近前身或袖子的布纹使之平直（图 7–77）。装袖时，袖山下部分 U~BL 处不收缩或少量收缩，也不能抻长。一定要先用线假缝好，看一看效果，然后才能实缝。

（2）前袖缝袖山处不圆顺，补正方法如图 7–78，袖子细线为补正线。

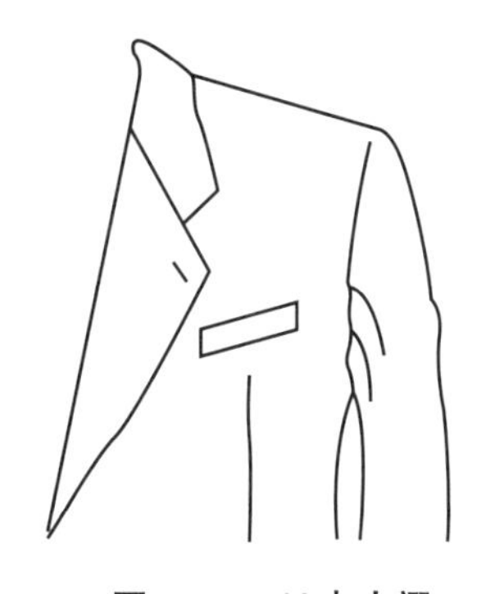

图 7–76　U 点小褶

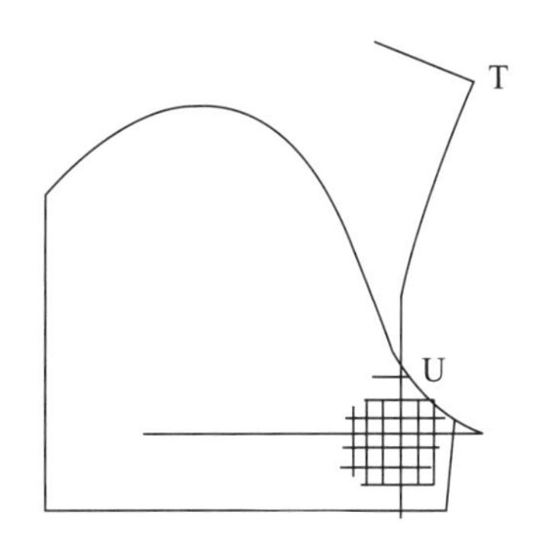


图 7–77　U 点小褶补正

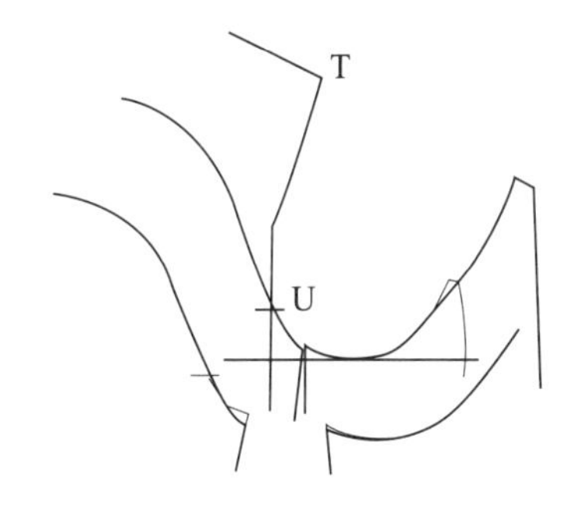


图 7–78　前袖缝袖山处不圆顺补正

**4. 小袖褶皱的修正**

小袖出现褶皱的问题（图 7–79），主要有以下原因：

（1）袖窿弧线和袖山小袖弧线不圆顺。

（2）小袖收缩量不合理。

补正方法：

（1）肋缝处重新画顺袖窿后弧线（图 7–80）；重新设计小袖窿弧线，小袖实线为补正前的线，虚线为补正后的线（图 7–81）。

（2）小袖弯处的收缩量不能过大，收 0.5cm 左右，然后把收缩褶烫平（图 7–82）。

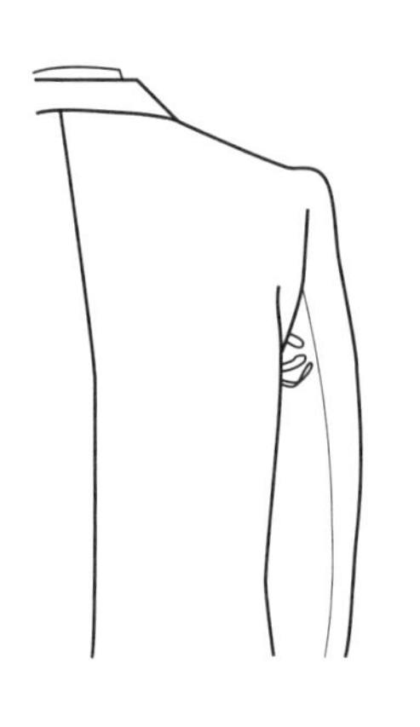

图 7–79 小袖皱褶

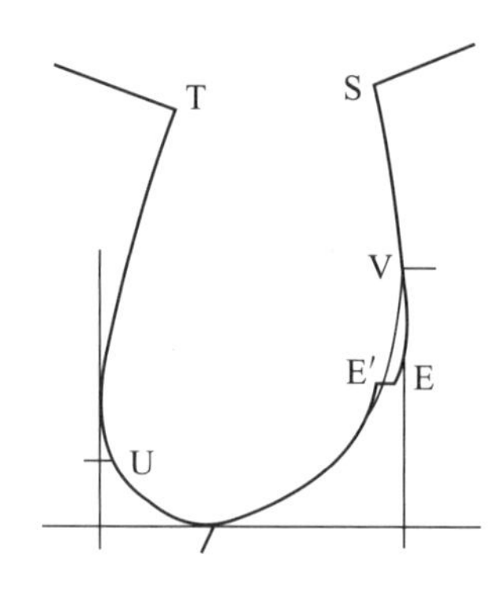


图 7–80 小袖皱褶的补正（1）

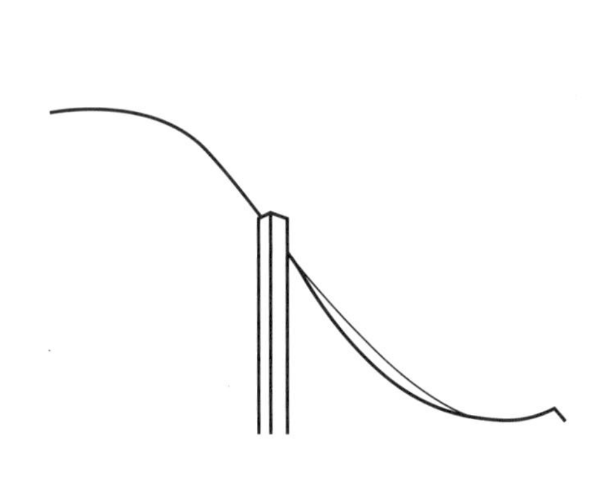

图 7–81 小袖皱褶的补正（2）

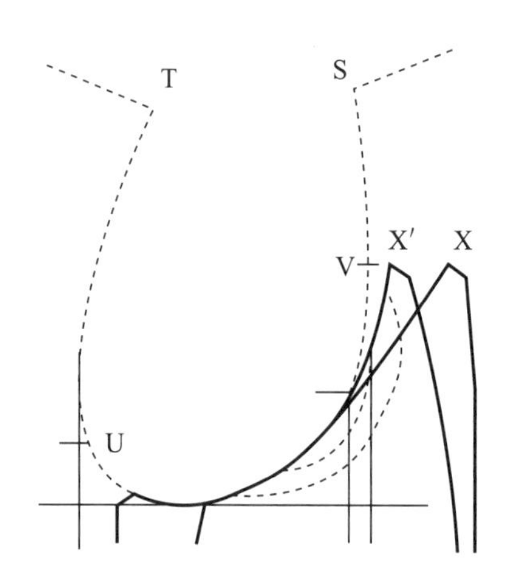


图 7–82 小袖皱褶的补正（3）

**5. 袖窿勒紧的修正**

穿着西装时，U 点处在往前伸胳膊时勒得难受（图 7–83），有以下原因：

（1）袖子袖山弧线不正确。

（2）袖窿弧线不正确。

（3）袖子的绱法不正确。

（4）前袖窿门的尺寸不足。

补正方法：

（1）袖山深的提高与小袖弯处的深挖，都会引起 U 点勒紧的毛病。补正方法如图 7–84，C 点移至 C′ 点，R 点移至 R′ 点，重新绘制好袖山弧线。

（2）袖窿弧线在侧缝线处要浅一些，U 点处要挖深一些，图 7–85 所示，细实线为修正后的图，使袖窿底部整体前移。

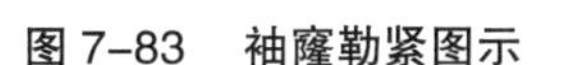

图 7–83　袖窿勒紧图示

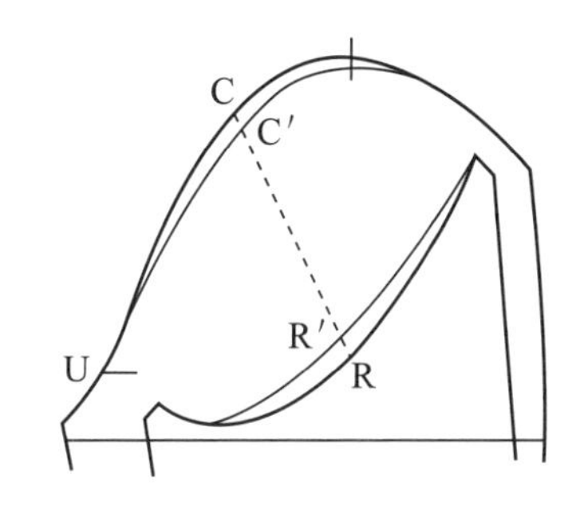


图 7–84　袖窿勒紧补正（1）

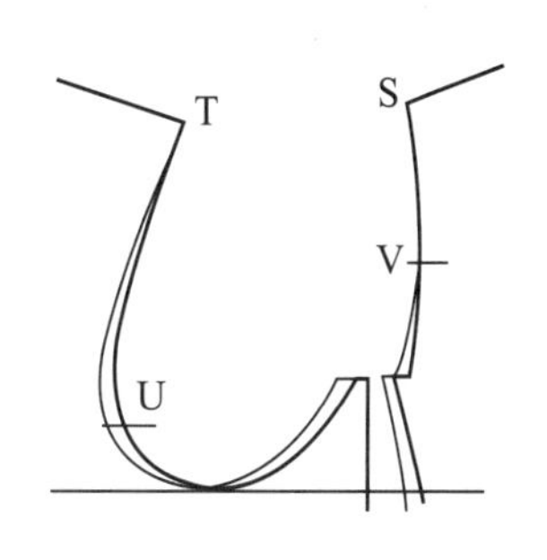


图 7–85　袖窿勒紧补正（2）

（3）袖山头或袖窿对位点不正确（图 7–86），使袖子靠后。补正对位点，将袖子对位点顺时针方向移动到袖子虚线位置，使 U 点移至 U′ 点，C 点移至 C′ 点，V 点移至 V′ 点（虚线为补正后的图）。

（4）前袖窿门尺寸不足。袖窿门是由胸宽与背宽组成，是活动量最大的部位。前袖窿门尺寸至少要有 3cm 的放松量，小于这个量，就会有压迫感。补正方法：增加袖窿门尺寸，将侧缝放开，J 点移到 J′ 点，如图 7–87（1），或前移袖窿 U 点弧线，以增加肋宽。大袖也要加宽袖肥，将 X 点移至 ′X 点，使袖山后移，移动的量与 J~J′ 相等，细实线为补正线如图 7–87（2）。小袖也要加宽（细实线为加宽后的线），如图 7–87（3）所示。

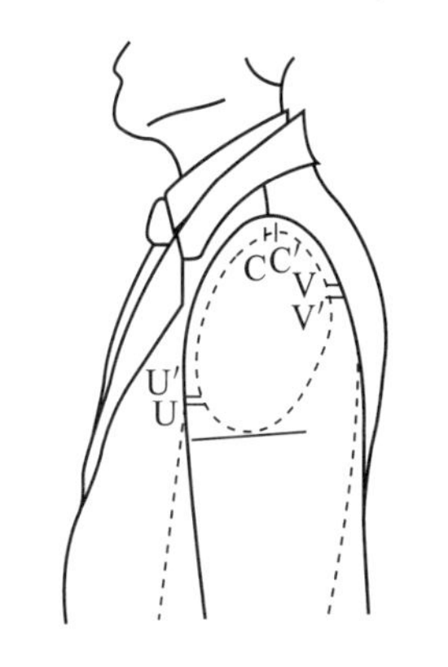


图 7–86　袖山头或袖窿对位点不正确的补正

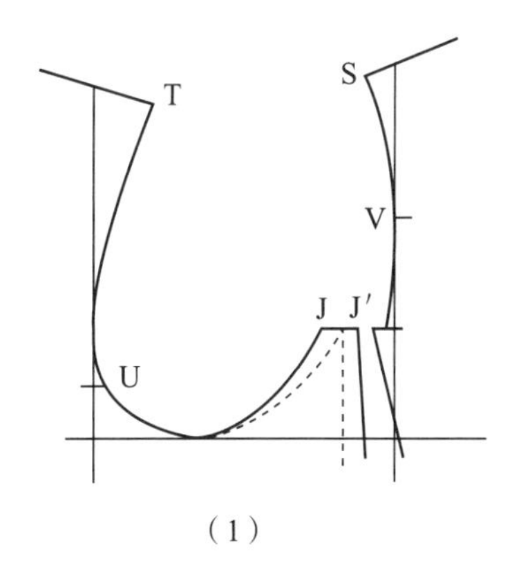


（1）

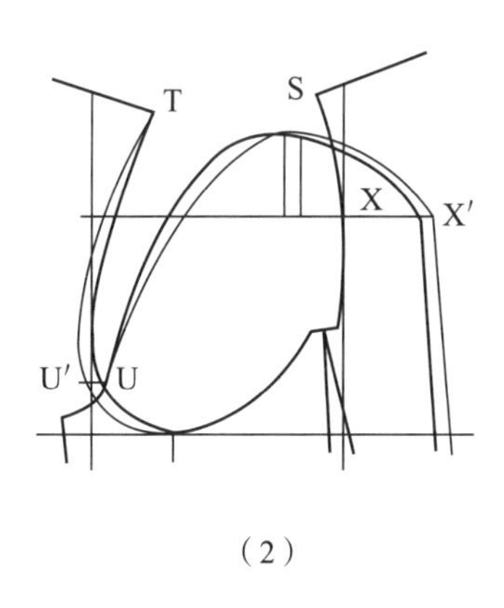


（2）

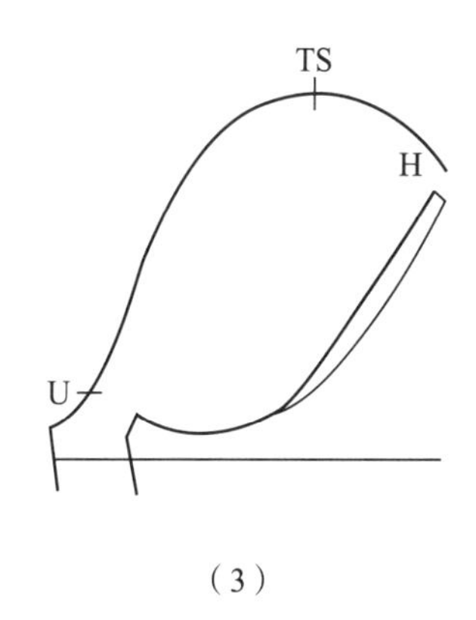


（3）

图 7–87　前袖窿门尺寸不足的补正

将袖窿挖深，也能缓解袖窿勒紧的毛病，但这样处理会使小袖长尺寸减少，产生抬胳膊时将衣服带起、袖口缩回等次生毛病（图 7–88），因此要慎重处理。补正方法：如图 7–89，细实线为下挖的量，由于肋宽加宽，所以袖肥也要加宽，大袖 X 点移到 X′ 点，小袖也移到细线位置，其他按细线补正（图 7–90）。

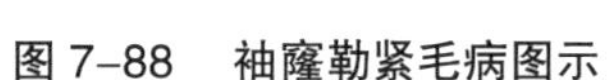

图 7-88 袖窿勒紧毛病图示

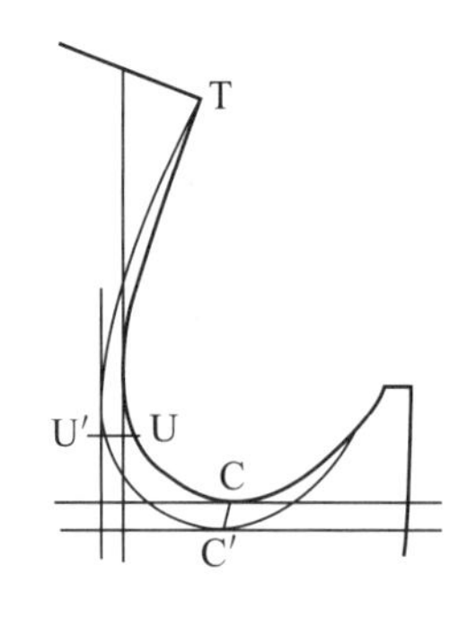


图 7-89 挖深袖窿补正

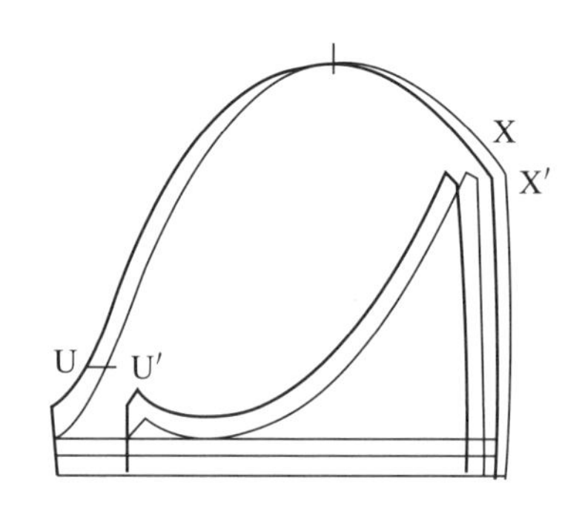


图 7-90 加大袖肥补正

**6. 袖山凹褶的补正**

袖山肥大，袖山头有时会出现多余的向里凹陷的褶（图 7-91）。补正方法：用大头针收拢多余的褶，看一看去掉的量有多少，然后在前袖山弧线上补正（图 7-92）。

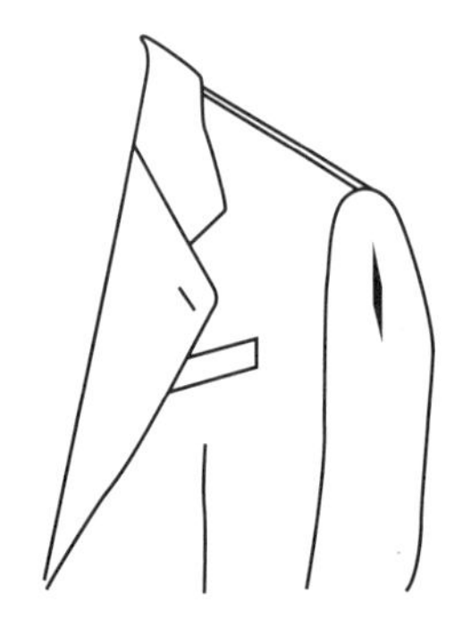

图 7-91 袖山凹褶

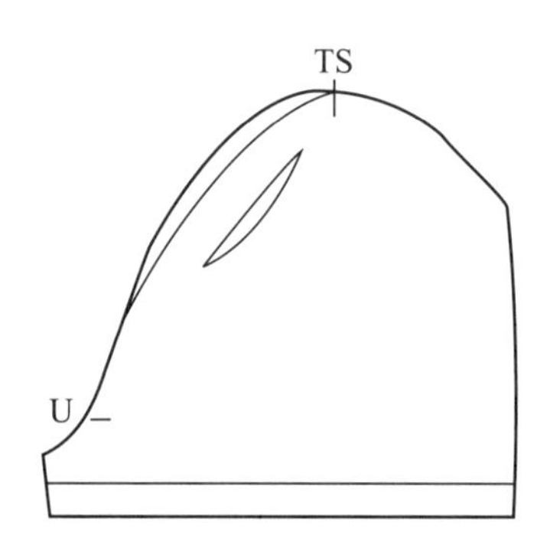


图 7-92 袖山凹褶补正

**7. 袖山头下凹褶的补正**

肩头过于探出来，会出现袖山头下凹进去的褶（图 7-93）。补正方法：降低袖山的高度，如图 7-94（1），如果收缩量不够，可以增加袖肥，细实线为补正线，如图 7-94（2）。垫肩钉得太出来，袖山头也会下凹进去，需将垫肩与绱袖缝头平齐重新钉垫肩。

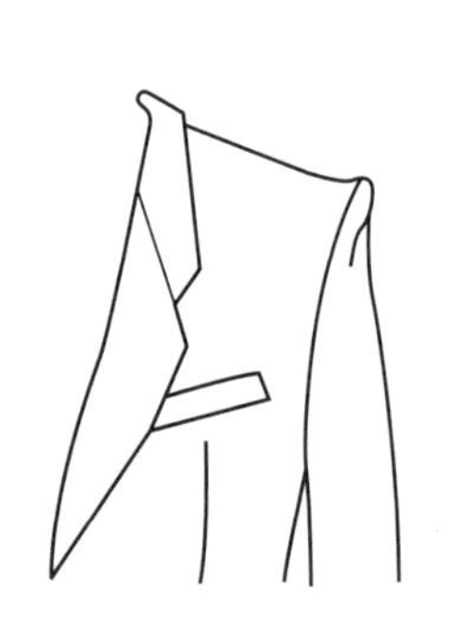

图 7-93 袖山头下凹褶

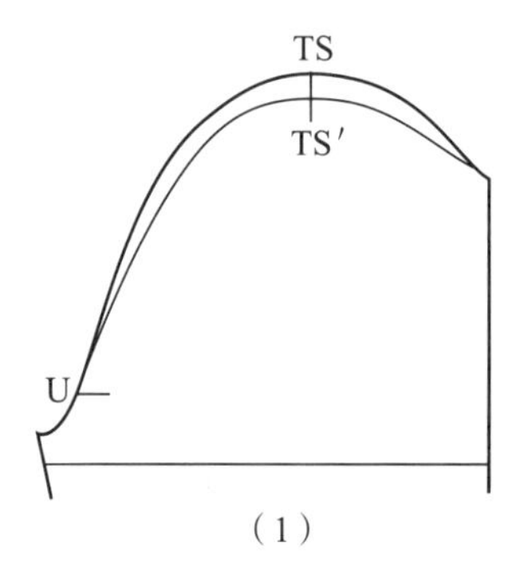


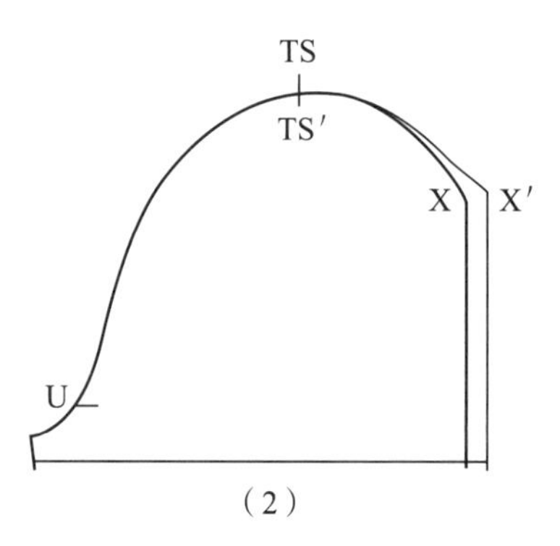


图 7-94 袖山头下凹褶补正

综上所述，西服胸围线 (BL) 以上部位是西服造型的难点所在，肩部周围的部分是否合适，直接关系到衣服穿着的舒适与美观。前肩与后肩的缝份部分是出现毛病与补正最多的地方，肩缝的一端是领子 (SNP 点 )，另一端是袖子 (SP 点 )，这些都是西服的重要部位，是容易出现毛病的地方。因此，我们要充分注意这些部位的结构设计和工艺设计，才会减少板型修正的工作，提高工作效率，降低成本，为企业创造较高的经济效益。

# 知识拓展

## 男装着装法则

古今中外，着装从来都体现着一种社会文化，体现着一个人的文化修养和审美情趣，是一个人的身份、气质、内在素质的表现。从某种意义上说，服饰是一门艺术，服饰所能传达的情感与意蕴甚至不是用语言所能替代的。在不同场合，穿着得体、适度的人，给人留下良好的印象，而穿着不当，则会降低人的身份，损害自身的形象。在社交场合，得体的服饰是一种礼貌，一定程度上直接影响着人际关系的和谐。影响着装效果的因素，重要的一是要有文化修养和高雅的审美能力，即所谓“腹有诗书气自华”。二是要有运动健美的素质。健美的形体是着装美的天然条件。三是要掌握着装的常识、着装原则和服饰礼仪的知识，这是达到内外和谐统一美的不可或缺的条件。

男士的着装法则有基本原则、TPO 原则、整体原则和个性原则。在国际交流中，着装的和谐性是最高原则。着装要与生活环境和谐。在特定的礼节性场合，如正规的会议、礼宾活动、谈判、典礼等，应穿礼服或深色西装或中山服。在正式场合穿西装时必须打领带，但外出旅游时则不打领带更自然。此外，着装还要与形体和谐，与装饰和谐。

**（一）基本原则**

在交际活动中，穿出整体性、个性、具和谐感是男士着装的基本原则，合乎场合的穿着是社交礼仪的重要体现。

**（二）男士着装 TPO 原则**

TPO 是英文 Time、Place、Object 三个词首字母的缩写。T 代表时间、季节、时令、时代；P 代表地点、场合、职位；O 代表目的、对象。

着装的 TPO 原则是世界通行的着装打扮的最基本的原则。它要求人们的服饰应力求和谐，以和谐为美。着装要与时间、季节相吻合，符合时令；要与所处场合环境，与不同国家、区域、民族的不同习俗相吻合；符合着装人的身份。要根据不同的交往目的、交往对象选择服饰，给人留下良好的印象。

**（三）整体性原则**

整体性原则最重要的一点是整洁的着装，整洁的衣着可表现出积极向上的精神状态。衣着整洁，除了体现对相互交往的重视程度，还显示出交往的文明与修养的水平。

**（四）个性原则**

个性原则指根据不同年龄、身份、地位、职业与社会生活环境，来确定服装款式、面料、色彩与装饰物，个性化的服装，应与个性和谐一致，在交际活动中充分展示个人的礼仪风范。着装也是民族和文化的个性反映。

## 男装穿戴要求

**（一）服饰选择的参考标准**

在交际场合，男士的着装大致可分为便服与礼服。各式外衣、茄克、衬衣、T 恤衫与各式西装等均为便服。便服的穿着场合很广，如办公室、赴宴及出席会议等等。出席正式、隆重、严肃的会议或特别意义的典礼，则应穿礼服或深色西装。 参加涉外活动时，男士可穿毛料中山装、西装或民族服装，参观浏览时，可穿便服，穿西装可不系领带。

（1）西装：深色、纯色西装最好准备三两套。但有“明袋”的西装只适合在较休闲的场合穿着。

买西装时，拽紧上衣袖子半分钟然后放手。如果袖子能立刻恢复到原来的形状，证明这西装面料质地还可以；如果上面留下皱纹，那么你最好不要买，这种西装容易起皱，需要你花更多的钱去整烫它。决定上装长度是否合适的标准是身体站直，将两臂垂直于身体两旁，两手手指放在西装下摆两边，然后两手手指自然弯曲。如果衣服下摆正好在你手心，这个长度就是合适的。

（2）衬衫：衬衫的颜色比西装的颜色浅一些。纯白色带清爽蓝条纹的长袖衬衫不可少。有光泽的衬衫不适于职业着装。职场上，要避免穿着光泽较强而且透明的衬衫，领子除了要宽紧适中之外，还应注意领子的高度要与自己的脖子的长度相一致。一个长脖子的人穿一件矮领子的衬衫会使他的长脖子更显眼，一个短脖子的人穿一件高领子的衬衫看起来会很滑稽。衬衫袖长要比西装的袖子长出 2~3cm。

（3）领带：常用的领带宽度多为 8~9cm，最宽的可达 12cm，最窄的仅有 5~7cm。可以根据自己的爱好来选择。领带的颜色应比衬衫的颜色深一些。蓝色、灰色和红色较易配西装。领带图案，一般来说素色的斜纹、圆点和几何图案的领带能够与任何款式的西服或衬衫搭配。领结应与衬衫领子的大小相协调。一条系结正确的领带，它的末端应该与皮带环的下沿相平，不要过长或过短。 领带较宽一端的后面一般有一个环带，应将领带窄的一端穿入环带里，使领带这一头不致从后面露出来。

（4）皮带: 深色西装可配深色皮带，浅色西装皮带没什么限制。但配牛仔裤的皮带不可配西装。一般皮带宽窄应该保持在 3cm，一般情况下，皮带长度应比裤子长度长 5cm。

（5）鞋子：俗话说“男人无鞋一身穷”，足以说明“鞋”在男装服饰里的重要性 。黑色皮鞋适用范围较大，能与任何一种深色的西装相配，但灰色鞋子不宜配深色西装；浅色鞋子一般只可配浅色西装，不能配深色西装；棕色皮鞋除同色系西装外，不能配其它颜色的西服；漆皮鞋只适宜配礼服，磨砂皮鞋只能配休闲服装。请留意: 鞋子擦得锃亮、光洁，容易给人留下好感。

（6）袜子：宁长勿短。深色袜子对于深色或浅色西装都能配；浅色袜子虽能配浅色西装，配深色西装却不适合。白袜子配衣服较难，穿时应三思。配正装一定不要穿白色的袜子。

**（二）穿西装注意事项**

（1）西服的外袋通常是合了缝的，以便更好的保持西装的形状，使之不易变形，千万不要随意拆开。

（2）衬衫一定要干净、挺括，不能出现脏领口、脏袖口。

（3）系好领带后，领带尖千万不要触到皮带上。

（4）如果系了领带，绝对不可以穿平底便鞋。

（5）西服袖口商标一定要剪掉。

（6）腰部不能别手机、打火机等。

（7）穿西装时不要穿白色袜子，尤其是深色西装。

（8）衬衫领开口、皮带袢和裤子前开口外侧线不能歪斜，应在一条线上。

（9）黑皮鞋能配任何一种颜色的深色西装。

（10）如想保持西装完美的原形，一季不可干洗两次以上且尽量找专业干洗店干洗。

## 男装搭配技巧

俗话说，“佛靠金装，人靠衣装。”人无完人，人类真正的标准体型是人们心目中的一种理想状态，是大多数人体数据的平均值。环视我们周围的人群，体形或多或少都存在着不足。由此看来，我们大可不必为自己体形上某些不足而遗憾，正视这种人类的普通现象，不断研究服装与体形的互补关系，通过服装来改善和调节人体外在形象，扬长避短，才是解决问题的根本所在。

当今社会飞速发展，竞争激烈，对人才的要求既注重内在，也注重外在，表里如一。学生求职，公司职员宣讲会和重要场合，男士们往往对自己的着装比较棘手，不知怎样穿戴比较得体。以下介绍男装搭配原则和技巧，希望能起参考作用。

**（一）时尚男装搭配的四大统一原则**

质地统一。比如纯棉灯芯绒上衣配漆皮裤，就不统一。纯棉灯芯绒上衣、T 恤衫、牛仔裤配磨砂皮皮鞋，礼服外套、衬衫、领带配漆皮鞋，就是质地统一的范例。

颜色统一。没有把握的人多用黑色和中间色调，多用减法。另外，把握男装四大色系：蓝色系（冷色调）、棕色系（暖色调）、五彩色系（运动装多用）、浅淡色系（春夏装多用）。

形式统一。所有服装最后穿在身上达到的效果，就是一个人的轮廓外形。中国男士最常出现的形式感错误是：西装革履骑自行车；后开衩的西服，皮带从开衩处漏出来、西服大袋里放很多东西等。西裤是穿在胯上，裤腰系在“将军肚”之下，而绝不是包着肚子。

配饰统一。指服装自身的装饰物风格统一和与服装配套的配饰风格统一。配饰包括：帽子、眼镜、领带（结）、领夹、饰巾、包、手套、怀表、皮带、袜子、鞋子。男装比较注重“整体”、和谐，但也要注意细节变化，否则，太死板。

### （二）身材与服饰搭配

以着西装为例，身材粗壮的男子最适合单排扣上装，但尺寸要合身，可以稍小些，这样能突出胸部的厚实，但要注意掩饰腹部，注意随时扣上钮扣。应选用深色衣料，避免用浅色衣料。使用背带代替皮带可以使裤子保持自然，腰部不显突出，且不会使裤腰滑落。尖长领的直条纹衬衫是最合适的，领带系法简洁，这样别人不会注意你的腰围。

身材矮小的男士可穿间隔不太大的深底细条纹西装，这样看起来高些。不应穿对比鲜明的上衣和裤子。上装的长度稍微短一些，可以使腿部显得长一点。上装宜选用长翻领和插袋，穿直条纹尖领衬衫，再系一条色彩鲜艳的普通领带，打一个基本款式的活结。最好穿裤线不明显的裤子。皮鞋跟应厚一些，以增加高度。

身材高瘦型男士所穿西装的面料不宜用细条纹，否则会突出身材的缺点，格子图案是最佳选择。上装和裤子颜色对比鲜明要比穿整套西装好，双排扣宽领的款式更为合适。宽领衬衫配一条适中的丝质宽领带，最好是三角形或垂直小图案，再加一件翻领背心，使体形更显厚实。裤子应有明显的褶线和折脚，使用宽皮带和厚底鞋，使人增添敦实感。

名牌服装能体现出高贵的品味，如果男士不穿名牌服装，只要把自己日常服装重新搭配合理，组合流畅，再具备一些流行的审美眼光，相信你也能穿出与众不同、典雅时尚的风姿来。

### （三）服饰色彩搭配

男装不必过于追逐潮流，只要简洁大方、颜色沉稳、讲究整体的统一。例如，整体着装从上至下不能超过 3 种颜色，这样整体上看会更流畅、更典雅，否则会显得杂乱而没有整体感。相对女士而言，男士不用太在意自己的身高和胖瘦，因为这并不影响他的着装品位和风格。身材强壮的男士最适合单排扣上装，但尺寸一定要合身，这样能突出胸部的厚实感。

（1）深浅、明暗不同的两种同一类颜色相配。例如：青色配天蓝色、绿配浅绿、咖啡配米色、深红配浅红。这种同类色的配合会使衣服显得柔和文雅。

（2）两个比较接近的颜色相配。例如：红色与橙色、红色与紫红、黄色与橙黄、黄色与草绿色。近似色的配合效果也显的比较柔和，有阴柔之美。

（3）两个相隔较远的颜色相配。例如：黄色与紫色、红色与青绿色。这种配色给人的感觉比较强烈，会让人有惊艳的感觉。

（4）两个相对颜色的配合，有互补的感觉。例如：红色与绿色、金色与紫色和蓝色与橙色。

### （四）衬衫选择搭配

1. 着装场合

重要社交活动：应选品质精美有艺术感的面料，颜色以纯白或黑色为最佳，搭配深色西服可完美体现庄重感。 推荐纯色有暗纹的精美提花面料。款式可选择英式正装衬衫、法式正装衬衫、礼服衫。

正式商务场合：选择高档纯棉面料，选颜色比较素净的素色或条纹格纹比较清爽的面料。体现沉稳和质感，注重裁剪彰显品位。

上班及日常活动：职业装休闲化衬衫，面料可选用精致单色或清爽的条纹、格纹面料配出庄重明朗的职场感觉。面料也可以考虑根据个人气质、职业需要选个性时尚的颜色和偏休闲点的花样凸现职场的时尚轻松感。款式可选择英式正装衬衫、美式休闲衬衫。

居家散步游玩：休闲居家衬衫面料适合选用舒适的纯棉面料，纯色或条纹格纹的面料都可以选择。但如果要摆脱平常职场的束缚感，条纹格纹色彩图案可以选择偏个性化的。色彩丰富，格纹较大的花样，休闲随意感会浓厚很多。款式可选择美式休闲衬衫。

2. 量体选衣

体型肥胖的男士：宜用收缩的深色，冷调推荐深色竖条纹面料，忌用浅色及明显的格纹条纹面料。体型瘦削的男士：宜用膨胀扩张感的淡色及暖色调，图案宜选横条纹面料，忌用高明度暖色，清冷蓝绿色调。肩窄的男士：上装宜浅色横条纹衬衫增加宽度感，下装深色衬托肩部厚实。腿长高个型男士：上装选用条纹衬衫。臀部过大，腿短的男士：衬衫宜选用比下装色彩明亮图案显眼的面料，下装宜深色。正常体型的男士：搭配协调，衬衫选择自由度大。

3. 肤色

肤色偏黄：少选黄色、绿色、紫色、灰色系衬衫，宜选深蓝色、深灰暖性色、中性色等色系衬衫。

脸色较暗：可选浅色系、中性色系的衬衫。

肤色黑：颜色勿过深过浅，宜选用与肤色对比不明显的粉红、蓝绿色系衬衫；忌用色泽明亮的黄橙色、色调极暗的褐色和黑紫色系衬衫。

脸色苍白：忌穿绿色衬衫，容易显病态。肤色红润、肤色粉白则适合绿色。

4. 职业

金融行业精英：以强调同客户的互动和交流着装，能反映职业干练及效率为佳。推荐素色暗提花，细密条纹颜色淡雅的高档品质面料。

政府官员律师：自身形象代表部门形象，着装以能反映职业本身信任度为佳。适合选择素净颜色，款式简洁，高档品质的衬衫，推荐品质高档的淡雅纯色或素雅的条纹格纹面料。

IT 互联网：业务时西服革履，平时大部分时候偏个性时尚的自由装扮。在衬衫选择上可选择款式时尚个性，面料可选择色彩丰富变化的条纹面料衬衫来体现这个行业的思维活跃性。

外企高级人员：拥护流行时尚及著名品牌，服装自主多元化。颜色可选择时尚颜色。

**（五）领带与西服的搭配**

1. 西服与领带搭配

领带的花色与图案，一般来说素色、斜纹、圆点和几何图案的领带能够与任何款式的西服或衬衫搭配。但是要注意的是草履虫的图纹却只能在休闲时穿戴，在上班时最好避免使用，否则会有失大雅。

在炎炎夏日里最好佩带丝绸等材质的轻软型领带，领带结也要打得比较小，给人以清爽感。而在秋冬季里颜色就要以暖色为主了，例如深红色、咖啡色之类的暖色调在视觉上就会产生温暖的感觉。在春夏季节可以以冷色调为主，暖色调为辅。

穿银灰、乳白色西服，适宜配戴大红、酒红、墨绿、海蓝、褐黑色的领带，会给人以文静、秀丽、潇洒的感觉。穿红色、紫红色西服，适宜配戴乳白、乳黄、银灰、湖蓝、翠绿色的领带，以显示出一种典雅华贵的效果。穿深蓝、墨绿色西服，适宜佩带橙黄、乳白、浅蓝、玫瑰色的领带，如此穿戴会给人一种深沉、含蓄的美感。穿褐色、深绿色西服，适宜配戴天蓝、乳黄、橙黄色的领带，会显示出一种秀气飘逸的风度。穿黑色、棕色的西服，适宜配戴银灰色、乳白色、蓝色、白红条纹或蓝黑条纹的领带，这样会显得更加庄重大方。

2. 领带与西服衬衫搭配

与西服衬衫搭配，可遵循“三单”、“二单一花”“二花一单”的搭配方法，“三单”是指三种单色搭配在一起一般来说比较保险。“二单一花”是指其中唯一一个有花纹或图案的无论是衬衫、领带或是西服，那么花纹或图案的颜色一定要是其他两种颜色的其中一种。还有“二花一单”，指当有两种花纹或图案时，必须先区分出图案的强弱和图案的走势。如果穿直条纹西服或衬衫时就要避免使用直纹或横纹的领带，最好用斜纹、圆点或草履虫色等没有方向性的领带比较好。

黑色西服应配以白色为主的衬衫或浅色衬衫，配灰、蓝、绿等与衬衫色彩协调的领带；灰色西服可配灰、绿、黄或砖色领带，淡色衬衫；暗蓝色西服，可以配蓝、胭脂红或橙黄色领带，白色或明亮蓝色的衬衫；蓝色西服可以配暗蓝、灰、胭脂、黄或砖色领带，粉红、乳黄、银灰或明亮蓝色的衬衫；褐色西服可以配暗褐、灰、绿或黄色领带，白、灰、银色或明亮的褐色衬衫 。

**（六）男士如何根据五官与体型选择职业装**

男士因五官和体形特征不同，应穿着不同款式风格的职业装。男士的着装风格大致可分为以下 5 种类型。

其一，脸型为国字脸、肤色为浅黑色、气质非凡、拥有魁梧的体形并具有运动气息和亲和力的男士，应当选择与裤子颜色不同的西服。面料可选择苏格兰呢、法兰绒等，颜色以中灰色、棕色、深蓝色为宜。可穿着尖领衬衫。

其二，拥有高雅、清秀的五官，蓄有修剪精细的短发，并且有着匀称体型的人，可选择正统的、传统的两件套或三件套。其颜色应为灰色、藏蓝色、棕色等。图案应为细条纹、小方格等。可选择薄而结实的羊绒、法兰绒以及有光泽感的面料。

其三，体格健壮、身材比例匀称、肌肉发达、五官具有个性的人，应选择有个性的三件套制服。颜色的选择要遵循对比鲜明的原则，适宜的有亮灰色、米色、浅蓝色等。面料可为薄羊绒、苏格兰呢等。衬衫宜选用小立领。

其四，拥有宽厚的肩膀、健壮和挺拔的身材、棱角分明的脸型的人，适合穿着最新流行的欧式剪裁西服。颜色宜选炭灰色、深棕色、海军蓝色等。衬衫的颜色应以白色或淡色为宜。

其五，拥有匀称或高挑的身材，且目光温柔，气质高雅的人，最适合穿着的款式为意大利式三件套、双件套西服。可选用双开衩或无开衩式西服。颜色为深蓝色、棕色、灰蓝色等纯色。图案适宜各种条纹，其质地应为柔软的羊绒、纯毛等。衬衫应选择燕领，丝绸或高支纱的平纹织物都是最佳面料选择。

## 附录一：领带的系法图解参考（附图 1–1～ 附图 1–6）

### 十字结（半温莎结）

此款结型十分优雅，其打法亦较复杂，使用细款领带较容易上手，最适合搭配浪漫的尖领及标准式领口系列衬衫。

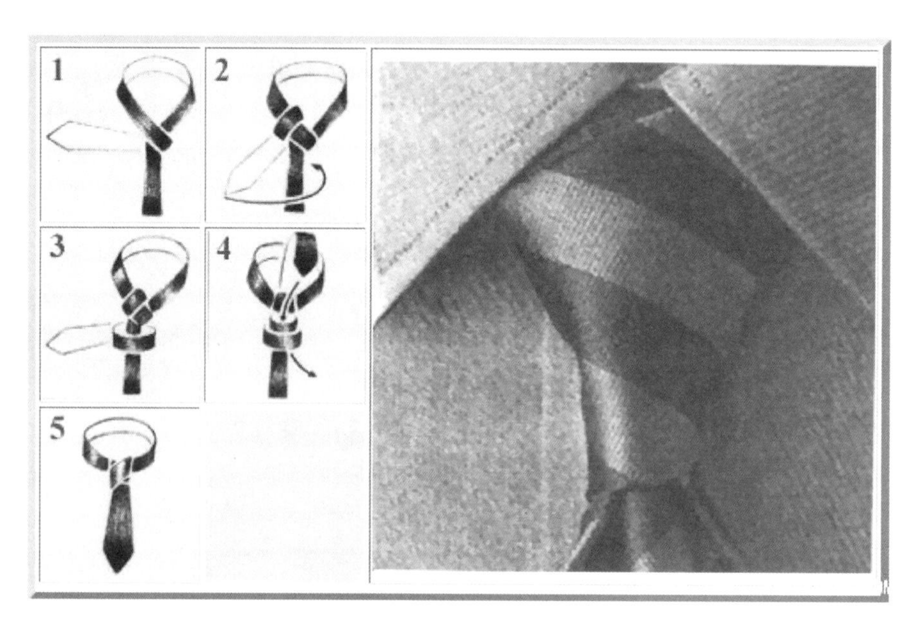


附图 1–1　十字结（半温莎结）

### 四手结（单结）

四手结为较多男士选用的领结打法之一，是所有领结中最容易上手的，亦称马车夫结、平结，适用于各种材质的领带。要诀：领结下方所形成的凹洞需让两边均匀且对衬。

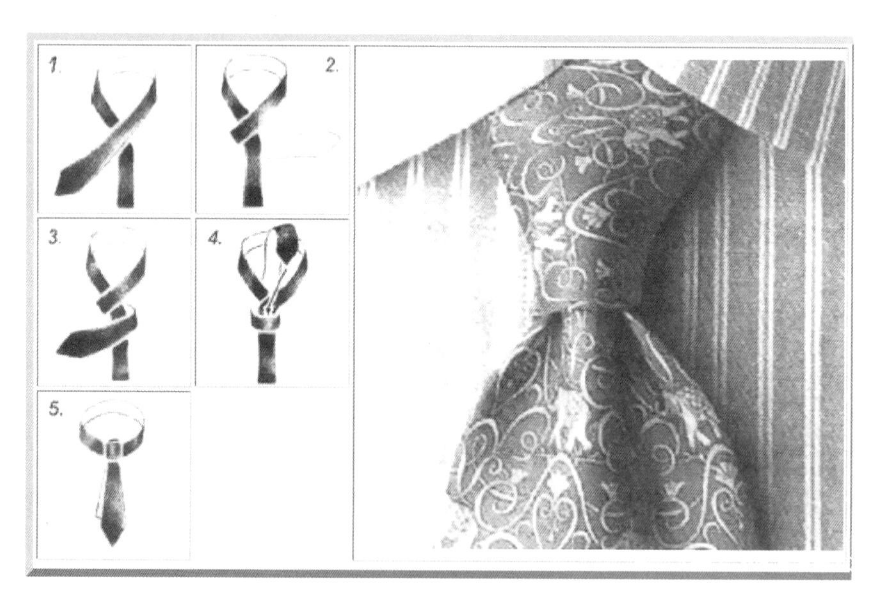


附图 1–2　四手结（单结）

**亚伯特王子结**

亦称双环节，适用於浪漫扣领及尖领系列衬衫，搭配浪漫质料柔软的细款领带。

正确打法是在宽边先预留较长的空间，并在绕第二圈时尽量贴合在一起，即可完成此一完美结型。该领结完成的特色就是第一圈会稍露出于第二圈之外，可别刻意给盖住了。

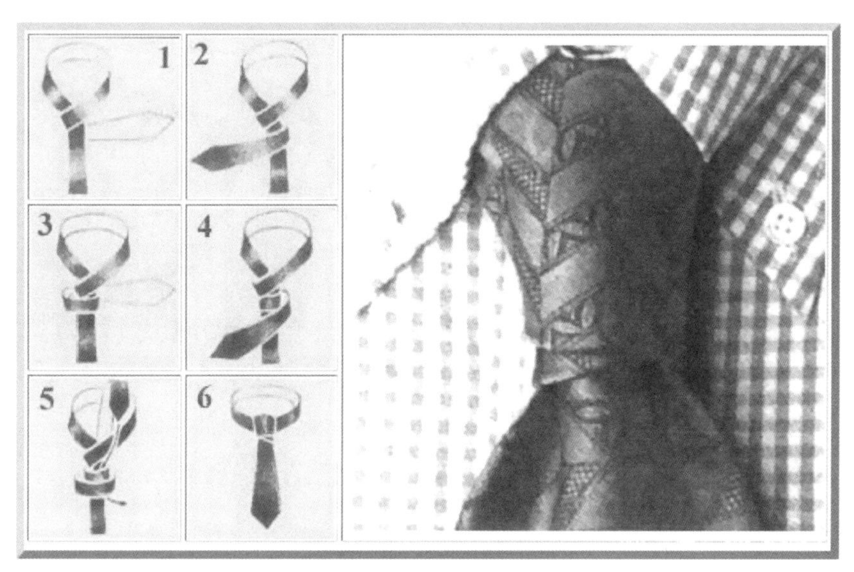


附图 1-3　亚伯特王子结

**温莎结**

双结叠加后使领带看上去更笔挺、大气，手法反复，但系好的领结相当沉稳，此种系法适合肩膀宽阔、身材魁梧的男士，适合商务会见、谈判等较严肃的社交场合与公务西装搭配时使用。

与双交叉结的对比

附图 1-4　温莎结

**交叉结**

这是单色素雅质料且较薄领带适合选用的领结，对于喜欢展现流行感的男士不妨多加使用“交叉结”。

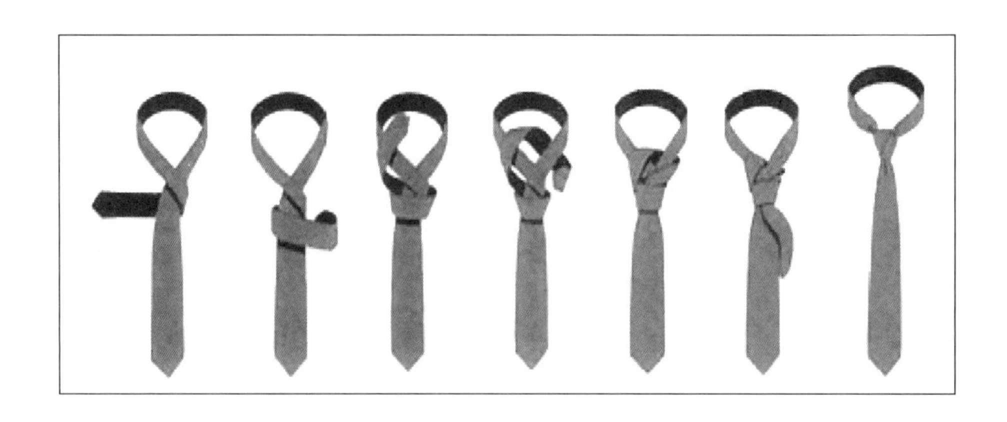

附图 1–5 交叉结

**浪漫结**

浪漫结是一种完美的结型，故适合用于各种浪漫系列的衬衫，完成后将领结下方之宽边压以皱折可缩小其结型，窄边也可将它往左右移动使其小部分出现于宽边领带旁。

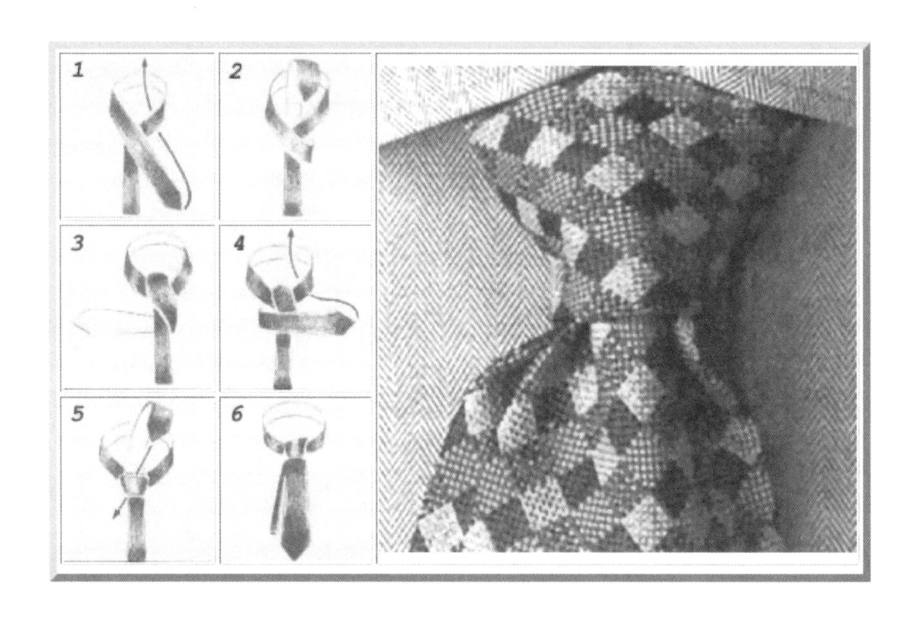


附图 1–6 浪漫结

附录二：怀表的戴法图解参考（附图 1–7）

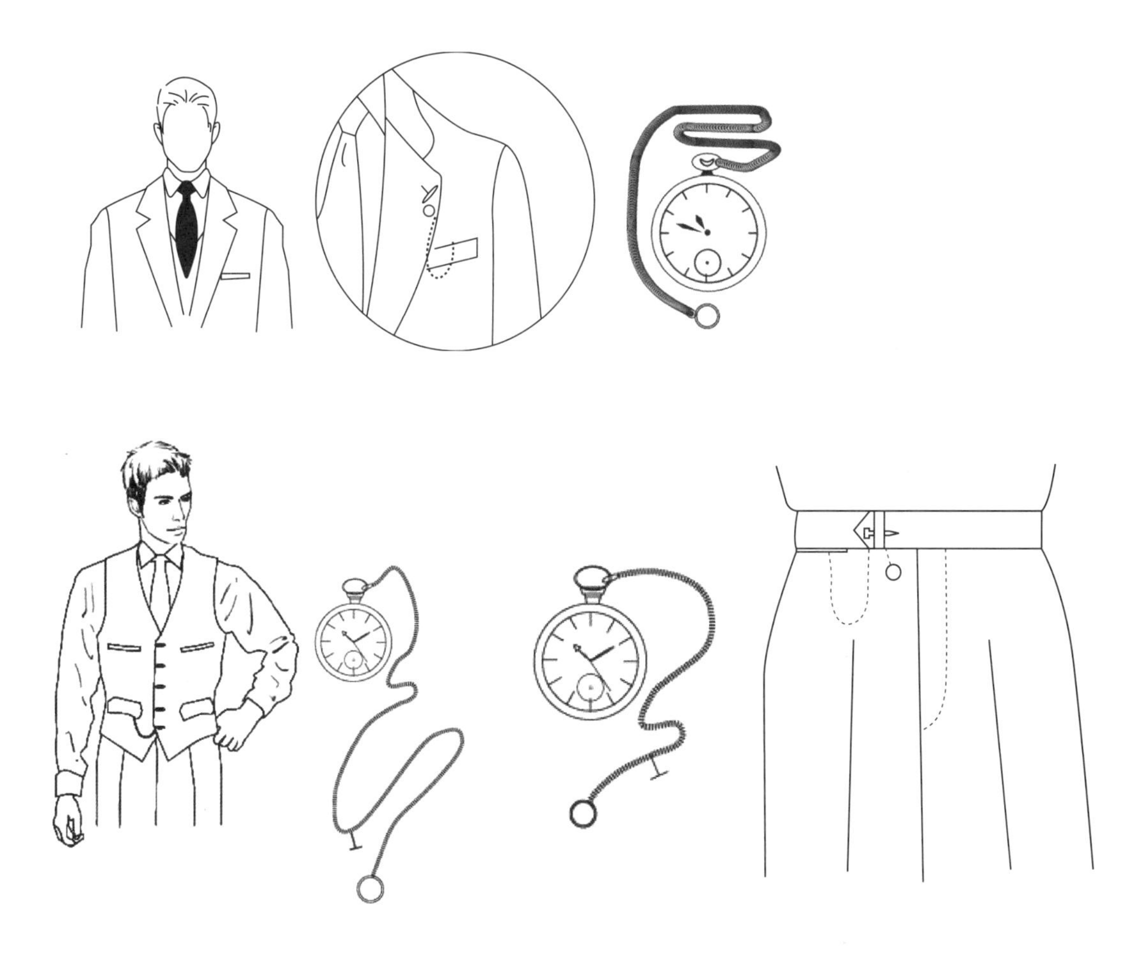

附图 1–7　怀表戴法

附录三：饰巾的叠法图解参考（附图 1–8）

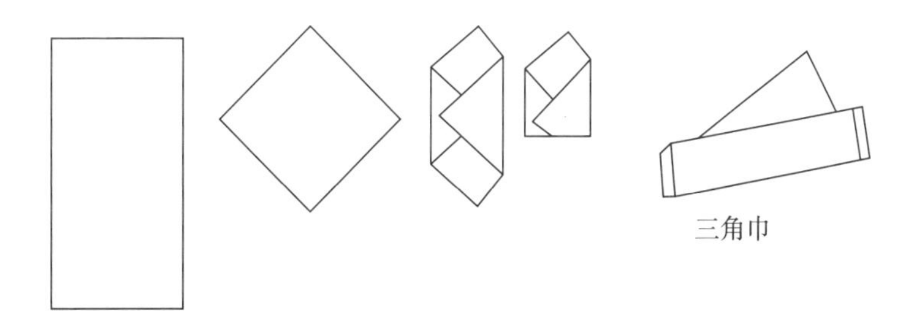


附图 1–8　（1）三角巾的叠法

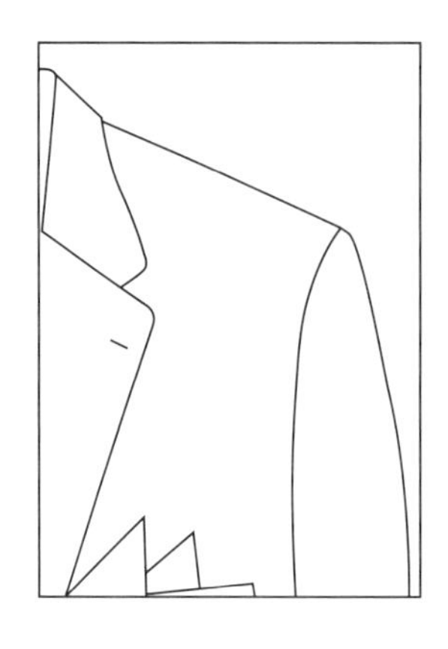

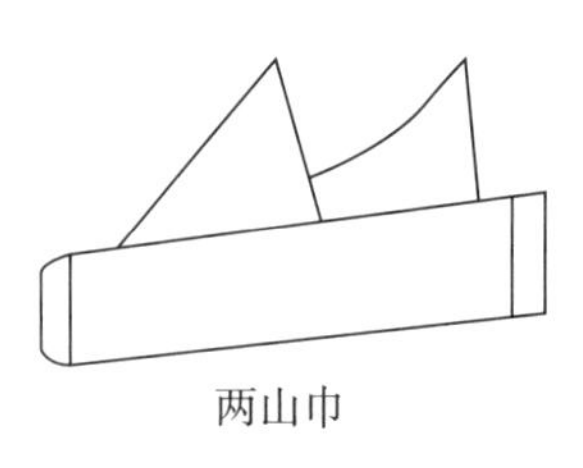


附图 1-8 （2）两山巾的叠法

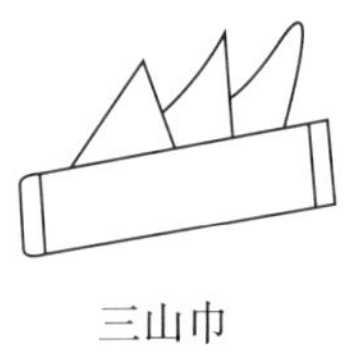


附图 1-8 （3）三山巾的叠法

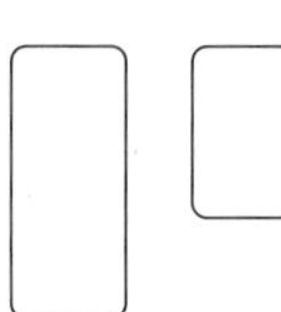

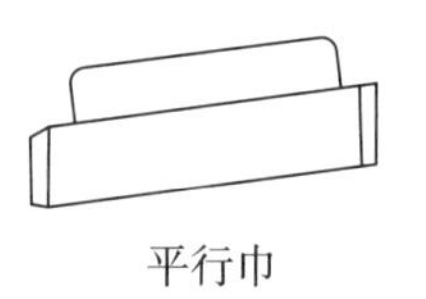


附图 1-8 （4）平行巾的叠法

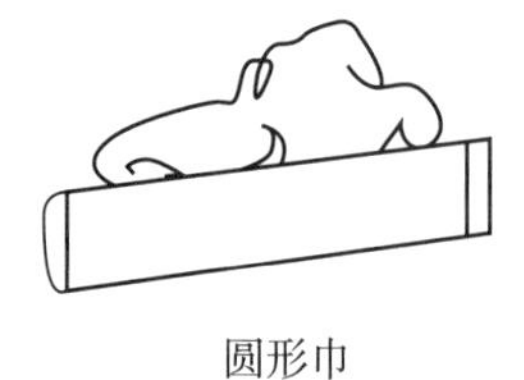


附图 1-8 （5）圆形巾的叠法

附图 1-8 （6）自由巾的叠法

**附录四：手套、帽子的戴法图解参考（附图 1–9～ 附图 1–11）**

1. 手套的戴法

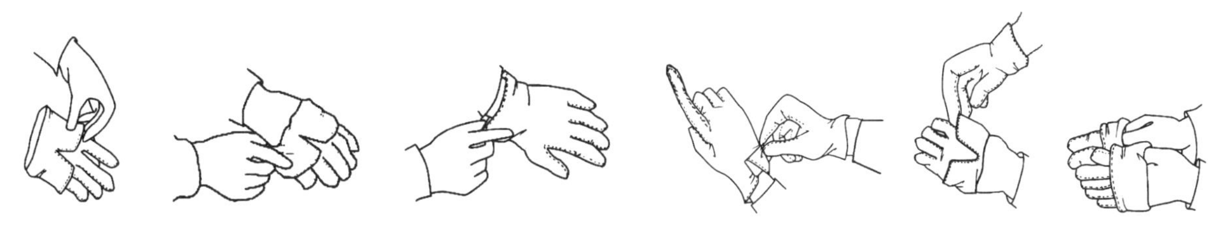

附图 1–9　手套的戴法　　附图 1–10　手套的脱法

2. 帽子的戴法

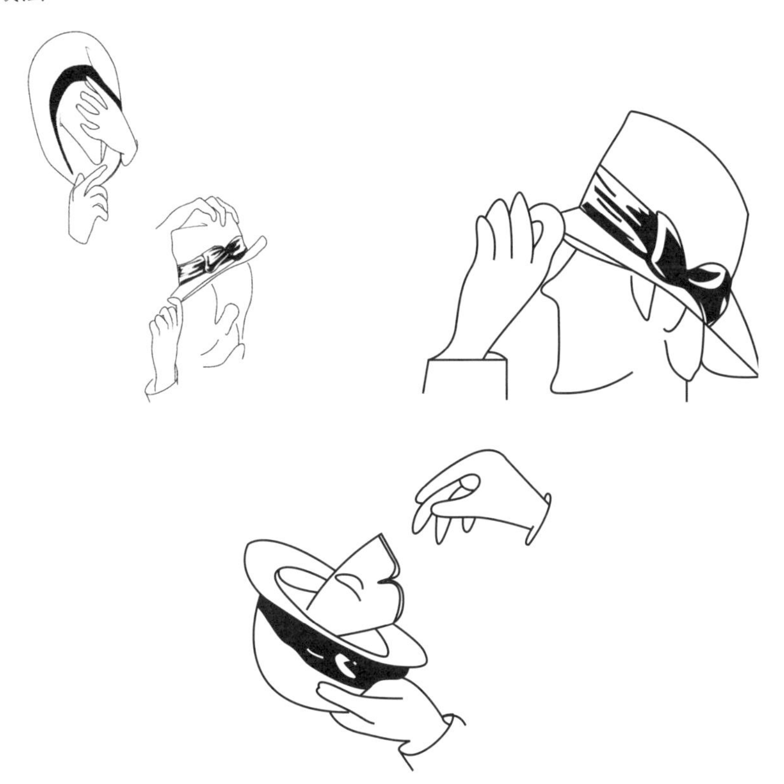

附图 1–11　帽子的戴法

注：虽然只是小小的服饰配件，却一定要多加注意，别让细节影响了你的品位。

# 参考文献

〔1〕雷伟. 服装百科词典〔M〕. 北京:学苑出版社，1994年6月.

〔2〕上海戏曲学校中国服装研究组. 中国历代服饰〔M〕. 上海：学林出版社，1991年1月.

〔3〕日本文化服装学院、日本文化女子大学. 文化服装讲座 5-男装篇〔M〕. 香港：时代服装设计学校出版，1977年春.

〔4〕杨明山等. 中国便装〔M〕. 武汉：湖北科学出版社，1985年5月.

〔5〕戴鸿. 服装号型标准及其应用〔M〕. 北京：中国纺织出版社，2001年8月.

〔6〕刘琏君. 男装裁剪与缝纫技术〔M〕. 北京：中国纺织出版社，2003年1月.

〔7〕刘瑞璞. 男装纸样设计原理与技巧〔M〕. 北京：中国纺织出版社，2003年11月.

〔8〕戴建国. 男装结构设计〔M〕. 杭州：浙江大学出版社，2005年8月.

〔9〕张文斌. 服装结构设计与疵病补正技术〔M〕. 北京：中国纺织出版，1995年4月.

〔10〕朱松文等. 服装材料学（第三版）. 中国纺织出版社，北京，2004年4月.

〔11〕钱孟尧. 现代男装设计艺术〔M〕. 上海：中国纺织大学出版社，2002年1月.

〔12〕李兴刚. 服装结构设计与缝制工艺〔M〕. 上海：东华大学出版社，2009年12月.

〔13〕〔英〕，威尼费雷德、奥尔德里奇，王旭等，译. 男装样板设计〔M〕. 北京：中国纺织出版社，2003年1月.

〔14〕〔日〕杉山. 王澄译. 男西服技术手册. 北京：中国纺织出版社，2002年5月.

〔15〕〔美〕Susan B·Kaiser. 服装社会心理学. 北京：中国纺织出版社，2000年，3月.

〔16〕Man Inc〔J〕. America. 1991.1～12.

〔17〕万宗瑜. 浅析四川服装业的品牌战略. 成都：四川大学优秀论文集〔D〕2003(5).

〔18〕万宗瑜. 成都蜀锦打造品派魅力的思考. 北京：中国纺织〔J〕2003（8～9）.

〔19〕万宗瑜. 褶裥裤的结构设计. 上海：上海纺织科技〔J〕2004（4）.

〔20〕万宗瑜. 美用一体化的纳西族民俗服饰. 成都：四川纺织科技〔J〕2004（2）.

〔21〕万宗瑜. 裘皮服装的工艺设计. 成都：皮革科学与工程〔J〕2004（4）.

〔22〕万宗瑜. 毛革一体服装革及服装、服饰的市场前景. 成都：皮革科学与工程〔J〕2005（1）.

〔23〕万宗瑜. 论摩梭人民俗服饰的启迪. 香港：中华学术论坛〔J〕2005（3～4）.

〔24〕万宗瑜. 羽毛在少数民族服饰中的应用. 成都：皮革科学与工程〔J〕2007（1）.

〔25〕万宗瑜. 用于服装与服饰配件的鱼皮革. 成都：皮革科学与工程〔J〕2007（3）.

〔26〕万宗瑜. 浅析云南民族包. 成都：皮革科学与工程〔J〕2008（2）.

# 后　记

为了更好的适应市场对人才的需求，四川大学服装专业本科从2003级开始，教学计划中加重了专业核心课程的设置，将男装结构设计从服装结构设计中分离出来，单独开设两门课程:“服装结构和样衣技术— 男装”、“男装服装结构和样衣技术—男装实习”。为了协助开设以上课程，本人主动承担了《男装穿戴艺术与结构设计》教材讲义的编写。《男装穿戴艺术与结构设计》讲义曾获2006年度四川大学优秀讲义，其教案获四川大学首届教案比赛一等奖。2012年10月，《男装结构设计》，获四川大学教学成果二等奖。

《男装结构设计》一书是在《男装穿戴艺术与结构设计》讲义的基础上，结合市场、国际流行时尚和教学实践中的不断完善、改编而出版的。将男装的穿戴法则、穿戴艺术、男装用料、男装号型标准、男装结构设计、男装工艺和男装弊病修正等知识科学的串联在一起，形成一部关于男装的完整的知识体系的书籍。

本书正式出版历尽艰辛，是在教学、科研工作极其繁重的情况下完成此书的编著工作的。其间，得到了杜武、董杭波、黄蔚珂、蒋汉奎在服装CAD、Adobe Illustrator等方面指导和帮助。同时，李浩、陈丹怡、眭威、董迅和胡梦瑶等同学参与协助了部分工作。董迅、王强强、张磊等同学担任了彩图模特儿，在此，一并感谢!

部分彩图是四川大学2008级、2010级和2012级服装专业学生在2011年3月，2013年3月和2015年3月，分别举办的学生成衣作品展上的原图，属原创性教学成果资料。成衣作品展得到了专家、同行、学生、家长及媒体的肯定和好评。

由于编者才疏学浅，水平有限，书中难免有遗漏、错误之处，敬请专家、同行、专业院校的师生们和广大的读者批评指正。

四川大学　万宗瑜

于成都府南河之畔